VB.NET 测量程序设计基础

主　编　雷　斌

副主编　陈爱玖

参　编　李　慧　　宋　玮

王新静　　蒋硕颜

主　审　刘文锴

科学出版社

北　京

内 容 简 介

本书介绍了 VB.NET 语言基础知识，以及面向对象的结构化程序设计思想，从实际应用出发，以软件工程的基本思想和结构化、规范化的方法，结合测绘工程的特点和实例，介绍软件开发的全过程。并在各章节中结合重要知识点编写了大量的应用程序示例代码以供读者学习和理解。全书共 8 章，内容包括 VB.NET 概论、VB.NET 编程基础、窗体与控件、面向对象编程基础、图形图像应用、文件应用、数据库应用，以及交会定点编程案例。

本书可作为本科、大专院校测绘专业的测量程序设计课程的教材，还可作为测绘相关专业的师生和工程技术人员的学习参考用书。

图书在版编目（CIP）数据

VB.NET 测量程序设计基础 / 雷斌主编. — 北京：科学出版社，2021.9
ISBN 978-7-03-069563-5

Ⅰ. ①V⋯　Ⅱ. ①雷⋯　Ⅲ. ①BASIC 语言－程序设计　Ⅳ. ①TP312.8

中国版本图书馆 CIP 数据核字（2021）第 158514 号

责任编辑：于海云 / 责任校对：王　瑞
责任印制：张　伟 / 封面设计：迷底书装

科 学 出 版 社 出版
北京东黄城根北街 16 号
邮政编码：100717
http://www.sciencep.com
涿州市般润文化传播有限公司 印刷
科学出版社发行　各地新华书店经销
*
2021 年 9 月第 一 版　开本：787×1092　1/16
2023 年 1 月第三次印刷　印张：24 1/2
字数：600 000

定价：88.00 元
（如有印装质量问题，我社负责调换）

前　言

随着现代测绘科学与技术的发展，特别是全球导航定位系统、遥感技术、地理信息系统等技术的出现，使得测绘科学与技术产生了巨大变革，测量数据处理方式更加灵活且复杂。并且随着信息技术的不断发展，计算机在现代测绘科学中的应用已经从理论研究深入到实际生产的方方面面，如测量基础数据处理、遥感影像识别与分类、计算机辅助制图、地理信息数据加工和管理等，为测绘相关研究和生产应用带来了极大的便利。测量程序设计课程在测绘专业中具有重要意义，是测绘专业人员必须掌握的一门实用、有效处理测量数据的课程。同时，它又是一门综合性很强的课程，不仅包括大地测量学、测量平差基础等测量专业课程的内容，还涉及数据结构、编程语言等多方面的内容。通过这些内容的学习，学生可以了解测量程序设计的全过程，并初步具备综合编程能力。

近年来，比较流行且广泛使用的程序设计软件很多，涉及领域也非常广泛，但实际应用中遇到的问题是千变万化的，任何一个软件不可能满足所有客户特定的需求，因此掌握一门程序设计语言，并能够根据实际问题进行程序设计，对测绘工程应用具有很大的现实意义。从应用角度来说，VB.NET 简单易用、功能强大、应用广泛，适合测绘专业人员使用；从学习角度来说，VB.NET 具有可视化、面向对象等特点，非常适合作为入门语言来学习，因此本书重点介绍 VB.NET 语言基础知识和常用测绘算法的程序设计。此外，本书基本概念清晰、通俗易懂、例题丰富，在第 8 章专题介绍了交会定点算法程序设计的案例，做到了理论与实践紧密结合。

本书共 8 章：第 1 章为 VB.NET 概论，介绍学习测量程序设计的意义和 VB.NET 的集成开发环境，并以一个简单的示例介绍 VB.NET 程序设计的基本步骤；第 2 章介绍 VB.NET 编程基础，包括 VB.NET 语言基础、库函数及其应用、算法基础等；第 3 章介绍窗体与控件；第 4 章介绍面向对象编程基础，包括类、对象、事件、委托、接口、泛型、线程等面向对象编程的核心；第 5 章介绍图形图像应用，包括图形设计基础、坐标变换和图像处理等；第 6 章为文件应用，介绍文件操作方法；第 7 章介绍数据库应用，包括数据库基础和 OLE DB 数据库操作；第 8 章为交会定点编程案例，介绍测量程序设计方法，该案例中整合了前方交会、后方交会、距离交会等测量方法，形成一体化交会定点测量的完整解决方案，并输出控制网，使学生可以全面掌握基于 VB.NET 的测量程序开发设计全过程。

本书由华北水利水电大学雷斌任主编，陈爱玖任副主编。雷斌编写第 1 章、第 4 章和第 8 章，并负责全书的统稿和定稿；陈爱玖编写第 5 章；李慧编写第 2 章；宋玮编写第 7 章；王新静编写第 6 章；蒋硕颜编写第 3 章。华北水利水电大学刘文锴对书稿进行了审阅，并提出了许多宝贵意见，这对提高书稿质量起到了重要作用。

将程序设计语言与测量程序设计结合起来是新的尝试和挑战，由于时间紧迫、经验不足，书中难免存在疏漏之处，恳请广大读者批评指正！

编　者

2020 年 10 月

目 录

第 1 章 VB.NET 概论

1.1 Visual Studio 2015 集成开发环境

1.1.1 Visual Studio 2015 简介

随着软件开发技术的逐渐发展，越来越多的系统开发者趋向于使用一些集语言编辑、代码编译和调试于一体的综合性软件包，这一趋势促使集成开发环境(Integrated Development Environment，IDE)软件诞生。

IDE 是一种综合性的软件开发辅助工具，通常包括编程语言编辑器、编译器/解释器、自动建立工具和调试器，有时还会包括版本控制系统和一些可以设计用户图形(Figure)界面的工具。Visual Studio(VS)是微软推出的开发环境，也是一套基于.NET Framework 组件的软件开发工具和技术，可用于构建功能强大、性能卓越的应用程序。Visual Studio 是一个基本完整的开发工具集，它包括了整个软件生命周期中所需要的大部分工具，如 UML 工具、代码管控工具、IDE 等。其与.NET Framework 的关系如图 1.1 所示。

图 1.1 Visual Studio 与.NET Framework 的关系

Visual Studio 主要包含以下几种功能。

(1)支持多种语言的代码编辑器。Visual Studio 集成开发环境作为多种开发工具的集大成者，提供了功能强大的代码编辑器和文本编辑器，允许开发者编写 VB.NET、VC#、VF#、VC++、JavaScript、Python 等多种编程语言的代码，并可以通过组件的方式安装更多的第三方编程语言支持模块，来支持编写更多的第三方编程语言。

在使用以上各种编程语言编写程序代码时，Visual Studio 提供了强大的代码提示功能和语法纠正功能，降低了开发者学习编程语言的成本，提高了程序开发的效率。

(2)团队协作。Visual Studio 提供了代码版本管理工具以及 SVN 平台等多种团队协作工具，帮助团队协同开发工作、管理开发进度，提高团队开发效率。另外，用户也可使用最先进的 Team Foundation Server 服务器套件，更高效地进行版本控制、工作项跟踪、构件自动化、生产报表与规划工作簿。

(3)多平台程序发布。Visual Studio 具有强大的代码编译器和解析器，可以发布基于桌面、服务器、移动终端和云计算终端的多种应用程序。在非 Windows 平台应用方面，Visual Studio 也可以开发支持最新 Web 标准的前端网页，并针对多种网页浏览器进行调试。

(4) 编译部署。Visual Studio 提供了强大的编程语言与中间语言编译功能，可以将其自身支持的多种编程语言和用户扩展的更多编程语言编译为统一的中间语言，并将其打包为程序集，然后将该程序集发布和部署到各种服务器与终端上。

(5) 设计用户界面。Visual Studio 提供了功能强大的 Windows 窗体设计工具，允许开发者为 Windows 应用程序设计统一风格的窗口、对话框等人-机交互界面，使用窗体控件实现软件与用户的交互。Visual Studio 2015 集成开发环境的界面则更加简单明了，集成套件包含开发人员工作效率工具、云服务和扩展等，其基于.NET Framework 4.5/4.6，以及 Visual Studio 2015 CTP (Community Technology Preview)。支持开发面向 Windows 10 的应用程序。支持 Microsoft SQL Server、IBM DB2 和 Oracle 数据库(Data Base，DB)应用程序开发。

(6) 跨平台移动设备开发。Visual Studio 2015 支持跨平台移动设备开发。开发人员可以创建适用于 Web、Windows 商店、桌面、Android 和 iOS 的强大的应用程序和游戏，也可以共享通用基本代码，并在 Visual Studio IDE 内执行。所有这些新项目类型都可在"新建项目"对话框中见到。

1.1.2 .NET Framework 工作原理

.NET Framework 框架的基本思想是：将互联网本身作为新一代操作系统的基础，把原有的重点从连接到互联网的单一网站或设备转移到计算机、设备和服务群组上。这样，用户将能够得到更多的服务，从而控制信息的传送方式、时间和内容。

.NET Framework 提供许多服务，包括内存管理、类型和内存安全、网络和应用程序部署。它提供易于使用的数据结构和应用程序接口(Application Programming Interface，API)，将较低级别的 Windows 操作系统抽象化。.NET Framework 是 C#、VB.NET 等程序运行的平台，可在.NET Framework 中使用各种编程语言，如 VB.NET、VC#、VF#、JavaScript、Python 等，为这些语言提供了丰富的类库(Class Library)资源。.NET Framework 平台构成的整体结构如图 1.2 所示。

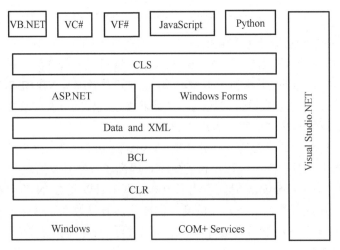

图 1.2　.NET Framework 平台构成的整体结构

.NET Framework 体系结构包括以下五部分：

(1) 程序设计语言及公共语言规范(Common Language Specification，CLS)；

(2) 应用程序平台，ASP[①].NET 及 Windows Forms 等；

(3) ADO[②].NET 及基类库；

(4) 公共语言运行库(Common Language Runtime，CLR)；

(5) 可视化开发环境(Visual Studio)。

.NET Framework 是在.NET 平台上进行开发的基础，ASP.NET、Windows Forms 和 VS.NET 都是.NET 平台的一部分。它用于.NET 应用程序的开发及展示。.NET 平台的核心技术包括公共语言运行库、基类库(Base Class Library，BCL)、各种.NET 编程语言及 Visual Studio.NET。

公共语言运行库是直接运行在 Windows 操作系统上的一个虚拟环境，也是.NET Framework 的基础内容。其主要任务是执行和管理任何一种针对.NET 平台的所有代码。CLR 可以为应用程序提供很多核心服务，如内存管理、线程管理、远程处理、安全管理、异常处理、通用类型系统与生命周期监控等，并且还可以强制实施代码的安全性和可靠性管理。CLR 结构如图 1.3 所示。

在 CLR 控制下的代码称为托管代码。如图 1.3 所示，CLR 的代码管理功能包括多线程支持(Thread Support)、COM 向下兼容 (COM Marshaler)、类型检查(Type Checker)、异常处理(Exception Manager)、安全引擎(Security Engine)、调试引擎(Debug Engine)、IL 到本机实时编译(IL to Native Compilers)、代码托管(Code Manager)、垃圾回收器(Garbage Collector)、类加载(Class Loader)等。

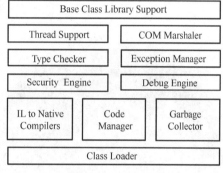

图 1.3　CLR 结构

在.NET Framework 的公共语言运行库的运行环境下，组件都建立在一个共同的底层基础上，不再需要源代码管道的烦琐细节，对象(Object)可以直接交互。CLR 执行模型如图 1.4 所示。

CLR 现在支持几十种现代的编程语言为其编写代码。这些在.NET 基础上编写出来的代码，被以一种中间语言 MSIL(Microsoft Intermediate Language)编译成中间代码，经 CLR 的 JIT(Just In Time)编译器再次编译生成二进制代码，在 CLR 托管下运行，故这些代码在.NET 中称为托管代码(Managed Code)，如图 1.5 所示。所有的 Managed Code 都直接运行在 CLR 上，具有与编程语言平台无关的特性。而没在.NET 的基础上编写出来的代码，如 C、C++、VB 开发出来的 COM 组件或者 API，它们一旦编译后就编译成基于操作系统(OS)的二进制机器码，直接与 OS 通信，中间没有经过 CLR，故此类代码称为非托管代码，如图 1.5 中的 ASP.NET。.NET Framework 可由非托管组件(Unmanaged Component)承载，这些组件将公共语言运行库加载到它们的进程中并启动托管代码的执行，从而创建一个可以同时利用托管和非托管功能的软件环境。.NET Framework 不但提供若干个运行库宿主，而且支持第三方运行库宿主的开发。此外，CLR 还提供了许多简化代码开发和应用配置的功能，同时也改善了应用程序的可靠性。

---

① ASP 即 Active Server Pages。

② ADO 即 ActiveX Data Objects。

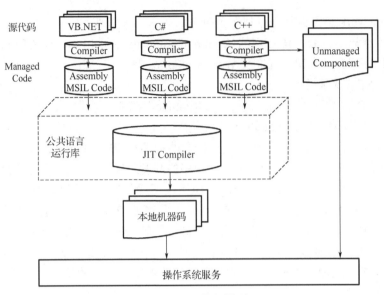

图 1.4　CLR 执行模型

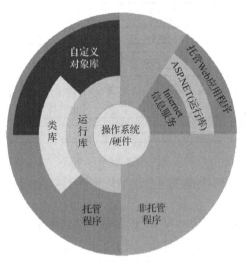

图 1.5　托管与非托管程序

有了 CLR，就可以很容易地设计出对象能够跨语言交互的组件和应用程序。也就是说，用不同语言编写的对象可以互相通信，并且它们的行为可以紧密集成。例如，可以定义一个类，然后使用不同的语言从原始类派生出另一个类或调用原始类的方法，将一个类的实例传递到用不同的语言编写的另一个类。这种跨语言集成之所以成为可能，正是由于基于 CLR 的语言编译器和由 CLR 定义的通用类系统遵循 CLR 关于定义新类以及创建、使用、保持和绑定到类的规则。

CLR 的上层是.NET Framework 类库，或称为基类库，是一个由类(Class)、结构(Structure)、委托(Delegate)、接口(Interface)和值类型(Value Type)组成的库，提供了支持底层操作的一系列通用功能，并且被设计为构建.NET Framework 应用程序、组件和控件的基础。类库是面向对象的可复用的类集合，提供了几乎所有应用程序所需要的公共代码，覆盖了集合操作、线程支持、代码生成、输入/输出(I/O)、数据库访问、XML 支持、目录(Directory)服务、正则表达式、消息支持、映射和安全等领域的内容。类库提供了一个统一的面向对象的、层次化的可扩展的编程接口，可以被各种语言调用和扩展。也就是说，不论 VB.NET、VC#.NET、VF#.NET、VC++.NET，还是 JavaScript、Python，都可以自由调用.NET Framework 的类库。BCL 包含了 4500 个以上的类和众多的方法、属性，编写程序时可随时使用它们来完成开发者的设计任务。这使得开发者能将精力集中在编写他们的应用领域所特有的应用程序的代码，而不必一再重复编写类似读写文件经常使用的功能的代码。使用它们，可以让开发者开发包含从传统的命令行或图形用户界面(Graphical User Interface，GUI)应用程序到基于 ASP.NET 所提供的最新创新的应用程序(如 Web 窗体和 XML Web Services)在内的多种模式的应用程序。

ASP.NET 是微软推出的新一代基于.NET Framework 的 Web 开发平台脚本语言。能够将代码直接嵌入HTML，使设计 Web 页面变得更简单。虽然 ASP 非常简单，但却能够实现非常强大的功能，这一切得益于其组件。特别是 ADO 组件，使得在网页中访问数据库易如反掌。这一切推动了动态网页的快速发展与建设，同时使 ASP 得到迅速发展。

随着.NET 技术的发展，.NET Framework 功能越来越强大。在 Visual Studio 2015 中，.NET Framework 版本升级为 4.6，增加了很多新特性。首先，.NET Framework4.6 的核心是微软已经开源的.NET Core。开发人员既获得了完整的微软官方支持，又能基于一个开源的.NET 构建服务端和云应用。其次，添加了自定义代码页编码的支持。现在可以通过 Encoding.RegisterProvider 的方法来添加不被支持的一些代码页编码，解决了有时出现的字符串不能映射到特定代码页编码的问题。最后，增强了事件（Event）跟踪（ETW）的使用体验。实现了直接构造 EventSource（事件源）对象。通过 Write 方法能够记录一个自我描述的事件。由此带来的好处是简化了进程外 Windows 事件跟踪的活动记录（Record）。

1.1.3 集成开发环境

所有的编程语言在 Visual Studio 2015 中共用一个集成开发环境，其窗体总体布局如图 1.6 所示。该环境由多种界面元素组成，包括标题栏、菜单栏、工具栏、工具箱、界面设计器、属性、代码编辑器、解决方案资源管理器、对象浏览器，以及停泊或自动隐藏在左侧、右侧、底部和编辑器空间中的各种工具窗口。其中，可以使用的工具窗口菜单和工具栏取决于所处理的项目或文件类型。工作中需要显示的窗口可由用户通过"视图"菜单来设置。

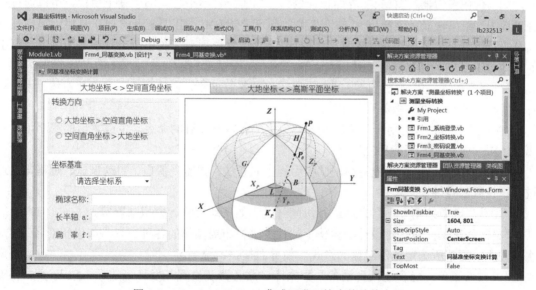

图 1.6　Visual Studio 2015 集成开发环境窗体总体布局

1. 标题栏

标题栏位于 VS 2015 IDE 窗体的顶部，它显示应用程序的名字，如图 1.6 所示。默认情况下，用户建立一个新项目后，标题栏显示的是如下信息：

WindowsApplication1-Microsoft Visual Studio

其中，WindowsApplication1 为解决方案（Solution）名称。随着工作状态的变化，标题信息也随之变化。当处于调试状态时，标题信息如下：

WindowsApplication1(正在调试)-Microsoft Visual Studio

括号中的"正在调试"表明当前的编程工作状态处于调试状态。当处于运行状态时，该括号中的信息又变为"正在运行"：

WindowsApplication1(正在运行)-Microsoft Visual Studio

2.菜单栏

在标题栏的下面是 Visual Studio 2015 集成开发环境窗体的菜单栏，提供了用于创建、保存、生成、调试，以及测试应用程序的所有命令。在不同状态下，菜单栏的菜单个数是不一样的。启动 VB.NET 后，在创建项目(Project)前的"起始页"状态下，菜单栏有 12 个菜单。而当创建或打开项目后，如果当前活动的窗口是窗体设计器，则菜单栏有 15 个菜单；如果当前活动的窗口是"代码编辑器"窗口，则菜单栏有 14 个菜单。当创建或打开项目后，窗体设计器的菜单栏如图 1.6 所示。

每个主菜单项又包含若干子菜单项，灰色的子菜单项是禁用的；菜单项中显示在菜单名后面"()"中的字母为命令字母，菜单项后面显示的为快捷键。例如，新建项目的操作是先按 Alt+F 组合键，再按 N 键；或直接按 Ctrl+Shift+N 组合键。

"文件"菜单：包含与文件操作相关的各种命令，如创建、打开及保存项目等。

"编辑"菜单：包含与文本或控件操作相关的各种命令，如复制、粘贴等。

"视图"菜单：用于显示或隐藏 Visual Studio 2015 集成开发环境中的各种功能窗口或对话框，如"代码编辑器"窗口、"界面设计器"窗口等。若不小心关闭了某个窗口，可以通过选择"视图"菜单来显示该窗口。"视图"菜单还可定制 IDE 的工具栏。若要工具栏上呈现某工具项，只需通过"视图"→"工具栏"，打开工具项复选列表，在相应工具项前面的复选框上勾选即可。反之，可取消某工具项。

"项目"菜单：包含在当前项目中添加或移除各种组件元素的命令，如添加窗体、用户控件、组件、模块、类、服务引用等。

"生成"菜单：包含用于生成解决方案、生成和发布项目的命令。生成之后的程序可以脱离 VB.NET 集成开发环境独立运行。

"调试"菜单：包含选择各种调试应用程序的方法，如监视窗口、启动调试、逐语句、逐过程、设置断点等。

"团队"菜单：用于项目之间进行协同开发，如自动检测、虚拟部署等。

"格式"菜单：包含对设计的窗体上的控件进行布局操作的各种命令，如设置对齐方式、水平间距，调整所选定控件对象的格式，使界面整齐、统一。

"工具"菜单：包含连接到设备、数据库、服务器及设置开发环境选项，以及添加/删除工具箱等。

"体系结构"菜单：包含建模和可视化工具中引入的新图类型，如 UML 图、功能非常强大的 DGML 等。

"测试"菜单：包含与项目测试相关的命令，如新建测试、创建新测试列表等。

"分析"菜单：包含启动性能向导、比较性能报告及探查器等。

"窗口"菜单：包含用于控制窗口布局的各种命令，以及当前打开的窗口列表等。

"帮助"菜单：包含用于获取帮助信息的各种命令，如实现、搜索、目录等。

除了菜单栏中的菜单外，若在不同的窗口中右击，还可以得到相应的专用快捷菜单，也称为下拉菜单或弹出菜单。

3. 工具栏

工具栏位于菜单栏下方，在编程环境下提供了不同功能的菜单项的快捷访问方式，单击工具栏中的按钮，则执行该按钮所代表的操作。当鼠标指针停留在工具栏中的按钮上时，可显示该按钮的功能提示。每一个工具栏按钮都对应菜单栏中菜单下的某个菜单项。如图 1.6 所示。根据当前窗体的不同类型，工具栏会动态改变。VB.NET 提供多种工具栏，用户可根据需要定义自己的工具栏。默认情况下，VB.NET 只显示标准工具栏，其他工具栏，如生成工具栏、调试工具栏、文本编辑工具栏、打开文件列表等，可以通过"视图"→"工具栏"菜单项中的子菜单项将其打开或关闭。

4. 工具箱

工具箱(Tool box)也称为控件箱。"工具箱"窗口是开发 Windows 应用程序常用的窗口，位于开发界面的左侧，默认情况下是自动隐藏的，当鼠标指针接近"工具箱"窗口敏感区域时，它会自动弹出；而单击"工具箱"窗口以外的区域时，又会自动隐藏。"工具箱"窗口如图 1.7 所示。

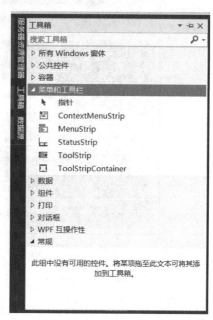

图1.7 "工具箱"窗口

为便于查找应用，"工具箱"窗口以分类形式将众多 VB.NET 控件置于共 60 个选项卡中。其中，默认显示"所有 Windows 窗体""公共控件""容器""菜单和工具栏""数据""组件""打印""对话框""WPF 互操作性""常规"等 10 个常用的选项卡。若在工具箱窗口中右击，从弹出菜单中勾选"全部显示"，即可列出全部 60 个选项卡。在 10 个常用的选项卡中，"所有 Windows 窗体"选项卡存放的常用控件以字母为序列出，便于检索；"常规"选项卡默认为空，为用户预留，开发者可将常用控件拖入其中以方便使用；其他选项卡则按控件所属功能，将所有默认常用的控件分类并置于其中。用户在设计界面时可以从这些选项卡中选择所需的控件拖动到设计窗体(Form)中，就可以把相应的功能增加到项目中。

"工具箱"窗口中选项卡中的控件不是一成不变的，可根据需要增加或删除。在"工具箱"窗口中右击，从弹出菜单中选择"选择项"菜单项，会弹出一个包含所有可选控件的"选择工具箱项"对话框。通过选择或取消选择其中的控件，即可添加或删除选项卡中的控件。同时，VB.NET 允许用户根据工作需要，通过右击，在弹出菜单中对工具箱中的选项卡进行主观编辑，添加或删除选项卡；也可添加"自定义"选项卡，并向其中置入需要的可选控件，以满足个性化需求。

5. 界面设计器

用 VB.NET 创建不同类型的应用程序时，都需要使用相应的界面设计器来完成图形用户界面的设计。

例如，在创建 Windows 窗体应用程序时，可使用 Windows 窗体设计器来完成可视化且基于客户端的窗体界面设计，它对应的是程序运行的最终结果，如图 1.8 所示。建立一个新 Windows 窗体应用项目后，系统将自动建立一个窗体，其默认名称和标题均为 Form1，标题显示在窗体的左上角。"Windows 窗体设计器"窗口的标题是"Form1.vb[设计]"，窗体表面空白处称为工作区或操作区。用户根据需要，可以从工具箱中将控件拖动或绘制到窗体中，通过使用鼠标或方向键移动选定的控件来调整该控件的位置，进行控件布局。通过选择某个控件可在"属性"窗口中编辑该控件的属性；双击界面设计器中的窗体或控件，可直接进入代码编辑窗口，为该窗体或控件编写事件中的代码；这样就完成了程序的界面设计。应用程序的各种图形、图像、数据等都是通过窗体或其中的控件显示出来的。

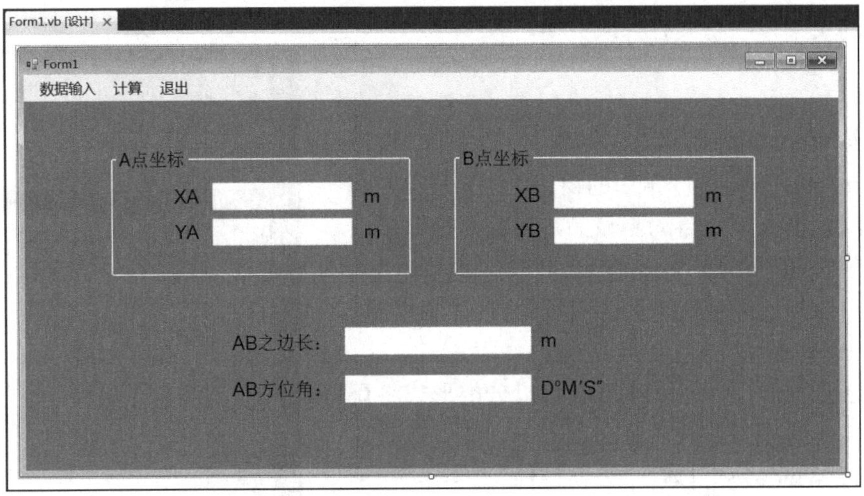

图 1.8　　"Windows 窗体设计器"窗口

图 1.9　　"属性"窗口

6. 属性

属性即对象的各种特征，如名称、文本、字体、颜色、尺寸、位置、对齐方式、数据源、可用或非可用等。不同对象的属性项数也不尽相同。"属性"窗口在进行界面设计时是最常用的，默认位于"解决方案资源管理"窗口的下方(图 1.6)，用于显示设计界面中当前所选窗体或控件的各种特征属性设置信息，如图 1.9 所示。

属性窗口的顶部是"对象组合框"，单击框右侧下三角"▼"按钮，即可显示窗体设计界面中所有在编控件对象名及其所属的命名空间和类列表，用于切换编辑对象。当在设计界面上使用鼠标切换编辑对象时，所选中的控件对象，其名称及所属的命名空间和类便显示在框中，如图 1.9 中，"Frm 同基变换"是窗体对象名，"System.Windows.Forms"是命名空间，"Form" 则是该对象所属的类。

"对象组合框"的下面就是"属性工具栏"，通过工具栏中的按钮可以切换属性排列显示方式，包括分类排列以及按字母顺序排列两种。

"属性工具栏"的下面就是所编辑对象的"属性列表",由属性名及属性值构成。通过设置属性值,系统可自动更新改变窗体或控件属性的后台代码。当然,属性值亦可通过编写代码设置。

"属性说明"位于属性窗口的底部,与"属性列表"联动,用于说明所编属性的用途。

7. 代码编辑器

代码编辑器是编写源代码的处理程序,可以将所有的手写代码添加到集成开发环境产生的代码框架中,如图 1.10 所示。

若要为一个文件打开"代码编辑器"窗口,有以下几种方式:

(1)在界面设计器中,双击设计窗体或双击在其上布局的控件对象;

(2)在界面设计器中,右击并在弹出的快捷菜单中选择"查看代码"菜单项;

(3)选择"视图"→"代码"菜单项;

(4)在解决方案资源管理器上选择文件,再按 F7 键;

(5)在解决方案资源管理器上选择文件,再单击其上工具栏中"查看代码"按钮。

```
14          '——————————————————————— 大地坐标与空间直角坐标转换 ———
15
            0 个引用
16    □    Private Sub TabPage1_Layout(sender As Object, e As System.Windows.Form
17              RBnBLHToXYZ.Checked = True
18
19              Tb1TxtBxElipNam.Enabled = False
20              Tb1TxtBxFlatten.Enabled = False
21              Tb1TxtBxLAxi.Enabled = False
22
23              Tb1DtGdVw1.Enabled = True
24              DatTblBLHω.Clear()
25              Dim DColl ω As DataColumn
26    lin1:
27              For Each DColl ω In DatTblBLHω.Columns
28                  If DColl ω.ColumnName <> "" Then
29                      DatTblBLHω.Columns.Remove(DColl ω.ColumnName)
30                      GoTo lin1
```

图 1.10　"代码编辑器"窗口

8. 解决方案资源管理器

"解决方案资源管理器"窗口位于开发界面的右侧,如图 1.6 所示。该窗口如图 1.11 所示。该窗口用来列出当前解决方案中所有"项目"。默认情况下,解决方案的名称与第一个"项目"同名。可在"项目属性"窗口中修改解决方案的名称。一个解决方案可包含多个"项目",含不同编程语言的项目。每个"项目"中又包含若干子项,这包括组成该项目所需的文件、引用、窗体、类、组件、模块、数据等。在"解决方案资源管理器"窗口中,是以树形结构呈现"项目""子项"的层次结构,可以方便地组织配置应用程序所需的窗体、类、组

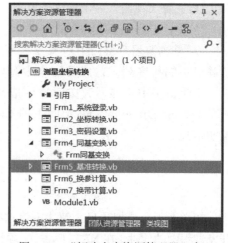

图 1.11　"解决方案资源管理器"窗口

件、模块、数据等子项及文件。这些对象都是以文件形式保存在磁盘中的。如图中，Frm1_系统登录.vb、Frm2_坐标转换.vb 等，它们均保存在以解决方案名称命名的文件夹中。

"解决方案资源管理器"窗口中的工具栏位于该窗口的上部，常用工具按钮如下：

"属性"按钮🔧：打开"项目属性"窗口。

"刷新"按钮↻：刷新所选项或解决方案中的项的状态。

"显示所有文件"按钮▣：显示所有项目及子项，包括正常情况下自藏的项。

"查看代码"按钮<>：打开选定子项的代码编辑窗口。

9. 对象浏览器

对象浏览器是一个极其有用的工具，特别是在学习.NET 时更是如此。它可以选择和检查可用于项目的符号，既可以查看不同组件的对象，包括命名空间、类、结构、接口、类型和枚举(Enum)等，又可以查看对象的成员，包括属性、方法、事件、变量(Variable)、常量及枚举项等，如图 1.12 所示。

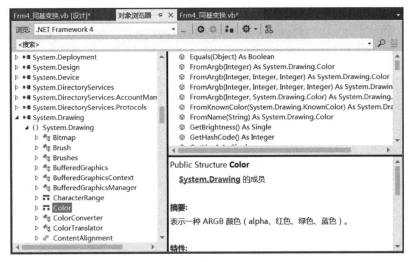

图 1.12　"对象浏览器"窗口

可以通过以下两种方式打开"对象浏览器"窗口：

(1)选择"视图"→"对象浏览器"菜单项；

(2)使用 Ctrl+Alt+J 组合键。

"对象浏览器"窗口中对象窗格用于显示对象的分层结构，通过展开这些结构可以显示其成员的排序列表；成员窗格中列出了属性、方法、事件、变量、常量和包含的其他项；说明窗格中可显示有关对象或成员窗格中选定项的详细信息。例如，图 1.12 中显示的是 System.Drawing 命名空间下的 Color 对象及其有关属性和方法，并给出了该对象的说明信息。

1.2　项目与解决方案

初学者很容易把项目、解决方案这些概念搞混淆。通俗地说，一个项目可以是一个正在开发过程中的软件。在.NET 下，一个项目可以表现为多种类型，如控制台应用程序、Windows

应用程序、类库、Web 应用程序、Web Service、Windows 控件等。如果经过编译，从扩展名来看，应用程序都会被编译为.exe 文件，而其余的会被编译为.dll 文件。既然是.exe 文件，表明它是可执行的，表现在程序中，这些应用程序都有一个主程序入口点，即方法 Main() 或启动窗体。而类库、Windows 控件等则没有这个入口点，仅作为实现某一功能的构件，如同积木，供其他项目调用，所以也不能直接执行。

启动 Visual Studio 2015 集成开发环境后，即打开"起始页"窗口，单击"新建项目"，便可以创建一个新的项目。或者，在 VS 2015 IDE 窗体上，通过在"文件"菜单中，选择"新建"→"项目"菜单项来创建一个新的项目。例如，创建窗体应用程序、控制台应用程序或类库等。此时，VS 2015 IDE 除了建立指定项目外，该项目同时还属于一个解决方案。

通常，一个多功能软件都需要由若干模块组成，为了体现彼此之间的层次关系，利于程序的复用，往往需要多个项目，每个项目实现不同的功能，最后将这些项目组合起来，这就形成了一个完整的解决方案。形象地说，一个解决方案就像一个容器，在其中分层存放了不同的项目。解决方案与项目是大于等于的关系。建立解决方案后，会建立一个扩展名为.sln 的文件。

在解决方案里添加项目，不能再用"新建"菜单，而是要在"文件"菜单中选择"添加"菜单项来添加项目，它可以是新建的项目，也可以是已经存在的项目。

程序集名为 Assembly。通俗来说，一个项目就是一个程序集，或者称为包(Package)。因此，一个程序集也可以体现为一个 DLL 文件，或者 EXE 文件。划分程序集也是大有文章的，不过初学者暂时不用考虑它。

VS支持一个解决方案有多个项目，也就是一个解决方案有多个程序集，如项目 A、项目 B，项目 A 为启动项目。项目 A 要访问项目 B，首先要引用项目 B，假设项目 B 里有个 Public 的 myclass 类，该类里有一个 Public 的方法 P 和一个 Friend(友元)的方法 Q，按照前面说的访问级别的设定，myclass 类的方法 P 在项目 A 中是可见的，而方法 Q 却是不可访问的(Friend 从且仅从同一程序集内部访问)。这就是区别。

1.3 命 名 空 间

1.3.1 命名空间的概念

命名空间(Name Space)是用来组织和复用代码的。由于程序出自不同的人或团队，不可避免会出现类、方法、字段等程序组件重名的情况。尤其对于庞大的类库资源，这个问题甚为严重。如果两个人写的库文件中出现同名的变量或函数，使用起来就存在问题。为了解决这个问题，引入了命名空间的概念。命名空间设计的目的在于提供一种分隔对象名称来避免冲突的方式。在一个命名空间中声明的类与另一个命名空间中的类同名时，并不冲突。

作为.NET 程序代码的组织形式，命名空间提供了一种将类组织到特定逻辑组的机制，所有的可控制代码都组织在称为类的逻辑组中，即.NET Framework 类库使用命名空间来组织它的众多类。命名空间组织类的方式类似于文件系统的树状结构。按照命名空间的分级规则组织类，在形式上命名空间名称是类名称的前缀。图 1.13 给出了命名空间、类、成员示例，以及表达方式。

图 1.13　命名空间的组织形式

这样一来，当对象来自不同命名空间的资源库，即使名称相同也不会发生冲突。在同一个层次的情况下，命名空间必须具有互异的名称，即命名空间名称在一个项目解决方案中必须唯一。同一个命名空间下，不允许两个类同名；同时，不允许类与所属命名空间同名。系统的 BCL 中的典型命名空间示例如表 1.1 所示。

表 1.1　系统的 BCL 中的典型命名空间示例

命名空间	功能
System	基本和常用数据类型、事件和事件处理程序、接口、属性和异常处理等
Microsoft.VisualBasic	Visual Basic 基础命名空间，包含支持 Visual Basic 运行时的类型，如 VBMath 模块、Strings 模块
System.Collections	各种对象集合的接口和类
System.Data	整个 ADO.NET 命名空间
System.Diagnostics	包含一些可以处理系统进程的类
System.Drawing	定义 GDI 功能，提供图形和绘图的各种功能
System.IO	提供了输入/输出流的功能
System.Net	封装与互联网通行有关的协议
System.Math	为三角函数、对数函数和其他通用数学函数提供常数和静态方法
System.Timers	提供 Timer 组件，用于指定引发事件的间隔
System.Threading	与线程相关的类的功能
System.Web.UI	包含各种产生 Web 程序的控件和网页的类
System.Windows.Forms	包含各种产生 Windows 应用程序的类，如控件、可视化组件等
System.Xml	提供处理 XML 标准架构的支持

1.3.2　命名空间的使用

（1）直接使用包含命名空间的类全名。例如，定义变量语句：

```
Dim Lbox As System.Windows.Forms.ListBox
```

（2）在代码模块的最上部使用 Imports 语句导入命名空间，格式：Imports 命名空间，然后在其代码模块中仅用类名。例如：

```
Imports System.Windows.Forms
    …
Dim  Lbox As ListBox
```

注意：新建一个项目时，VB.NET 自动导入部分命名空间的引用。可在"解决方案资源管理器"窗口中查看已导入的部分命名空间内容。

更多有关命名空间的内容见 4.1.7 节中的内容。

1.4 VB.NET 编程初步

1.4.1 可视化程序设计

Visual Basic 从诞生开始就是一种完全可视化的程序设计语言。可视化程序设计力图实现编程的可视化。开发平台拥有一套成熟的图形化界面的集成开发环境，支持可视化开发的工具，致力于让程序设计人员利用开发工具本身所提供的各种控件，像搭积木式地构造应用程序界面。能进行可视化程序设计的语言有很多，Visual C#、Visual F#、Visual C++、Python 以及 Borland 公司的 Delphi 等也都是可视化编程语言。目前可视化程序设计已成为最理想的 Windows 程序开发方式。

可视化程序设计引入了类的概念和事件驱动模式，涉及的基本概念有窗体、控件、属性、事件和事件处理过程等。

(1)窗体是构建可视化程序的基本容器构件。通过在窗体中放置各种部件来构建用户界面。

(2)控件是组成程序运行界面的各种部件，如按钮、文本框、复选框、单选按钮和滚动条等。这些控件都位于工具箱中，设计界面时根据应用构思和创意选择并将其拖入窗体中。

(3)属性是控件的一些特征值，如控件的尺寸、显示在何处、是否可见、是否有效等。

(4)事件是发生在控件上的某种操作，如单击、改变尺寸等。

(5)事件处理过程是主程序获得发生某个事件的消息后应执行的处理程序。

1.4.2 窗体初探

1. 窗体的本质

窗体是用户交互的主要载体，也是可视化程序设计的基础界面。窗体如同一个容器，通过向其中添加控件，可设计出创意无限的用户界面。窗体与.NET Framework 框架中的所有对象一样，是从 Object 类逐层派生出来的子类，继承自 Control 类，表 1.2 列出了窗体类的继承关系。

表 1.2　窗体类的继承关系

窗体类的层次（由高到低）	说明
System.Object	最高层次的父类，所有的.NET 对象都继承自该类
System.MarshalByRefObject	由支持远程访问的应用程序使用。这个类可以访问跨应用程序边界的对象
System.ComponentModel.Component	提供 IComponent 接口的基本实现，并且允许在应用程序之间共享对象
System.Windows.Forms.Control	所有带有可视化界面的组件的基类
System.Windows.Forms.ScrollableControl	提供自动滚动功能
System.Windows.Forms.ContainerControl	允许一个组件包含其他控件
System.Windows.Forms.Form	应用程序的窗口

当用户新建一个 VB.NET 窗体应用程序项目时，系统会在"界面设计器"窗口中自动创建一个名为 Form1 的窗体对象。此时，通过 IDE 窗体上方的"视图"菜单，选择"代码"菜单项即切换为"代码编辑器"窗口，会发现系统已自动生成以下代码结构：

```
Public Class Form1
End Class
```

这是一个典型的窗体对象程序语句块，以 Class 语句为首，End Class 语句结束。Public 为该 Class 块的访问修饰符，界定其在解决方案中可被访问的范围；Form1 为该 Class 块的名称，可以根据需要修改。对窗体及其控件的各项操作的代码均要按执行次序写在这两个语句之间，这便是程序员要完成的主要工作。Class…End Class 是 VB.NET 程序中类的基本结构。

VB.NET 与以前使用的窗体引擎相比，具有如下优点：窗体可以自动改变其中控件的大小；可以把控件锁定在特定的位置，而无须借助第三方工具来完成这些工作。可见，用 VB.NET 定制窗体非常简单。

2. 窗体的属性、方法和事件

作为 Form 类的对象，窗体对用户公开了定义其外观及应用特性的属性、决定其行为的方法以及它与用户交互的事件。通过设置窗体属性及编写对应于特定窗体事件的处理代码，可自定义各种不同特性的窗体对象，满足应用程序的要求。

1) 窗体的属性

窗体生成后的属性都取默认值，用户可以通过选择"视图"→"属性窗口"菜单项，或按 F4 键，或右击窗体，在弹出的快捷菜单中选择"属性"菜单项来激活属性窗口，并对其属性值进行设定。

窗体的常用属性如表 1.3 所示。

表 1.3　窗体的常用属性

属性	说明
Name	设置窗体的名称，供程序中引用窗体对象时使用。系统会自动生成"Form+序号"作为默认名，如 Form1 窗体，用户可以修改 Name 属性
Text	设置窗体的标题。注意：该属性不能作为窗体名被引用
Size	设置窗体的高度和宽度，它有两个子属性是 Height 和 Width
Location	指定窗体左上角距屏幕左上角上的位置坐标
Font	设置窗体上的字体信息，它有若干子属性，如字体、字号、字形等
IsMdiContainer	设置窗体是否是 MDI 父窗体性质。True 表示是，False 表示否
TopMost	设置窗体是否置于所有窗体的最上方。True 表示是，False 表示否。设置为 True 时，即使窗体处于在非激活状态，也能覆盖其他窗体
Enabled	设定窗体能否响应事件。True 表示窗体能对事件产生影响，False 表示禁用
WindowState	设置窗体运行时的状态，Normal 为正常状态，此时的大小和位置由窗体的 Width、Height、Left、Top 决定，Minimized 表示窗体将最小化成图标，Maximized 表示窗体将最大化

2) 窗体的常用方法

VB.NET 有多个方法和语句来控制窗体的加载、显示、隐藏、卸载等，表 1.4 列出了窗体的常用方法。

表 1.4 窗体的常用方法

方法	说明
Show	加载并显示窗体
Close	关闭窗体
Hide	隐藏窗体
Update	重绘工作区的无效区域
Refresh	强制对象，使其工作区无效，并立即重绘

调用以上方法的语法格式如下：

窗体名.方法()

使用 IDE 的窗体设计器创建的窗体本质上是类，当在运行中显示窗体的实例时，此类就用作创建新窗体的模板。

3) 窗体的事件

每个窗体的实例对象(Object Instance)都可以识别和响应由系统事先设计定义好的窗体事件，作为对窗体事件的响应，开发人员需要根据编程逻辑编写事件处理代码。开发人员不能自己创建新的窗体事件。

窗体的常用事件如表 1.5 所示。

表 1.5 窗体的常用事件

事件	说明
Load	加载窗体时引发该事件
Activated	窗体活动时引发该事件
Resize	窗体改变大小时引发该事件
Click	单击窗体时引发该事件
DoubleClick	双击窗体时引发该事件
Shown	每当窗体第一次显示时引发该事件

1.4.3 简单控件

用户程序界面中，除窗体外，还需在窗体中添加各种控件。.NET 类库中的各类控件定义了丰富的可响应的事件，供设计者编写事件处理程序代码，从而完成程序各部分应执行的操作。还可以通过设置其属性值设计出精美的图形用户界面。控件在 VB.NET 可视化程序设计中是一个非常重要的角色，是 VB.NET 编程的重要基础。

控件本质上是继承于 Control 类的子类。事实上，Windows 操作系统完全采用面向对象和组件化的设计理念，我们所见的一切 GUI 图形元素都是对象类，并且有着共同的"祖先"。一切 Windows 图形元素皆是由 Control 类衍生而来的，窗体实质上也是一种特殊的控件，它们"本是同根生"！

本节仅介绍标签 Label、文本框 TextBox 和按钮 Button 这三种最基本的控件及其属性。

1. 标签 Label

标签 Label 控件即标签用于显示字符串，通常在界面上用来显示文字说明信息或标识输入、输出区域。表 1.6 列出了 Label 控件的常用属性。

表 1.6　Label 控件的常用属性

属性	说明
Autoilze	设置标签能自动调整大小，以显示所有的内容
Borderstyle	设置标签是否具有边框以及边框的样式
Name	设置标签的名称，默认标签名为 Label1,Label2,…
Image	设置标签的背景图像
TabIndex	设置标签的索引
Text	设置标签上显示的文本
TextAlign	设置标签上显示的字符的对齐方式
Visible	设置标签是否显在窗体上

尽管 Label 控件也能响应很多事件，如 Click、Resize、TextChanged 等，但在实际使用中主要用它来标识信息，一般不编写事件的响应程序代码，除非有特殊的需要。

2. 文本框 TextBox

文本框 TextBox 控件用来显示输入/输出的文本信息，是开发应用程序时较常用的控件之一。通常用于编辑文本或输出运算结果，是相当灵活的数据操作工具。通过属性设置，可调整其控件大小、成为只读控件、单行显示或多行显示、控制其文本换行，以及进行字体格式设置等。

TextBox 控件显示的文本包含在其 Text 属性中。默认情况下，最多可在一个文本框中输入 2048 个字符。如果将 MultiLine 属性设置为 True，则最多可输入 32 KB 的文本。可以在运行时通过读取 Text 属性来检索文本框的当前内容。表 1.7 列出了 TextBox 控件的常用属性。

表 1.7　TextBox 控件的常用属性

属性	说明
Text	存放字符串，常用于输入/输出文本信息。可在运行时调整 Text 属性
TextAlign	用来设定输入文字的对齐方式
MultiLine	设置文本框是否能接受多行显示。False 只接受单行文本；True 可以自动换行
MaxLengh	设置文本框中能放入的最大字符长度，默认为 32767
ScrollBars	设置文本框中是否出现水平或垂直滚动条
PasswordChar	可在窗口中加入想要取代当前字符显示的符号
ReadOnly	设置文本框是否只读。接收用户数据，设置为 False；仅显示数据，设置为 True
SetectionStart	设置文本框中选择的文本的起始位置
SelectionLength	设置文本框中选择的文本的长度
SelectedText	返回文本框中选择的文本内容

TextBox 控件最常用的事件是 TextChanged 事件，该事件在文本框的 Text 属性发生改变时引发。文本框还有自己的方法，它们为开发人员设置文本框提供了方便。表 1.8 列出了 TextBox 控件的常用方法。

表 1.8　TextBox 控件的常用方法

方法	说明
Copy	将选取的文本复制到剪切板

方法	说明
Paste	将剪切板中的文本粘贴到文本框中
Cut	将选取的文本剪切下并复制到剪切板
Undo	文本框复原为最后一次改动时的内容
Clear	清除文本框的内容
Select	选取全部文本

3. 按钮 Button

按钮 Button 控件用来执行某一指令。按钮常用事件是 Click 事件，当用户单击该按钮时，就会执行该事件处理程序，完成预设的功能。表 1.9 列出了 Button 控件的常用属性。

表 1.9　Button 控件的常用属性

属性	说明
Name	设置按钮名称，可以在程序代码中使用这个名称对按钮进行操作
Visible	设置按钮是否可见。Ture 为可见；False 为不可见
Enable	设置按钮是否可用。True 表示可响应外部事件；False 表示不响应外部事件
Text	设置按钮上显示的文本
TextAlign	设置按钮上文字的对齐方式

1.4.4　事件驱动

1. 基本概念

事件驱动是 VB.NET 基本编程范式。事件驱动是指计算机根据捕获到的事件执行相应的事件处理程序，完成规定的操作。事件驱动的核心是事件，事件驱动机制由事件触发、事件捕获和事件处理三部分组成。

(1)事件触发，由携带事件的对象在满足触发条件时触发，如单击控件、控件获得焦点、按键等。窗体及控件等对象，都定义了大量来自用户、硬件及软件的事件。

(2)事件捕获，系统在事件捕获机制中，会维持一个事件消息队列，将捕获到的事件分发到目标对象。

(3)事件处理，获得事件发生消息的目标对象，启动事件响应程序，执行事件处理操作。

由于 Windows 本身就基于事件驱动模型，因而在 Windows 操作下实现事件驱动模式的编程相当便利。事件的捕获和发送均由 Windows 完成，.NET 及 VS 2015 环境又进一步封装了事件捕获和发送过程，因此，对于 VB.NET 程序员来说，只需要将注意力集中到如何正确编写事件处理程序即可。

2. 事件过程

上述事件驱动中的"事件"，实质上是在对象(窗体和控件)上预先定义好的某些特定操作行为，如 Click(单击)、DoubleClick(双击)、TextChanged(内容改变)和 Tick(定时滴答)等。为一个事件所编写的处理程序称为事件过程。如上所述，当应用程序捕获到 VB.NET 对象发生的事件时，便会自动调用相应的事件过程。

对于窗体而言，当窗体对象得到系统消息通知，捕获到窗体本身或其上的控件对象触发某一事件时，窗体主程序会自动调用在其 Class…End Class 程序块中定义的事件过程，完成事件处理。

1) 窗体/控件事件过程

窗体/控件事件过程的结构形式如下：

```
Private Sub 过程名([参数列表])Handle 窗体/控件名.事件名
    [声明过程局部变量]
    语句
End Sub
```

其中，Private 是该 Sub 语句块的访问修饰符，表明该 Sub 语句块属本窗体私有，只能在本窗体的 Class…End Class 程序块中被访问，外部的代码无权访问。关键字 Handle 引导的子句，用于指定所处理的事件。

2) 切换"代码编辑器"窗口与"界面设计器"窗口

切换"代码编辑器"窗口与"界面设计器"窗口的常用方式有以下五种：

(1) 在"界面设计器"窗口中双击窗体或控件，系统会自动打开"代码编辑器"窗口，并智能提供默认的事件过程代码框架。

(2) 选择"视图"→"代码"菜单项，可打开"代码编辑器"窗口，用户此时可编写代码。

(3) 选择"视图"→"设计器"菜单项，可打开"界面设计器"窗口，用户此时可创意设计程序用户界面。

(4) 在"界面设计器"窗口中右击，在下拉菜单中选择"查看代码"菜单项，即可打开"代码编辑器"窗口。在"代码编辑器"窗口，选择"解决方案资源管理器"窗口中相应的窗体文件名并右击，在下拉菜单中选择查看"查看设计器"菜单项，又可返回"界面设计器"窗口。

(5) 在编辑窗体的上方，选择已打开的"代码编辑器"窗口或"界面设计器"窗口，即可实现"代码编辑器"窗口与"界面设计器"窗口的切换。

3) 如何建立事件过程

有以下三种常用方式可以建立事件过程：

(1) 在"界面设计器"窗口中，双击要编辑的控件对象，便切入相应对象的 Click 事件过程代码编辑模式。

(2) 在"界面设计器"窗口，从"属性"窗口上方的对象组合框中，单击下三角按钮展开对象列表，选定要编辑的窗体或控件对象，然后，单击其下面的事件按钮展开事件列表，选定要设事件，便切入相应对象事件过程的代码编辑模式。

(3) 在"代码编辑器"窗口上方的对象组合框中，单击下三角按钮展开对象列表，选定要编辑的窗体或控件对象，然后，在其右邻的事件组合框中，单击下三角按钮展开事件列表，选定要设事件，便切入相应对象事件过程的代码编辑模式。

上述三种方式充分利用了 IDE 本身提供的可视化功能，自动生成一些固定格式的代码框架，引导用户把主要精力放在实现程序应用功能的语句编写上，自动化程度高，不易出错。

自动生成的窗体及其控件的事件过程名称由窗体/控件名(Name 属性)、下划线和事件名组成。用户可以根据设计需要修改过程名称，并在其中插入事件处理代码。注意：写代码时，事件或对象的名称不能随意改变，必须调整时，应该通过属性窗口操作。

3. 常用事件

事件的种类很多，欲掌握所有的事件实非易事。本节介绍 VB.NET 中较常用的两大类事件：鼠标事件和键盘事件。

1）鼠标事件

鼠标事件是 VB.NET 中较常用的事件，它是由鼠标引发的。表 1.10 列出了常见的鼠标事件及其引发条件。

表 1.10 常见的鼠标事件及其引发条件

事件名称	引发条件
Click	单击时引发
DoubleClick	双击时引发
MouseMove	鼠标移动时引发
MouseDown	鼠标被按下时引发
MouseUp	鼠标被按下又被释放时引发
MouseLeave	鼠标离开对象时引发
MouseWheel	鼠标中间的滚动轮滚动时引发

注意：在一个单击过程中，其实引发了三个事件，依次为 MouseDown、Click 和 MouseUp。双击则依次引发了 6 个事件，分别为 MouseDown、Click、MouseUp、MouseDown、DoubleClick、MouseUp。

除非要确定事件的引发顺序，否则不必对鼠标的所有事件编写代码，只需对其中的一个或几个事件编写代码即可。

2）键盘事件

键盘事件也是 VB.NET 中较常用的事件，它是由键盘引发的。键盘事件包括 KeyDown、KeyUp、和 KeyPress 等，分别代表键按下、键弹起和一个完整的按键事件。可以通过对象参数 e 的 KeyChar 属性来判定用户的按键。

1.4.5 可视化编程步骤

使用 VB.NET 编程，一般先设计应用程序界面，再分别编写各对象事件的程序代码或其他处理程序，一般步骤归纳如下。

1. 创建应用程序界面

界面是用户和程序交互的桥梁，用 VB.NET 创建的 Window 应用程序界面一般由窗体、按钮、菜单、文本框和图像框等构成。根据程序的功能要求和用户与程序之间信息交流的需要来确定需要哪些对象，来规划界面的布局。

2. 设置窗体/控件的属性

根据规划的界面要求设置各个窗体/控件对象的属性，如对象的外观、名称、颜色、大小等。大多数属性的取值既可以在设计时通过属性窗口来设置，也可以在程序运行时通过编程来动态地设置或修改。

3. 编写程序代码

采用事件驱动的编程机制，针对窗体中各控件所支持的事件或方法编写代码。当界面设计完成后，就可以通过"代码编辑器"窗口来编写事件过程代码，以完成对相应事件做出响应和信息处理等任务。

4. 保存应用程序

一个 VB.NET 程序就是一个项目，在建立一个新的应用程序(项目)时，系统要求用户输入项目名和存放路径，然后根据用户提供的项目名，在指定文件夹中建立一个用项目名命名的子文件夹，并在该子文件夹中保存与应用程序有关的所有文件，包括解决方案文件(.sln)、项目文件(.vbproj)、窗体文件(.vb)等。当打开一个项目(文件)时，与该项目有关的所有文件同时被装载。

5. 运行和调试程序

程序设计并保存后，需要调试运行程序以便发现错误。可以通过"调试"→"启动调试"菜单项来运行程序，也可通过工具栏中的"启动调试"按钮或 F5 键来运行程序。当运行中出现错误时，VB.NET 将在"输出"窗口的"调试"窗口中显示错误信息。若程序没有错误，运行后将在项目所存放的子文件夹的[...\bin\Debug]子文件夹中，自动生成应用程序的可执行文件(扩展名为.exe)，该可执行文件可以脱离 VB.NET 环境单独运行。

1.5　程　序　初　步

1.5.1　简单 VB.NET 程序设计

〖例 1.01〗旋转椭球体元素

旋转椭球体是地图投影学中的地球数学模型。旋转椭球体如图 1.14 所示，设椭球体长半轴为 a，短半轴为 b。本例设计旋转椭球体元素计算程序。椭球体元素包括扁率、第一偏心率及第二偏心率等，计算公式如下。

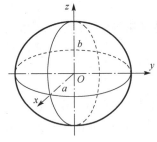

图 1.14　旋转椭球体

扁率：

$$f = \frac{a-b}{a} \tag{1-1}$$

第一偏心率：

$$e_1 = \frac{\sqrt{a^2-b^2}}{a} \tag{1-2}$$

第二偏心率：

$$e_2 = \frac{\sqrt{a^2-b^2}}{b} \tag{1-3}$$

表 1.11 列出了常见旋转椭球体参数。

表 1.11　常见旋转椭球体参数

椭球名称	年份	a/m	b/m	f
Krassovsky	1940	6378245	6356863.01877305	1/298.3
IUGG-1975	1975	6378140	6356755.28815753	1/298.257
WGS-84	1996	6378137	6356752.31424518	1/298.257223563
CGCS2000	2000	6378137	6356752.31414036	1/298.257222101

创建窗体程序的步骤如下。

（1）启动 VS 2015，单击"新建项目"按钮，打开"新建项目"窗体，如图 1.15 所示。

图 1.15　"新建项目"窗体界面

（2）选择 Visual Basic 模板，选择 Windows 窗体应用程序；在该窗体的下方的"名称"文本框中输入项目名称，如 EllipsoidElement，单击"浏览"按钮，选择项目文件存放的位置。单击"确定"按钮，进入窗体设计界面，如图 1.16(a)所示。

（3）单击打开窗体左侧"工具箱"窗口，向 Form1 窗体中拖入 4 个单选按钮 RadioButton 控件实例 RadioButton1～RadioButton4，并在设计界面右下方的"属性"窗口中，依次改写它们的 Text 属性值为 Krassovsky、IUGG-1975、WGS-84、CGCS2000；拖入 GroupBox 分组框控件实例 GroupBox1，将 4 个单选按钮 RadioButton 控件集成为一组控件，并改写 GroupBox1 的 Text 属性为"选择椭球"。经集成后，4 个单选按钮在程序运行时只能选中其一，此时，被选中的 RadioButton 控件的 Boolean 型 Checked 属性值为 True；否则为 False。

（4）再向 Form1 窗体中分别拖入按钮 Button 控件和文本框 TextBox 控件实例各一个，即 Button1 和 TextBox1；选中 TextBox1，然后在"属性"窗口中设置 TextBox1 的属性。将 Multiline(多行)属性值设置为 True；将 ScrollBars 属性值设置为 Vertical；单击 Font(字体)属性右侧按钮，弹出字体属性配置窗口，并将其中的"大小"设置为"小四"。

（5）双击 Form1 窗体区域，进入"代码编辑器"窗口，在该窗体中录入下面的程序代码。

(6) 从界面上方的工具栏中，单击"启动"按钮运行程序，选择相应的椭球名称，单击 Button1 按钮，TextBox1 输出程序运行结果，如图 1.16(b) 所示。

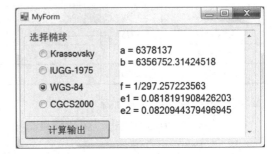

(a) 用户界面设计　　　　　　　　　　　　(b) 程序运行界面

图 1.16　椭球体参数计算程序界面

[VBcodes Example：101]

旋转椭球体元素程序代码见[VBcodes Example：101]。

代码说明如下。

(1) Imports System.Math 语句的作用就是在本项目中添加 .NET Framework 类库中的 System.Math 类，以便使用其中的求平方根 Sqrt() 函数方法。注意：Imports 语句通常必须位于代码段的顶端首行的位置，多个 Imports 语句可以并列。

(2) Public Class Form1…End Class 是一个完整的窗体应用程序代码块。以 Class Form1 为起始语句，以 End Class 为截止语句，这就是 VB.NET 程序中类的基本封装结构，Class 是类的关键字，Public 为访问修饰符关键字，表明 Form1 窗体类是属于本项目的公共类。

(3) 代码中的 Dim 语句的作用是定义变量，Dim 为关键字，定义在本 Class Form1 中使用的变量，即 Class Form1 的私有变量，如长半轴 a、短半轴 b、扁率 FlatRate、第一偏心率 Eccentricity_1、第二偏心率 Eccentricity_2 等。Double 则用于指定数据的值类型，为双精度类型。当程序运行完 End Class 语句结束时，所有 Dim 定义的变量内存将得到释放。

(4) Private Sub Button1_Click(sender As Object, e As EventArgs) Handles Button1.Click…End Sub 代码块是在本 Class Form1 中处理 Button1.Click 事件的一个过程方法，其功能是当接收到单击 Button1 按钮的事件消息后，依据 RadioButton 控件选中的椭球，确定椭球长短半轴 a、b 的值，并调用 Ellipsoid(a, b) 过程方法，然后在 TextBox1 文本框中显示计算结果。Private 为该 Sub 过程方法的访问修饰符关键字，表明该方法为 Class Form1 中的私有过程方法，Class Form1 之外的代码无权访问该方法。

(5) Private Sub Ellipsoid(A As Double, B As Double)…End Sub 代码块是在 Class Form1 中定义的一个常规的带参 Sub 过程方法，功能是完成椭球元素扁率、第一偏心率及第二偏心率的计算，名称为 Ellipsoid，用于其他应用代码调用该过程方法。与事件过程不同的是：该过程未经调用访问，是不会被执行的。

〖例 1.02〗测角前方交会法

本例设计测角前方交会定点计算程序。测绘中的测角前方交会定点如图 1.17 所示，A、B 为已知点，α、β 为观测角，求 P 点坐标值。

计算公式见式(1-4)。

$$x_P = \frac{x_A \cot\beta + x_B \cot\alpha - y_A + y_B}{\cot\alpha + \cot\beta}$$
$$y_P = \frac{y_A \cot\beta + y_B \cot\alpha + x_A - x_B}{\cot\alpha + \cot\beta}$$
(1-4)

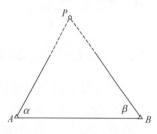

图 1.17　前方交会定点示意图

项目建立过程同上例，不再赘述。程序代码见[VBcodes Example：102]。

程序界面及运行示例见图 1.18。与前例相比，界面设计更加

[VBcodes Example：102]

丰富。整体上，布局 6 个文本框 TextBox 控件用于数据输入，并用 6 个标签 Label 控件对文本框注释，使数据输入更加明确；使用 1 个 TextBox 控件于结果输出，简洁明了；使用 2 个分组框 GroupBox 控件，对性质一致的数据输入控件进行功能集成，使界面逻辑清晰完整；使用图片框 PictureBox 控件加载示意图，使程序界面更显友好人性；按钮 Button 控件用于执行计算。

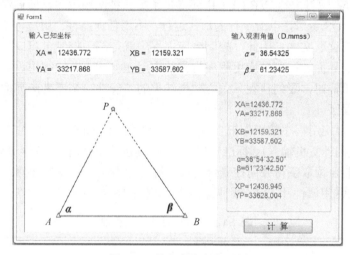

图 1.18　前方交会程序界面

代码说明如下。

（1）本例在 Class Form1 窗体类中，共有两个事件处理过程。一个是处理 Me.Load 事件的 Sub Form1_Load 过程，即当加载 Form1 窗体时，完成 CalcuResult 变量初始化清空，并对输出文本框 TextBox7 的 Enabled 属性进行设置。注意：这里的 Me 就是指 Form1 窗体本身，若换作 Form1，则会产生指代自身的错误，因为 Form1 是类名。另一个是处理 Button1.Click 事件的 Sub Button1_Click 过程，其功能是完成数据输入、调用函数进行计算等操作。

（2）本例应用了另一种方法形式，即 Private 过程方法 Sub ForwardMeeting，其功能就是完成前方交会计算，坐标以及观测角数据作为参数传入该过程。

（3）本例还应用了一种方法形式，即 Function 函数方法。其一，Private Function CRad（AngDMS#）…End Function，功能就是将 D.mmss（°′″）格式输入的角度转换为以弧度为单位的角度值；其二，Private Function DMS（AngDMS#）…End Function，功能就是将角度值按 °′″ 形式格式化，便于显示输出。与 Sub 过程方法不同的是，Function 函数方法具有返回

值，可通过函数名返回，如 CRad = AngDEG * PI / 180；或通过 Return 语句返回，如 Return String.Format(″{0}°{1}′{2:f2}″″, DD, MM, SS)。

1.5.2　VB.NET 程序基础架构

通过以上两个简单程序设计的示例，可以归纳出关于 VB.NET 程序设计的基本特点：Class…End Class 是 VB.NET 程序设计的基本代码单元，这是类的基本结构；在 Class 中，可以根据应用需求设计封装一系列存储数据用的变量字段、过程方法、函数方法等，完成特定的运算、操作以及 Class 内部与外部的数据交换功能。这些字段、方法等单元均称为 Class 的成员。由于 Public 修饰的成员是公用的，所以 Class 的外部代码一般可以访问；而由于 Private 修饰的成员是 Class 的私有成员，所以 Class 的外部代码不能直接访问。

当然，示例程序中还有一些细节在此没有进一步讨论，将在后面各章节中具体陈述。

1.5.3　控制台程序

除 Windows 应用程序外，VB.NET 中还提供了另一种应用程序，即控制台应用程序。其用户界面类似于 DOS 窗口，以命令行的形式运行，不用任何控件。用户可通过键盘向其中输入文本，或从屏幕读取文本。因此，控制台应用程序就是基于控制台窗口进行文本交互的程序，没有可视化的界面。控制台应用程序常常被应用在测试、监控等用途。例如，当进行某些算法原理代码验证时，我们往往只关心数据结果的正确性，暂不考虑界面的设置，就可以使用控制台应用程序。

对.NET 控制台应用程序的操作来自 System 命名空间的 Console 类，它包括控制台应用程序的标准输入流（向计算机输入）、标准输出流（向控制台输出）和标准错误流（错误提示信息），这提供了对从控制台读取字符并向控制台写入字符的应用程序的基本支持。

Console 类的常用属性和方法分别见表 1.12 和表 1.13。

表 1.12　Console 类常用属性

名称	说明
BackgroundColor	获取或设置控制台的背景色
ForegroundColor	获取或设置控制台的前景色
BufferHeight	获取或设置缓冲区的高度
BufferWidth	获取或设置缓冲区的宽度
CursorSize	获取或设置光标在字符单元格中的高度
CursorVisible	获取或设置一个值，用以指示光标是否可见
WindowWidth	获取或设置控制台窗口的宽度
WindowHeight	获取或设置控制台窗口区域的高度
WindowLeft	获取或设置控制台窗口区域的最左边相对于屏幕缓冲区的位置
WindowTop	获取或设置控制台窗口区域的最顶部相对于屏幕缓冲区的位置
In	获取标准输入流
Out	获取标准输出流
Error	获取标准错误流
KeyAvailable	获取一个值，该值指示按键操作在输入流中是否可用
Title	获取或设置要显示在控制台标题栏中的标题

表 1.13 Console 类常用方法

名称	说明
Beep	通过控制台扬声器播放提示音
Clear	清除控制台缓冲区和相应的控制台窗口的显示信息
OpenStandardInput	获取标准输入流
OpenStandardOutput	获取标准输出流
Read	从控制台标准输入流读取字符串，不换行
ReadKey	获取用户下一个按键，并显示在控制台窗口中
ReadLine	按行从控制台标准输入流读取字符串
SetWindowPosition	设置控制台窗口相对于屏幕缓冲区的位置
SetWindowSize	将控制台窗口的高度和宽度设置为指定值
Write()	将指定文本连续向控制台输出，不换行
Write(String, Object)	使用指定格式，将指定对象的文本向控制台连续输出，不换行
WriteLine	将当前行终止符写入标准输出流
WriteLine()	将指定文本向控制台输出后换行
WriteLine(String, Object)	使用指定格式，将指定对象的文本向控制台输出后换行

在 IDE 窗体中，用户可以通过执行"新建项目"→"控制台应用程序"命令来创建.NET 的控制台程序的框架，它实际上是一个 Module 模块，该模块中包含一个 Sub Main()过程，如下：

```
Module Module1
    Sub Main()
       ...
    End Sub
End Module
```

用户便可在 Sub Main()与 End Sub 之间输入程序代码。

〖例 1.03〗圆的周长和面积

用控制台应用程序完成输入圆的半径，求圆的周长和面积。程序代码见 [VBcodes Example：103]。

[VBcodes Example：103]

上述程序中，顶部通过 Imports 语句添加引用 System.Math 类，可在程序中使用常数 PI(3.1415926535)。程序运行结果如图 1.19 所示。

图 1.19 控制台应用程序界面

第 2 章　VB.NET 编程基础

通过第 1 章的学习，大家已经初步了解了 VB.NET 可视化编程的知识，但若想真正掌握 VB.NET 编程，还要从语言基础学起。本章将系统地介绍 VB.NET 语言，包括基本数据类型、数据的运算、语句控制结构、函数、数组以及 VB.NET 程序面向过程的构成和程序设计方法等。

2.1　基本数据类型

在应用程序中总要处理各种数据，编程语言通过规定一些数据类型来存储不同类型的数据。VB.NET 内置了 12 种基本数据类型，每种类型拥有一个固定的名字，表 2.1 列出了所有的基本数据类型。

表 2.1　12 种 VB.NET 基本数据类型

类型	关键字	存储空间/字节	取值范围
字符型	Char	2	0～65535〔无符号〕
字符串型	String	取决于实现平台	0～20 亿个 Unicode 字符
字节型	Byte	1	0～255(无符号)
短整型	Short	2	−32768～32767
整型	Integer	4	−2147483648～2147483647
长整型	Long	8	−9223372036854775808～9223372036854775807
小数型	Decimal	16	无小数点时，+/−79228162514264337593543950335；有小数点时，+/−7.9228162514264337593543950335；带 28 位小数的数，最小的非 0 数为+/−0.0000000000000000000000000001(28 位小数)
单精度浮点型	Single	4	负数范围为−3.402823×10^{38}～−1.401298×10^{−45}；正数范围为 4.94065645841247×10^{−324}～1.79769313486232×10^{308}
双精度浮点型	Double	8	负数范围为−1.79769313486232×10^{308}～−1.94065645841247×10^{−324}；正数范围为 4.94065645841247×10^{−324}～1.79769313486232×10^{308}
布尔型	Boolean	取决于实现平台	True 或 False
日期型	DateTime	8	0001 年 1 月 1 日 0:00:00 到 9999 年 12 月 31 日 23:59:59
对象型	Object	4(32 位平台)或 8(64 位平台)	任何类型数据都可以存储在 Object 类型的变量中

这 12 种类型可分为数值、字符和其他数据类型。下面将分别介绍它们。

2.1.1　数值数据类型

数值数据类型包括字节型(Byte)、短整型(Short)、整型(Integer)、长整型(Long)、小数型(Decimal)、单精度浮点型(Single)和双精度浮点型(Double)。为合理使用内存资源，系统为不同类型的数据开辟的内存空间是不同的。

1. 字节型

字节型以 1 字节(8 位)空间来存储无符号整数，可存储 0～255 内的整数。如下面的语句将 128 赋值给 Num 变量：

```
Dim Num As Byte
Num = 128
```

因字节是计算机的基本存储单元，故以字节为单位的处理或算术运算速度极快。

2. 短整型

短整型以 2 字节(16 位)空间来存储带符号整数，可表示的整数是 –32768～+32767。例如，下面的语句将 5058 赋值给 PointID 变量：

```
Dim PointID As Short
PointID = 5058
```

3. 整型

整型以 4 字节(32 位)空间来存储带符号整数，可表示的整数是 –2147483648～+2147483647。例如，下面的语句将 200012 赋值给 SideID 变量：

```
Dim SideID As Integer
SideID = 200012
```

4. 长整型

长整型以 8 字节(64 位)空间来存储带符号整数，可表示的整数是 –9223372036854775808～+9223372036854775807。

例如，下面的语句将 410802196506272510 赋值给 PersonID 变量：

```
Dim PersonID As Long
PersonID = 410802196506272510
```

5. 小数型

小数型以 16 字节(128 位)空间来存储有符号非整型数。十进制数位为 0～28 位。小数位数为 0 时，最大的可能值为 +/–79228162514264337593543950335；如果小数位数为 28，则最大值为 +/–7.9228162514264337593543950335，且最小非零值为 +/–0.0000000000000000000000000001 (+/–1E–28)。

例如，下面的语句将 0.00000012 赋值给 TestData 变量：

```
Dim TestData As Decimal
TestData = 0.00000012
```

Decimal 类型比较适合财务类数据的计算，即需要记录的数据的位数很大，但又不允许出现四舍五入的计算误差。

6. 单精度浮点型

单精度浮点型以 4 字节(32 位)空间来存储单精度浮点数。其中符号占 1 位；指数占 8 位；其余 23 位表示尾数。单精度浮点型比小数型支持的有效位少，且可能导致四舍五入的误差，但它可以表示的数的范围比小数型要大。单精度浮点数可以精确到 7 位十进制数，其负数的取值范围为 $-3.402823 \times 10^{38} \sim -1.401298 \times 10^{-45}$，正数的取值范围为 $1.401298 \times 10^{-45} \sim 3.402823 \times 10^{38}$。

注意：浮点数可以用 mmmEeee 格式来表示，其中 mmm 表示尾数部分(有效数字)，eee 表示指数部分(10 的方幂)。

7. 双精度浮点型

双精度浮点型以 8 字节(64 位)空间来存储双精度浮点数。其中符号占 1 位；指数占 11 位；其余 52 位表示尾数。双精度浮点型比单精度浮点型支持更大的数据范围，它可以精确到 15 或 16 位十进制数，其负数的取值范围为 $-1.79769313486231570 \times 10^{308} \sim -4.94065645841246544 \times 10^{-324}$；正数的取值范围为 $4.94065645841246544 \times 10^{-324} \sim 1.79769313486231570 \times 10^{308}$。双精度浮点数存储实数的近似值。

2.1.2 字符数据类型

字符数据类型包括字符型(Char)和字符串型(String)。

1. 字符型

Char 类型是指单个 Unicode 字符，以 2 字节(16 位)空间来存储一个 Unicode 字符代码，代码范围为 0～65535。例如，下面的语句将字符"E"赋值给 RowID 变量。

```
Dim RowID As Char
RowID = "E"
```

注意：

(1)Unicode 是字符符号的国际标准码，与语言、平台及程序无关，可通过 unicode.org 了解更多信息；

(2)虽然 Char 类型以无符号的整数形式存储，但不能直接在 Char 类型和数值型之间进行转换。

2. 字符串型

字符串是一个 Unicode 字符序列。在 String 类内部，是使用一个字符数组(Char())来维护字符序列，因此，字符串的最大长度就是字符数组的最大长度。理论上最大长度为 Integer 类型的最大值，即 2147483647。但实际应用中，一般可获取的最大值小于理论最大值，这是因为，一个 Char 类型占用 2 字节，2147483647 个 Char 类型就是 4294967294 字节，这接近于 4GB 大小，系统一般是无法分配这么一大块连续的内存空间，极可能造成内存溢出。

String 类型的字符串放在一对半角双引号内，其中长度为 0 的字符串(不含任何字符)称为空字符串。例如，下面的一组语句将"张三"赋值给 StudentName 变量，为 StrValue 变量赋值空字符串，将"2.0"赋值给 VNumber 变量：

```
Dim StudentName As String
Dim StrValue As String
Dim VNumber As String
```

```
StudentName = "张三"
StrValue = ""
VNumber = "2.0"
```

2.1.3　其他数据类型

其他数据类型包括布尔型(Boolean)、日期型(Date)和对象型(Object)。

1.　布尔型

布尔型数据是逻辑值 True 或 False,以 2 字节(16 位)空间存储。在 VB.NET 中,如果将这两个逻辑值转换成数值型,对应的值分别为–1 和 0。当将数值型转换为布尔型时,0 转换为 False,其他值则转换为 True。

布尔型的变量通常用于控制二元状态,通过变量的值为 False 或 True 来确定执行其中之一的操作。程序代码应尽量限定将 Boolean 变量作为逻辑值,而不要用与其等价的数值 1 或 0 来代替。

2.　日期型

日期型数据以 8 字节(64 位)空间存储。Date 类型必须以 mm/dd/yyyy(月/日/年)的格式定义,如 11/09/2018。文字串必须以一对“#”括起来,如#11/09/2018#,该类型可表示的日期从 0001 年 1 月 1 日到 9999 年 12 月 31 日。例如,可以按以下方式定义日期变量:

```
Dim CalcuDate As Date
CalcuDate = #11/09/2018 #
```

Date 类型数据也用于存储日积时间信息,所存储的时间可以是 00:00:00～23:59:59 的任意值,时间数据必须以 hh:mm:ss(小时:分钟:秒)格式定义,如 13:36:19。例如,可以按以下方式定义时间变量:

```
Dim CalcuTime As Date
CalcuTime = #13:36:19#
```

Date 类型也可同时存储日期和时间信息,数据必须以 mm/dd/yyyy hh:mm:ss(月/日/年小时:分钟:秒)格式定义。例如,可以按以下方式定义日期时间变量:

```
Dim CalcuDateTime As Date
CalcuDateTime = #05/26/2018 10:30:05#
```

3.　对象型

对象型数据是以 4 字节(32 位)空间存储对象在内存中的地址,该地址为对象的引用。可以为声明为 Object 类型的变量分配任何引用类型(字符串、数组、类或接口),Object 变量也可引用其他任何数据类型的数据(数值型、布尔型、字符型、日期型、结构型或枚举型)。

以上介绍了 VB.NET 的基本数据类型,此外,还可以使用数组、枚举、结构、集合、类和接口等其他一些较为复杂的数据类型,这些将在后续章节中介绍。

2.2　数据的运算

在程序中需要处理各种类型的数据,存储数据的形式可以是常量或变量。

2.2.1 常量

常量也称为常数，是指在程序执行期间其值不变的量，它可以是任何数据类型。在VB.NET中常量分为一般常量和符号常量。

1. 一般常量

一般常量包括数值常量、字符常量、逻辑常量和日期常量。先来看几个一般常量的实例。

数值常量：由正/负号、数字和小数点组成，如 3213、−87.32231、−726。

字符常量：用半角双引号括起来，如"Hello World！"、"Azimuth Angle"和"点号："。

逻辑常量：逻辑值为 True、False。

日期常量：用"#"括起来，如#8/27/2015#、#January 1，1999#。

数值整数大多数都是十进制数，有时也会用到十六进制数或八进制数。各种数值整数表示的实例如下。

十进制数：如 123、−456、0。

八进制数：用前缀&O 表示，如&O123。

十六进制数：用前缀&H 表示，如&H123。

表 2.2 为 5 个十进制数、八进制数和十六进制数的对应关系表。

表 2.2　十进制、八进制和十六进制数的对应关系

十进制	八进制(前缀&O)	十六进制(前缀&H)
9	&O11	&H9
15	&O17	&HF
16	&O20	&H10
20	&O24	&H14
255	&O377	&HFF

浮点数：用尾数、指数符号、指数来表示。E 表示单精度浮点数；D 表示双精度浮点数。例如，123.45E−3 表示单精度浮点数，它的值为 123.45×10^{-3}；236D5 表示双精度浮点数，它的值为 236×10^{5}。

VB.NET 可以根据输入常量的形式来智能决定使用什么数据类型来保存它。在默认情况下，把整数常量作为 Integer 类型处理，把带小数的常量作为 Double 类型处理。

为了显式地指定常量的类型，可以用 VB.NET 提供的值类型字符，方法是在值的后面后缀类型字符。表 2.3 列出了值类型字符及用法示例。

表 2.3　值类型字符及用法示例

值类型字符	数据类型	示例
C	Char	AA = "."C
S	Short	BB = 518S
I	Integer	CC = 518I
L	Long	DD = 518L
D	Decimal	EE = 314D
F	Single	FF = 314F

值类型字符	数据类型	示例
R	Double	GG = 314R
US	UShort	HH = 761US
UI	UInteger	KK = 761UI
UL	ULong	MM = 761UL

注意：表中未列出的其他数据类型没有相应的值类型字符。

2. 符号常量

在 VB.NET 中，可以通过定义符号常量来代替数值或字符串。定义符号常量的语法格式如下(方括号中的内容为可选项，以下雷同)：

[访问修饰符] Const 常量名[As 数据类型] = 表达式[,常量名[As 数据类型]=表达式]…

具体如下。

(1)访问修饰符，可选项。其关键字包括 Public、Private、Friend、Protected 等。用于限定该常量的作用范围(表 2.4)，缺省值为 Public。

表 2.4　访问修饰符作用范围

关键字	作用范围
Public	公用，解决方案全域皆可访问元素，包括引用该项目的其他项目，以及由该项目生成的任何程序集
Friend	友元，从同一程序集内部访问元素，而不能从程序集外部访问
Protected	保护，同一个类内部或从该类派生的类中访问元素
Protected Friend	Protected 和 Friend 的联合，派生类(Derived Class)或同一程序集内，或两者皆可
Private	私有，仅可以从同一模块、类或结构内访问元素

(2)常量名，必选项。它代表所定义常量的符号名称，须符合 VB.NET 标识符命名规则。

(3)As 数据类型，可选项。它可以是 VB.NET 支持的所有数据类型，每个常量都必须用单独的 As 子句，若省略，则默认为 Object 类型。

(4)表达式，必选项。表达式由文字常量、算术运算符、逻辑运算符组成，也可以使用"Hello world"之类的字符串，但不能使用字符串连接符、变量、内部函数或用户定义的函数。

例如，Const PI As Double = 3.1415926535；Const Ro As Double = PI/180*3600。

2.2.2　变量

变量是指在程序运行过程中其值可变的量，变量实际代表内存中特定的存储单元。变量具有名称和数据类型：名称表示内存的位置，通过名称访问变量中的数据；数据类型则决定了该变量的存储方式。

1. 变量命名

变量名实为给存储单元所起的名称，通过该名称来引用存储在其中的数据。给变量命名必须遵循下列标识符命名规则：

(1)变量名必须以英文字母开头，不能以数字或其他字符开头，如 6ABC、$ABC 都不合法；

（2）变量名只能由字母、数字或下划线（_）组成，不能包含句点（.）或空格，如 ab.、a%b、How are you、A$B 等都不合法；

（3）变量名最长不能超过 255 个字符；

（4）变量名不能和 VB.NET 的关键字同名，如 Or、If、Loop、Sub、Function、CInt 等都是关键字，不能作为变量名。

实际上，除变量名外，过程名、结构类型名、符号常量名、数组名、委托名、接口名等一切对象的命名都必须遵循上述标识符命名规则。

在 VB.NET 中，变量名的大小写是不敏感的，即编译器不区分变量名中字母的大小写。如 counter 和 COUNTER 被解释为同一变量。为便于阅读，在给变量命名时，每个单词的第一个字母一般用大写，如 PrintText。

2．命名约定

在大型程序开发中，通常会有许多变量。如果变量的命名比较随意，没有规律，则在开发以及后续的维护中，会消耗大量时间成本来重新认识这些变量。因此，开发前就对变量的命名规则设计并做出约定是非常必要的。命名规则可以考虑在变量名中设计加入数据类型、控件类型、组件类型等特定对象类型的简称成分，以便让程序员一眼就能从变量名看出变量的类型，提高编程和维护的效率。

3．变量声明

变量声明就是定义变量名并说明其数据类型。考虑到变量的作用域，声明变量还需要使用限定词明确其作用范围。变量的声明包括显式声明和隐式声明。

1）显式声明

显式声明是在变量使用之前，用 Dim、Public、Private、Static、Protected、Friend Protected、Friend、Shared 等关键字声明变量，关键字用于限定其作用域，见表 2.4。其中，Static 关键字指定局部变量为静态变量；Shared 关键字指定变量为共享变量，两者用法均比较特殊，可见 4.1 节的有关内容。

Dim 是最常用的声明变量语句，它可以声明一个或多个变量。Dim 语句的语法格式如下：

```
Dim 变量名 As 数据类型
Dim 变量名 1,变量名 2 As 数据类型
Dim 变量名 1 As 数据类型 1,变量名 2 As 数据类型 2,…
```

在一个语句中也可以声明多个变量，而且类型可以不同。若变量是相同类型的，只需使用一个 As 子句。

变量允许具有初始值，可以在声明变量的同时使用赋值语句进行初始化，也可以在声明多个不同类型变量的同时对它们初始化。例如：

```
Dim CheckMark As Boolean = False, DistErr As Double = 0.00987
```

如果在声明时未给变量赋初值，VB.NET 将把它们初始化为相应数据类型的默认值。各种数据类型的默认初始值见表 2.5。

注意：应该将所有声明语句放在变量所出现的区域（如模块或过程）的开头。如果声明语句要初始化变量的值，则应在其他语句引用该变量之前声明。

表2.5　各种数据类型的默认初始值

数据类型	默认初始值
Char 类型	二进制数 0
所有数值型(包括 Byte)	0
所有引用类型(包括 Object、String 和数组)	Nothing
Boolean 类型	False
Date 类型	1 年 1 月 1 日 12:00 AM

2) 隐式声明

隐式声明是在使用一个变量之前不需要声明这个变量,而是用一个特殊的类型说明符加在变量名后面来说明其数据类型。Visual Basic 提供一组类型标识字符,可以在声明中使用这些字符来指定变量或常数的数据类型。表 2.6 给出了可用的类型标识字符与数据类型的对应关系及其用法示例。

表2.6　数据类型与类型标识字符对应表

类型标识字符	数据类型	示例
%	Integer	Dim L%
&	Long	Dim M&
@	Decimal	Const W@ = 37.5
!	Single	Dim Q!
#	Double	Dim X#
$	String	Dim V$ = "Secret"

Boolean、Byte、Char、Date、Object、SByte、Short、UInteger、ULong、UShort 类型或者任何复合数据类型(如数组、结构或枚举)都没有类型标识字符。在所有情况下,类型标识字符都必须紧跟在变量名之后。

在默认情况下,VB.NET 编译器强制使用显式声明。也就是说,每个变量在使用前必须声明,否则会出错。利用编译器的选项,可以改变这种限制。在 VB.NET 中,通过 Option Explicit 语句控制编译器的行为方式,以便根据不同的要求设置相应的默认操作,Option Explicit 语句的语法格式如下:

```
Option Explicit [On|Off]
```

参数 On 要求每个变量必须"先声明,后使用";参数 Off 则允许编译器不检查变量是否已声明,即使用隐式声明的变量,但初学者不宜这样使用。若省略参数,则默认为 On。注意:尽管隐式声明比较方便,但如果将变量名拼错,将导致难以查找的错误。

除了用上述方法设置 Option Explicit 选项外,还可以采用通过选择 VS 2015 窗体中的"项目"→"项目属性"菜单项,打开"项目属性设置"设置窗口后,选择"编译"对话窗口,修改相应的设置。

2.2.3　运算符和表达式

运算符是操作数据的符号。表达式是用运算符和数据连接而成的式子,如 X*Y+8、xo+R*Cos(a)、yo+R*Sin(a)、Z=Z+B 等都是表达式。单个变量或常量也是表达式。VB.NET

的运算符有算术运算符、赋值运算符、关系运算符、连接运算符、逻辑运算符和复合运算符，以下逐一介绍。

1. 算术运算符和算术表达式

算术运算符是用于数值计算的运算符。表 2.7 列出了 VB.NET 的算术运算符。

表 2.7　算术运算符

运算符	说明	表达式示例
^	指数运算	X^Y
*	乘法	X*Y
/	浮点除法(结果为浮点数)	X/Y
\	整数除法(结果为整数)	X\Y
Mod	取余运算(结果为余数)	X　Mod　Y
−	取负	−X
+	加法	X+Y
−	减法	X−Y

算术表达式是用算术运算符将操作数连接起来的式子，结果为数值类型。例如：

```
W = 3^2          '返回9
U = 12/3         '返回4
Z = 11\ 3        '返回3
V= 11 Mod 3      '返回2
```

2. 赋值运算符

赋值运算符用符号"="表示，它用于赋值语句，将其右侧的值赋给左侧的变量，语法格式如下：

```
变量 = 值
```

其中，语句左侧可以是变量或某个对象的可写的属性；语句右侧的值可以是文本、常量、表达式或有返回值的函数等；赋值运算符两端操作数的类型应相同，或右侧结果的类型可以隐式向左侧类型转换，否则，系统会抛出异常信息。

例如，给文本框对象的 Text 属性赋值：

```
TextBox1.Text ="Hello World !"
```

引用符号常量 CONPI 赋值给变量 CirclErea：

```
Const CONPI = 3.14159265358979
Dim CirclErea As Double, r As Double
r = 5
CirclErea = CONPI * r * r
```

如果赋值运算符两边的数据类型不一致，系统将按下面 4 个原则进行处理。

(1)当赋值运算符右边的表达式为数值型，但与左边的变量类型不同时，系统将强制把表达式转换成左边的类型和精度。但是当 Option Strict 为 On 时，由高到低转换可能会引发编译错误。Option Strict 设置参阅前面 Option Explicit 的设置方法。如下面的代码，由低到高转换能正确执行：

```
Dim X As Double
Dim Y As Integer = 2
Dim Z As Integer = 3
X = Y + Z                      '编译成功
```

然而，由高到低转换则会出错：

```
Dim X As Integer
Dim Y As Double = 2
Dim Z As Double = 3
X = Y + Z                      '编译出错
```

注意：由高到低转换可能会丢失数据，在程序中应尽量避免出现这种情况。

(2)当运算符右边的表达式是数字字符串，而左边的变量是数值型时，系统自动把表达式转换为数值型后，再赋值给左边的变量。但是当表达式中含有非数字字符串或空格时，将会出错。例如，下面代码中 X 能正确得到值，而 Y 和 Z 则会出错：

```
Dim X, Y, Z As Double
X = "176.45462"                '转换成功,X=176.45462
Y = "89a21"                    '类型不匹配,出错
Z = "123.5 246.7"              '类型不匹配,出错
```

(3)当逻辑表达式赋值给数值型变量时，Ture 转换为–1，False 转换为 0；反之，当数值型表达式赋值给逻辑型变量时，0 转换为 False，非 0 值转换为 True。例如：

```
Dim X As Double = 3.7172
Dim Y As Boolean = False
Y = X                          'Y 值为 True
X = Y                          'X 值为 –1
```

(4)将任何非字符型值赋给字符型，其自动转换为字符型。例如：

```
Dim X As String
Dim Y As Double
X = 12.05                      'X 值为字符串"12.05"
Y = "150"                      'Y 值为双精度值 150
```

注意："="是给变量或属性赋值的符号，与作为关系运算符的"="（等于）不同。

3. 关系运算符和关系表达式

关系运算符也称比较运算符，用它连接两个表达式的式子称为关系表达式，其结果为逻辑值（True 或 False）。VB.NET 提供了 8 个关系运算符，见表 2.8。用关系运算符既可以对数值进行比较，也可以对字符串进行比较，还可以比较两个对象。

表 2.8　关系运算符

关系运算符	比较关系	表达式例子
<	小于	X<Y
<=	小于或等于	X<=Y
>	大于	X>Y

关系运算符	比较关系	表达式例子
>=	大于或等于	X>=Y
=	等于	X=Y
<>	不等于	X<>Y
Like	比较模式	"ABC" Like "A*C"
Is，IsNot	比较对象引用变量	X Is Y, X IsNot Y

1）数值比较

数值比较通常是对两个算术表达式进行比较，常用表2.8中的前6种运算符。

注意：

（1）当两个表达式都是 Byte、Boolean、Integer、Long、Single、Double、Decimal 或 Date 类型时，可进行数值比较；

（2）若一个表达式的值是数值型而另一个是 String 类型，则 String 类型被转换成 Double 类型后再进行比较，如果不能转换，则报错。

2）字符串比较

字符串比较通常是对两个字符串表达式进行比较，常用表 2.8 中的前 7 种运算符。字符串比较的规则是：从前到后逐个字符按其 ASCII 码大小比较，ASCII 码大的字符串大；如果前面部分相同，则串长的大；字符串全部一样并且长度相同，才能相等。例如：

```
"5" > "24"            '结果为 True
" aaa " > " aa"       '结果为 True
"54" = "5"            '结果为 False
"54" >= "5"           '结果为 True
```

Like 运算符用来比较两个字符串的模式是否匹配，即判断一个字符串是否符合某一模式。在 Like 表达式中可使用通配符，如表 2.9 所示。

表 2.9　模式匹配表

通配符	含义	实例	可匹配字符串示例
*	可匹配零个或多个字符	S*	Sos、Smith
?	可匹配任何单个字符	S?	So、Sm
#	可匹配任何单个数字	123#	1234、1238
[list]	可匹配列表中的单个字符	[a-f]	b、e、f
[!list]	可匹配列表以外的单个字符	[!a-f]	G、h、s

3）对象比较

可以用 Is 和 IsNot 运算符来比较对象，其语法格式如下：

```
ObjectName1 Is ObjectName2
ObjectName1 IsNot ObjectName2
```

（1）Is 运算符用来判断两个对象变量是否引用同一个对象，它不执行值的比较，而是比较引用地址。如果两个变量都引用同一个对象，Is 运算的结果为 True；否则为 False。

(2) IsNot 是与 Is 相反的运算符，用来判断两个对象变量是否引用不同的对象。它也不执行值的比较，同样是比较引用地址。如果两个变量都引用同一个对象，IsNot 运算的结果为 False；否则为 True。

注意：

(1) IsNot 的优点是让用户可以避免使用 Not 和 Is 的笨拙语法，后两者均难以读取；

(2) 可以使用 Is 和 IsNot 运算符测试早期绑定和后期绑定的对象。

4. 连接运算符和连接表达式

连接运算符是用来合并字符串的运算符，包括"&"和"+"运算符。它们用来强制对两个表达式结果做字符串连接。用连接运算符将两个表达式结果连接起来的式子称为连接表达式。两者之间的区别是："+"连接条件苛刻，要求两边的值必须同为 String 类型；而"&"连接条件宽松，先将两边的值转换成 String 类型再进行连接。

注意：在使用"+"运算符时，有可能无法确定做加法还是做字符串连接。为避免混淆，建议使用"&"运算符进行连接。

5. 逻辑运算符和逻辑表达式

逻辑运算也称布尔运算。逻辑运算符是用来执行逻辑运算的运算符。VB.NET 提供了 6 种逻辑运算符，见表 2.10。

表 2.10　逻辑运算符

逻辑运算符	名称	表达式例子	说明
And	与	X And Y	两边同时为 True，结果为 True，否则为 False
Or	或	X Or Y	两边同时为 False，结果为 False，否则为 True
Xor	异或	X Xor Y	两边逻辑值不同，结果为 True，否则为 False
Not	非(取反)	Not X	对逻辑值取反
AndAlso	捷与	X AndAlso Y	左边为 False 时，不再判断右边式，直接取 False
OrElse	捷或	X OrElse Y	左边为 True 时，不再判断右边式，直接取 True

用逻辑运算符将逻辑变量连接起来的式子就是逻辑表达式，也称布尔表达式。

1) 逻辑运算

逻辑运算就是用逻辑运算符来比较逻辑表达式，可以使用表 2.10 中的 6 种逻辑运算符。

2) 位运算

当 And、Or、Xor 和 Not 这 4 种逻辑运算符对数值使用时，可以实现位运算。

位运算就是以二进制数的对应位的值(0 或 1)进行逻辑运算，然后基于运算结果再赋值。只需将 1 和 0 分别对应于布尔值的 True 和 False。

注意：

(1) Not 运算将单个数值的所有位(包括符号位)都取反，然后将值赋予结果；

(2) 只能对整数执行位运算，浮点数必须先转换为整数后，才能进行位运算；

(3) 逻辑运算的优先级比算术运算和关系运算低，应将位运算括在括号中以确保准确执行；

(4) 如果一个逻辑值和一个数值进行位运算，则逻辑值会被转换为数值，True 转为−1，False 转为 0，再与数值进行位运算。

6. 复合运算符

部分算术运算符可以和赋值运算符结合使用，构成复合运算符，也称自反赋值运算符。各种复合运算符见表 2.11。

表 2.11 复合运算符

复合运算符	名称	表达式例子	等价表达式
-=	自反减赋值	X -= Y	X = X - Y
+=	自反加赋值	X += Y	X = X + Y
*=	自反乘赋值	X *= Y	X = X * Y
/=	自反浮点除赋值	X /= Y	X = X / Y
\=	自反整数除赋值	X \= Y	X = X \ Y
^=	自反指数赋值	X ^= Y	X = X ^ Y
&=	自反字符串连接赋值	X &= Y	X = X & Y

7. 运算符的优先顺序

当在表达式中使用的运算符不止一种时，系统会按预先确定的顺序进行计算，这个顺序称为运算符的优先顺序。运算符优先顺序(从高到低)如下：

算术运算符 → 字符串连接运算符(&) → 关系运算符 → 逻辑运算符

2.3 VB.NET 语句的结构

VB.NET 语言用三种基本语句结构来控制代码行的执行顺序，这三种基本控制结构是顺序结构、分支结构和循环结构。它们都具有"单入口、单出口"的特点。各种结构复杂的程序都是由这三种基本结构组合而成的，掌握了它们就可以编写结构复杂的程序。为表达清楚语句执行流程，采用 N-S 图形式来简洁表达程序控制流程。N-S 图描述法是 1973 年美国学者 Nassi 和 Shneiderman 提出的一种全新的流程图表示形式。其表示方法是将全部算法都描述在一个矩形框内，矩形框之间可以相互嵌套，矩形框内省略了传统流程图的流程线。

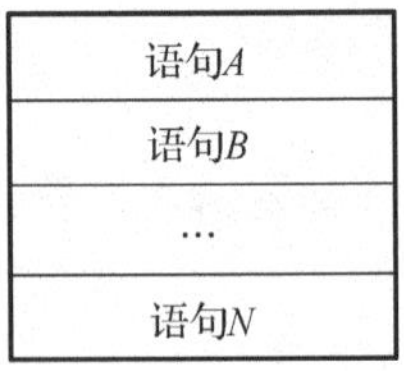

语句*A*
语句*B*
...
语句*N*

图 2.1 顺序结构

2.3.1 顺序结构

顺序结构如图 2.1 所示，整个程序按语句的书写顺序依次执行。先执行语句 *A*，再执行语句 *B*，即自上而下依次运行。

2.3.2 分支结构

分支结构通过条件判断后选择要执行的分支，有以下两种形式。

1. If…Then…Else…End If 结构

其语法格式如下：

```
If 条件 1 Then
    语句块 1
[Else If 条件 2 Then
    语句块 2]
```

```
    ...
   [Else
        语句块 n]
   End If
```

语句结构表示"如果…就…否则…结束"。其中，条件表达式的值为 Boolean 类型。执行步骤：首先测试条件 1，如果它为 False，就测试条件 2，以此类推；直到找到一个为 True 的条件，就执行其 Then 后相应的语句块。如果所有条件都不是 True，则执行 Else 后的语句块。若条件值为数值，则当值为零时取 False，而任何非零数值都将取 True。其流程图见图 2.2。

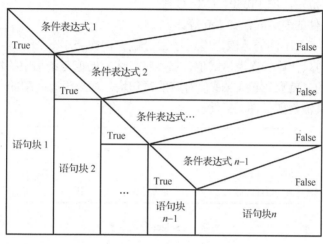

图 2.2   IF 分支结构

〖例 2.01〗儒略日计算

儒略日(Julian Day，JD)是指由公元前 4713 年 1 月 1 日，协调世界时中午 12 时开始所经过的天数，多为天文学家采用，作为天文学的单一历法，把不同历法的年表统一起来。儒略日计算公式如式 (2-1) 和式 (2-2) 所示：

$$JD(y,m,d) = Int(365.25 \times y) + Int(30.6 \times (m+1)) + d + w + 1720994.5 \tag{2-1}$$

$$w = \begin{cases} 0, & y \leqslant 1582 \\ -Int(y/100) + Int(y/400) + 2, & y > 1582 \end{cases} \tag{2-2}$$

式中，y、m、d 分别为公历中的年、月、日。当 $m \leqslant 2$ 时，$m = m + 12$，$y = y-1$。

根据计算公式条件，设计窗体运行程序代码见[VBcodes Example：201]。

2. Select Case 结构

[VBcodes
Example: 201]

Select Case 结构与 If…Then…Else…End If 结构类似，但对多重选择的情况，用 Select Case 结构代码效率更高、更易读。其语法格式如下：

```
Select Case 变量|表达式
Case 值 1
    语句块 1
[Case 值 2
    语句块 2]
```

```
    …
    [Case 值 n-1
        语句块 n-1]
    [Case Else
        语句块 n]
End Select
```

其中，值 1、值 2…可以取以下几种形式。

(1)具体常数，如 1、2、"A" 等。

(2)连续的数据范围，如 1To50、C To G 等。

(3)满足某个条件的表达式，如 I>0 等。

(4)可同时设置多个不同的范围，用逗号(,)分隔开，如–5,1To 50。

Select Case 结构只计算一次表达式值，然后将表达式的值与结构中的每个 Case 的值进行比较。如果有匹配的，就执行该 Case 值对应的语句块。如果没有匹配的，就执行 Case Else 子句中的语句块。其流程图如图 2.3 所示。

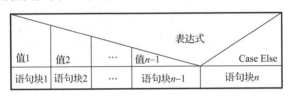

图 2.3　Select 分支结构

注意：

(1)Select Case 结构在开始处计算表达式的值，而 If…Then…Else…End If 结构在每个 Else If 语句计算表达式的值。

(2)只有当 If 语句和每一个 Else If 语句的变量或表达式相同时，才能用 Select Case 结构替换 If…Then…Else…End If 结构，因此 If 语句应用范围更广。

(3)如果不止一个 Case 与测试表达式相匹配，则只执行第一个匹配的 Case 语句块。Case Else 应放在 Select Case 结构的最后。

3. 嵌套

嵌套是指把一个控制结构放入另一个内。例如，在 If…Then 中嵌套 If…Then 结构或 Select Case 结构等，嵌套的层数没有限制。

注意：

(1)在嵌套的 If 语句中，End If 自动与最靠近的前一个 If 配对；

(2)按一般习惯，为使分支结构更具有可读性，总是用缩进方式书写判定结构的语句块。

〖例 2.02〗坐标方位角反算_原理验证

已知两个控制点 $A(X_a, Y_a)$、$B(X_b, Y_b)$，则 AB 边的坐标方位角计算过程如下。

(1)计算坐标增量。

$$\begin{cases} \Delta X = X_b - X_a \\ \Delta Y = Y_b - Y_a \end{cases} \tag{2-3}$$

(2)计算象限角。

$$\theta = \arctan\frac{\Delta Y}{\Delta X} \qquad (2\text{-}4)$$

(3)计算坐标方位角。

如图 2.4 所示，由象限角 θ 计算坐标方位角 α 的公式为

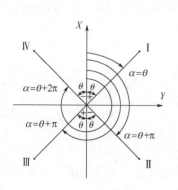

$$\alpha_{AB} = \begin{cases} \text{Err}, & \Delta X = 0, \quad \Delta Y = 0 \\ 0, & \Delta X > 0, \quad \Delta Y = 0 \\ \pi/2, & \Delta X = 0, \quad \Delta Y > 0 \\ \pi, & \Delta X < 0, \quad \Delta Y = 0 \\ 3\pi/2, & \Delta X = 0, \quad \Delta Y < 0 \\ \theta, & \Delta X > 0, \quad \Delta Y > 0 \\ \theta + \pi, & \Delta X < 0 \\ \theta + 2\pi, & \Delta X > 0, \quad \Delta Y < 0 \end{cases} \qquad (2\text{-}5)$$

窗体程序代码见[VBcodes Example：202]。

注意程序中应用的嵌套分支结构。窗体界面及程序运行结果如图 2.5 所示。

图 2.4　方位角计算示意图

[VBcodes Example：202]

图 2.5　方位角反算窗体界面

2.3.3　循环结构

循环结构是用于处理重复执行操作的结构，可重复执行若干条语句。

1. Do…While 循环结构

可使用 Do…While 循环语句执行不确定次数的循环，它有以下几种语法格式形式：
(1)执行前判断，包括以下两种形式：

```
Do  While|Until 条件
    语句块
    [Exit Do]
    语句块
Loop
```

及

```
While 条件
    语句块
```

```
        [Exit While]
        语句块
    End While
```

如图 2.6 所示，Do While|Until 以及 While 循环结构的执行过程，首先要测试条件，再确定是否执行循环。While 与 Until 的判断条件正好相反，当条件为 True 时，While 结构执行语句块，而 Until 结构跳出循环体；当条件为 False 时，Until 结构执行语句块，而 While 结构跳出循环体。

(2)执行后判断，循环的语法格式如下：

```
    Do
        语句块
        [Exit Do]
        语句块
    Loop While | Until 条件
```

如图 2.7 所示，与前判断循环过程不同的是：Do 循环要先执行一次语句块，再测试循环条件。Do 循环保证语句块至少被执行一次。Until 与 While 的判断条件相反。条件为 True 时，While 结构执行循环，而 Until 结构跳出循环体；条件为 False 时，Until 结构执行循环，而 While 结构跳出循环体。

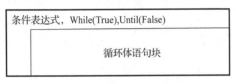

图 2.6　前判断循环结构流程

图 2.7　后判断循环结构流程

2. For 循环结构

For 循环结构通过一个循环变量，控制循环体执行。属于执行前判断。其语法格式有以下两种形式。

1)固定步长结构

```
    For 循环变量 = 初始值 To 终止值[Step 步长]
        语句块
        [Exit For]
        语句块
    Next[循环变量]
```

注意：

(1)步长可正、可负。若为正，则初始值必须小于等于终止值，否则不能执行循环体；

(2)如果没有设置 Step 项，则步长默认值为 1；

(3)在未知循环次数时，适宜用 Do 循环结构，否则最好使用 For 循环结构。

2)遍历元素结构

```
    For Each 循环变量[As 类型名] In 集合名
        语句块
        [Exit For]
```

```
语句块
Next[循环变量]
```

此结构的循环变量必须与集合元素的数据类型相同。

3. 嵌套

在循环结构中既可以嵌套循环结构，也可以嵌套分支结构。

4. 越过或退出循环

在 For、Do 和 While 的循环结构中，如果因故需要越过本轮循环，但继续下一轮循环，则允许使用 Continue 语句，跳出本轮循环至下一轮循环的头部继续下一轮循环。其语法格式如下：

```
Continue For
Continue While
Continue Do
```

如果因故需要终止循环而退出循环体，则可以用 Exit 语句直接退出 For 循环、Do 循环和 While 循环。循环体执行中遇到 Exit 语句时，不再执行循环结构中的任何语句而立即退出，转到循环结构的下面继续执行。其语法格式如下：

```
Exit For
Exit Do
Exit While
```

应用中，Exit 语句几乎总是出现在循环体内嵌套的 If 语句或 Select Case 语句中。考虑到循环嵌套结构，应注意：Exit 语句只能退出该语句所在的循环体。

〖例 2.03〗水仙花数

设有三位数 ABC，若满足 ABC=$A^3+B^3+C^3$，则称 ABC 为水仙花数。求 100～999 内的水仙花数。设计函数代码见[VBcodes Example：203]。

计算结果为 153、370、371、407，共四个数。

[VBcodes Example：203]

〖例 2.04〗积分数值运算

在测量误差理论中，通常需要考察标准正态分布在区间[−3,3]上的概率，这可以通过计算标准正态分布概率密度函数在区间[−3,3]上的积分来实现。本例通过循环结构，以给定的计算误差限为判断条件，实现上述积分数值运算。

（1）标准正态分布概率密度函数在区间[−3,3]上的积分公式为：

$$P = \frac{1}{\sqrt{2\pi}} \int_{-3}^{3} e^{-\frac{x^2}{2}} dx \tag{2-6}$$

因被积函数为偶函数，故有

$$P = \frac{2}{\sqrt{2\pi}} \int_{0}^{3} e^{-\frac{x^2}{2}} dx = \sqrt{\frac{2}{\pi}} \int_{0}^{3} e^{-\frac{x^2}{2}} dx \tag{2-7}$$

（2）如图 2.8 所示，将区间[0,3]n 等分，插入 $n-1$ 个分割点如下：

$$t_0 = 0 < t_1 < t_2 < \cdots < t_{n-1} < t_n = 3$$

则第 i 个区间的长度为

$$\Delta x_i = t_i - t_{i-1} = \frac{3}{n} = w$$

设 $\xi_i \in [t_{i-1}, t_i]$，根据定积分定义和黎曼积分定理，得到的黎曼和为：

$$P = \sqrt{\frac{2}{\pi}} \int_0^3 e^{-\frac{x^2}{2}} dx = \sqrt{\frac{2}{\pi}} \sum_{i=1}^{n} e^{-\frac{\xi_i^2}{2}} \Delta x_i = \sqrt{\frac{2}{\pi}} w \sum_{i=1}^{n} e^{-\frac{\xi_i^2}{2}} \tag{2-8}$$

若取 $\xi_i = t_{i-1} + 0.5w$，则有

$$P = \sqrt{\frac{2}{\pi}} w \sum_{i=1}^{n} e^{-\frac{\xi_i^2}{2}} + \varepsilon(n) \tag{2-9}$$

式中，$\varepsilon(n)$ 为计算误差，取决于区间的个数 n，对正态分布而言，显然有

$$\lim_{n \to \infty} \varepsilon(n) = 0$$

[VBcodes Example：204]

针对上述计算模型，设定计算误差限为 $\varepsilon = 10^{-6}$，应用循环结构设计计算程序代码见[VBcodes Example：204]。

注意程序中应用的嵌套循环结构。窗体界面及程序运行结果见图2.9。

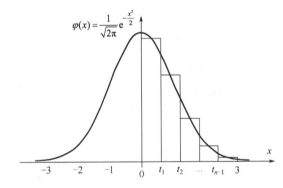

图2.8　标准正态分布概率计算原理

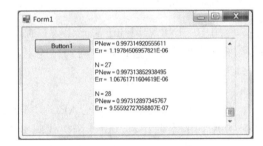

图2.9　标准正态分布概率计算及结果

2.4　库函数及其应用

.NET 类库所提供的丰富的数学运算和字符串处理所需的预置函数资源，主要来源于 System 和 Microsoft.VisualBasic 命名空间，包含在以下各类之中：

```
Microsoft.VisualBasic.VBMath
Microsoft.VisualBasic.Strings
Microsoft.VisualBasic.Conversion
Microsoft.VisualBasic.Information
Microsoft.VisualBasic.DateAndTime
System.Math
System.String
System.Convert
```

由.NET 类库提供的预置函数一般为共享(Shared)函数，在项目解决方案中添加上述命名空间的引用，或在代码编辑器界面中的顶端通过 Imports 关键字引导添加上述命名空间的引用后，就可在程序中直接调用。也可以在应用函数时，使用完整的命名空间前缀调用该函数。例如，Sin()函数是 System.Math 类的成员，由于 System 命名空间通常已由系统事先添加至项目的解决方案，故可采用 Math.Sin()形式，或全称 System.Math.Sin()形式调用该函数。因此，编程之前，通过 VS 的"帮助"菜单了解上述各类中可以提供的预置函数资源以及使用规则是非常必要的。

注意：调用函数时，实际参数的个数、排列次序和数据类型都应与形参的保持一致。

2.4.1 数学函数

表 2.12~表 2.15 分别列出了 System.Math 类、Microsoft.VisualBasic.Conversion 类、Microsoft.VisualBasic.VBMath 类、Microsoft.VisualBasic.Information 类中的常用函数。

表 2.12　System.Math 类中的常用数学函数/常数

名称	返回值类型	说明	例子	返回值
Abs(x)	与 x 同	x 的绝对值	Abs(−50.3)	50.3
Atan(x)	Double	角度 x 的反正切值	4 *Atan(1)	3.14159265358979
Tan(x)	Double	角度 x 的正切值	Tan(60*3.14/180)	1.73
Round(x)	Integer	取四舍五入的整数值	Round(4.6)	5
Floor(x)	Integer	小于或等于 x 的最大整数	Floor(4.6)	4
Ceiling(x)	Integer	大于或等于 x 的最小整数	Ceiling(4.6)	5
Exp(x)	Double	e(自然对数的底)的幂值	Exp(10)	22026.4657948067
Pow(x,y)	Double	x 的 y 次幂	Pow(2, 3)	8
Log(x)	Double	x 的自然对数值	Log(x)	以 e 为底的 x 对数
Log10(x)	Double	以 10 为底的对数	Log10(x)	以 10 为底的 x 对数
Max(x, y)	与 x、y 同	返回 x、y 中较大的一个	Max(5.61, 3.89)	5.61
Min(x, y)	与 x、y 同	返回 x、y 中较小的一个	Min(5.61, 3.89)	3.89
Sign(x)	Integer	返回 x 符号	Sign(12) Sign(0) Sign(−2.4)	1 0 −1
Cos(x)	Double	角度 x 的余弦值	Cos(60*PI/180)	0.5
Sin(x)	Double	x 的正弦函数值	Sin(30*PI/180)	0.5
Sqrt(x)	Double	x 的平方根	Sqrt(4)	2
PI	Double	常数 π		3.14159265358979
E	Double	常数 e		2.71828182845905

表 2.13　Microsoft.VisualBasic.Conversion 类中的常用函数

名称	返回值类型	说明	例子	返回值
Val(x)	Double	返回数字字符串的数值	Val(" 24 and 57")	24
Str(x)	String	数值转换成数字字符串	Str(−459.65)	"−459.65"
Hex(x)	String	返回 x 的十六进制值的字符串	Hex(10)	A
Oct(x)	String	返回 x 的八进制值的字符串	Oct(8)	10
Fix(x)	Double	返回数值的整数部分	Fix(−99.8)	−99
Int(x)	Double	返回小于数值的最近整数	Int(−99.8)	−100

表 2.14　Microsoft.VisualBasic.VBMath 类中的常用函数

名称	说明
Randomize	初始化随机数生成器
Randomize（Double）	初始化随机数生成器
Rnd	返回一个 0～1 的 Single 类型的随机数
Rnd（Single）	返回一个 Single 类型的随机数

表 2.15　Microsoft.VisualBasic.Information 类中的常用函数

名称	说明
IsArray	返回一个 Boolean 值，指示变量是否指向数组
IsDate	返回一个 Boolean 值，指示表达式是否表示一个有效的 Date 值
IsNothing	返回一个 Boolean 值，指示是否尚未为表达式赋予对象
IsNumeric	返回一个 Boolean 值，指示表达式的计算结果是否为数字
IsReference	返回一个 Boolean 值，指示表达式是否为引用类型
LBound	返回可用于数组的指定维数的最小下标
UBound	返回可用于数组的指定维数的最大下标

2.4.2　字符串函数

表 2.16、表 2.17 分别列出了 System.String 类、Microsoft.VisualBasic.Strings 类中常用的字符串处理函数。

表 2.16　System.String 类中的字符串处理函数

名称	说明
Compare（String, String）	比较两个 String 并返回二者在排序顺序中的相对位置
Contains	返回一个值指示 String 是否出现在此字符串中
Copy	创建一个与指定的 String 具有相同值的 String 的新实例
StartsWith（String）	确定此字符串实例的开头是否与指定的字符串匹配
EndsWith（String）	确定此字符串实例的结尾是否与指定的字符串匹配
Substring（Int32）	从此实例指定的字符位置开始检索子字符串
IndexOf（String）	报告指定字符串在此实例中的第一个匹配项的索引
LastIndexOf（String）	报告指定字符串在此实例中的最后一个匹配项的索引
Format（String, Object）	将指定字符串中的格式项替换为指定对象
Insert	在此实例中的指定索引位置插入一个指定的 String 实例
Join（String, String（））	使用指定的分隔符，串联字符串数组的所有元素
Split（Char（））	返回由指定字符分隔的此实例的子字符串数组
PadLeft（Int32）	在字符串左侧填充空格实现右对齐，返回定长新字符串
PadRight（Int32）	在字符串右侧填充空格实现左对齐，返回定长新字符串
Remove（Int32）	删除从字符串指定位置到最后位置的所有字符
Remove（Int32, Int32）	从字符串中的指定位置开始删除指定数目的字符
Replace（String, String）	将字符串中出现的所有指定字符串替换为另一指定字符串
ToLower	返回此字符串转换为小写形式的副本
ToUpper	返回此字符串转换为大写形式的副本
ToString	返回 String 的此实例；不执行实际转换
Trim	移除字符串所有前导和尾部处的空格

表 2.17　Microsoft.VisualBasic.Strings 类中的字符串处理函数

名称	说明
Asc（Char）	返回与字符相对应的字符代码
AscW（Char）	返回与字符相对应的字符代码
Chr	返回与指定字符代码相关联的字符
ChrW	返回与指定字符代码相关联的字符
Format	返回由格式字符串设置的格式字符串
FormatDateTime	返回一个表示日期与时间的字符串表达式
FormatPercent	返回格式化为带后缀字符"%"的百分数
InStr（String, String, CompareMethod）	返回指定字符串在另一个字符串中第一个匹配项的起始位置
InStrRev	返回指定字符串从另一字符串的右侧起算得第一次出现的位置
Join（String（）, String）	返回通过连接一个数组中包含的若干子字符串创建的字符串
Split	返回字符串按指定字符分隔出的子字符串一维数组
LCase（String）	返回将转换为小写的字符串
UCase（String）	返回将转换为大写的字符串
Left	返回从字符串左侧算起的指定数量的字符构成的子字符串
Right	返回从字符串右侧算起的指定数量的字符构成的子字符串
Len（String）	返回一个包含字符串中的字符数
LSet	返回一个调整为定长包含指定字符串的左对齐字符串
RSet	返回一个调整为定长包含指定字符串的右对齐字符串
LTrim	返回一个没有前导空格的指定字符串副本
RTrim	返回一个没有尾随空格的指定字符串副本
Trim	返回一个既没有前导空格，也没有尾随空格的指定字符串副本
Mid（String, Int32, Int32）	返回从字符串指定位置开始的指定数量的字符构成的子字符串
Replace	返回将指定子字符串替换为另一指定字符串后的字符串
Space	返回由指定数量空格组成的字符串
StrReverse	返回指定字符串的字符顺序是相反的字符串

注意：函数调用中，由于不同类中的函数成员可能同名，故仅用函数名调用存在发生冲突的可能。此时，应在函数名前前缀类名，甚至前缀完整的命名空间域名。

2.4.3　日期与时间函数

日期与时间函数主要来自.NET 类库中的 Microsoft.VisualBasic.DateAndTime 类，用于日期与时间的处理。表 2.18、表 2.19 列出了该类常用的日期与时间属性及函数方法。

表 2.18　DateAndTime 类常用属性

名称	说明
DateString	返回或设置一个 String 值，该值表示与系统对应的当前日期
Now	返回一个 Date 值，该值包含与系统对应的当前日期与时间
TimeOfDay	返回或设置 Date 值，该值包含与系统对应的当前时间
Timer	返回一个 Double 值，该值表示午夜之后的秒数
TimeString	返回或设置一个 String 值，它表示系统的当前时间(日)
Today	返回或设置一个 Date 值，该值包含对应于系统的当前日期

表 2.19 DateAndTime 类常用日期与时间函数

名称	返回值类型	说明	例子	返回值
Day(日期)	Integer	返回日期，1~31 的整数	Day(#2012/12/21#)	21
Month(日期)	Integer	返回月份，1~12 的整数	Month(#2012/12/21#)	12
Year(日期)	Integer	返回年份	Year(#2012/12/21#)	2012
Weekday(日期)	Integer	返回星期几	Weekday(#2012/12/21#)	6
Date	Date	返回系统日期	Date	系统日期
Hour(时间)	Integer	返回时，0~23 的整数	Hour(#3:14:35 PM#)	15
Minute(时间)	Integer	返回分，0~59 的整数	Minute(#3:14:35 PM#)	14
Second(时间)	Integer	返回秒，0~59 的整数	Second(#3:14:35 PM#)	35

2.4.4 类型转换函数

VB.NET 保留了原来在 Visual Basic 中使用方便的资源，提供了几种采用内联方式编译的类型转换函数，见表 2.20，即转换代码是计算表达式的代码的一部分。每个函数都将表达式强制转换为一种特定的数据类型。实现该转换时不需要调用某个过程，这将提高性能。

表 2.20 类型转换函数

名称	结果类型	源数据类型	例子	转换结果
CBool(x)	Boolean	数值型、String、Object	CBool(0)	False
CByte(x)	Byte	数值型、String、Object、Boolean	CByte(125.5678)	126
CChar(x)	Char	String、Object	CChar("February 12,2015")	"F"
CDate(x)	Date	String、Object	CDate("February 12,2015")	2015/2/12 00:00:00
CDbl(x)	Double	数值型、String、Object、Boolean	CDbl(234.456784* 8.2)	1922.5456288
CDec(x)	Double	数值型、String、Object、Boolean	CDdec(234.456784* 8.2)	1922.5456288
CInt(x)	Integer	数值型、String、Object、Boolean	CInt(2345.5678)	2346
CShort(x)	Integer	数值型、String、Object、Boolean	CShort(2345.5678)	2346
CLng(x)	Long	数值型、String、Object、Boolean	CLng(25427.45)	25427
CSng(x)	Single	数值型、String、Object、Boolean	CSng(75.3421115)	75.34211
CStr(x)	String	数值型、Char、Date、Object、Boolean	CStr(437.324)	"437.324"
CObj(x)	Object	任何类型	CObj("4534"&"000")	"4534000"
Val(x)	数值型	String	Val("459")	459
CType(x,y)	y 指定类型	任何类型	CType(459，String)	"459"

注意：

(1)转换函数的参数值必须对目标数据类型有效，否则会发生错误。例如，如果把 Long 类型数转换成 Integer 类型数，Long 类型数必须在 Integer 类型数的有效范围内。

(2)所有数值变量都可相互赋值，在将浮点数赋予整数之前，VB.NET 要将浮点数的小数部分四舍五入，而不是将小数部分截去。

(3)当将数值型转换为 Boolean 类型时，0 会转成 False，而其他非 0 值则转成 True；将 Boolean 类型转换为数值型时，False 会转成 0，而 True 会转成−1。

(4)当其他数据类型要转换为 Date 类型时，小数点左边的值表示日期，小数点右边的值表示时间。

2.4.5 随机函数

VB.NET 中，Microsoft.VisualBasic.VBMath 类提供了共享 Rnd 随机函数方法并使用配合 Randomize 语句来产生应用程序中需要的随机数，见表 2.14 。

伪随机数是以相同的概率从有限的一组数字中选取的。因为它们是用一种确定的数学算法选取的，故所选数字并不具有完全的随机性。随机数的生成是从种子值开始的。如果反复使用同一个种子，就会生成相同的数字序列。产生不同序列的一种方法是使种子值与时间相关。

1. Rnd()函数

该函数功能是返回一个 0～1 的 Single 类型(单精度)随机数。

其语法格式：Rnd([number])。其中，参数 number 为可选项，为 Single 类型表达式。例如：

```
Dim  intA  As  Integer
Dim  sngB  As  Single
sngB = Rnd()                    '产生 0～1 的随机数
intA = CInt(Int(6 * Rnd())+ 1)  '产生 1～6 的随机整数
```

注意：如果参数 number 大于 0 或省略，则返回新的随机数；如果 number 小于 0，则返回每次都相同的随机数，并将 number 用作种子；如果 number 等于 0，则返回最近生成的随机数。

2. Randomize()语句

该语句的功能是初始化随机数产生器。

其语法格式：Randomize([number])。

Randomize()用 number 将 Rnd()函数的随机数生成器初始化，并给它一个新的种子值。如果省略 number，则使用系统计时器返回的值作为种子值。如果使用 Rnd()函数生成随机数前，没有用 Randomize()初始化生成种子，则 Rnd()函数使用第一次调用 Rnd()函数的同一值作为种子值。

注意：若要重复生成相同的随机数，请在使用带数值参数的 Randomize()之前先调用带负参数的 Rnd()函数。若要生成不同的随机数，先使用带有相同参数值的 Randomize()语句进行初始化。

〖例 2.05〗随机数应用

下列示例产生 0～10 共十一个数的不同序列。程序设计代码见[VBcodes Example：205]。窗体界面及运行结果见图 2.10。

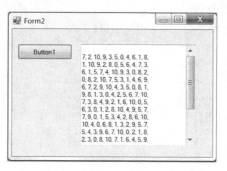

[VBcodes Example：205]

图 2.10　生成 0～10 不同序列

3. Random()类

VB.NET 中，System.Random 类也是伪随机数生成器，能够产生满足某些随机性统计要求的数字序列。

1)构造函数和方法

该类的构造函数及常用方法列于表 2.21 及表 2.22。关于构造函数可见第 4 章的有关内容。

表 2.21　Random 类构造函数

名称	说明
Random()	使用与时间相关的默认种子值，初始化 Random()类的新实例
Random(Int32)	使用指定的种子值初始化 Random()类的新实例

表 2.22　Random 类常用方法

名称	说明
Next()	返回非负随机数
Next(Int32)	返回一个小于指定最大值的非负随机数
Next(Int32, Int32)	返回一个指定范围内的随机数
NextBytes	用随机数填充指定字节数组的元素
NextDouble	返回一个介于 0.0～1.0 的随机数

2)应用说明

要生成各种类型的随机数，必须先建立该类的实例对象，见以下示例程序。

Random()类实现伪随机数生成是基于 Knuth 的减法随机数生成器算法的。默认情况下，Random()类的无参数构造函数使用系统时钟生成其种子值，从而对于 Random()类的每个新实例，都会产生不同的系列。而带参数构造函数可根据当前时间的计时周期数采用Int32值。但是，因为时钟的分辨率有限，所以，如果使用无参数构造函数连续创建不同的 Random 对象，就会创建生成相同随机数序列的随机数生成器。

〖例 2.06〗相同随机数序列

本示例演示了两个连续实例化的 Random 对象生成相同的随机数序列。

程序设计代码见[VBcodes Example：206]。

窗体界面及运行结果见图 2.11。

[VBcodes
Example：206]

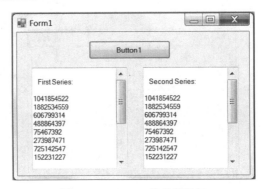

图 2.11　Random 随机数验证

注意：

(1)通过创建单个而不是多个 Random 对象可以避免此问题；

(2)若要提高性能，应创建一个随时间推移能生成多个随机数的 Random 对象，而不要反复新建会生成同一个随机数的 Random 对象。

2.4.6　输入/输出函数

在与用户交互方面，.NET 在 Microsoft.VisualBasic.Interaction 模块中包含用于与对象、应用程序和系统交互的一些共享方法，使用非常方便。本节主要介绍 Interaction 模块中的共享函数 InputBox() 和 MsgBox()，创建"预定义"对话框，进行数据的输入/输出。

1. InputBox() 函数

InputBox() 函数用于接收用户从键盘输入的数据，也称输入框。在运行时，它会自动产生一个对话框，用户可在其中输入数据。其语法格式如下：

> InputBox(对话框字符串 S[, 标题 s] [, 文本框默认值 s] [, 横坐标值 n] [, 纵坐标值 n])

具体如下。

(1)对话框字符串指对话框中显示的提示字符串，最长允许 1024 个字符。如果提示字符串包含多行，则可在各行之间用回车符(Chr(13))、换行符(Chr(10))或回车换行符的组合(Chr(13)& Chr(10))来分隔各行。这里也可使用 VB.NET 系统常量 vbcr、vblf 或 vbcrlf 实现相同的功能。

(2)标题指对话框标题栏的字符串。如果省略，则标题栏中为应用程序名。

(3)文本框默认值指文本框中显示的默认字符串。如果省略，则文本框为空。

(4)横、纵坐标值指对话框在屏幕上的左上角位置(数值表达式)。

在调用 InputBox() 函数时会出现一个对话框，包含一个文本框以及"确定"和"取消"按钮，对话框等待用户在文本框输入内容。如果单击"确定"按钮或按下 Enter 键，InputBox() 函数的返回值就是文本框的内容；如果单击"取消"按钮，则返回一个零长度的字符串。

2. MsgBox() 函数

MsgBox() 函数用于向用户发布提示信息。程序运行时，它会自动产生一个消息对话框，在其中显示提示消息。同时，它还包含"命令"按钮，要求用户通过单击该按钮做出响应，使程序继续执行。其语法格式如下：

> MsgBox(消息文本 s[,显示按钮 n] [,标题 s])

具体如下。

(1)消息文本是在对话框中作为消息显示的字符串，其内容为提示信息。当消息文本内容超过一行时，可以在每行之间插入回车符(Chr(13))或换行符(Chr(10))进行换行。

(2)标题是在对话框标题栏中显示的标题，默认时为空白。

(3)显示按钮(Buttons)是一个枚举类型的 MsgBoxStyle 值，用来控制在对话框内显示的按钮、图标的种类及数量，该值由 c_1、c_2、c_3、c_4 这 4 个值构成，即 $c_1+c_2+c_3+c_4$ 的总和，用来指定显示按钮的数目、形式、图标样式。Buttons 的设置值 c_1、c_2、c_3、c_4 如表 2.23~表 2.26 所示。

表 2.23　显示按钮的类型与数目 c_1

内置常量名	c_1 取值	含义
VBOKOnly	0	显示 OK 按钮
VBOKCancel	1	显示 OK 及 Cancel 按钮
VBAbortRetryIgnore	2	显示 Abort、Retry、Ignore 按钮
VBYesNoCancel	3	显示 Yes、No、Cancel 按钮
VBYesNo	4	显示 Yes、No 按钮
VBRetryCancel	5	显示 Retry、Cancel 按钮

表 2.24　显示图标的样式 c_2

内置常量名	c_2 取值	含义
VBCritical	16	显示关键信息图标
VBQuestion	32	显示疑问图标
VBExclamation	48	显示警告图标
VBInformation	64	显示通知图标

表 2.25　显示哪一个按钮是默认值 c_3

内置常量名	c_3 取值	默认值
VBDefaultButton1	0	第 1 个按钮
VBDefaultButton2	256	第 2 个按钮
VBDefaultButton3	512	第 3 个按钮

表 2.26　显示消息框的强制返回性 c_4

内置常量名	c_4 取值	含义
VBApplicationModal	0	应用程序强制返回,当前应用程序直到用户对消息框做出响应才继续执行
VBSystemModal	4096	系统强制返回,全部应用程序直到用户对消息框做出响应才继续执行

MsgBox() 函数等待用户单击按钮,返回一个 Integer 型值,表示用户单击的是哪一个按钮,返回值如表 2.27 所示。如果用户按下 Esc 键,则与单击 Cancel 按钮效果相同。

表 2.27　MsgBox() 函数返回值

按钮名	内置常量名	返回值
OK	VBOK	1
Cancel	VBCancel	2
Abort	VBAbort	3
Retry	VBRetry	4
Ignore	VBIgnore	5
Yes	VBYes	6
No	VBNo	7

注意:InputBox() 和 MsgBox() 函数出现的对话框,要求用户在应用程序继续执行之前做出响应,不允许在对话框未关闭时就进入程序的其他部分。

2.5 数 组

数组是同类变量的一个有序集合。数组中的变量称为数组元素，数组元素具有相同名字和数据类型，通过数组下标（索引）来识别它们。数组下标可以是一个或多个，每个下标都构成数组的一个维度，简称维，其个数称为数组的维度数，简称维数。于是，便有一维数组、二维数组，以及多维数组的分别。数组元素则以半角逗号","分隔的下标序列前缀数组名来表示，下标序列置于半角括号内，即数组名（下标1,下标2,…），如 Point(2)、Side(i)、Ang(k+1)、Matrix(p, q)等。

2.5.1 数组声明

数组在使用前，必须先声明。可以声明一维数组、二维数组，也可以声明多维数组。其语法格式如下：

其语法格式如下：

```
Dim 数组名(第一维下标上界[,第二维下标上界,…])[As 数据类型]
```

具体如下。

(1)数组名可以是任何合法的 VB.NET 标识符；

(2)数组元素的下标个数表示数组的维数，最多可以声明 32 维数组。

(3)数组每个维可取的下标上界最大值为 Integer 类型的最大值减 1，即 $2^{31}-1$。但是，数组元素的总量受系统可用内存的限制，如果试图初始化超出可用 RAM 容量的数组，公共语言运行库将引发 OutOfMemoryException 异常。

(4)数组元素各维下标的下界为一律为 0，不可改变；下标上界只能用常数表达式定义。

(5)数组的数据类型可以是基本数据类型或 Object 类型。如果省略 As 数据类型，则默认为 Object 类型。

1. LBound 函数

共享函数 LBound 来自 Microsoft.VisualBasic.Information 类。对已经定义的数组，可以用 LBound 函数获得该数组任一维可用的最小下标，从而确定该数组任一维的下界。其语法格式如下：

```
LBound(数组名[,维])
```

其中，维指定返回数组的哪个维度。1(默认)表示第一维，2 表示第二维，…，依次类推。

2. UBound 函数

共享函数 UBound 来自 Microsoft.VisualBasic.Information 类。对已经定义的数组，UBound 函数获得数组任一维可用的最大下标，从而确定数组任一维的上界。语法格式如下：

```
UBound(数组名[,维])
```

其中，维指定返回数组的哪个维度。1(默认)表示第一维，2 表示第二维，…，依次类推。

通过组合使用 LBound 与 UBound 函数，可以确定一个数组的大小。例如：

```
Dim A(9,14) As Integer
Dim L1, L2, U1, U2 As Integer
L1 = LBound(A, 1)              '获得数组 A 第一维的下界,返回 0
```

```
L2 = LBound(A, 2)                  '获得数组A第二维的下界,返回0
U1 = UBound(A, 1)                  '获得数组A第一维的上界,返回9
U2 = UBound(A, 2)                  '获得数组A第二维的上界,返回14
```

从这个例子中得到数组 A 的第一维和第二维的下标下界都为 0，第一维的下标上界为 9，第二维的下标上界为 14，因此数组 A 是个大小为 10×15 的二维数组。

2.5.2 初始化数组

在使用数组时，通常要求数组元素有初始值。VB.NET 允许在定义数组时指定各数组元素的初始值，称为数组初始化。

1. 一维数组初始化

一维数组的初始化比较简单，其语法格式如下：

```
Dim 数组名()[As 数据类型]={值1, 值2, 值3, …, 值n}
```

其中，VB.NET 不允许对指定了上界的数组进行初始化，因此数组名后的括号必须为空，系统将根据初始值的个数确定数组的上界。例如：

```
Dim C()As Integer = {1, 2}
```

2. 二维数组初始化

与一维数组初始化比较，二维数组初始化较为复杂，其语法格式如下：

```
Dim 数组名(,)[As 数据类型] = {{第1行值},{第2行值},…,{第n行值}}
```

具体如下。

(1)数组名后括号内必须有一个逗号“,”，系统将据此确定数组是二维的。

(2)内层花括号对的个数确定了二维数组的行数，每行值即是一个一维数组，格式见一维数组赋值格式。其中，值的个数就是列数。

例如：

```
Dim B(,)As Integer = {{1, 2}, {3, 4}, {5, 6}}
```

3. 三维数组初始化

与二维数组初始化比较，三维数组初始化更为复杂，除列、行外，还增加了层。其语法格式如下：

```
Dim 数组名(, ,)[As 数据类型] = {{{第1层1行值},…,{第1层n行值}},…,{{第k层1行值},…, {第k层n行值}}}
```

例如：

```
Dim A(,,)As Integer = {{{1, 2}, {3, 4}, {5, 6}}, {{7, 1}, {3, 4}, {0, 5}},
{{0, 4}, {2, 1}, {9, 1}}, {{8, 2}, {5, 2}, {3, 7}}}
```

四维以上数组，依次类推，不再赘述。

2.5.3 数组元素的引用

数组被声明后，就可以在程序代码中引用数组中的元素了。访问数组元素的方法与访问普通变量相似，只是必须加上元素的下标。下标可以是整型常量或表达式。数组元素可以被赋值，也可以出现在表达式中。例如：

```
A(0)= 1
A(1)= 2*6+A(0)
A(2)= 3*6+A(3*2)
```

使用数组可以缩短和简化程序，通常使用 For 循环，通过改变数组元素的下标，对数组元素依次进行输入/输出处理。在引用数组元素时，数组名、类型和维数必须与定义时的一致。在引用数组元素时，每一维的下标都不能超过定义的范围。例如：

```
Dim A(2, 3) As Integer
A(3, 5)= 2                          '下标超界,出错
```

本例中，定义 A 为 3×4 的二维数组，可以使用的行下标为 0、1、2，列下标为 0、1、2、3，而 A(3,5)已超出了数组的范围，程序出错。

多维数组的输入/输出也可以通过多重嵌套的 For 循环来实现。由于 VB.NET 中数组是按行存储的，因此，应将控制数组第一维下标的循环变量放在最外层，将控制最后一维下标的循环变量放在最内层。

2.5.4 动态数组

应用中，数组的维数始终是不能改变的，但允许调整各维下标的上界。前面例子中，定义数组时已给定了各维下标的上界，且程序运行中其始终不变，这样的数组称为静态数组。如果在程序运行过程中，数组的大小可以根据需要来调整，这便是动态数组。当没有为数组指定各维下标上界时，数组不占据内存。因此，使用动态数组可以节省内存资源。

定义动态数组通常分两步。首先，用 Dim、Private 或 Public 等语句声明一个没有下标值(但不能省略"()")的数组，如 M()、AA(,)、Pt(,,)等，括号中可以省略每一维的上界，但不能省略分维逗号。然后，可以根据需要，在运行过程中多次反复使用 ReDim 语句重新指定数组的下标上界以动态改变其大小。ReDim 语句的语法格式如下：

```
ReDim [Preserve]数组名(数组上下界,…)
```

具体如下。

(1)ReDim 语句用于改变数组各维度的下标上界值，以调整数组大小，为数组动态分配存储空间。ReDim 语句只能出现在过程中。与 Dim、Static 语句不同，它是一个可执行语句。应用程序每次执行 ReDim 语句时，当前数组会被重新初始化，依照数组数据类型，数组元素会被分别置为 0(数值型)、零长度字符串(String 类型)或 Nothing(Object 类型)。

(2)Preserve，使用该关键字，则在执行 ReDim 语句时，不再初始化原有数组单元，原数组中的数据得以保留。但如果将数组减小，则被删除元素的数据就会丢失。

例如，声明 M 为一维动态数组，再为其分配 6 个元素：

```
Dim M()As Integer                  '声明一个一维动态数组 M
  …
ReDim M(5)                         '分配 6 个元素
```

又如，声明 M 为二维动态数组：

```
Dim M(,)As Integer              '声明一个二维动态数组 M
Dim X,Y As Integer
  ...
X=5
Y=9
ReDim M (X, Y )                 '分配 6×10 个元素
  ...
ReDim Preserve M(9,9)           '重新分配 10×10 个元素,不清除数组中原来的数据
```

ReDim 语句不支持改变数组的维数和数据类型,也不能用 ReDim 语句直接定义数组。例如:

```
Dim M () As Integer             '声明一个一维动态数组 M
Dim X,Y As Integer
...
X=5
Y=9
ReDim M(5)                      '正确,分配 6 个元素
ReDim M(4)                      '正确,重新分配 5 个元素
ReDim MyArray(6 )As Integer     '错误,不能用 ReDim 直接定义新数组
ReDim M(X,Y)                    '错误,不能改变维数
Rehim M (5)As Decimal           '错误,不能改变数组类型
```

关于数组变量更进一步的知识,见 4.11.1 节及 System.Array 类。

〖例 2.07〗马克思手稿中趣味数学题

马克思在《数学手稿》中提出一道趣味问题:有 30 个人(包括男人、女人和小孩)在一家饭店吃饭共花 50 先令,其中每个男人花 3 先令,每个女人花 2 先令,每个小孩花 1 先令,问男人、女人、小孩各有多少人?

分析:用 M、W、K 分别代表男人、女人和小孩的个数,依题意不难列出如下的方程式,①M+W+K=30;②3M+2W+K=50;两式相减有 2M+W=20。所以:W=20–2M,K=30–M–W;由于人数不能为负值,故 W=20–2M＞0,从而有 M＜10。因此,可以分别代入 M=1,2,…,10 求解。

程序设计代码见[VBcodes Example:207]。

窗体界面和运行结果见图 2.12。

[VBcodes
Example:207]

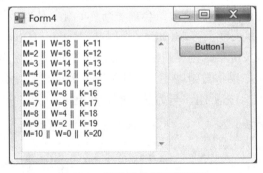

图 2.12　趣味数学题运算结果

2.6 函数与过程方法

在 VB.NET 面向对象的编程体系中，对象的方法主要包括 Sub 过程方法和 Function 函数方法。两者之间的主要区别在于：Sub 过程方法只按规定完成一系列的操作而没有返回值，Function 函数方法则在完成一系列的操作后提供返回值。不论 Sub 过程方法还是 Function 函数方法，通常都依附于类或模块，作为某个特定类或模块的成员，称为方法成员，实现某项操作或运算功能。类或模块中的方法成员又有共享和非共享之分；非共享方法必须要建立类实例对象，并通过对象才能调用该方法；而共享方法则无须建立类实例对象，使用类名即可调用该方法。有关细节见第 4 章有关内容。本节主要讨论 Function 函数方法和 Sub 过程方法的结构及要求。2.4 节介绍的库函数实质上就是一个 Sub 过程或 Function 函数的黑匣子，属于系统资源。

此外，.NET 类库本身就提供了海量应用编程中所需的预置过程方法(包括共享过程和非共享过程)供用户编程调用，这些过程方法涉及的操作范围极广，包括组件和控件的控制、数据的输入/输出、网络和设备的管理控制、数据库的应用管理等方面，这就要求用户具备.NET 类库的基础知识，并具有良好的深入学习能力，才能逐步系统掌握各类资源中的预置过程方法。

2.6.1 函数方法

编程中除通过添加.NET 类库引用，使用系统提供的大量内部函数外，也可以根据编程任务的要求，在设计的用户自定义类或模块中创建自己的函数方法，作为类或模块的方法成员，实现预期操作或运算功能，见 4.1 节。

1. Function 函数定义

Function 函数方法可以在窗体、模块、类或结构中建立，供其他应用代码调用。Function 函数方法由包含在 Function 和 End Function 语句之间的一系列语句构成。每次调用该函数都会从 Function 语句后的第一个可执行语句开始顺序向下执行，直到遇到第一个 End Function、Exit Function 或 Return 语句结束。定义 Function 函数的语法格式如下：

```
[Private |Public] [Static] Function 函数名([参数列表])[As 数据类型]
    [局部变量及常数声明]
    语句块
    [函数名 = 表达式]
    [Exit Function]
    语句块
    [Return 表达式]
End Function
```

具体如下。

(1)参数列表，函数方法的形式参数，传递从调用对象导入的参数值。多个形参之间需用半角逗号分隔。每个形参定义的语法格式如下：

```
[ByVal|ByRef]变量名[As 数据类型]
```

形参列表中的各参数的定义如表 2.28 所示。

表 2.28　形式参数表

参数	描述
ByVal	表示该参数按值传递
ByRef	表示该参数按地址传递(默认)
变量名	形参变量名
数据类型	用于说明传递给该过程的参数的数据类型，默认为 Object。可以是 Byte，Integer，Long，Short，Boolean，Single，Double，String，Decimal，Date，Object 或用户自定义的类型

(2) As 数据类型指函数返回值的数据类型。与变量一样，如果没有 As 子句，默认的数据类型为 Object。

(3) Exit Function 语句用于提前从 Function 函数方法中退出。程序将返回调用该 Function 函数方法的语句，从下一条语句继续执行。在 Function 函数方法的任何位置都可以有 Exit Function 语句，但用户退出函数方法之前，必须保证函数被赋值，否则会出错。

(4) 语句块描述的是操作过程或运算过程，称为函数体。

(5) 函数名 = 表达式，该语句给函数赋值，用于调用返回。如果在 Function 函数方法中省略该语句，则该 Function 函数方法的返回值为数据类型的默认值。例如，数值函数返回值为 0，字符串返回值为 Null(空)。

(6) Return 表达式，返回函数值，并退出 Function 函数方法；此外，还可以通过"函数名=表达式"的形式返回函数值。

注意：Function 函数方法不能嵌套定义，即不能在函数中再定义个函数，但可以嵌套调用。这种用法构成递归调用的基础。

IDE 智能系统能为用户自动创建 Function 函数方法的代码框架。以创建 CalcuAzimuth() 函数方法为例，在 IDE 窗体的"代码编辑器"窗口中的空白行处输入 Public Function CalcuAzimuth() 并按回车键，自动出现 End Function 语句，程序员可在 End Function 语句之前输入实现功能的代码。如此，便在"代码编辑器"窗口中自动创建了一个名为 CalcuAzimuth 的函数代码块。

2. 函数方法的调用

调用 Function 函数方法和调用 VB.NET 库函数一样，在语句中直接使用函数名即可。但要考虑定义时所使用的访问修饰符关键字确定的作用范围。如下列示例代码中的赋值语句：

```
Azimuth = CalcuAzimuth(XA, YA, XB, YB)
```

此外，也可使用 Call 语句来直接调用函数方法。其语法格式如下：

```
Call 函数名([参数列表])
```

当用这种方法调用函数时，将会放弃函数的返回值。

注意：调用 Function 函数方法中，当无参数时，括号"()"也不能省略。

〖例 2.08〗坐标方位角反算_函数方法

在 VBE202 中，是以事件处理程序的方式完成坐标方位角反算的，本示例代码则通过建立 CalcuAzimuth 函数实现相同的功能。计算公式如式(2-3)～式(2-5)所示。项目中新添加一个 Module1 模块(没有界面,见 2.8.2 节)用于存放项目中的公用函数。程序设计代码见[VBcodes Example:208]。

[VBcodes Example: 208]

〖例 2.09〗格式化角度输出

测量计算中经常会遇到角度单位的换算问题。下面的代码是角度值换算与格式化的自定义函数方法。当角度 Ang 的单位分别是 rad(弧度)、deg(度)、dms(度分秒)时,经过换算后,均以° ′ ″的格式输出。程序设计代码见[VBcodes Example:209]。

2.6.2 过程方法

[VBcodes Example: 209]

1. Sub 过程定义

Sub 过程方法可以在窗体、模块、类或结构中建立,供其他应用代码调用,以完成相应的一系列操作。定义 Sub 过程的语法格式如下:

```
[Private l Publie] [Static] Sub 过程名([参数列表])
    [局部变量和常数声明]
    语句块
    [Exit Sub]
    语句块
End Sub
```

具体如下。

(1)Private、Public 为访问修饰符,见表 2.4,用来声明该 Sub 过程是局部的(私有的)还是个全局的(公有的),系统默认为 Public 。

(2)Static,静态,是指在调用结束后仍保留 Sub 过程的变量值。Static 对于在 Sub 外声明的变量不会产生影响,即使过程中也使用了这些变量名。

(3)过程名,使用合法的标识符命名。在同一模块中,方法不能重名,Sub 过程与 Function 函数也不可重名。无论有无参数,过程名后面的“()”都不可省略。

(4)参数列表,过程方法的形式参数,传递从调用对象导入的参数值。要求与前面 Function 函数方法中参数列表相同。

(5)Exit Sub 语句,用于提前从 Sub 过程方法中退出,程序接着从调用该 Sub 过程语句的下一句继续执行。在 Sub 过程的任何位置都可以有 Exit Sub 语句。

(6)Sub 和 End Sub 之间的语句块是每次调用过程要执行的一系列操作的主体,也称为过程体。

(7)End Sub 语句用于结束本 Sub 过程。当程序执行 End Sub 语句退出该过程时,将立即返回到调用处继续执行调用语句的下一句。

注意:Sub 过程不能嵌套定义,即不能在别的 Sub 过程、Function 函数方法中再定义 Sub 过程,但可以嵌套调用。

IDE 智能系统能为用户自动创建 Sub 过程方法的代码框架。例如,创建 InputData()过程方法,当在窗体的“代码编辑器”窗口的空白行处输入 Public Sub InputData ()并按回车键时,自动出现 End Sub 语句。程序员可在 End Sub 语句之前,输入实现功能的代码。如此,便在“代码编辑器”窗口中自动创建了一个名为 InputData 的过程代码块。

2. 过程方法的调用

调用过程方法有两种方式：直接用 Sub 过程名；或使用 Call 过程名。其语法格式如下：

```
过程名[(参数列表)]
```

或者

```
Call 过程名 [(参数列表)]
```

其中，在调用语句中过程的参数列表称为实际参数(简称实参)。实参可以是变量、常数、数组和表达式。参数列表必须在括号内；当被调用过程没有参数时，"()"也不能省略。

〖例 2.10〗坐标方位角反算_过程方法

在 VBE208 中，两端点坐标是通过文本框 TextBox 控件输入的。更常见的则是以读取数据文件的形式输入数据。例如，A、B 两点的坐标值 X_A、Y_A、X_B、Y_B 为 23566.468、77431.002、26590.311、73218.435，表达成数字字符串的形式就是：

```
"23566.468, 77431.002" & VbcrLf & "26590.311, 73218.435" & VbcrLf
```

一般而言，读入文本文件(.txt)后，数据格式与上述形式相差无几。

[VBcodes Example：210]

下面的示例代码便是从上面的字符串中读取两端点坐标值，然后计算方位角。为此，在 Module1 模块中，添加了一个名为 InputData 的 Sub 过程方法，其功能就是将一系列以","号或 VbcrLf(回车换行符)分隔的数字字符串读入程序，并将其拆分成所需的运算数据。注意过程中两个库函数：字符逆序函数 StrReverse() 以及字符串拆分函数 Split() 的使用方法。程序设计代码见[VBcodes Example：210]。

上述代码中，DataStrArray() 是一个一维动态字符串数组。其元素的个数取决于由 Split() 函数将字符串拆分出来的子串个数。

2.6.3 变量作用域

已知方法(Sub 过程或 Function 函数)是 VB.NET 程序的基本构件，那么在方法内部和方法间用于储存和传递数据用的变量是否始终是有效的呢？答案是否定的。程序中每个变量都有其有效范围，"变量的作用"或"可见性"超出这个范围，该变量将不可访问。

根据定义变量的位置和语句的不同，VB.NET 将变量分为 4 个级别，分别为构造级变量、方法级变量、模块级变量和全局变量。VB.NET 程序的典型嵌套结构如图 2.13 所示，在不同位置声明的变量，其作用区域是不同的。

```
         ┌ Class
         │   Public AA
         │   Dim BB
类        │   Sub
模  ┐     │     Dim CC
块  │过   │     If
    │程   │       Dim DD
    │方   │       For
    │法   │        …
    │     │       Next
    │控制  │     Else
    │结构  │       Dim EE
    │     │       Do
    │     │控制     Dim FF
    │     │结构      …
    │     │       Loop Until
    │     │
    │     └   End If
    │       End Sub
         └ End Class
```

图 2.13　变量作用区域

1. 构造级变量

控制结构，如 If…End If、For…Next、Do…Loop 等结构，是隶属某一 Sub 过程或 Function 函数方法的，在其中声明的临时变量称为构造级变量，图 2.13 中的变量 DD、EE、FF，它们只在相应的分支及循环控制结构中有效，其作用域为所在的控制结构，结构结束时，即释放变量内存。可以用 Dim 关键字来声明它们，其语法格式如下：

```
Dim 变量名 As 数据类型
```

2. 方法级变量

在方法(Sub…End Sub 或 Function…End Function)的公共区域声明的变量称为方法级变量，如图 2.13 中的 CC。方法级变量的作用域是它所在的过程或函数，用户无法在其他过程或函数中访问或改变该变量的值。方法级变量可以用 Dim 或 Static 关键字来声明它们，其语法格式如下：

```
Dim 变量名 As 数据类型
Static 变量名 As 数据类型
```

方法级变量和结构级变量的作用范围均比较小，统称为局部变量。对于任何临时的计算，局部变量是最佳选择。例如，有多个不同的过程，每个过程都包含名为 i 的变量。只要每个变量 i 都被声明为局部变量，尽管变量名相同，但每个过程只识别它自己的变量 i，改变它自己的变量 i 的值，而不会影响其他过程中的变量 i。因此，不同过程中定义的同名局部变量之间没有任何关系。

注意：在 Sub 过程中使用 Dim 语句显式定义的变量都是局部变量；而没有显式定义的变量，除非其在该过程外更高级别的位置显式定义过，否则也是局部变量。

不能使用访问修饰符 Public、Private、Friend 等关键字来声明局部变量。IDE 智能系统能够自动监测其声明的合法性。

3. 模块级变量

在 VB.NET 中，模块级代码块，通常包括类(Class…End Class)、模块(Module…End Module)、接口(Interface…End Interface)等。例如，窗体模块 Class Form1…End Class 就是一个类模块。

模块级变量是指在类、模块、接口等模块级代码块的公共部分(即所有过程之外)使用 Dim 或 Private 关键字声明的私有变量，也称为该模块的私有字段，其语法格式如下：

```
Dim 变量名 As 数据类型
Private 变量名 As 数据类型
```

要点说明：

(1)模块级变量必须"先声明、后使用"，即不能隐式声明；

(2)模块级变量对该模块中的所有过程(含 Sub、Function、Property 等)都有效，即该 Class 或 Module 中的所有过程均可以访问该变量；

(3)关于同一个工程项目中，访问其他 Class 或 Module 中的模块级变量的情形，见第 4 章有关内容。

4. 全局变量

全局变量也称公用变量，其作用范围是应用程序的所有过程。全局变量只能在类、模块或接口的顶部区域声明段中用 Public 关键字声明。声明全局变量的语法格式如下：

```
Public 变量名 As 数据类型
```

注意：模块、接口可以通过"项目"菜单的"添加"命令来建立。详细内容可见后续章节。

5. 变量的生存期

变量除了使用范围外，还有生存期，即变量能够保持其值的期限。模块级变量和全局变量的生存期是整个应用程序运行期。

在方法中用 Dim 语句声明的局部变量仅在执行过程方法或函数方法的期间存在。当一个过程执行完毕，它的局部变量所占用的内存也被释放，值也就不存在了。当下一次执行该过程时，所有局部变量将重新初始化。

欲在过程执行完毕后仍保留局部变量的值，则要使用 Static 关键字将局部变量定义成静态变量。定义方法和 Dim 语句完全一样。静态变量在过程结束后，即其占用的内存单元不会被释放，仍将保留其值。虽然如此，在过程外使用该变量名属于非法，因其是局部变量。比较下面两段代码的输出结果可以看出静态变量的作用。

[VBcodes Example：211]

```
Private Sub Button1_Click(ByVal sender As System.Object,ByVal a As
System.EventArgs)Handles Button1. Click
    Dim intScore As Integer          '定义局部变量
    MsgBox(IntScore)                 '显示局部变量 IntScore 的值
    intScore += 10
End Sub
```

[VBcodes Example：212]

```
Private Sub Button1_Click(ByVal sender As System.Object,ByVal a As
System.EventArgs)Handles Button1. Click
    Static intScore As Integer       '定义静态变量
    MsgBox(IntScore)                 '显示静态变量 IntScore 的值
    intScore += 10
End Sub
```

上面程序运行后，单击"命令"按钮，在弹出的对话框中显示 0，以后无论单击该按钮多少次，始终显示 0。因为 Dim 定义的 intScore 变量每次进入过程时都被初始化为 0。而改用 Static 定义 intScore 变量进入过程时，其上一次的结果仍然存在，再单击该按钮，则显示 10，依次下去，显示 20、30、…，它们之间的区别就在这里。

2.6.4 方法参数

在调用一个有参数的函数方法或过程方法时，参数在本过程都是有效的局部变量，必须把实际参数传送给方法，完成形参和实参结合，然后用实际参数来执行方法。

1. 形参

在被调过程中的参数称为形参，它是出现在 Sub 过程方法和 Function 函数方法中的变量名。在过程被调用之前，并未给形参分配内存，只是说明形参的类型和在过程中的作用。形参列表中的各参数之间用逗号","分隔，形参可以是变量名和数组名，定长字符串变量除外。

在 VB.NET 的编程体系中，形参列表将处于重要的地位。后面将要学习的重载、委托、接口以及泛型等概念和工具，对其都有严格的要求。因此，又把形参列表表达的参数信息，即参数的个数、类型、顺序、传递方式(ByVal 或 ByRef)等，整体上称为方法的参数签名。完全可以定义方法名相同，但签名不同的方法。

2. 实参

实参是在调用 Sub 过程方法或 Function 函数方法时传递给被调用过程的参数，在调用方法时实参将数据传递给形参。实参可以是常数、变量、表达式、数组或对象。

形参列表和实参列表中的对应变量名可以不同，但实参和形参的个数、类型、顺序及传递方式则必须相同，即方法的参数签名必须保持一致。

3. 形参的数据类型

在创建过程时，如果没有声明形参的数据类型，则默认为 Object 类型。

当实参数据类型与形参定义的数据类型不一致时，VB.NET 按要求对实参进行数据类型转换，然后将转换值传递给形参。

2.6.5 参数传递

在 VB.NET 中，参数传递有两种方式，分别为按值传递(Passed By Value，ByVal)和按地址传递(Passed By Reference，ByRef)。其中按地址传递习惯上称为引用。

1. 按值传递参数

按值传递使用 ByVal 关键字，VB.NET 默认按值传递方式。当在 IDE 窗体的"代码编辑器"窗口中输入通用方法时，如果不指定参数传递方式，则 VB.NET 自动给参数加上 ByVal 关键字。

按值传递参数时，VB.NET 给传递的形参分配一个临时的内存单元，将实参的值传递到这个临时单元中，即传递实参的值而不是传递它的地址。实参向形参传递是单向的，如果在被调用的方法中形参值发生改变，则只是临时单元的值变动，不会影响实参本身。当被调过程结束，返回主调过程时，VB.NET 将释放形参的临时内存单元。

2. 按地址传递参数

在定义方法时，使用 ByRef 关键字指定按地址传递参数。

按地址传递参数是指把实参的内存地址传递给被调用方法，形参和实参具有相同的地址，即形参和实参共享同一段存储单元。因此，在被调用方法的运算或操作中，形参值发生改变时，相应的实参值也一定改变。也就是说，与按值传递参数不同，按地址传递参数可以在被调用过程中改变实参的值。

注意：按地址传递参数比按值传递参数更节省内存空间，程序的运行效率更高。

对于按地址传递的形参，如果在调用方法时与其结合的实参是常数或表达式，则 VB.NET 会用按值传递的方法处理，给形参分配一个临时内存单元，将常数或表达式传递到这个临时内存单元中。

3. 数组参数的传递

VB.NET 允许把数组作为实参传递到方法中。在定义方法时，数组可以作为形参出现在过程的形参列表中，声明数组参数的语法格式如下：

```
形参数组名()[As 数据类型]
```

形参数组对应的实参必须也是数组，数据类型与形参要一致。实参列表中的数组不能带括号"()"。数组参数只能按地址传递，形参与实参共有同一段内存单元。

4. 对象参数的传递

在 VB.NET 中，对象也可以作为形参向 Sub 过程或 Function 函数方法传递，但对象只能按地址传递。对象作为形参时，形参变量的类型声明为 Object，或声明为具体对象类型。例如，操作对象是 Label 或 Form 时，形参类型就可以声明为 Label 或 Form，表示向 Sub 过程传递标签 Label 控件或窗体对象。

2.7 复合数据类型

在本章前面已介绍过存储单一信息的数据类型，如整型、浮点型、日期型等。而在实际应用中，有些数据是由若干种相关数据构成的，无法用简单的数据类型来存储。VB.NET 提供了枚举、结构、集合和泛型等复杂的数据类型。在实际应用中，可以根据需要，灵活使用它们进行数据处理。

2.7.1 枚举类型

Const 定义的是一个常量，而枚举定义的是一组常量。枚举类型是数据类型的一种特殊形式。枚举，是指将一组特征常量值逐一列举出来。枚举类型提供了一种使用成组常数并将其与字符名称相关联的方便途径。

1. 枚举类型的定义

枚举类型通过 Enum 语句来定义，其语法格式如下：

```
[Public |Private] Enum 类型名称
成员名 1[=常数表达式]
成员名 2[=常数表达式]
…
End Enum
```

具体如下。

(1) Public、Private 为访问修饰符关键字，可选项，界定 Enum 的作用域。

(2) 类型名称，必选项，表示所定义的 Enum 类型的名称。

(3) 成员名，必选项，用于指定枚举类型元素的名称，必须是合法的 VB.NET 标识符。

(4) 常数表达式，可选项，元素的值可以是 Byte、Integer、Long、Short 类型数，也可以是其他枚举类型数。若未指定，则默认是 Long 类型数。

Enum 语句只能在模块、命名空间、文件级出现。也就是说，可以在源文件或模块、类或结构内部声明枚举类型，不能在函数或过程内部声明。定义了枚举类型后，就可以用它来声明变量类型、过程参数和函数返回值。在声明枚举类型的模块、类或结构内的任何位置都可以访问它们。

2. 枚举类型的使用

声明枚举类型后，就可以定义该枚举类型的变量，然后使用该变量存储枚举常数的值。引用枚举类型变量的成员的语法格式如下：

〖例 2.11〗坐标系统选择

[VBcodes Example：213]

目前，国际上导航定位共有 GPS、GLONASS、BeiDou、Galileo 四大系统。用 Enum 语句定义一个枚举类型 Satellite，并关联一组常数。

控制台应用程序代码见[VBcodes Example：213]。

在 Enum 语句定义中，常数表达式可以省略，在默认情况下，枚举中的第一个常数被初始化为 0，其后的常数将按步长 1 递增。

注意：如果将一个浮点数赋值给枚举中的常数，VB.NET 会将该数取整为最接近的整数。

2.7.2　结构变量

在实际应用中，有些数据是相互联系的，但它们却是不同类型的数据，为了把它们组合成一个有机的整体，需要让单个变量同时持有这几个数据，以便在程序中引用。

例如，一个学生的基本信息包括学号、姓名、电话号码、出生日期等，这些数据的类型、长度各不相同，但它们都是学生的基本信息，因此，希望能构造出一种数据类型，把上述不同类型作为一个整体来处理。在 VB.NET 中，这种数据类型称为结构类型。

1.　声明结构类型

结构类型是一种较复杂但非常灵活的复合数据类型，一个结构类型可以由若干称为成员的数据成分组成，每个成员的数据类型可以互不相同，不同的结构可以包含不同的成员。

结构型的定义以 Structure 语句开始，以 End Structure 语句结束。其语法格式如下：

```
[Dim|Public |Friend| Private] Structure 结构名
    变量声明
    [方法声明]
    [事件声明]
End Structure
```

具体如下。

（1）Public、Private、Friend 为访问修饰符关键字，可选项，界定结构的可访问性。

（2）结构名，必选项，要声明的结构名称，必须是有效的 VB.NET 标识符。

（3）变量声明，必选项，作为结构的数据成员，至少要有一个。必须显式声明结构中的每一个数据成员并指定其可访问性，即变量声明部分的每一个语句都必须用 Dim、Friend、Private 或 Public，若省略，则默认为 Public。若未用 As 子句声明数据类型，则默认为 Object 类型。

（4）方法声明，可选项。结构中，可以声明多个 Function、Sub 或 Property 方法作为其成员。声明的方式与在结构外的声明一样，遵循相同的规则。

（5）事件声明，可选项。结构中，可以声明事件作为其成员，见第 4 章有关内容。

注意事项如下。

（1）Structure 语句只能在模块、命名空间或文件级出现，即可以在源文件或模块、接口或类内部声明结构，但不能在过程或函数中声明；可以在一个结构中定义另一个结构，即嵌套结构，但不能通过外部结构访问内部结构的成员，只能通过声明内部结构的数据类型变量来访问内部结构的成员。

(2)结构中定义的成员可以是变量、常量、属性、过程、事件，但是在结构中至少要定义一个非共享变量或事件，不能只包含常数、属性和过程。

2. 结构变量的使用

声明了结构类型后，就可以定义结构类型的变量(简称结构变量)来存储和处理结构中所描述的具体数据。结构变量的定义与普通变量类似，其语法格式如下：

```
[Dim | Public | Private]变量名1,变量名2 As 结构名
```

具体如下。

(1)变量名，必须是有效的标识符，可以与结构成员重名。

(2)结构名，是已经声明过的结构名称。

注意：结构类型与结构变量是不同的概念，定义了结构类型并不意味着系统要分配存储单元来存放结构中的各个成员，它仅仅是指定了这个结构类型的构造而已。只有用它定义了某个具体变量时，系统才为结构变量分配存储单元。因此，不能直接对某个结构类型进行赋值、存取或运算，而只能对结构变量进行这些操作。

3. 初始化结构变量

与普通变量一样，在使用结构变量前，其中的成员必须要有确定的值。与普通变量不同，结构变量的初始化不能直接对变量本身进行，而只能用赋值语句对结构变量的各个成员分别赋值。

4. 引用结构变量

定义了结构变量后，就可以引用这个结构变量了。对结构变量的引用主要是对它的成员的引用，即对成员进行赋值、运算、输入/输出等操作。

在引用结构变量时，可以采用如下几种方式。

(1)成员引用。结构由不同类型的成员组成，通常参加运算的是结构中的成员，引用成员的语法格式如下：

```
结构变量名.成员名
```

其中，圆点符"."称为成员运算符，它的运算级别最高。

(2)成员变量的运算。结构中的成员变量具有各种类型，根据其类型可以像普通变量一样进行各种运算和输入/输出，如算术运算、赋值运算、关系运算、逻辑运算等。

(3)嵌套引用。如果一个结构中的成员本身又是一个结构类型，则在引用时需要使用多个成员运算符，按照从高到低的原则，即逐级检索找到最低级的成员，最后对最低级的成员进行访问。

(4)结构变量整体赋值。VB.NET 允许将一个结构变量作为一个整体并赋值给另一个同类型的结构变量，即将一个结构变量的所有成员的值依次赋给另一个结构变量的相应成员。

对于嵌套结构类型的变量，也可以进行整体赋值。

5. 结构数组

一个结构变量中可以存放一组数据，如一个学生的学号、姓名、出生日期等，如果有 100 个学生的数据需要处理，显然应该使用数组，这种存储具有结构类型数据的数组称为结构数

组。与普通数组不同，结构数组的每个数组元素都是一个结构类型的变量，它们都分别包含各个成员项。

定义结构数组的语法格式与定义普通数组的方法并无不同。一个结构数组元素相当于一个结构变量，对结构数组元素的引用规则与结构变量的引用规则相同。另外，结构数组元素之间的关系和引用规则也与普通数组的规则相同。

(1)引用结构数组元素的成员。引用结构数组元素的成员的语法格式如下：

> 结构数组名(下标).成员名

(2)结构数组元素间的赋值运算。可以将一个结构数组元素赋给该数组中的另一个元素，或赋给同一类型的结构变量。

(3)结构成员的输入/输出。可以对结构变量中的成员输入/输出。但是不能把结构数组元素作为一个整体直接输入/输出。

〖例 2.12〗大地坐标变换计算

本例介绍大地坐标变换计算。如图 2.14 所示，点 P 大地坐标为 $P(L,B,H)$，空间直角坐标为 $P(X,Y,Z)$。

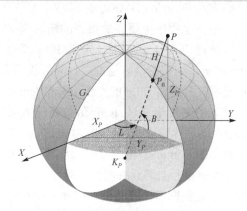

图 2.14　大地坐标与空间直角坐标

由大地坐标计算空间直角坐标的公式为

$$\begin{cases} X = (N+H)\cos B \cos L \\ Y = (N+H)\cos B \sin L \\ Z = (N(1-e^2)+H)\sin B \end{cases} \qquad (2\text{-}10)$$

设旋转椭球的长、短半轴分别为 a、b，有
扁率：

$$f = \frac{a-b}{a} \qquad (2\text{-}11)$$

第一偏心率：

$$e = \frac{\sqrt{a^2-b^2}}{a} = \sqrt{2f-f^2} \qquad (2\text{-}12)$$

第一辅助系数：

$$W = \sqrt{1-e^2\sin^2 B} \qquad (2\text{-}13)$$

卯酉圈曲率半径：

$$N = \frac{a}{\sqrt{1-e^2\sin^2 B}} = \frac{a}{W} \qquad (2\text{-}14)$$

本例中，涉及 D.mmss $(°.'\,'')\to$ Rad(弧度)角度单位的换算、角度格式化输出等多个函数设计，因此在项目中添加一个 Module1 模块，把一些共用的函数、结构、枚举等代码段放入其中，代码见[VBcodes Example：214]。

上述 Module1 代码中，将四个坐标系统的名称放入 Friend 修饰符限定的枚举 Enum CoorSys 中；创建结构 Structure Ellipsoid 存放椭球几何元素，数据字段成员包括选用的椭球编号 Num、长短半轴 a 及 b，以及椭球扁率 f 和第一偏心率的平方值，方法成员则是过程方法 Sub CalcuEllipElem，功能是根据所选椭球获取 a、b 值，并计算 f 和 e^2 元素值；创建结构 Structure PointStruc 存放地面点的大地坐标 L、B、H，以及参心空间直角坐标 X、Y、Z，其过程方法 Sub CalcuCoorXYZ 则完成坐标变换计算，并给 X、Y、Z 赋值；Function Rad 函数方法完成角度值由°′″向弧度值的换算；函数方法 Function DMSstr 完成将角度值（D.mmss）按 °′″ 格式输出。

[VBcodes Example: 214]

[VBcodes Example: 215]

窗体主程序主要完成数据的输入/输出，代码见[VBcodes Example：215]。

上述 Form1 代码中，定义 Ellip 为 Ellipsoid 结构变量，GrandPoint 为 PointStruc 结构变量。通过"计算"按钮（Button1）的 Click 事件，完成椭球的选择，并调用 Ellip 的 CalcuEllipElem 方法，计算椭球元素值；然后将 TextBox1、TextBox2 中输入的角度值通过 Rad 函数换算成弧度值赋值给 GrandPoint 的 L、B 两个字段，并将 TextBox3 中输入的值赋值给 GrandPoint 的 H 字段，过程中的临时变量 Lstr、Bstr 用于记录 L、B 两角的 D°mm′ss″格式化形式作输出之用。最后，调用 GrandPoint 的过程方法 CalcuCoorXYZ 完成坐标变换计算，并将结果存于 GrandPoint 的 X、Y、Z 字段中。一切就绪，通过 TextBox4 输出原始数据和计算结果。窗体界面和计算案例结果见图 2.15。

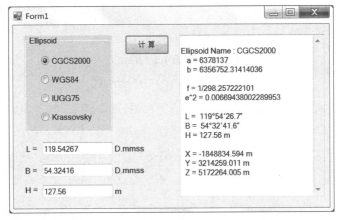

图 2.15　大地坐标变换程序界面与结果

2.7.3　集合及应用

1. 集合概述

在 VB.NET 中，提供一个预定义的类 Microsoft.VisualBasic.Collection，称为集合（Collection）。来自命名空间 Microsoft.VisualBasic。与数组的元素必须是相同类型的数据不同，集合中可以灵活放入不同类型的数据项。所以，它提供了比数组更灵活、更有效的处理数据项的方法。

为了提升 Collection 检索效率，将存储元素的形式设计成了（Value，Key）对的方式。Value 就是元素项的值，既可以是数值、字符串等简单类型数据项，也可以是控件、组件、数组、结构、接口、类实例等复杂的引用类型（ByRef）数据项；Key 即元素项的键值，可以看作给该元素项起的简名，使用字符串标识，作为索引元素的关键字。因此，集合中元素项的键值（Key）

不能重名，必须唯一。此外，集合的每个元素项还有索引号 ID，相当于数组元素的下标，是按元素添加至集合的顺序自动生成的。

与数组比较，集合有以下明显的优势：

(1)集合具有更灵活的索引功能；

(2)集合提供了增加和删除成员的方法；

(3)当删除或增加一个集合中的成员时，不需要像数组那样使用 ReDim 语句。

Collection 类的属性见表 2.29，常用方法见表 2.30。

表 2.29　Collection 类的属性

名称	说明
Count	返回集合中元素的数目，只读
Item(Int32)	按索引位置返回 Collection 对象的特定元素，只读
Item(String)	按键值返回 Collection 对象的特定元素，只读

表 2.30　Collection 类的常用方法

名称	说明
Add	将元素添加到 Collection 对象中
Clear	删除 Collection 对象的所有元素
Contains	确定 Collection 对象是否包含具有特定键的元素
Remove(Int32)	从 Collection 对象中移除索引号指定的元素
Remove(String)	从 Collection 对象中移除键值指定的元素

集合对象特别适合保存引用类型对象，也适合保存其他数据类型，或者混用多种不同的数据类型。在 VB.NET 中，集合类似于一个小型数据库，在数组中更新或修改元素有时需要编写大量代码，而在集合中可以十分方便地插入或删除数据项。

2. 建立集合对象

集合是类库中的一个类(Microsoft.VisualBasic.Collection)，因此要创建一个集合，必须先用关键字 New 创建一个 Collection 类的实例(这也是创建类实例对象的通常方式)。关键字 New 实际上是调用类中的构造函数，见第 4 章。其语法格式如下：

```
Dim 集合对象名 As New Collection()
```

建立集合对象后，就可以对集合执行三种基本操作，分别为在集合中添加、删除、查找数据项。

3. 添加数据项

创建集合对象后，可以利用集合对象的 Add 方法向集合中添加数据项。Add 方法的语法格式如下：

```
集合对象名.Add(Item[,Key][,Before][,After])
```

具体如下。

(1)集合对象名，代表用关键字 New 创建的集合对象名称。

(2)Item，必选项，添加到集合中的数据项。它可以是任何类型的常量、变量、对象等数据。如果要显式声明，通常把它声明为 Object 类型。也就是说，在一个集合中，可以混用多种数据类型。

（3）Key，集合成员键值，可选项，与集合成员关联的字符串表达式。

（4）Before，可选项。它是一个长整型的数值表达式。其取值范围为 1 到成员总数。该值表示可以在 Before 指定的位置之前插入或删除数据项。

（5）After，可选项，与 Before 参数类似，但插入或删除的数据项位于 After 参数指定的数据项之后。

例如：

```
Dim colle As New Collection
Dim AA(10)As Integer, BB(5)As String, CC(8)As TextBox
colle.Add(AA, "a")          'a 是 AA()的 Key
colle.Add(BB, "b")          'b 是 BB()的 Key
colle.Add(CC, "c")          'c 是 CC()的 Key
```

程序中，Add 方法使用"参数名:=参数值"的形式来指定参数的值。也可以按参数的顺序直接指定参数值。向集合中添加的成员既可以是同一种类型的数据，也可以混合使用多种数据类型。但集合的下标从 1 开始编号。访问集合中数据项的两种方式：一是下标（ID）索引；二是键值索引。

当知道集合中成员的个数时，可以用 For…Next 循环来输出集合中的成员。但是，当对集合进行多次增、删操作后，它的成员个数可能无法记清，此时可以通过集合的 Count 属性确定集合的成员数量，并使用 For Each…Next 循环访问集合中的成员。

4. 删除数据项

集合中的数据项可以通过集合的 Remove 方法删除，其语法格式如下：

```
集合对象名.Remove (Index|Key)
```

具体如下。

（1）集合对象名，即用关键字 New 创建的集合 Collection 的实例名称。

（2）Index|Key，必选项，指定要删除的集合中的数据项。它可以是集合成员的索引号表达或集合成员的键值。

例如，下面程序代码中的两个语句都可以将 MyId 集合中的第 2 个数据项删除：

```
MyId.Remove(2)              '删除集合中索引值为 2 的数据项
MyId.Remove("stuid2")      '删除集合中键值(Key)为"stuid2"的数据项
```

注意：每次删除集合中的一个数据项后，被删除项后面的数据项的索引值将会自动减 1。例如，若删除第 2 项，则原第 3 项将变成第 2 项，原第 4 项将变成第 3 项，依次类推。

若要删除集合中的全部数据项，需要用循环语句逐个删除数据项。下面分别用两种循环方法删除 TestCollect 集合中的全部数据项：

```
For  i%=1 To TestCollect.Count
    TestCollect.Remove (1)                '每次都删除第 1 个数据项
Next

For Each X In TestCollect
```

```
        TestCollect.Remove(1)           '每次都删除第 1 个数据项
     Next
```

在上面两种循环中，每次都删除集合的第 1 个数据项，每次删除一个数据项后，集合中其他数据项的索引号自动前移，当循环结束后，即删除了集合中全部的数据项。

5. 引用数据项

集合中的数据项可以通过集合的 Item 方法来引用，其语法格式如下：

```
集合对象名.Item(Index|Key)
```

具体如下。

(1)集合对象名，代表集合对象的名称。

(2)Index|Key，必选项，指定要引用的集合中的数据项。它可以是集合成员的索引号表达式或集合成员的关键字。

〖例 2.13〗简单集合应用

作为集合的简单应用示例，我们针对窗体中的控件集合进行统一操作，调整它们的一些属性。假定在窗体上拖入一些 TextBox、Button、Label 控件，这些控件作为对象将会全部纳入该窗体的 Controls 集合中。下面代码中，将创建一个名为 ContrCollec 的集合实例。当单击窗体时，便将 Controls 集合中的所有控件添加至 ContrCollec 集合中，TextBox1 中将显示全部控件对象的名称。同时，按控件类型改变它们的 BackColor 或 ForeColor 属性。

程序设计代码见[VBcodes Example：216]。

运行结果见图 2.16。

[VBcodes Example：216]

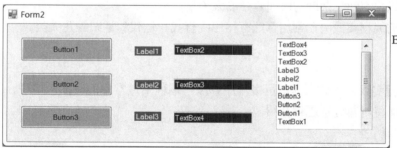

图 2.16　控件集合调整属性

除了 Microsoft.VisualBasic.Collection 类的集合外，VB.NET 还提供了 System.Collection 类的集合、命名空间 System。这些类为堆栈、队列、列表和哈希表提供支持。大多数集合类实现相同的接口。

2.8　算　法　基　础

瑞士计算机科学家、图灵奖获得者沃思曾写过一本著名的书——《算法+数据结构=程序》，由此，算法在计算机科学界与工业界的地位可见一斑。要学好编程，不仅要熟悉程序语言本身的各种数据类型和结构，更要对常用的算法有所了解。

2.8.1　算法

　　计算机解决问题必须按照一定的步骤"循序渐进"，算法(Algorithm)就是解决问题或处理事情的方法和步骤，它可以理解为由基本运算及规定的运算顺序所构成的完整的解题步骤，或者看成按照要求设计好的有限确切的计算序列，并且这样的步骤和序列可以解决一类问题。

　　算法是对解题方案的准确而完整的描述，也是一系列解决问题的清晰指令，代表着用系统的方法描述解决问题的策略机制，即能够对一定规范的输入，在有限时间内获得所要求的输出，一个算法应该具有以下 7 个重要的特征。

　　(1)有穷性(Finiteness)：指算法必须能在执行有限个步骤之后终止。

　　(2)确切性(Definiteness)：算法的每一步骤必须有确切的定义。

　　(3)输入项(Input)：算法要有 0 个或多个输入，以刻画运算对象的初始情况。0 个输入是指算法本身就定出了初始条件。

　　(4)输出项(Output)：算法要有 1 个或多个输出，以反映对输入数据加工后的结果，没有输出的算法毫无意义。

　　(5)有效性(Effectiveness)：算法中执行的任何计算步骤都可以被分解为基本的可执行的操作步骤，即每个计算步骤都可以在有限时间内完成。

　　(6)高效性(High Efficiency)：执行速度快，占用资源少。

　　(7)健壮性(Robustness)：对数据响应正确。

　　算法可以使用自然语言、伪代码、流程图等多种不同的方法来描述。对于求解同一问题，往往可以设计出多种不同的算法，它们的运行效率、占用内存量可能有较大的差异。一个算法的优劣可以用空间复杂度与时间复杂度来衡量。

　　在通常的编程实践中，常用算法有排序、查找、迭代和递归等几大类。

2.8.2　排序

　　经过编程实践，人们已提出很多排序算法。编程中最常用的有插入排序、冒泡排序和选择排序，下面将对其分别进行介绍。

　　1. 插入排序

　　插入排序工作原理：通过构建有序序列，对于未排序数据，在已排序序列中从后向前扫描，找到相应位置并插入。有两种插入排序方法，分别为直接插入排序和希尔排序。这里仅介绍直接插入排序。

　　算法步骤如下：

　　(1)从第一个元素开始，该元素可以认为已经被排序；

　　(2)取出下一个元素，在已经排序的元素序列中从后向前扫描；

　　(3)如果该元素(已排序)大于新元素，将该元素移到下一位置；

　　(4)重复步骤(3)，直到找已排序的元素小于或者等于新元素的位置；

　　(5)将新元素插入该位置后；

　　(6)重复步骤(2)～(5)。

2. 冒泡排序

冒泡排序工作原理：重复走访要排序的序列，一次比较两个元素，如果它们逆序就交换位置，直到不再需要交换，该序列排序完成。这个算法的名字由来是因为越小的元素会经由交换慢慢"浮"到数列的顶端。

算法步骤如下：

(1)比较相邻的元素，如果第一个比第二个大，就交换它们两个；

(2)对每一对相邻元素做同样的工作，从开始第一对到结尾的最后一对，这样在最后的元素应该会是最大的数；

(3)针对所有的元素重复以上的步骤，除了最后一个；

(4)重复步骤(1)~(3)，直到排序完成。

3. 选择排序

选择排序工作原理：始终在未排序序列中找到最小(大)元素，并将其存放到已排序序列的起始(末尾)位置。以此类推，直到所有元素均排序完毕。

算法步骤如下：

(1)找到未排序序列中最小(大)元素，并将其存放到已排序列的起始(末尾)位置；

(2)从剩余未排序元素中再次寻找最小(大)元素，然后将其放到已排序列的起始(末尾)位置；

(3)重复步骤(2)，直到排序完成。

〖例 2.14〗字典序全排列

集合$\{1,2,\cdots,n\}$的全排列共有 $n!$ 个。使用字典序枚举全排列非常有效。字典序法指基于字母(字符)顺序的排列方法。这种泛化主要在于定义完全有序集合元素的总顺序。按字典序来生成给定全排列的下一个(Next)排列与本排列之间没有其他的排列。例如，837946521 是集合$\{1,2,\cdots,9\}$中数元一个排列，最前面的排列是 123456789，最后面的是 987654321，从右向左扫描若都是递增的，到 987654321，也就没有下一个了；否则从右向左要找出第一次出现下降的位置。

字典序全排列算法描述如下。

设集合$\{1,2,\cdots,n\}$的一个排列如式(2-15)所示：

$$P = \{p_0 p_1 p_2 \cdots p_{n-1}\} = \{p_0 p_1 \cdots p_{j-1} p_j p_{j+1} \cdots p_{k-1} p_k p_{k+1} \cdots p_{n-1}\} \tag{2-15}$$

生成下一个排列的算法如下。

(1)从排列的右端位置 $n-1$ 开始，找出第一个比右邻数字小的数字的序位号 j (j 从左端开始计算)，即

$$j = \max\{i \mid p_i < p_{i+1}\} \quad (p_{j+1} > p_{j+2} > \cdots > p_{n-1}) \tag{2-16}$$

j 位右侧的子列 $p_{j+1} p_{j+2} \cdots p_{n-1}$，称为它的后缀子列，这是一个是降序子列。

(2)在 p_j 的后缀子列中，从右端向左找出第一个比 p_j 大的数 p_k，应是所有比 p_j 大的数字中最小的一个，即

$$p_k = \min\{p_i \mid p_i > p_j\} \quad (i = j+1, \cdots, n-1) \tag{2-17}$$

由于 j 位的后缀子列从右至左是递增的，因此 k 是所有大于 p_j 的数字中序位号的最大的：

$$k = \max\{i \mid p_i > p_j\}, \quad i = j+1, \cdots, n-1 \tag{2-18}$$

(3) 交换 p_j 与 p_k 得到

$$P' = \left\{ p_0 p_1 \cdots p_{j-1} p_k p_{j+1} \cdots p_{k-1} p_j p_{k+1} \cdots p_{n-1} \right\} \tag{2-19}$$

(4) 再将 p_k 的后缀倒序，即得到下一个排列：

$$P'' = \left\{ p_0 p_1 \cdots p_{j-1} p_k p_{n-1} \cdots p_{k+1} p_j p_{k-1} \cdots p_{j+1} \right\} \tag{2-20}$$

例如，求 837946521 的下一个排列。

(1) 从左到右两两比较找出比右邻数小的所有组合，这里有 37、79、46 三组，而 46 的序位号最大，4 的序位号为 5，所以 $j=5$。

(2) 在 4 的后缀子列中，找出比 4 大且序位号最大的那一个。在此例中 6、5 都大于 4，但 5 的序位号为 7，所以 $k=7$。

(3) 将序位号 5 上的 4 与序位号 7 上的 5 做交换，得到 837956421。

(4) 再将 5 后的四位数倒转得到结果 837951246。

集合 $\{1,2,\cdots,n-1,n\}$ 的全排列中，只有排列 $12\cdots n$ 的各个元素的顺序是自然顺序，其余的排列都要改变元素的顺序。为了说明元素间顺序的改变，引入逆序概念，它在行列式理论中起着重要的作用。通常，排列的序位号由左至右递增，因此，排列中的元素左小右大为顺序，左大右小则为逆序。设 $p_0 p_1 p_2 \cdots p_{n-1}$ 是集合 $\{1,2,\cdots,n\}$ 的一个排列，如果对于任意的 j 和 k（$0 \leqslant j$，$k \leqslant n-1$），当 $j < k$ 时，有 $p_j > p_k$，则称数对 (p_j, p_k) 是排列的一个逆序对；$p_0 p_1 p_2 \cdots p_{n-1}$ 排列中，数元 i（$i=1,2,\cdots,n$）左侧前缀中大于它的数字个数称为 i 的逆序数，记为 q_i；称 $q_1 q_2 \cdots q_n$ 为排列 $p_0 p_1 p_2 \cdots p_{n-1}$ 的逆序序列，而数 $q_1+q_2+\cdots+q_n$ 称为该排列的逆序数。逆序数的奇偶性在计算行列式的和式中，直接决定每个项值的符号。

根据以上原理和逆序的定义，本例代码功能设计实现枚举集合 $\{1,2,\cdots,n-1,n\}$ 的全排列，并计算每个排列的逆序数。代码中使用泛型集合 Dictionary（TKey, TValue）存储全排列结果，其中字典对象的 Key 键值（定义 Key 的类型为 String）是每个排列以 "," 号分隔数元构成的字符串，字典对象的值 Value 则是该排列的逆序数（定义 Value 的类型为 Integer）。

添加 Module1 模块，并将核心算法代码放入其中。代码见[VBcodes Example：217]。

在上述代码中，ArraRevOrdNumDic 是创建的 Dictionary（Of String, Integer）类实例对象，用于存储全排列结果和逆序数。Sub FallArrang（Arrang（）As Integer）方法就是字典序生成全排列的过程，其中用到了 Array 类的共享方法 Reverse（Arrang, j, n – j），求序位号 j – 1 后缀子列的逆序；函数 Function InvSequ（Arrang（）As Integer）As Integer 的功能就是统计计算排列的逆序数，并返回。Sub Swap（ByRef X As Integer, ByRef Y As Integer）方法就是两个数字交换存储单元的过程，注意，其参数传递是按地址传（ByRef）递的。

窗体主程序代码见[VBcodes Example：218]。

代码中，Imports System.Array 用于添加 System.Array 类的引用，界面与运行结果见图 2.17。

[VBcodes Example：217]

[VBcodes Example：218]

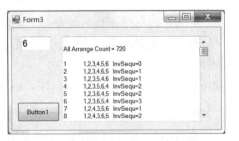

图 2.17 字典序全排列界面和结果

2.8.3　查找

查找(Searching)就是根据给定的某个值,在由同一类型的数据元素构成的集合(称为查找表)中确定一个其键值(Key)等于给定值的数据元素。按照查找操作方式可分为以下两种。

(1)静态查找(Static Search),只做查找操作。例如,查询某个"特定的"数据元素是否在集合中,或检索某个"特定的"数据元素和各种属性。

(2)动态查找(Dynamic Search),不仅做查找操作,还同时进行插入数据项或删除数据项等操作。

1.　顺序查找

顺序查找又称为线性查找,是一种最简单的查找算法。适用于线性查找表的顺序存储结构和链式存储结构。算法思路:从第一个元素 m 开始逐个与需要查找的元素 x 进行比较,当比较到元素值相同(即 $m = x$)时返回元素 m 的下标,如果比较到最后都没有找到,则返回–1。该算法缺点是当 n 很大时,平均查找时长较大,效率低;优点是对表中数据元素的存储没有要求。对于线性链表而言,只能进行顺序查找。

2.　二分查找

二分查找(Binary Search)是一种在经过键值排序的查找表中查找特定键值元素的算法。算法思路:查找过程从表的中间元素开始,如果中间元素正好是要查找的特定键值元素,则查找过程结束;如果特定元素键值大于或者小于中间元素键值,则在表的大于或小于中间元素键值的那一半中查找。该算法仍从中间元素开始比较,如果在某一步骤分割后为子表为空,则代表找不到。由此可见,二分查找的中间点计算公式如下:

$$mid = (low+high)/2,\ 即\ mid = low+1/2*(high - low)$$

将待比较的键值与在 $mid =(low+high)/2$ 位置上的元素的键值比较,比较结果分三种情况:

(1)$Key = Key_{mid}$, mid 位置上的元素即为所求;

(2)$Key > Key_{mid}$, low=mid+1,说明待查找的元素在[mid+1,high]内;

(3)$Key < Key_{mid}$, high=mid–1,说明待查找的元素在[low,mid–1]内。

这种查找算法每一次比较都使查找范围缩小一半,是一种效率较高的查找算法,编程中经常会用到。

3.　插值查找

插值查找也是在经过键值排序的有序表(如数组 a)中查找特定键值元素的算法。基本思想:基于二分查找,将查找点的选择改进为自适应选择,以提高查找效率。与二分查找相比,其中间点是根据要查找的键值按比例内插得出的。中间点的计算公式如下:

$$mid = low+ (key - a(low))/(a(high) - a(low))* (high - low)$$

也就是将上述的比例参数 1/2 改进为自适应的中间参数,根据关键字在整个有序表中所处的位置,让 mid 值的变化更靠近关键字 key,这样也就间接地减少了比较次数。

注意:对于集合元素庞大,而键值分布又比较均匀的查找操作,插值查找的平均性能比二分查找要好得多。反之,数组中如果分布非常不均匀,那么插值查找未必是很合适的选择。

4. 斐波那契查找

斐波那契数列又称黄金分割数列。该数列为 0,1,1,2,3,5,8,13,21,34,55,…，即 $F(0)=0$，$F(1)=1$，$F(n)=F(n-1)+F(n-2)$（$n\geq2$）。该数列越往后，相邻的两个数的比值越趋近于黄金分割比例（0.618）。

斐波那契查找（Fibonacci Search）算法思想：在二分查找的基础上，根据斐波那契数列对排序后的查找表进行分割；在斐波那契数列找一个等于或略大于查找表中元素个数的数 $F[n]$，将原查找表长度扩展为 $F(n)$（如果要补充元素，则补充重复最后一个元素，直到满足 $F(n)$ 个元素），完成后进行斐波那契分割，即将 $F(n)$ 个元素分割为前半部分 $F(n-1)$ 个元素，后半部分 $F(n-2)$ 个元素，找出要查找的元素在哪一部分并递归，直到找到。

斐波那契查找与折半查找很相似，是根据斐波那契序列的特点对有序表进行分割的。要求开始表中记录的个数为某个斐波那契数减 1，即 $n=F(k)-1$。

开始将 k 值与第 $F(k-1)$ 位置的记录进行比较（mid = low+$F(k-1)$-1），比较结果也分为三种。

（1）Key = Key$_{mid}$，mid 位置的元素即为所求。

（2）Key > Key$_{mid}$，low = mid+1，k-=2。

说明：low=mid+1 说明待查找的元素在[mid+1，high]内；k-=2 说明 [mid+1，high]内的元素个数为 $n-F(k-1) = F(k)-1-F(k-1)=F(k)-F(k-1)-1=F(k-2)-1$ 个，所以可以递归地应用斐波那契查找算法。

（3）Key < Key$_{mid}$，high = mid-1，k-=1。

说明：high =mid-1 说明待查找的元素在[low，mid-1]内；k-=1 说明[low，mid-1]内的元素个数为 $F(k-1)-1$ 个，所以可以递归地应用斐波那契查找算法。

〖例 2.15〗行列式计算

依据线性代数理论，n 阶行列式的计算公式如式(2-21)所示：

$$D=\begin{vmatrix} a_{11} & a_{12} & \cdots & a_{1n} \\ a_{21} & a_{22} & \cdots & a_{2n} \\ \vdots & \vdots & & \vdots \\ a_{n1} & a_{n2} & \cdots & a_{nn} \end{vmatrix}=\sum_{\{j_1\cdots j_n\}}(-1)^{\tau(j_1\cdots j_n)}a_{1j_1}a_{2j_2}\cdots a_{nj_n} \tag{2-21}$$

求和项的每项由来自矩阵不同行列的 n 个元素的乘积构成，$\tau(j_1j_2\cdots j_n)$ 是排列$\{j_1j_2\cdots j_n\}$的逆序数。固定每项各元素的行脚标为升序，则元素的列脚标$\{j_1j_2\cdots j_n\}$即是集合$\{1,2,\cdots,n\}$的一个排列，项的符号系数取决于排列$\{j_1j_2\cdots j_n\}$逆序数的奇偶性。式(2-21)是$\{j_1j_2\cdots j_n\}$的全排列求和，自 $123\cdots(n-1)n$ 至 $n(n-1)\cdots321$ 共有 $n!$ 项。因此，为计算式(2-21)中的和式，就需要根据排列$\{j_1j_2\cdots j_n\}$取得各元素的列脚标，以定位矩阵元素；同时，需得到排列$\{j_1j_2\cdots j_n\}$的逆序数 $\tau(j_1j_2\cdots j_n)$，以确定符号位，奇排列为-1，偶排列为 1。

由上述可知，在 VBE217 中 Module1 内的各函数均可以应用于本例。本例代码包含 VBE217 中 Module1 的全部代码。行列式计算主程序代码见[VBcodes Example: 219]，并计算以下行列式的值。

[VBcodes Example: 219]

$$\begin{vmatrix} 7 & 8 & 9 & 2 & 3 \\ 2 & 4 & 7 & 6 & 4 \\ 9 & 3 & 7 & 1 & 1 \\ 8 & 9 & 6 & 5 & 4 \\ 6 & 6 & 4 & 5 & 2 \end{vmatrix}$$

该程序的主体部分就是行列式计算函数 Function CalcuDeter(Matx (,) As Double) As Double，该函数的参数是一个双精度的矩阵数组，返回双精度行列式的值。执行本程序，结果输出 DetValue = −1988。

〖例 2.16〗伴随矩阵法求逆矩阵

这里，我们在前面求行列式的基础上，按伴随矩阵的定义求其逆矩阵。设有 n 阶正定方阵 A 为

$$
\underset{n,n}{A} = \begin{bmatrix} a_{11} & a_{12} & \cdots & a_{1n} \\ a_{21} & a_{22} & \cdots & a_{2n} \\ \vdots & \vdots & & \vdots \\ a_{n1} & a_{n2} & \cdots & a_{nn} \end{bmatrix} \tag{2-22}
$$

其元素 a_{ij} 的余子阵 M_{ij}，就是在 A 矩阵上删除 a_{ij} 元素所在的行与列后，余下的元素组成的 $n-1$ 阶方阵为

$$
\underset{n-1,n-1}{M_{ij}} = \begin{bmatrix} a_{11} & a_{12} & \cdots & a_{1j} & \cdots & a_{1n} \\ a_{21} & a_{22} & \cdots & a_{2j} & \cdots & a_{2n} \\ \vdots & \vdots & & \vdots & & \vdots \\ a_{i1} & a_{i2} & \cdots & a_{ij} & \cdots & a_{in} \\ \vdots & \vdots & & \vdots & & \vdots \\ a_{n1} & a_{n2} & \cdots & a_{nj} & \cdots & a_{nn} \end{bmatrix} \tag{2-23}
$$

删除元素的示例代码如下：

```
Dim m% = 0
For p% = 0 To Len
    If p = i Then Continue For
    Dim n% = 0
    For q% = 0 To Len
        If q = j Then Continue For
        RemaMatrix(m, n) = Matrix(p, q)
        n += 1
    Next
    m += 1
Next
```

元素 a_{ij} 的代数余子式定义为 $A_{ij} = (-1)^{(i+j)}|M_{ij}|$。其中，$|M_{ij}|$ 为余子阵 M_{ij} 的行列式。矩阵 A 的伴随矩阵定义为

$$
A^* = \begin{bmatrix} A_{11} & A_{21} & \cdots & A_{n1} \\ A_{12} & A_{22} & \cdots & A_{n2} \\ \vdots & \vdots & & \vdots \\ A_{1n} & A_{2n} & \cdots & A_{nn} \end{bmatrix} = \begin{bmatrix} A_{11} & A_{12} & \cdots & A_{1n} \\ A_{21} & A_{22} & \cdots & A_{2n} \\ \vdots & \vdots & & \vdots \\ A_{n1} & A_{n2} & \cdots & A_{nn} \end{bmatrix}^{\mathrm{T}} \tag{2-24}
$$

则矩阵 A 的逆矩阵为

$$A^{-1} = \frac{1}{|A|} A^* \qquad\qquad (2\text{-}25)$$

式中，|A|为方阵 A 的行列式。

根据以上原理，设计求逆矩阵的代码，并计算矩阵

$$\begin{bmatrix} 7 & 8 & 9 & 2 & 3 \\ 2 & 4 & 7 & 6 & 4 \\ 9 & 3 & 7 & 1 & 1 \\ 8 & 9 & 6 & 5 & 4 \\ 6 & 6 & 4 & 5 & 2 \end{bmatrix}$$

的逆矩阵。

本程序在前例行列式计算的基础上，为适应求元素 a_{ij} 代数余子式的需要，在行列式计算函数 CalcuDeter() 的形参列表中，除矩阵数组外，还增加了两项 p、q 整型参数，用于传入元素 a_{ij} 的下标 i、j 实参，并将该函数移入 Module1 中。此外，Module1 中还增加了矩阵转置，以及两个矩阵相乘的函数，它们的返回值都是矩阵，可用于对求逆结果的验证计算。将 VBE217 的 Module1 代码修改见[VBcodes Example：220]。

窗体主程序见[VBcodes Example：221]。

程序运行结果如图 2.18 所示。

[VBcodes Example: 220]

[VBcodes Example: 221]

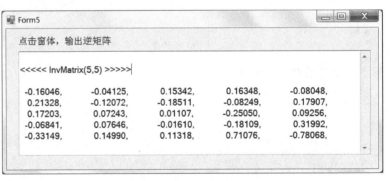

图 2.18　矩阵求逆界面和结果

2.8.4　迭代

迭代算法也称辗转算法。迭代是数值分析中通过从一个初始估计出发寻找一系列近似解来解决问题的过程，为实现这一过程所使用的算法称为迭代算法。迭代算法是多次利用同一公式进行计算，每次将计算结果再代入公式，不断用变量的旧值递推新值的过程。迭代算法是程序设计中常用的算法，常见的迭代算法是牛顿迭代法，其他还包括共轭迭代法、最小二乘法、线性规划、非线性规划、遗传算法等。

迭代算法是利用计算机解决问题的一种基本算法。它利用计算机运算速度快、适合做重复性操作的特点，让计算机对一组指令(或一定步骤)进行重复执行，在每次执行这组指令(或这些步骤)时，都从变量的旧值推出它的一个新值。

利用迭代算法解决问题，需要做好以下三个方面的工作。

(1)确定迭代变量。在可以用迭代算法解决的问题中，至少存在一个直接或间接地不断由

旧值递推出新值的变量，这个变量就是迭代变量。

(2)建立迭代关系式。迭代关系式指如何从变量的前一个值推出其下一个值的公式(或关系)。迭代关系式的建立是解决迭代问题的关键，通常可以使用递推或倒推的方法来完成。

(3)对迭代过程进行控制。不能让迭代过程无休止地重复执行下去，什么时候结束迭代过程是编写迭代程序必须考虑的问题。迭代过程的控制通常可分为两种情况：一种是所需的迭代次数是个确定的值，可以计算出来；另一种是所需的迭代次数无法确定。对于前一种情况，可以构建一个固定次数的循环来实现对迭代过程的控制；对于后一种情况，需要进一步分析出用来结束迭代过程的条件。

〖例 2.17〗斐波那契数列

斐波那契数列如 2.8.3 节中讨论所述。现设计程序输出该数列项。其中数列项的个数取决于黄金分割比例 $F(n-1)/F(n)$ 的计算精度。使用以下误差进行限定：

$$\mathrm{Err} = \left| \frac{F(n-1)}{F(n)} - \frac{F(n-2)}{F(n-1)} \right| \tag{2-26}$$

程序采用迭代算法设计，当 Err 小于给定限值时，结束迭代过程并输出成果。代码见 [VBcodes Example：222]。

程序运行时，在 TextBox1 中输入计算精度限值，界面及运行结果见图 2.19。

[VBcodes
Example：222]

图 2.19　斐波那契数列迭代计算

〖例 2.18〗牛顿迭代法求解非线性方程

把非线性函数 $f(x)$ 在 x_0 处展开成泰勒级数并取其线性部分，作为非线性方程 $f(x)=0$ 的近似方程，则有

$$f(x) \approx f(x_0) + f'(x_0)(x - x_0) = 0 \tag{2-27}$$

设 $f'(x_0) \neq 0$，则其解为

$$x_1 = [x_0 - f(x_0)]/f'(x_0) \tag{2-28}$$

再把 $f(x)$ 在 x_1 处展开为泰勒级数，取其线性部分为 $f(x)=0$ 的近似方程 ，同理可得

$$x_2 = [x_1 - f(x_1)]/f'(x_1) \tag{2-29}$$

如此继续下去，得到牛顿迭代法的迭代公式：

$$x_{n+1} = x_n - \frac{f(x_n)}{f'(x_n)} \tag{2-30}$$

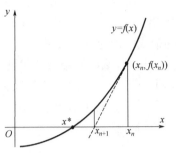

图 2.20　牛顿迭代法求根图示

通过迭代，式(2-30)必然在 $f(x)=0$ 时收敛，如图 2.20 所示。

牛顿迭代法也可以用于求函数的极值问题。由于函数取极值的点处的导数值为零，故可用牛顿迭代法求导函数的零点。其迭代式为

$$x_{n+1}=x_n-\frac{f'(x_n)}{f''(x_n)} \tag{2-31}$$

例如，求 $y=ax^3+bx^2+cx+d$ 的根。求导得

$$y'=3ax^2+2bx+c \tag{2-32}$$

其迭代式为

$$x_{n+1}=x_n-\frac{ax_n^3+bx_n^2+cx_n+d}{3ax_n^2+2bx_n+c} \tag{2-33}$$

程序设计代码见[VBcodes Example：223]。

程序运行结果如图 2.21。

[VBcodes
Example：223]

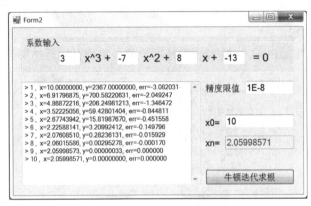

图 2.21　牛顿迭代法示例界面

〖例 2.19〗验证谷角静夫猜想

日本数学家谷角静夫在研究自然数时发现了一个奇怪现象：对于任意一个自然数 n，若 n 为偶数，则将其除以 2；若 n 为奇数，则将其乘以 3，然后加 1。如此经过有限次运算后，总可以得到自然数 1。把谷角静夫的这一发现称为谷角静夫猜想。程序设计代码见[VBcodes Example：224]。

程序运行结果如图 2.22 所示。

[VBcodes
Example：224]

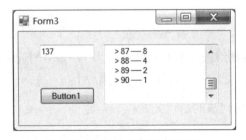

图 2.22　谷角静夫猜想验证示例

2.8.5 递归

简单来说，递归就是一个函数直接或间接调用自身的一种方法。在科学不发达的古代，它是人们用简单化思维来认识和理解复杂宇宙结构的途径。而如今，其又不失为一种解决同质问题的有效方法。

递归算法本身是一种十分有用的程序设计技术，它通过重复将问题分解为同类的子问题而逐层解决问题。很多数学模型，如二叉树结构本身固有的递归特性，用递归算法描述它们比用非递归算法要简捷，可读性好，可理解性好；此外，有一类问题，其本身没有明显的递归结构，但用递归算法求解比其他算法更容易编写程序，如汉诺塔(Tower of Hanoi)问题等。因此，递归可以用简单的程序来解决某些复杂的计算问题，但是运算量较大。递归调用在完成阶乘运算、级数运算、幂指数运算等方面特别有效。

递归结构事实上包括递推和回归两个过程。以阶乘计算为例，列出计算公式如下：

$$n! = n(n-1)!, \quad (n-1)! = (n-1)(n-2)!, \cdots, \quad 2! = 2*1$$

于是有递推公式：

$$n! = \text{Fact}(n) = \begin{cases} 1, & n=1 \\ n\,\text{Fact}(n-1), & n>1 \end{cases} \tag{2-34}$$

函数代码如下：

```
Function Fact(n As Integer)As Integer
    If n = 1 Then
        Fact = 1
    Else
        Fact = n * Fact(n - 1)
    End If
End Function
```

以 4! 为例，实际执行过程如图 2.23 所示。

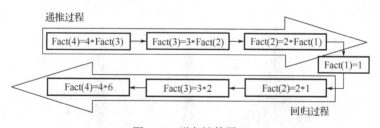

图 2.23 递归计算原理

递推过程：每调用自身函数，当前参数压栈，直到符合结束递归条件。

回归过程：按后进先出原则，逐一从栈中弹出当前参数，直到栈空。

VB.NET 中的 Sub 过程也可以是递归调用的。由上述分析可见，在执行递归调用时，VB.NET 把递归过程中使用的参数和局部变量等信息都保存在堆栈中，如果递归无限调用，将会导致堆栈溢出。程序不应该出现无终止的调用，而只应该出现有限次的递归调用。因此应该用条件语句(If 语句)来设置控制终止的条件，这个条件称为边界条件或结束条件，只有该条件成立时才继续执行递归调用，否则不再继续。因此，在编写递归程序时应考虑两个方面，分别为递归的形式和递归的结束条件。如果没有递归的形式就不可能通过不断的递归来接近目标；如果没有递归的结束条件，递归就不会结束。

〖例 2.20〗汉诺塔问题

1. 问题提出

汉诺塔源于印度神话。相传，大梵天创造世界时造了三根金刚石柱子，一根柱子由下而上，从大到小叠着 64 个黄金圆盘。大梵天命令婆罗门将这些圆盘顺序移动到另一根柱子上，并规定每次在三根柱子之间只能移动一个圆盘，且大圆盘不能叠在小圆盘上。当这 64 个圆盘移动完时，世界就将毁灭。

好多人会问移动 64 个圆盘到底会花多少时间？古代印度距离现在已经很久远了，这 64 个圆盘还没移动完吗？那么，我们通过计算来分析要完成这个任务到底要多少时间。用 n 表示圆盘的个数，当 $n=1$、$n=2$、$n=3$、$n=4$、$n=5$ 时，通过实验可知，最少移动次数依次为 $F(n=1)=1$、$F(n=2)=3$、$F(n=3)=7$、$F(n=4)=15$、$F(n=5)=31$，不难得出通项公式为

$$F(n) = 2F(n-1) + 1 \tag{2-35}$$

用数学归纳法可以得出通项式：

$$F(n) = 2F(n-1) + 1 = 2(2^{n-1} - 1) + 1 = 2^n - 1 \tag{2-36}$$

当 n 为 64 时，$F(n=64)=18446744073709551615$。假设移动一次圆盘用时 1s，那么一年为 31536000s，18446744073709551615/31536000 约等于 584942417355 天，换算成年为 5845.54 亿年。目前太阳寿命约为 50 亿年，太阳的完整寿命大约 100 亿年。所以我们整个人类文明都等不到移动完整圆盘的那一天。

2. 递归求解

汉诺塔问题的移动路径可以通过递归来求解。若给汉诺塔的三根柱子分别命名 A、B、C，如图 2.24 所示。假定在其中 A 柱子上摆放 n 个圆盘，若要把 A 柱子上的所有圆盘转移到 C 柱子上，每次只能移动一片圆盘且直径大的圆盘不得摆放在直径小的圆盘上，按最少移动次数，列出移动路径。

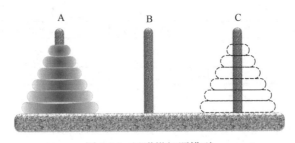

图 2.24　汉诺塔问题模型

汉诺塔移动路径分析：

当 $n=1$，一阶汉诺塔，路径简单，仅执行 A→C 移动；

当 $n=2$，二阶汉诺塔需要进行三步移动，分别为 A→B、A→C、B→C。

这三步可作如下解释：

(1) A→B，相当于交换 B、C 柱子的位置，在 A→C→B 顺序下，执行一次一阶汉诺塔移法；

(2)A→C，柱子顺序 A-B-C 不变，执行一次一阶汉诺塔移法；

(3)B→C，相当于交换 A、B 柱子的位置，在 B→A→C 顺序下，执行一次一阶汉诺塔移法。

算法描述：

n=1，Hanoi（1, A, B, C），输出 A→C

n=2，Hanoi（2, A, B, C），执行以下三步：

　　　Hanoi（1, A, C, B），输出 A→B；

　　　Hanoi（1, A, B, C），输出 A→C；

　　　Hanoi（1, B, A ,C），输出 B→C；

n=3，Hanoi（3, A, B ,C），三阶时，可将小盘和中盘视为一个整体，便将其变成了二阶汉诺塔。执行以下三步：

　　　Hanoi（2, A, C, B），输出 A→B；

　　　Hanoi（1, A, B, C），输出 A→C；

　　　Hanoi（2, B, A ,C），输出 B→C。

推广到 n 阶，move（n, A, B ,C），可将自上而下的 n–1 个小环和中环视为一个整体，便可将其变成了二阶汉诺塔了。执行以下三步：

　　　Hanoi（n–1, A, C, B），输出 A→B；

　　　Hanoi（1, A, B, C），输出 A→C；

　　　Hanoi（n–1, B, A ,C），输出 B→C。

递归求解其实就是不断降低问题规模的过程。递归代码见[VBcodes Example：225]。

窗体界面与算例见图 2.25。

[VBcodes
Example：225]

图 2.25　汉诺塔移动路径示例

〖 例 2.21 〗递归法全排列

设有 n 个元素：$a_1, a_2, a_3, \cdots, a_n$，按不同顺序排出一个序列，就构成一个排列。其全排列一共有 n!种，设计算法输出全部的排列。

很显然，假设给定的一些序列中第一位都不相同，那么就可以认定这些序列一定不是同一个序列。同理可得，如果第一位相同，可是第二位不同，那么在这些序列中也一定都不是同一个序列。如此，对序列进行如下操作：

(1)对于给定的序列 $T_n = \{a_1, a_2, a_3, \cdots, a_{n-1}, a_n\}$，如图 2.26 所示，将第一位上的元素 a_1 逐一与后面的 n–1 个元素交换位置，遍历所有的情况；

(2)上述每次交换后，切除第一个元素 a_i，得到余下 n–1 个元素的子序列，$T_{n-1,i} = \{a_2 a_3 \cdots a_{i-1} a_1 a_{i+1} \cdots a_n\}$，如图 2.27 所示。对子序列 $T_{n-1,i}$ 进行与 T_n 相同的操作，直到只剩一个元素 T_1 为止。

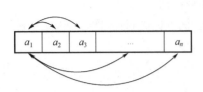

图 2.26 逐一交换 a_1 与后面元素的位置 　　　　图 2.27 切除第一项后对子式递归

　　这样我们就获得了所有可能的排列。显然，这是一个递归算法。核心过程代码见[VBcodes Example：226]以下是基于递归计算全排列的代码：

　　运行结果如图 2.28 所示。

[VBcodes Example：226]

图 2.28 递归法全排列界面与结果

　　程序中使用了泛型列表 List（Of String）类型，用于存储全排列序列。

第3章 窗体与控件

通过第 1 章和第 2 章的学习，我们已经初步掌握了 VB.NET 的基本语法和编程规则。在 1.4 节的学习中，大家也接触到了一些最基本控件(标签 Label、文本框 TextBox 和按钮 Button)的使用方法。本章将进一步介绍 VB.NET 类库中的各种常用控件类型，以及应用方法。

在 .NET Framework 框架中，窗体及其控件一般来自 System.Windows.Forms 或 System.Windows.Controls 命名空间下各种控件的类，如 TextBox 类、Button 类、Label 类、ListBox 类、ComboBox 类等。在建立窗体应用界面并在其上通过工具箱拖入控件布局时，事实上是创建了该控件类的实例对象，如 TextBox1、Button1、Label1、ListBox1、ComboBox1 等。对象名由系统按"类名后缀序号"的形式自动生成，目标只是不至于同类对象同名冲突而已。所以，用户可以根据实际编程逻辑修改其 Name 属性。对象的常用属性，如 Location 位置、Size 大小、Text 标题文本、Font 字体、Visible 可见性、Enabled 可用性等可以通过"属性"窗口进行设置，或在程序中进行动态修改设定。应用程序可以调用它们的过程方法、函数方法来完成预期操作或对其事件进行响应，编写事件处理程序。

3.1 基 本 控 件

3.1.1 控件的通用属性

在 VB.NET 窗体应用程序中，用户需要根据输入/输出方式、程序运行特征以及运算环境参数设置等要求进行界面的创意设计。控件是用户界面设计的基本构件。根据功能的不同，每个控件都有特定的功能属性，但也有许多描述其位置、尺寸、外观样式、主题文本、可见性、可用性等方面通用的属性。表 3.1 中列出了一般控件的一些通用属性。

表 3.1 一般控件的通用属性

属性	说明
Name	获取或设置控件的名称
BackColor	获取或设置控件的背景色
ForeColor	获取或设置控件的前景色
BorderStyle	获取或设置在 ListBox 控件四周绘制的边框的类型
Enabled	用来设置控件是否会对事件产生反应，值为 True，能对用户事件产生反应；值为 False 时，则不能对用户事件产生反应，此时该框会置灰色
Visible	获取或设置一个值，该值指示是否显示该控件及其所有子控件
Font	获取或设置控件显示的文字的字体
Text	获取或设置的主题文本
DefaultMaximumSize	获取以像素为单位，长度和高度被指定为控件的默认最大值
DefaultMinimumSize	获取以像素为单位，长度和高度被指定为控件的默认最小值
DefaultSize	获取控件的默认大小

属性	说明
Size	获取或设置控件的高度和宽度
Height	获取或设置控件的高度
Width	获取或设置控件的宽度
MaximumSize	获取或设置控件的大小，该值是 GetPreferredSize 可以指定的上限
MinimumSize	获取或设置控件的大小，该值是 GetPreferredSize 可以指定的下限
PreferredSize	获取可以容纳控件的矩形区域的大小
AllowDrop	获取或设置一个值，该值指示控件是否可以接收用户拖放到它上面的数据
Anchor	获取或设置控件绑定到的容器的边缘并确定控件如何随其父级一起调整大小
Dock	获取或设置哪些控件边框停靠到其父控件并确定控件随其父级调整方式
Location	获取或设置该控件的左上角相对于其容器的左上角的坐标
Left	获取或设置控件左边缘与其容器的工作区左边缘之间的距离(以像素为单位)
Top	获取或设置控件上边缘与其容器的工作区上边缘之间的距离(以像素为单位)
Right	获取控件右边缘与其容器的工作区左边缘之间的距离(以像素为单位)
CanFocus	获取一个值，该值指示控件是否可以接收焦点
CanRaiseEvents	确定是否可以在控件上引发事件
CanSelect	获取一个值，该值指示是否可以选中控件
Events	获取附加到此 Component 的事件处理程序的列表
Cursor	获取或设置当鼠标指针位于控件上时显示的光标
Focused	获取一个值，该值指示控件是否有输入焦点
Parent	获取或设置控件的父容器
HasChildren	获取一个值，该值指示控件是否包含一个或多个子控件
Controls	获取包含在控件内的控件的集合
DrawMode	获取或设置控件的绘图模式
Disposing	获取一个值，该值指示 Control 基类是否在释放进程中
Site	获取或设置控件的站点

本节在介绍控件属性时，对上述的通用属性不再赘述。

3.1.2 图标按钮与链接标签

1. 带图标的按钮 Button

按钮 Button 控件是 VB.NET 最基础的控件，其基本用法在第 1 章已经介绍过，这里要介绍的是一些较高级用法。为 Button 控件配以图标显示，可以使 Button 控件功能更加直观，同时也能丰富界面的美感。VB.NET 为 Button 控件提供了完善的图形化支持，相关属性见表 3.2。

表 3.2 Button 控件与图形相关的属性

属性	说明
BackgroundImage	获取或设置在控件中显示的背景图像
BackgroundImagelayout	获取或设置在 ImageLayout 枚举中定义的背景图像布局
Image	获取或设置显示在 Button 控件上的图像
ImageAlign	获取或设置 Button 控件上的图像对齐方式

属性	说明
ImageIndex	获取或设置 Button 控件上显示的图像列表索引值
ImageKey	获取或设置 Imagelist 属性中图像的键访问器
Imagelist	获取或设置包含 Button 控件上显示的 Image 的 Imagelist
TextImageRelalion	获取或设置文本和图像相互之间的相对位置

2. 链接标签 LinkLabel

链接标签 LinkLabel 控件是 VB.NET 新增的控件，通过它可以向应用程序添加 Web 样式的链接，它除了具有 Label 控件的所有属性、方法和事件外，还具有如表 3.3 所示的属性。

表 3.3　LinkLabel 控件的增强属性

属性	说明
ActiveLinkColor	获取或设置用来显示活动链接的颜色
DisabledLinkColor	获取或设置显示禁用链接时所用的颜色
LinkArea	获取或设置文本中视为链接的范围
LinkBehavior	获取或设置一个表示链接的行为的值
LinkColor	获取或设置显示普通链接时使用的颜色
Links	获取包含在 LinkLabel 控件内的链接的集合
LinkVisited	获取或设置一个值，该值指示链接是否应显示为如同被访问过的链接
OverrideCursor	获取或设置要在鼠标指针位于 LinkLabel 控件的边界之内时使用的鼠标指针
VisitedLinkColor	获取或设置当显示以前访问问过的链接时所使用的颜色

3.1.3　选择类控件

1. 复选框 CheckBox 和单选按钮 RadioButton

应用程序常会让用户在一种或多种选项之间做出选择，通常都会用到复选框 CheckBox 控件和单选按钮 RadioButton 控件，它们都是 Windows 标准的选择控件，用来设定环境参数、应用功能等选项。CheckBox 控件设定选项的开闭状态，通过成组使用 CheckBox 控件可以设置多重选项，用户可从中选择一项或多项进行设定；借助分组框 GroupBox 控件，RadioButton 控件能为用户提供由多个互斥选项组成的选项集，用户只能从中选择一项设定。

复选框 CheckBox 控件和单选按钮 RadioButton 控件的常用属性如表 3.4 所示。

表 3.4　CheckBox 控件和 RadioButton 控件的常用属性

属性	说明
Appearance	设置对象的外观，一般为 Normal
CheckAlign	设置对齐方式
CheckedState	返回对象的选择状态，CheckBox 控件根据情况有三种不同的选择状态，但是 RadioButton 控件没有该属性
Checked	设置默认状态下是否被启用

CheckBox 控件和 RadioButton 控件的常用事件是 CheckedChanged 事件和 Click 事件。

2. 可选列表框 CheckedListBox

可选列表框 CheckedListBox 控件类似于复选框 CheckBox 控件和列表框 ListBox 控件的组合，允许用户在 ListBox 内选择可选项。表 3.5、表 3.6 分别列出了 CheckedListBox 控件的常用属性和方法。

表 3.5 CheckedListBox 控件的常用属性

属性	说明
CheckedIndices	该 CheckedListBox 控件中选定项索引的集合
CheckedItems	该 CheckedListBox 控件中选定项的集合
CheckOnClick	获取或设置一个值，该值指示当选定项时是否应切换复选框
ColumnWidth	获取或设置多列 ListBox 控件中列的宽度
ContextMenuStrip	获取或设置与此控件关联的 ContextMenuStrip 属性
Items	获取此 CheckedListBox 控件中项的集合
MultiColumn	当值为 True 时 ListBox 控件支持多列；当值为 False 时，ListBox 控件以单列形式显示项
SelectedIndex	获取或设置 ListBox 控件中当前选定项的从零开始的索引
SelectedIndices	获取包含 ListBox 控件中所有当前选定项的从零开始的索引集合
SelectedItem	获取或设置 ListBox 控件中的当前选定项
SelectedItems	获取包含 ListBox 控件中当前选定项的集合
SelectedValue	获取或设置 ValueMember 属性指定的成员属性的值
SelectionMode	获取或设置指定选择模式的值
Sorted	获取或设置一个值，该值指示 ListBox 控件中的项是否已按字母顺序排序

表 3.6 CheckedListBox 控件的常用方法

方法	说明
ClearSelected	取消选择 ListBox 控件中的所有项
GetItemChecked	返回指示指定项是否选中的值
GetItemCheckState	返回指示当前项的复选状态的值
GetSelected	返回一个值，该值指示是否选定了指定的项
Hide	对用户隐藏控件
SetItemChecked	将指定索引处的项的 CheckState 设置为 Checked
SetItemCheckState	设置指定索引处的项的复选状态
SetSelected	选择或清除对 ListBox 控件中指定项的选定
Sort	对 ListBox 控件中的项排序

向 CheckedListBox 控件中添加、修改、清除项目的方法参考下面的列表框 ListBox 控件。

3.1.4 列表类控件

列表类控件包括列表框 ListBox 控件和组合框 ComboBox 控件，用于罗列设定项，用户可将欲选项预置其中，供选择、使用。ComboBox 控件与 ListBox 控件具有相似的行为，在某些情况下可以互换。但也存在其中一种控件更适合某任务的情况。通常，组合框 ComboBox 控件适合存在一组"建议"选项的情况，而列表框 ListBox 控件适合将输入限制为列表中内容的情况。

1. 列表框 ListBox

列表框 ListBox 控件显示一个列表项，用户可从中选择一项或多项。如果总项数超出可以显示的项数，则会自动为 ListBox 控件添加滚动条。ListBox 控件的常用属性见表 3.7。

表 3.7　ListBox 控件的常用属性

属性	说明
Sorted	设定列表框中的项目是否按字母顺序排序。True 为排序显示，False 为不排序显示。该属性必须在设计时设置，运行时它是只读的
Items	设置列表框中的列表选项
SelectedIndex	返回对应于列表框中第一个选定项的整数值。它从零开始计数，如果选定了列表中的第一个值，其值为 0，如果未选定任何项；其值为−1。可以通过代码更改选定项，列表中的相应项将突出显示。当选定多项时，它返回列表中最先出现的选定项的值
Items.Count	返回列表中的总项数，该属性的值总比 SelectedIndex 属性的最大可能值大 1，因为 SelectedIndzx 属性是从 0 开始的
ScrollAlwaysVisible	当值为 True 时，无论项数多少都将显示滚动条
IntegrateHeight	设置列表框的高度与选项文本高度之间是否成等比关系，即列表框的高度以选项文本的高度为单位
MultiColumn	当值为 True 时，列表框以多列形式显示项，并且出现一个水平滚动条；当值为 False 时，列表框以单列形式显示项，并且出现一个垂直滚动条
SelectionMode	设置选项模式。值为 One，只能选择一项；值为 MultiSimple，可以选择不连续的多项；值为 MultiExtended，配合 Shift 键可以选择连续多项

ListBox 控件的常用方法如下。

1）Items.Add()方法

该方法用于将项目添加到 ListBox 控件，其语法格式如下：

```
Object.Items.Add(Item)
```

其中，Object 指 Listbox 实例对象名；Item 是要添加到该列表框对象中的字段，为字符表达式。

2）Items.Insert()方法

该方法用于将项目插入 ListBox 控件中，其语法格式如下：

```
Object.Items.Insert([Index],Item)
```

其中，Object 和 Item 意义同上；Index 是字段索引号，可选参数，用于指定新项在列表框中的位置，如果所给的 Index 值有效，则 Item 将放置在列表框相应的位置。如果省略 Index 项，当 Sorted 属性值为 True 时，Item 将添加到恰当的排序位置；当 Sorted 属性值为 False 时，Item 将添加到列表的尾部。

3）Items.Remove()方法

该方法用于从 ListBox 控件中删除一个项，其语法格式如下：

```
Object.Items.Remove(value)
```

其中，Object 和 Item 意义同上；Value 用来指定要删除的项。

4）ltems.RemoveAt()方法

该方法与 Remove()方法有所不同，它按照索引方式删除 ListBox 控件中的项，其语法格式如下：

```
Object.ltems.RemoveAt(Index)
```

其中，Object 和 Item 意义同上；Index 用来指定要删除的项在列表框中的位置。

5）Items.Clear 方法

该方法可以删除 ListBox 控件的所有项，其语法格式如下：

```
Object.ltems.Clear()
```

修改和删除列表框中的项，可以使用以上三种方法，或在属性窗口修改 Items 的属性值来实现。单击 Items 右边的“…”按钮，弹出“字符串集合编辑器”对话框，用户可以在其中修改列表框的项目。

列表框 ListBox 的常用事件是 SelectedIndexChanged 事件，当在列表框中单击任一条目时，引发该事件。其事件处理过程如下：

```
Private Sub 对象名_SelectedIndexChanged(ByVal sender As Sysoem.Object, ByVal
e As System.EventArgs)Handles 对象名.SelectedIndexChanged
        … '添加自己的代码
End Sub
```

2. 组合框 ComboBox

组合框 ComboBox 控件的功能和 ListBox 控件相似，但它一次只能选取或输入一个选项，而不能设定多重选取模式。默认情况下，ComboBox 控件分两部分显示：上面是一个允许用户输入列表项的文本框；下面是列表框，显示用户可选择的列表项。组合框可节约窗体上的空间。由于在用户单击下三角按钮以前不显示完整列表，所以组合框可以方便地放入列表框放不下的窄小空间。

ComboBox 控件与 ListBox 控件有很多相同的属性、方法和事件，本节不再赘述，这里仅列举 ComboBox 控件的一些特有属性，如表 3.8 所示。

表 3.8　ComboBox 控件的特有属性

属性	说明
DropDownStyle	该属性在运行时是只读的，在设计时用来设置控件的显示类型和行为
Text	设置下拉列表框中的默认值或返回该对象的选定内容
MaxDropDownItems	设置下拉列表中的下拉列表一次能显示的选项数目。如果选项的数目比较小，则选项的数目与这个数目相同。如果选项数目比较大，则需要根据界面的大小设置一个比较合适的数值

这里要特别强调 DropDownStyle 属性，它决定了 ComboBox 控件的样式及行为方式。

（1）DropDown——下拉式。控件顶端文本区的文本总是可以编辑的，但是只有单击按钮，列表才会显示。

（2）Simple——简单样式。此时，显示完整列表，并且组合框占用的空间比列表框多。

（3）DropDownList——下拉列表式。文本是不可编辑的，当单击按钮时，列表才会显示。此时，输入第一个字母，控件将自动选择匹配项。

3.1.5　图片浏览显示控件

图片框 PictureBox 控件用于加载显示 BMP、GIF、JPEG 格式图元文件或 ICO 图标格式的图形。显示图片的特征由 Image 属性确定。其常用属性见表 3.9。

表 3.9 PictureBox 控件的常用属性

属性	说明			
Image	加载至图片框上显示的图片。可以在设计时或运行时设置			
Size	图片框对象的实际大小，一般以像素为单位，包括 Height 和 Width 两个子属性			
SizeMode	枚举值，设置图像显示方式			
	1	Normal	框显图片左上角区域	
	2	StretchImage	按框尺寸伸缩图片满显	
	3	AutoSize	框随图片自动调整尺寸	
	4	CenterImage	图片大小不变，框显图片中心区域	
	5	Zoom	保持图片比例缩放至框内	
BorderStyle	枚举值，设置控件边框样式			
	1	None	无边框	
	2	FixedSingle	单线边框	
	3	Fixed3D	立体边框	
Location	设置和返回控件左上角的坐标			

SizeMode 属性中，Normal 属性和 CenterImage 属性都要对图片进行剪裁，图片显示可能不完整；而 StretchImage 属性可能导致图片变形；AutoSize 属性容易使窗体界面布局发生改变。相比之下，Zoom 属性较为理想，设计界面时可优先考虑。

VB.NET 已将 PictureBox 控件的类型升级为 Panel 类型，不能在其中直接绘图，必须通过一个 Graphics 对象来实现，第 7 章将详细讲解。

通过使用面板 Panel 控件，利用 Panel 控件的滚动条配合，可以将图片框 PictureBox 控件设置成图片浏览器。此时，PictureBox 控件的 SizeMode 属性应设置为 AutoSize。分为以下三步：

(1)首先添加一个 Panel 对象，设置其属性 Dock=None，AutoScroll=True；

(2)向 Panel 对象中添加 PictureBox 对象，设置 Dock=None ，SizeMode=AutoSize；

(3)设置 PictureBox 对象的 Image 属性，导入一张尺寸较大的图片。

图片浏览效果如图 3.1 所示。

图 3.1 图片浏览效果

3.1.6 分组控件

对控件进行分组的原因有三个:

(1)为了获得清晰的界面进行可视化分组;

(2)为了逻辑分组,如对单选按钮进行分组;

(3)为了在设计界面时将多个控件作为一个单元来移动。

在 VB.NET 中,由于分组框 GroupBox 控件、面板 Panel 控件、选项卡 TabControl 控件均可以实现上面三个分组目的,故称为分组控件。分组控件通常是以作为其他控件的容器形式存在的,也称容器控件。使用分组控件有利于将一个窗体中的各种功能进一步分类细化,为用户提供逻辑可视化线索,使界面布局变得更加合理友善、便于识别。三个分组控件在功用上十分接近,但也存在比较明显的差别,例如,GroupBox 控件可以显示标题但无滚动条,而 Panel 控件可以有滚动条但无法显示标题。

这里需要说明父子控件的关系。把一个控件,如面板 Panel 控件放在窗体上,窗体就是 Panel 控件的父控件,而 Panel 控件是窗体的一个子控件。同样,把控件拖入某个分组控件,该分组控件就是父控件,被拖入的其他控件就是子控件。通过分组控件组合后的一组控件,会随该分组控件整体移动,对于用户设计界面非常方便,其某些属性也会发生一些变化。例如,当把该分组控件的 Enabled 属性设置为 False 时,会同时禁用组内的所有控件,使它们整体失效;当设置它的 Visible 属性为 False 时,其所包含所有对象也一起被隐藏,运行时会全部置灰色;当删除该分组控件实例时,会同时删除包含的所有控件。

在大多数情况下,分组控件主要用来对控件执行分组,对分组控件本身进行实际操作或者响应其事件的情形并不多见。不过,它一些属性可能会被修改,以适应程序在不同阶段的应用要求。表 3.10~表 3.12 分别列出了 GroupBox 控件、Panel 控件和 TabControl 控件的常用属性。

表 3.10 GroupBox 控件的常用属性

属性	说明
AutoScrollOffset	获取或设置一个值,该值指示在 ScrollControlIntoView 中将控件滚动到何处
AutoSize	获取或设置一个值,该值指示 GroupBox 控件是否根据其内容调整大小
BackgroundImage	获取或设置在控件中显示的背景图像
Controls	获取包含在控件内的控件的集合
Cursor	获取或设置当鼠标指针位于控件上时显示的光标
Dock	获取或设置哪些控件边框停靠到其父控件并确定控件如何随其父级一起调整大小
FlatStyle	获取或设置控件的平面样式外观

表 3.11 Panel 控件的常用属性

属性	说明
AllowDrop	获取或设置 True 或 False 逻辑值,该值指示控件是否可以接收用户拖放到它上面的数据
AutoScroll	获取或设置 True 或 False 逻辑值,指示当拖入的控件内容超出它的可见区域时,是否自动显示滚动条(继承自 ScrollableControl)
AutoSize	获取或设置 True 或 False 逻辑值,该值指示控件是否基于其内容调整大小
AutoSizeMode	指示控件的自动调整大小行为

属性	说明
BackgroundImage	获取或设置在控件中显示的背景图像
BorderStyle	指示控件的边框样式
HorizontalScroll	获取与水平滚动条相关联的特性
HScroll	获取或设置 True 或 False 逻辑值，该值指示水平滚动条是否可见
VerticalScroll	获取与垂直滚动条相关联的特性
VScroll	获取或设置 True 或 False 逻辑值，该值指示垂直滚动条是否可见
ScaleChildren	获取一个值，该值确定子控件的缩放

表 3.12　TabControl 控件的常用属性

属性	说明
Appearance	获取或设置控件选项卡的可视外观
HasChildren	获取一个值，该值指示控件是否包含一个或多个子控件
ImageList	获取或设置在控件的选项卡上显示的图像
ScaleChildren	获取一个值，该值确定子控件的缩放
SelectedIndex	获取或设置当前选定的选项卡页的索引
SelectedTab	获取或设置当前选定的选项卡页
SizeMode	获取或设置调整控件的选项卡大小的方式
TabCount	获取选项卡条中选项卡的数目
TabIndex	获取或设置控件在其容器内的 Tab 键顺序
TabPages	获取该选项卡控件中选项卡页的集合
TabStop	获取或设置一个值，该值指示用户能否使用 Tab 键将焦点放到该控件上

　　分组控件用法比较简单。如分组框 GroupBox 控件，先在窗体上拖入 GroupBox 控件的一个实例，再把所需组合的控件拖入 GroupBox 控件中即可。注意：不能用拖动 GroupBox 界线上缩放点的方法去试图圈入窗体上已有的控件进行组合；否则，只能覆盖遮蔽这些控件。

　　使用分组框 GroupBox 控件对多个复选框 CheckBox 控件或单选按钮 RadioButton 控件进行分组集成是常用的方式。由于 RadioButton 控件的互斥性，通过 GroupBox 控件集成在一起的一组 RadioButton 控件，运行时只能选中其一。因此，可在同一页面实现多个单选的 RadioButton 控件来细分窗体。GroupBox 控件的 Text 属性可用于设置分组主题信息；Name 属性则是分组框实例对象的名称，用于在程序中引用该 GroupBox 对象，对其进行操作。

　　GroupBox 控件的 Font 和 ForeColor 属性，分别用于改动文字大小和文字颜色。需要注意：它不仅改动 GroupBox 控件的 Text 属性的文字外观，同时也改动其内部控件的 Text 属性的文字外观。

　　图 3.2 是一个界面设计的示例。

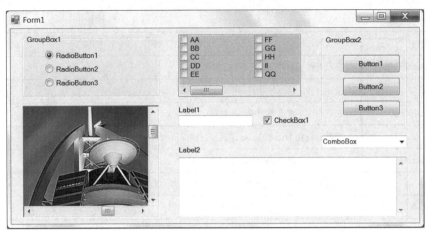

图 3.2　界面设计的示例

3.1.7　日历控件

日历 DateTimePicker 控件来自命名空间 System.Windows.Forms。DateTimePicker 控件的外观类似于组合框 ComboBox 控件，分两部分：上面是一个显示/编辑日期的文本区；下面则是一个月份日历表，单击文本区中列表的下三角按钮，便会显示该日历。当用户从下拉日历列表中选定某个日期，日期文本(Text)就会出现在 DateTimePicker 控件顶部的文本区；反之，若在 DateTimePicker 文本区输入特定日期，则在下拉日历列表中会显示选中对应的日期。

1. DateTimePicker 控件常用属性

表 3.13 列出了 DateTimePicker 控件的一些常用属性。

表 3.13　DateTimePicker 控件的常用属性

属性	说明
CalendarFont	获取或设置应用于日历的字体样式
CalendarForeColor	获取或设置日历的前景色
CalendarMonthBackground	获取或设置日历月份的背景色
CalendarTitleBackColor	获取或设置日历标题的背景色
CalendarTitleForeColor	获取或设置日历标题的前景色
CalendarTrailingForeColor	获取或设置日历追踪日期的前景色
Checked	获取或设置一个值，该值指示 Value 属性是否设置了有效的日期和时间，并且可以更新显示的值
CustomFormat	获取或设置自定义日期和时间格式字符串，见表 3.15
DropDownAlign	获取或设置控件上的下拉日历列表的对齐方式
Format	获取或设置控件中显示的日期和时间的 DateTimePickerFormat 枚举格式(表 3.14)
MaxDate	获取或设置控件中可以选择的最大日期和时间
MaximumDateTime	获取 DateTimePicker 控件允许的最大日期
MinDate	获取或设置控件中可以选择的最小日期和时间
MinimumDateTime	获取 DateTimePicker 控件允许的最小日期
RightToLeftLayout	获取或设置 DateTimePicker 控件的内容是否从右向左排列
ShowCheckBox	获取或设置一个值，该值指示复选框是否显示在所选日期的左侧
ShowUpDown	获取或设置一个值，该值指示是否使用旋钮控件(也称为上下控件)来调整日期和时间
Value	获取或设置分配给控件的日期和时间

2. DateTimePicker 控件显示日期和时间的格式

DateTimePicker 控件显示日期和时间的格式取决于它的 Format 属性设置，属性值为枚举类型 DateTimePickerFormat，见表 3.14。

表 3.14　DateTimePickerFormat 枚举值

成员	说明
Long	以用户操作系统设置的长日期格式显示日期和时间
Short	以用户操作系统设置的短日期格式显示日期和时间
Time	以用户操作系统设置的时间格式显示日期和时间
Custom	以自定义格式显示日期和时间，参考 CustomFormat

3. 自定义日期和时间格式字符串

当 DateTimePicker 控件的 Format 属性设置为 Custom，此时设置 DateTimePicker 控件的 Custom Format 属性才具有实际意义。自定义日期和时间的格式字符串见表 3.15。

表 3.15　格式字符串表

格式字符串	说明
d	一位数或两位数的天数
dd	两位数的天数。一位数的天数前面加一个 0
ddd	三个字符的星期几缩写
dddd	完整的星期几名称
h	12 小时格式的一位数或两位数的小时数
hh	12 小时格式的两位数的小时数。一位数的小时数前面加一个 0
H	24 小时格式的一位数或两位数的小时数
HH	24 小时格式的两位数的小时数。一位数的小时数前面加一个 0
m	一位数或两位数的分钟数
mm	两位数的分钟数。一位数的分钟数前面加一个 0
M	一位数或两位数月份数
MM	两位数的月份数。一位数的月份数前面加一个 0
MMM	三个字符的月份名缩写
MMMM	完整的月份名
s	一位数或两位数的秒数
ss	两位数的秒数。一位数的秒数前面加一个 0
t	单字母 A.M./P.M. 缩写 (A.M. 显示为 "A")
tt	双字母 A.M./P.M. 缩写 (A.M. 显示为 "AM")
y	一位数的年份 (2001 显示为"1")
yy	年份的最后两位数 (2001 显示为"01")
yyyy	完整的年份 (2001 显示为"2001")

4. DateTimePicker 控件的主要事件

DateTimePicker 控件能够响应的主要事件如表 3.16 所示。

表 3.16 DateTimePicker 控件的主要事件

事件	说明
BackColorChanged	在 BackColor 属性的值更改时发生
BackgroundImageChanged	在 BackgroundImage 属性的值更改时发生
BackgroundImageLayoutChanged	在 BackgroundImageLayout 属性的值更改时发生
Click	在单击控件时发生
CloseUp	当下拉日历列表被收起关闭并消失时发生
DoubleClick	在双击控件时发生
DragDrop	在拖放操作完成时发生
ForeColorChanged	在 ForeColor 属性的值更改时发生
FormatChanged	在 Format 属性的值更改时发生
MouseClick	在单击控件时发生
MouseDoubleClick	在双击控件时发生
PaddingChanged	在 Padding 属性的值更改时发生
Paint	在控件重绘时发生
RightToLeftLayoutChanged	在 RightToLeftLayout 属性的值更改时发生
TextChanged	在 Text 属性的值发生更改时发生
ValueChanged	在 Value 属性的值更改时发生

3.1.8 进度条

进度条 ProgressBar 控件是一个应用很广的控件，用于直观地显示某项用时较长的程序任务的执行进度。ProgressBar 控件并不显示计算机执行某项特定任务要花多少时间，而是提供直观视觉反馈，告诉用户应用程序正在执行任务且仍在响应，以减轻用户等待复杂运算结果时产生的紧张和不安。

1. ProgressBar 常用属性

ProgressBar 控件主要常用属性有 Maximum 属性、Minimum 属性、Value 属性、Step 属性。

Maximum 属性、Minimum 属性是指 ProgressBar 控件可变化的最大和最小值，默认值分别为 100 和 0；Value 属性指 ProgressBar 控件当前位置的值；Step 属性是指 ProgressBar 控件每次调用 PerformStep() 方法时增长的步长值。

欲使用 ProgressBar 控件展示某程序任务的执行过程，首先需要确定测量该过程开始、进行以及结束的标志变量，并将其关联至 ProgressBar 控件的 Minimum 属性、Value 属性、Maximum 属性。例如，下载文件操作，可将 Minimum 属性的值设置为 0；将 Maximum 属性的值设置为文件的字节数；将 Value 属性的值设置为已经下载的文件字节数。

Value 属性的值决定控件被填充多少，应随过程进展单调递增，以显示操作的进展情况，或者使用 Increment() 方法和 PerformStep() 方法来改变 Value 属性的值，直到达到由 Maximum 属性定义的最大值。这样该控件显示的填充区总是 Value 属性值与 Maximum 属性值及 Minimum 属性值之间的比值。

2. ProgressBar 控件的常用方法

PerformStep() 方法：按照 Step 属性的数量增加进度栏的当前位置。
Increment() 方法：按指定的数量增加进度栏的当前位置。

〖例 3.01〗ProgressBar 控件演示

以下案例中演示了 ProgressBar 控件增加值的三种方法，注意使用 PerformStep()方法、Increment()方法时并不会因为 Value 属性的值超过 Maximum 属性的值而引发错误。代码见[VBcodes Example：301]。

[VBcodes Example：301]

3.1.9　计时器

定时器 Timer 是一个组件。与控件不同的是，组件不会显示在窗体上。在工具箱中双击 Timer 后，可以看到 Timer 组件已经添加到了设计窗体的下面。

Timer 组件用来产生一定的标准时间间隔，并在每个时间间隔内根据应用程序要求引发事件。

1. 重要属性

Timer 组件的重要属性主要有 Interval 属性和 Enabled 属性。

Interval 属性定义计时器 Timer 组件的时间间隔，其间隔长度以 ms 为单位。这样精度的时间间隔对系统的要求很高，是工程运行速度和可靠性的一种保证。

Enabled 属性设置计时器 Timer 组件的激活状态，取值为 False，Timer 组件休眠，不起作用；取值为 True，则 Timer 组件被激活，事件及处理过程将间隔发生。

2. 主要事件

Timer 组件的主要事件是 Tick 事件。此事件在每次 Timer 组件确定的时间间隔过后发生，Interval 属性指定 Tick 事件之间的间隔。无论何时，只要 Timer 组件的 Enabled 属性值被设置为 True，而且 Interval 属性值大于 0，则 Tick 事件以 Interval 属性指定的时间间隔发生。

以下是应用 Timer 组件的两个简单示例。

〖例 3.02〗Timer 组件演示 1

示例代码见[VBcodes Example：302]。

[VBcodes Example：302]

〖例 3.03〗Timer 组件演示 2

示例代码见[VBcodes Example：303]。

3. 主要方法

[VBcodes Example：303]

Timer 组件的主要方法是 Start 方法和 Stop 方法，分别用于启动和关闭 Timer 组件。Timer 组件在关闭时重置，不存在暂停 Timer 组件的方法。Timer 组件的 OnTick 方法用于引发 Tick 事件。

3.1.10　对话框

在与用户交互方面，2.4.6 节介绍了在 Microsoft.VisualBasic.Interaction 模块中包含的 InputBox 和 MsgBox 共享函数方法，它可以创建"预定义"对话框来进行数据的输入/输出。本节所介绍的对话框是在 VS 工具箱中的组件，包括 OpenFileDialog、SaveFileDialog、FontDialog、ColorDialog、FolderBrowserDialog、PrintDialog、PrintPreviewDialog 等组件。

这些组件来自 VB.NET 的 System.Windows.Forms 命名空间，分别对应"打开""保存""字体""颜色""文件夹浏览""打印"和"打印预览"对话框。不同于控件，组件不会显示在窗体上，双击欲添加的对话框，则相应的实例对象会添加到设计窗体的下面。运行时只要调用这些组件的 ShowDialog 方法，即可弹出相应的对话框。下面以"打开"为例进行介绍，其余不赘述。

1. 打开对话框

OpenFileDialog 组件在程序调用时，会提供一个标准的打开文件对话框。其中可以指定驱动器、文件夹、文件类型和文件名。OpenFileDialog 控件的常用属性见表 3.17。

表 3.17　OpenFileDialog 控件的常用属性

属性	说明
AddExtension	设置对话框在用户省略扩展名时是否自动在文件名后添加扩展名
CheckFileExists	设置对话框在用户指定不存在的文件名时是否显示警告
CheckPathExists	设置对话框在用户指定不存在的路径时是否显示警告
DefaultExt	获取或设置默认文件扩展名
DereferenceLinks	设置对话框是否返回快捷方式引用的文件的位置，或者是否返回快捷方式(.Ink)的位置
FileName	返回对话框中选定的文件名字符串
FileNames	获取对话框中所有选定文件的文件名。该属性是只读属性
Filter	获取或设置文件名筛选器字符串，该字符串决定对话框的"另存为文件类型"或"文件类型"列表中出现的选项。筛选器字符串由一个或多个筛选项构成。其中，每个筛选项均由"筛选说明"和"筛选模式"顺序组成，两者之间使用竖线符"|"分隔，筛选项之间也使用竖线符"|"分隔；如"文本文件|*.txt|所有文件|*.*"
FilterIndex	获取或设置文件对话框中当前选定筛选器的索引
InitiaDirectory	获取或设置打开文件对话框显示的初始目录
MultiSelect	设置对话框是否允许选择多个文件
ReadOnlyChecked	获取或设置对话框是否选定"只读"复选框
RestoreDirectory	设置对话框在关闭前是否还原当前目录
SafeFileName	获取在对话框中选择的文件的文件名和扩展名。文件名不包含路径
SafeFileNames	获取对话框中所有选定文件的文件名和扩展名数组。文件名不包括路径
ShowHelp	设置对话框是否显示"帮助"按钮
ShowReadOnly	设置对话框是否包含"只读"复选框
SupportMultiDottedExtensions	获取或设置对话框是否支持显示和保存具有多个文件扩展名的文件
Title	获取或设置文件对话框标题
ValidateNames	设置对话框是否只接收有效的 Win32 文件名

OpenFileDialog 控件常用的方法是 ShowDialog 方法，常用的事件是 FileOK 事件，其他方法和事件见表 3.18。

表 3.18　OpenFileDialog 控件的方法和事件

方法/事件	说明
CreateObjRef	创建一个对象，包含生成与远程对象进行通信的代理所需的全部相关信息
Dispose	释放由 Component 占用的资源
Equals	确定两个 Object 实例是否相等
OpenFile	打开用户选定的具有只读权限的文件。该文件由 FileName 属性指定
Reset	将所有属性重新设置为默认值
ShowDialog	显示文件对话框
FileOk	当用户单击文件对话框中的"打开"按钮时发生
HelpRequest	当用户单击文件对话框中的"帮助"按钮时发生

当在程序中调用 OpenFileDialog 控件的 ShowDialog 方法时，将弹出"打开"对话框。但它本身并不能打开和读入文件，需要使用 Stream 类来实现打开和读入文件的操作，Stream 类将在后续章节中讲解。

2. 保存文件对话框

保存文件对话框 SaveFileDialog 控件与 OpenFileDialog 控件类似，用于保存文件。SaveFileDialog 控件的属性也与 OpenFileDialog 控件的类似，但它也有其专用的属性。表 3.19 是 SaveFileDialog 控件的常用属性。

表 3.19　SaveFileDialog 控件的常用属性

属性	说明
AddExtension	设置对话框在用户省略扩展名时是否自动在文件名后添加扩展名
CheckFileExists	设置对话框在用户指定不存在的文件名时是否显示警告
CheckPathExists	设置对话框在用户指定不存在的路径时是否显示警告
DefaultExt	获取或设置默认文件扩展名
DereferenceLinks	设置对话框是否返回快捷方式引用的文件的位置，或者是否返回快捷方式(.lnk)的位置
FileName	返回对话框中选定的文件名字符串
FileNames	获取对话框中所有选定文件的文件名。该属性是只读属性
Filter	获取或设置文件名筛选器字符串，该字符串决定对话框的"另存为文件类型"或"文件类型"列表中出现的选项。筛选器字符串由一个或多个筛选项构成。其中，每个筛选项均由"筛选说明"和"筛选模式"顺序组成，两者之间使用竖线符"|"分隔，筛选项之间也使用竖线符"|"分隔；如"文本文件|*.txt|所有文件|*.*"
FilterIndex	获取或设置保存文件对话框中当前选定筛选器的索引
InitialDirectory	获取或设置文件对话框显示的初始目录
RestoreDirectory	设置对话框在关闭前是否还原当前目录
ShowHelp	设置对话框中是否显示"帮助"按钮
Title	获取或设置文件对话框标题
ValidateNames	设置对话框是否只接收有效的 Win32 文件名
CreatPrompt	设置对话框在指定一个不存在的文件时，用户是否许可创建文件
OverWritePrompt	设置对话框在指定一个已经存在的文件时，用户是否许可覆盖该文件

SaveFileDialog 控件的方法与事件和 OpenFileDialog 控件的相同，这里不再赘述。和 OpenFileDialog 控件一样，SaveFileDialog 控件本身不能保存文件，要写入文件，必须使用 Stream 类。

3. "颜色"对话框

"颜色"对话框 ColorDialog 控件用于显示"颜色"对话框，以便用户为窗体的其他对象设置颜色。ColorDialog 控件允许用户选择 48 种颜色。当用户选择"规定自定义颜色"按钮时，将可以自己调整 16 种自定义颜色的设置，以满足需求。

ColorDialog 控件常用属性见表 3.20。

表 3.20　ColorDialog 控件的常用属性

属性	说明
AllowFuIlOpen	设置对话框是否可以使用用户自定义的颜色

属性	说明
AnyColor	设置对话框是否显示基本颜色集中可用的颜色
Color	获取或设置用户选定的颜色
CustomColors	获取或设置对话框中显示的自定义的颜色
FullOpen	设置用于创建自定义颜色的控件在对话框打开时是否可见
ShowHelp	设置在对话框中是否显示"帮助"按钮
SolidColorOnly	设置对话框是否限制用户只选择纯色

ColorDialog 控件的常用方法是 Reset 方法和 ShowDialog 方法。调用 ShowDialog 方法时，根据用户选择的是"确定"按钮还是"取消"按钮，决定返回 DialogResult 是 OK 还是 Cancel。

4. "字体"对话框

"字体"对话框 FontDialog 控件显示"字体"对话框，在一个用户熟悉的标准对话框中显示可用的字体列表，用户可以根据需要为窗体上的其他对象选择合适的字体。FontDialog 控件的常用属性见表 3.21。

表 3.21 FontDialog 控件的常用属性

属性	说明
AllowScriptChange	设置用户能否更改 Script 组合框中指定的字符集，以显示除了当前所显示字符集以外的字符集
AllowSimulations	设置对话框是否允许图形设备接口(GDI)进行字体模拟
AllowVectorFonts	设置对话框否允许选择矢量字体
AllowVerticalFonts	设置对话框既显示垂直字体又显示水平字体还是只显示水平字体
Color	设置选定字体的颜色
FixedPitchOnly	设置对话框是否只允许选择固定间距字体
Font	返回选定的字体
FontMustExist	设置当用户试图选择不存在的字体或样式时是否提示错误
Maxsize	设置用户可选择的最大磅值
Minsize	设置用户可选择的最小磅值
ScriptsOnly	设置对话框是否允许为所有非 OEM 和 Symbol 字符集及 ANSI 字符集选择字体
ShowApply	设置对话框是否包含"应用"按钮
ShowColor	设置对话框是否显示颜色选择
ShowEffects	设置对话框是否包含允许用户指定"删除线"、"下划线"和"文本颜色"选项的控件
ShowHelp	获取或设置一个值，该值指示对话框是否显示"帮助"按钮

FontDialog 控件的常用方法是 ShowDialog 方法和 Reset 方法；常用事件是 Apply 事件，当单击对话框中的"应用"按钮时引发该事件。

3.1.11 数据格网

VB.NET 中对于表格数据的显示经常使用到数据格网浏览器 DataGridView 控件。该控件提供一种以表格格式显示数据的功能强大且灵活的方法。使用 DataGridView 控件，可以显示和编辑来自多种不同类型的数据源的表格数据。也可以使用 DataGridView 控件来显示少量数据的只读视图，或者可以缩放该控件以显示大型数据集的可编辑视图。

将数据源绑定到 DataGridView 控件非常简单和直观，在大多数情况下，只需设置其 DataSource 属性即可；在绑定到包含多个列表或表的数据源时，只需将其 DataMember 属性设置为指定要绑定的列表或表的字符串即可。DataGridView 控件的常用属性见表 3.22。

表 3.22　DataGridView 控件的常用属性

属性	说明
AllowDrop	获取或设置一个值，该值指示控件是否可以接收用户拖放到它上面的数据(继承自 Control 类)
AllowUserToAddRows	获取或设置一个值，该值指示是否向用户显示添加行的选项
AllowUserToDeleteRows	获取或设置一个值，该值指示是否允许用户从 DataGridView 控件中删除行
AllowUserToOrderColumns	获取或设置一个值，该值指示是否允许通过手动对列重新定位
AllowUserToResizeColumns	获取或设置一个值，该值指示用户是否可以调整列的大小
AllowUserToResizeRows	获取或设置一个值，该值指示用户是否可以调整行的大小
AutoGenerateColumns	获取或设置一个值，该值指示在设置 DataSource 属性或 DataMember 属性时是否自动创建列
AutoSizeColumnsMode	获取或设置一个值，该值指示如何确定列宽
AutoSizeRowsMode	获取或设置一个值，该值指示如何确定行高
BackgroundColor	获取或设置 DataGridView 控件的背景色
BorderStyle	获取或设置 DataGridView 控件的边框样式
CanSelect	获取一个值，该值指示是否可以选中控件(继承自 Control 类)
ColumnCount	获取或设置 DataGridView 控件中显示的列数
ColumnHeadersVisible	获取或设置一个值，该值指示是否显示列标题行
Columns	获取一个集合，它包含控件中的所有列
CurrentCell	获取或设置当前处于活动状态的单元格
CurrentCellAddress	获取当前处于活动状态的单元格的行索引和列索引
CurrentRow	获取包含当前单元格的行
DataBindings	为该控件获取数据绑定(继承自 Control 类)
DataMember	获取或设置 DataGridView 控件正在为其显示数据的数据源中的列表或表的名称
DataSource	获取或设置 DataGridView 控件所显示数据的数据源
EditMode	获取或设置一个值，该值指示如何开始编辑单元格
FirstDisplayedCell	获取或设置当前显示在 DataGridView 控件中的第一个单元格，此单元格通常位于格网左上角
FirstDisplayedScrollingColumnIndex	获取或设置某一列的索引，该列是显示在 DataGridView 控件上的第一列
FirstDisplayedScrollingRowIndex	获取或设置某一行的索引，该行是显示在 DataGridView 控件上的第一行
GridColor	获取和设置网格线的颜色，网格线对 DataGridView 控件的单元格进行分隔
HorizontalScrollBar	获取控件的水平滚动条
MultiSelect	获取或设置一个值，该值指示是否允许用户一次选择 DataGridView 控件的多个单元格、行或列
NewRowIndex	获取新记录所在行的索引
ReadOnly	获取或设置一个值，该值指示用户是否可以编辑 DataGridView 控件的单元格
RowCount	获取或设置 DataGridView 控件中显示的行数
RowHeadersVisible	获取或设置一个值，该值指示是否显示包含行标题的列
RowHeadersWidth	获取或设置包含行标题的列的宽度(以像素为单位)
RowHeadersWidthSizeMode	获取或设置一个值，该值指示是否可以调整行标题的宽度，以及它由用户调整还是根据标题的内容自动调整

属性	说明
Rows	获取一个集合，该集合包含 DataGridView 控件中的所有行
ScrollBars	获取或设置要在 DataGridView 控件中显示的滚动条的类型
SelectedCells	获取用户选定的单元格的集合
SelectedColumns	获取用户选定的列的集合
SelectedRows	获取用户选定的行的集合
SelectionMode	获取或设置一个值，该值指示如何选择 DataGridView 控件的单元格
SortedColumn	获取 DataGridView 控件内容的当前排序所依据的列
SortOrder	获取一个值，该值指示按升序或降序对 DataGridView 控件中的项进行排序还是不排序
VerticalScrollBar	获取控件的垂直滚动条

【例 3.04】DataGridView 控件功能演示程序

示例演示了 DataGridView 控件功能，代码见[VBcodes Example：304]。

[VBcodes
Example：304]

3.1.12 My 对象

VB.NET 增加了许多快速开发应用程序的新功能，这些新功能不仅强大，还提高了生产效率和易用性。其中一种功能称为 My 对象，它提供了容易而直观的方法来访问大量.NET Framework 类，从而使 VB.NET 用户能够与计算机、应用程序、设置、资源等进行交互。

My 的顶级成员作为对象公开。每个对象的行为都与具有 Shared 成员的命名空间或类相似，并可公开一组相关成员。

My 常用的对象为 My.Application、My.Computer、My.Forms 和 My.User 对象。通过使用这些对象，用户可以分别访问与当前应用程序、安装该应用程序的计算机或该应用程序的当前用户相关的信息。本节主要介绍这 4 个常用对象的用法。

1. My.Application 对象

My.Application 对象提供与当前应用程序相关的属性、方法和事件，通过它公开的属性只能访问当前应用程序或与当前应用程序相关的 DLL 数据。表 3.23 列出了 My.Application 对象的属性。

表 3.23 My.Application 对象的属性

属性	说明
ApplicationContext	获取 Windows 窗体应用程序的当前线程的 ApplicationContext 对象。此属性仅 Windows 窗体应用程序可用
CommandLineArgs	为当前应用程序获取一个将命令行参数作为字符串包含的集合
Culture	获取当前线程用于字符串操作和字符串格式设置的区域性
Deployment	获取当前应用程序的 ClickOnce 部署对象，为以编程方式更新当前部署和按需下载文件提供支持
Info	提供获取应用程序的程序集相关信息(如版本号、说明等)的属性
IsNetworkDeployed	获取一个表示是否通过网络部署应用程序的 Boolean 值
Log	提供将事件和异常信息写入应用程序的事件日志侦听器的属性和方法

属性	说明
MinimumSpIashScreenDispIayTime	获取或设置显示初始屏幕的最短时间长度(以 ms 为单位)
OpenForms	获取所有应用程序的已打开窗体的集合。此属性仅 Windows 窗体应用程序可用
SaveMySettingsOnExit	确定应用程序足否在退出时保存用户设置。此属性仅 Windows 窗体和控制台可用
SpIashScreen	获取或设置此应用程序的初始屏幕。此属性仅 Windows 窗休应用程序可用
UICulture	获取当前线程用户界面的区域性

My.Application 对象方法见表 3.24。

表 3.24　My.Application 对象方法

方法	说明
ChangeCulture	更改当前线程用于字符串操作和字符串格式设置的区域性
ChangeUICulture	更改当前线程用户界面的区域性
DoEvents	处理当前消息队列中的所有 Windows 消息。此方法仅 Windows 窗体应用程序可用
GetEnvironmentVariable	返回指定的环境变量的值
Run	设置和启动 Visual Basic 应用程序模型。此方法仅 Windows 窗体应用程序可用

My.Application 对象事件见表 3.25。

表 3.25　My.Application 对象事件

事件	说明
NetworkAvailabilityChanged	在网络可用性改变时发生。此事件仅 Windows 窗体应用程序可用
Shutdown	在应用程序关闭时发生。此事件仅 Windows 窗体应用程序可用
Startup	在应用程序启动时发生。此事件仅 Windows 窗体应用程序可用
StartupNextInstance	在尝试启动单实例应用程序但此应用程序已处于活动状态时发生。此事件仅 Windows 窗体应用程序可用
UnhandledException	在应用程序遇到未处理的异常时发生。此事件仅 Windows 窗体应用程序可用

2. My.Computer 对象

My.Computer 对象提供对信息及常用功能的访问。它提供了大量与计算机组件(如音频、时钟、键盘、文件系统等)相关的属性,用于访问运行该应用程序的计算机。表 3.26 列出了 My.Computer 对象的属性。

表 3.26　My.Computer 对象属性

属性	说明
Audio	提供对计算机音频系统的访问,并提供播放.wav 文件的方法。此对象仅非服务器应用程序可用
Clipboard	提供操作剪贴板的方法。此对象仅非服务器应用程序可用
Clock	提供访问系统时钟中的当前本地时间和协调通用时间(即格林尼治标准时)的属性
FileSystem	提供处理驱动器、文件及目录的属性和方法
Info	获取有关计算机的内存、加载的程序集、名称和操作系统等方面的信息
Keyboard	提供访问键盘的当前状态(如按下了哪些键)的属性,并提供将所按键符发送到活动窗口的方法。此对象仅非服务器应用程序可用
Mouse	获取有关本地计算机中安装的鼠标的规格和配置的信息。此对象仅非服务器应用程序可用

属性	说明
Name	获取计算机的名称
Network	返回所访问的网络类型和网络事件
Ports	提供访问计算机串行端口的属性和方法。此对象仅非服务器应用程序可用
Registry	返回读取和写入注册表信息
Screen	获取计算机上屏幕的 Screen 对象。此属性仅非服务器应用程序可用

3. My.User 对象

My.User 对象公开的属性和方法提供对当前用户信息的访问。当前用户的含义在 Windows 和 Web 应用程序之间略有不同。在 Windows 应用程序中，当前用户是运行应用程序的用户。在 Web 应用程序中，当前用户是访问应用程序的用户。表 3.27 列出了 My.User 对象的属性。表 3.28 列出了 My.User 对象的方法。

表 3.27　My.User 对象属性

属性	说明
CurrentPrincipal	获取或设置当前主体(针对基于角色的安全性)
IsAuthenticated	获取一个指示是否已验证用户身份的值
Name	获取当前用户的名称

表 3.28　My.User 对象方法

方法	说明
InitializeWithWindowsUser	将线程的当前主体设置为启动应用程序的 Windows 用户
IsInRole	确定当前用户是否属于指定的角色

4. My.Forms 对象

My.Forms 对象提供属性，用于访问当前项目中声明的每个 Windows 窗体的实例，且属性与它所访问的窗体同名。可以通过使用窗体名称(无须限定)访问由 My.Forms 对象提供的窗体。由于属性名称与窗体名称相同，所以可以把窗体当作默认实例来访问。例如，要访问名为 Form1 的窗体，语句 My.Forms.Form1.Show 等效于 Form1.Show。

可以使用 My.Application.OpenForms 属性获取所有应用程序的打开窗体的集合。但是，My.Forms 对象仅公开与当前项目关联的窗体，对于 DLL 中声明的窗体，它不提供访问。若要访问 DLL 提供的窗体，必须使用窗体的限定名，书写格式为 DLLName.FormName。

My.Forms 对象通常用于多窗体程序中，多窗体程序将在 3.2 节详细介绍。

注意：My.Forms 对象及其属性仅用于 Windows 应用程序。

3.2　GUI 应用程序开发

GUI 是 Graphical User Interface 的简称，又称图形用户接口或图形用户界面，是指采用图形方式显示的计算机应用程序操作界面。GUI 由 Xerox(施乐)公司于 1973 年首先发明，随后被苹果公司和微软公司先后采用，历史上的 Mac OS、Windows NT 系列、很多 Linux 发行版(如

GNOME/Ubuntu)以及智能手机上的 iPhone OS、Android 等都是 GUI 系统,目前的大多数操作系统都已采用了 GUI,这使它的标准成为绝大多数应用软件的界面标准。GUI 程序的界面都是以窗体作为载体的。

3.2.1 窗体的特性

窗体是 GUI 应用程序的显示表面,可以将控件放入其中来定义用户界面。在 VB.NET 语言中,窗体是实实在在的对象,可以定义其外观样式、控制其可见性和确定位置。通过设置窗体的属性以及编写响应其事件的代码,可灵活地自定义窗体以满足各类应用程序的要求。在前面章节中大家已熟悉了窗体的基本属性,此处将进一步探讨窗体的一些奇妙特性,以便将它们应用于复杂的 GUI 开发中。

1. 窗体的外观样式

窗体的外观效果主要由 FormBorderStyle 属性决定。通过更改 FormBorderStyle 属性值,可控制和调整窗体的外观。另外,设置该属性还会影响标题栏如何显示及其上会出现什么按钮。FormBorderStyle 属性为枚举类型,当设计窗体的外观时,枚举值有 7 种边框样式可供选择,如表 3.29 所示。

表 3.29　FormBorderStyle 属性枚举值

样式	说明
None	没有边框或与边框相关的元素,用于启动窗体
Fixed3D	固定三维,当需要三维边框效果时使用;不可调整大小,可在标题栏上包括控件菜单栏、标题栏、"最大化"和"最小化"按钮,用于创建相对于窗体上体凸起的边框
FixedDialog	固定对话框;不可调整大小,可在标题栏上包括控件菜单栏、标题栏、"最大化"和"最小化"按钮;用于创建相对于窗体主体凹进的边框
FixedSingle	固定单线边框;可调整大小;可包括控件菜单栏、标题栏、"最大化"和"最小化"按钮;只能是用"最大化"和"最小化"按钮改变大小;用于创建单线边框
FixedToolWindow	固定工具窗口;显示不可调整大小的窗口,其中包含"关闭"按钮和以缩小字体显示的标题栏文本;该窗体不在 Windows 任务栏中出现;用于工具窗口
Sizable	可调整大小;该项为默认项,经常用于主窗口;可包括控件菜单栏、标题栏、"最大化"和"最小化"按钮;鼠标指针在任何边缘处可调整大小
SizableTool Window	可调整大小的工具窗口;显不可调整大小的窗口,其中包括"关闭"按钮和以缩小字体显示的标题栏文本;该窗体不在 Windows 任务栏中出现

2. 窗体的可见性控制

在运行拥有多个窗体的程序时,常常需要对各个窗体的可见性进行控制,以便屏蔽和隐藏暂时不使用的窗口,这种控制通过窗体的一些特殊的方法来实现。

1)显示窗体(Show 方法)

Show 方法用来显示窗体,相当于把窗体的 Visible 属性值设置为 True,在调用 Show 方法后,只要不调用 Hide 方法,窗体的 Visible 属性值始终为 True。调用 Show 方法的语法格式如下:

```
窗体名称.Show()
```

其中,窗体名称即窗体的 Name 属性值

例如,要显示当前窗体,可以省略窗体名称,否则应使用窗体对象的名字,方法示例如下:

```
Show()                        '显示当前窗体
Form1.Show()                  '显示名为 Form1 的窗体
```

Show 方法兼有装入和显示窗体两种功能。在执行 Show 方法时，如果窗体尚未加载到内存，则自动被装入内存再显示。

2）隐藏窗体（Hide 方法）

Hide 方法用来隐藏窗体，实际上是使窗体不在屏幕上显示，但仍保存在内存中，并没有从内存中卸载。它相当于把窗体的 Visible 属性值设置为 False，在调用 Hide 方法后，只要不调用 Show 方法，窗体的 Visible 属性值始终为 False。调用 Hide 方法的语法格式如下：

```
窗体名称.Hide()
```

其中，窗体名称即窗体的 Name 属性值。

例如，要隐藏当前窗体，可以省略窗体名称，否则应使用窗体对象的名字，方法示例如下：

```
Hide()                        '隐藏当前窗体
Me.Hide()                     '隐藏名为 Form1 的窗体
```

3）显示为模态窗体（ShowDialog 方法）

ShowDialog 方法用来将窗体显示为模态窗体。模态窗体是指当打开这种窗体后，鼠标操作只在该窗体内有效，不能再到其他窗体中操作，只有关闭该窗体后，才能再对其他窗体进行操作。这一点不同于上面用 Show 方法显示的非模态窗体。调用 ShowDialog 方法的语法格式如下：

```
窗体名称.ShowDialog()
```

其中，窗体名称代表窗体对象的名称。

例如，将 Form1 窗体显示为模态窗体，方法示例如下：

```
Form1.ShowDialog()           '显示名为 Form1 的模态窗体
```

4）关闭窗体（Close 方法）

Close 方法将释放该窗体所占用的资源，同时释放在该窗体对象内建立的所有资源。如果关闭的是应用程序的启动窗体，将结束应用程序。调用该方法的语法格式如下：

```
窗体名称.Close
```

其中，窗体名称代表窗体对象的名称。

要关闭当前窗体，可以使用 Me 关键字，否则应使用窗体名称，方法示例如下：

```
Me.Close()                    '关闭当前窗休
Form1.Close()                 '关闭名为 Form1 的窗体
```

窗体被关闭后，在运行时动态加到该窗体上的控件不能再被访问，而设计时在该窗体上建立的控件可以被访问。当访问已关闭窗体上的控件时，将自动重新打开该窗体。

3. 窗体透明度调节

窗体的 Opacity 属性指定窗体及其控件的透明度级别。其属性值为 0%～100%。设置值为 100%时，窗体及其控件不透明；设置值小于 100%时，值越小窗体及其控件越透明；设置值为 0%时，整个窗体及其控件完全不可见。

4. 窗体的定位

1)初始位置的设定

初始位置即窗体的启动位置，是指程序开始运行后窗体在屏幕上的位置，可以通过窗体的 StartPosition 属性来设置。StartPosition 属性可以在属性窗口中设置，Windows 应用程序的 StartPosition 属性默认为 WindowsDefaultLocation，该设置通知操作系统在启动时根据当前硬件计算该窗体的最佳位置。

StartPosition 属性为枚举类型，各枚举值的含义见表 3.30。

表 3.30   StartPosition 属性枚举值

枚举值	说明
Manual	窗体的位置由 Location 属性确定
CenterScreen	窗体在当前显示窗体中居中，其尺寸在窗体大小中指定
WindowsDeFaultLocation	窗体定位在 Windows 默认位置，其尺寸在窗体大小中指定
WindowsDeFaultBounds	窗体定位在 Windows 默认位置，其边界也由 Windows 默认决定
CenterParent	窗体在其父窗体中居中

2)以编程方式定位窗体

Location 属性可支持任意动态的指定窗体在计算机屏幕上的显示位置，它以像素为单位指定窗体左上角的位置，在窗体的 StartPosition 属性被置为 Manual 的前提下，就可以在“属性”窗口为 Location 属性分别输入 X 和 Y 子属性值来定位窗体，两个值以逗号“,”分隔，其中第 1 个数字 X 是到显示区域左边界的距离(像素)，第 2 个数字 Y 是到显示区域上边界的距离(像素)。

Location 属性的这些特点，使它非常适用于在编程时定位窗体。写程序时，将窗体的 Location 属性设置为 Point 来定义窗体的位置，例如：

```
Me.Locationt = New Point(100,100)
```

或使用 Left 子属性(用于 X 坐标)和 Top 子属性(用于 Y 坐标)更改窗体位置的 X 坐标和 Y 坐标。例如，将窗体的 X 坐标调整为 300 像素：

```
Me.Left =300
```

3)使窗口始终位于最前

使用 Microsoft Windows 2000/XP/2003 系统时，顶端的窗体始终位于指定应用程序中所有窗口的前面，例如，将浮动工具窗口保持在应用程序主窗口的前面。TopMost 属性控制窗体是否为最顶端的窗体。请注意：即使最顶端的窗体不处于活动状态，它也会浮在其他非顶端窗体之前。

在设计时，欲使窗体成为 Windows 应用程序中最顶端的窗体，只要在“属性”窗口中将 TopMost 属性值设置为 True 即可，或者以编程方式写出 TopMost 属性值设置为 True 的代码：

```
Me.TopMos=True
```

3.2.2   多窗体程序开发

之前每章的示例程序大多只包含一个窗体，称为单窗体程序。实际应用中，往往需要多个窗体来显示不同的界面，完成不同的功能。在一个应用系统中，如果多个窗体是彼此独立的，那么这种应用程序称为多窗体程序。在这类程序中，每一个窗体都有自己的界面和程序代码，可以完成独立的功能。

1. 指定启动窗体

在单窗体程序中，程序的执行没有其他选择，只能从唯一的窗体开始。而多窗体程序中有多个窗体，程序应该先由哪一个窗体开始执行呢?故多窗体程序必须指定一个窗体为启动窗体；若未指定，系统将默认设计时的第一个窗体为启动窗体。只有启动窗体才能在程序启动时显示，其他窗体通过只能调用 Show() 方法来显示。

指定某个窗体为启动窗体是通过"项目属性页"进行的，操作步骤如下。

(1)在"项目"菜单中单击当前项目"属性"菜单项；或右击"解决方案资源管理器"窗口中的项目名，在弹出的菜单中单击"属性"菜单项，即可打开"属性页"。

(2)在"属性页"左部的列表中，选择"应用程序"项，在右部的"启动窗体"下拉列表中，选择要设置为启动窗体的窗体名，保存后即可将所选择的窗体设置为启动窗体。

2. 启动初始化过程

在多窗体程序中，有时需要在窗体显示前进行一些初始化操作，这就需要在启动程序时先启动一个初始化过程，再显示窗体。此操作可以通过在模块中定义一个 Sub Main 过程来实现，见 3.3.2 节。

3.2.3 文档类 GUI 的基本元素

大家使用 Windows 接触最多的要数文档类的应用程序，这类程序共同的特点是：都具有菜单栏、工具栏和文本编辑区，有的还有状态条，且支持同时打开多个编辑文档的窗口。Windows 自带的记事本和 Microsoft Office 系列都是典型的文档应用程序。菜单、工具栏和状态条是文档类 GUI 的 3 大基本元素。

1. 菜单的设计

1)认识菜单

菜单位于菜单栏上，在窗口标题栏的下面，是可供选择的命令项目列表，它包含一个或多个菜单标题。如果单击某个菜单项，系统将立刻运行该菜单项的功能或打开该菜单项的下拉菜单。在菜单标题的后面常常会提供一个带下划线的字符，称为快捷键，按下 Alt 键的同时按带下划线的字符，可打开该菜单项。例如，按 Alt 键不放同时按下 F 键，则和单击"文件"菜单一样，都可打开"文件"菜单。

菜单栏通常由多个菜单组成，当单击菜单时会打开它包含的项目下拉菜单或执行该菜单的命令。菜单的下拉菜单的菜单项由多个菜单命令、分隔线和子菜单项组成。

当单击某个菜单项时就选择了该项命令。有的菜单项是灰色的，有的菜单项后面有省略号"…"，有的菜单项后面有三角形的箭头，它们分别有不同的含义。灰色表示在当前状态下该菜单项不可用；"…"表示选择该菜单项将弹出一个对话框；三角形的箭头表示该菜单项含有子菜单项。分隔线的作用是将菜单项分组，使功能相关的项放在同一组，这样用户在使用菜单命令时会感到很方便。

2)创建菜单

VB.NET 2015 用 MenuStrip 控件取代了以前版本的 MainMenu 控件，并向其中添加了功能，它允许窗体在顶部有标准的 Windows 菜单。MenuStrip 控件支持多界面文档（Multiple Document Interface，MDI）、菜单合并、工具提示和溢出。设计者可以通过添加访问键、快捷键、选中标记、图像和分隔线，增强菜单的可用性和可读性。

菜单通过 ToolStripMenuItem 对象来建立，MenuStrip 控件包含一个描述各菜单的 ToolStripMenuItem 对象集，可以为分别每个 ToolStripMenuItem 对象设置属性，让菜单可见或不可见、允许使用或禁用等。

使用 MenuStrip 控件创建菜单非常简单，首先从工具箱中把一个 MenuStrip 控件拖放到窗体上，此时在窗体顶部会出现一个可视化的菜单编辑器。

注意：MenuStrip 控件不会显示在窗体上，而是显示在窗体设计区域下面的一个独立面板上，因为它没有可视化的外观，但它提供的可视化菜单设计器可以方便地设计菜单。

可视化菜单设计器是窗体菜单栏上带阴影的框，其上文字是"请在此处输入"。双击该框，使其处于编辑状态并输入菜单标题"文件(&F)"，表示顶层为"文件"菜单，它一般是标准 Windows 菜单的第 1 个菜单。编辑菜单标题后，该菜单的右侧和下面又显示出两个带阴影的框，右侧的框用来设置第 2 个菜单，下面的框则用来设置第 1 个菜单（"文件"菜单）的菜单项。在编辑菜单项名称后，该菜单项的右侧和下面也会显出两带阴影的框，但是，其右侧框是用来设置子菜单项的，下面的框则用来设置同级的菜单项，这正好与菜单标题相反。若要添加分隔线，可以选择下拉选项 Separator。

在实际操作中，菜单有隐藏、无效和正常 3 种状态。在设计菜单时将其 Visible 属性值设为 False，可以建立隐藏菜单；将菜单的 Enable 属性值设为 False，可以使菜单无效；正常菜单的 Visible 属性值和 Enable 属性值皆为 True。

还可以通过修改菜单的属性，改变菜单的标题和状态，菜单项的常用属性见表 3.31。

表 3.31　菜单项的常用属性

属性	说明
Name	菜单的名字，通过它来访问菜单的各个属性和方法
Text	菜单标题，表示菜单要显示的文本内容
Enable	设置菜单是否会对事件产生反应，值为 True 时，能响应外部事件；值为 False 时，以灰色显示，表示不能响应外部事件
Visible	设置菜单可见或隐藏，其值为 True 时，显示该菜单；其值为 False 时，该菜单将被隐藏
ShortCutKeys	设置激活菜单的快捷键
ShowShortCutKeys	设置是否显示菜单的快捷键，True 表示运行时在菜单项的标题部分显示快捷键；False 表示不显示
Checked	设置该菜单是否显示的复选标记
Image	在菜单前面添加一个图像

单击某个菜单时会引发两个事件：一个是该菜单的 Click 事件；另一个是 MenuStrip 对象的 ItemClicked 事件。通常将该菜单执行的功能写在该菜单的 Click 事件代码中。

3）设置上下文快捷菜单

Windows 应用程序中经常会用到上下文快捷菜单，该菜单不同于固定在菜单栏中的菜单，而是在窗体上面的浮动式菜单。它通常在右击时显示，显示的位置取决于右击时鼠标指针所在位置。上下文菜单也常称为快捷菜单或弹出菜单。

创建上下文快捷菜单的方法是先拖动 ContextMenuStrip 控件到窗体上，一般显示在窗体设计区域下面的面板上。选中 ContextMenuStrip 控件，窗体的菜单栏部位就出现一个名为 ContextMenuStrip 的可视化菜单编辑器。

一个窗体只需要一个 MenuStrip 控件，但可以使用多个 ContextMenuStrip 控件，这些控件既可以与窗体本身关联，也可以与窗体上的其他控件关联。将上下文快捷菜单与窗体或控件关联的方法是使用窗体或控件的 ContextMenuStrip 属性。也就是说，把窗体或控件的 ContextMenuStrip 属性设置为前面定义的 ContextMenuStrip 控件的名称即可。

快捷菜单中菜单项的属性、方法和事件过程与菜单中的菜单项的完全相同，按照上面的方法即可设置一个完整的上下文快捷菜单。

2. 工具栏制作

ToolStrip 控件是制作工具栏的控件，其上可以显示文本或图像按钮。ToolStrip 控件中的各项与程序中的菜单项相对应，但是它直观而快捷，便于用户使用。ToolStrip 控件可以包含 Button、Label、ComboBox、TextBox 和 ProgressBar 等对象。

工具栏按钮 ToolStripButton 控件是最常用的对象，改变 ToolStripButton 属性就可以改变其在工具栏上的外观。它的常用属性如表 3.32 所示。

表 3.32　ToolStripButton 控件的常用属性

属性	说明
Text	指定按钮显示的文本
Image	指定按钮中显示的位图
TextImageRelation	指定按钮上的文本和图像彼此之间的相对位置
ToolTipText	指定按钮的提示文本
DisplayStyle	指定按钮的显示方式，默认为 Image，仅显示图像

ToolStrip 控件常用的事件是 ItemClicked 事件。单击 ToolStrip 控件时，引发 ToolStrip 控件的 ItemClicked 事件；单击 ToolStrip 控件上的按钮时，将引发按钮的 Click 事件。

3. 状态条应用

状态条 StatusStrip 控件也称状态栏，一般位于窗口的底部，用于显示系统信息和状态，如当前打开的文件、当前日期等。通常 StatusStrip 控件由 StatusStrip 对象组成，包含 StatusLabel、ProgressBar、DropDownButton 和 SplitButton 等对象，其中每个对象都可以显示文本或图标，它们都属于 ToolStrip 控件的 Items 集合。

StatusStrip 控件也有许多事件，但一般情况下，不在状态条的事件过程中编写代码，而在其他过程中编写代码。状态条的主要作用在于显示系统信息，它通过实时改变状态条中对象的 Text 属性来显示系统的信息。

状态条 StatusStrip 控件的常用属性见表 3.33。

表 3.33　StatusStrip 控件的常用属性

属性	说明
Items	设置状态条中的各个面板对象
Text	设置状态条控件要显示的文本
Dock	设置状态条在窗体上的位置
Name	设置状态条的名称

4. 单界面文档程序开发

掌握了文档类 GUI 的基本元素，用户就可以利用菜单、工具栏和状态条控件来设计一个简单的单界面文档(SDI)程序。事实上，第 2 章中的示例程序，基本上都是单界面文档程序。这里大家可以先尝试开发一个自己的记事本程序。

3.2.4 多界面文档程序开发

多界面文档(MDI)程序是 Windows 环境下通用的一种典型的文档类程序。MDI 是多窗体结构，它由一个 MDI 父窗体和多个 MDI 子窗体构成。MDI 父窗体是一个包容式的窗体，为所有的 MDI 子窗体提供操作空间。其中可以包含多个 MDI 子窗体，MDI 子窗体被限制在 MDI 父窗体的区域内。这与 3.2.2 节中介绍的多窗体程序完全不同。普通多窗体程序的窗体是彼此独立的，不存在包容关系。下面介绍与 MDI 有关的一些窗体的特殊属性和方法及建立 MDI 应用程序的步骤。

1. 与 MDI 有关的特殊属性和方法

MDI 窗体所使用的一般属性、事件和方法与单窗体程序没有区别，不过有专门用于 MDI 窗体的属性、事件和方法。本节介绍几个与 MDI 应用程序设计有关的窗体属性。

1) 指定 MDI 父窗体

窗体的 IsMdiContainer 属性用于指定该窗体是否为 MDI 父窗体，默认值为 False，表示本窗体不是 MDI 父窗体；若为 True，则为 MDI 父窗体。IsMdiContainer 属性可以在"属性"窗口中设置，也可以在程序中动态设置。设置该属性的语法格式如下：

```
窗体名称.IsMdiContainer=值
```

具体如下。

(1) 窗体名称，代表窗体对象的名称。

(2) 值，逻辑类型，指定窗体是否为 MDI 父窗体，True 表示其为 MDI 父窗体，默认为 False。

2) 指定 MDI 子窗体

窗体的 MdiParent 属性用于指定本窗体的 MDI 父窗体，从而将本窗体设置为 MDI 子窗体。MdiParent 属性不能在"属性"窗口中设置，只能在程序中动态设置。设置该属性的语法格式如下：

```
窗体名称.MdiParent=MDI 父窗体名称
```

具体如下。

(1) 窗体名称，代表 MDI 子窗体对象的实例。

(2) MDI 父窗体名称，代表 MDI 父窗体对象的实例。

例如，指定当前窗体是 Form2 窗体的 MDI 父窗体，Form2 窗体为 MDI 子窗体，方法示例如下：

```
Dim NewDocFrm As New Form2()          '创建 Form2 窗体的实例
NewDocFrm.MdiParent = Me              '指定当前窗体为 Form2 的父窗体
```

3) 判断 MDI 子窗体

窗体的 IsMdiChild 属性用于判断该窗体是否为 MDI 子窗体。它是一个只读属性，不能设置其值，只能在运行时读取其值。其值若为 True，则表示该窗体是 MDI 子窗体；否则不是。

4) 获取 MDI 子窗体

窗体的 ActiveMdiChild 属性用来获取当前活动的 MDI 子窗体，如果当前没有活动的 MDI

子窗体,则返回空引用(Nothing)。可以用它确定 MDI 应用程序中是否有打开的 MDI 子窗体。该属性是一个运行时属性,通过它可以对当前活动的 MDI 子窗体执行操作。

5)排列 MDI 子窗体

窗体的 LayoutMdi 方法的作用是在 MDI 窗体中按不同的方式排列其中的 MDI 子窗体或图标。语法格式如下:

```
MDI 窗体名称.LayoutMdi(排列方式)
```

具体如下。

(1)MDI 窗体名称,代表 MDI 父窗体对象的实例;

(2)排列方式,MdiLayout 枚举类型,表示排列方式。枚举值见表 3.34。

表 3.34 MdiLayout 枚举值

枚举值	说明
Cascade	层叠排列各 MDI 子窗体
TileHorizontal	水平平铺排列各 MDI 子窗体
TileVertical	垂直平铺排列各 MDI 子窗体
ArrangeIcons	当 MDI 子窗体被最小化为图标后,该方式将使图标在其父窗体的底部重新排列

例如,假设当前窗体是 MDI 父窗体,设置其中的子窗体呈水平平铺排列,方法如下:

```
Me.LayoutMdi(MdiLayout.TileHorizontal )
```

2. MDI 应用程序的创建步骤

要创建一个MDI应用程序,必须先建立 MDI 父窗体,再建立 MDI 子窗体。在一个 VB.NET 应用程序中只能建立一个 MDI 父窗体,但可以建立多个 MDI 子窗体。建立 MDI 应用程序的一般步骤如下。

1)建立 MDI 父窗体

对于项目中的任何一个窗体来说,只要将其 IsMdiContainer 属性值设置为 True,就可以使其成为 MDI 父窗体。在默认情况下,IsMdiContainer 属性值为 False,表示该窗体不是 MDI 父窗体。通常在设计阶段,把第一个创建的窗体设置为 MDI 父窗体,后续建立的窗体设置为 MDI 子窗体。

2)建立 MDI 子窗体

当在项目中添加一个新窗体后,默认情况下,该窗体是普通窗体,在设计阶段不能将其设置为 MDI 子窗体,只能在运行时,通过代码设置其 MdiParent 属性,将它设置为 MDI 子窗体。设置方法如前所述。

子窗体建立后,不会立即在 MDI 父窗体内显示,必须执行显示窗体的 Show 方法,才能显示该窗体。例如,在 MDI 父窗体的一段程序中设置Form2 为 MDI 子窗体的代码如下:

```
Dim NewDoc As New Form2()          '创建 Form2 窗体的实例
NewDoc.MdiParent=Me                '指定当前窗体为 Form2 的父窗体
NewDoc.Show                        '显示 MDI 子窗体 Form2
```

采用相同的方法可以建立其他 MDI 子窗体。

3)设置 MDI 父窗体为启动窗体

如果将第一个窗体设置为 MDI 父窗体,那么系统默认第一个窗体为启动窗体,否则,需要通过"项目属性"把 MDI 父窗体设置为启动窗体,具体操作方法如 3.2.2 节中所述。

4）编写程序代码

建立了 MDI 父窗体和 MDI 子窗体，并指定启动窗体后，就可以像开发普通窗体应用程序一样来设计各 MDI 窗体界面，以及编写实现相应功能的程序代码。FormWindowState 为枚举类型，指定窗体窗口如何显示，取值为 Normal、Minimized、Maximized，分别代表默认大小、最小化和最大化。

3. MDI 窗体菜单

在 MDI 窗体应用程序中，既可以在父窗体上也可以在子窗体上建立菜单，每个子窗体菜单都在父窗体上显示，而不是在子窗体自身上显示。当一个子窗体为活动窗体时，它的菜单将追加到 MDI 窗体菜单中，若关闭活动的子窗体，该子窗体相应的菜单也被关闭。如果没有任何可见的子窗体或子窗体没有菜单，则仅显示父窗体的菜单。

MDI 应用程序中往往包含多个 MDI 子窗体，在运行过程中一般会打开多个 MDI 子窗体，为了方便在打开的 MDI 子窗体间切换，大多数 MDI 应用程序都包含一个 Window（窗口）菜单，在该菜单中，可以显示所有打开的 MDI 子窗体的标题列表。例如，Word 中的"窗口"菜单，通过选择某一 MDI 子窗体标题，即可将该 MDI 子窗体设置为活动窗体。可以利用菜单条 MenuStrip 控件的 MdiWindowListItem 属性，将该菜单设置为可以显示 MDI 子窗体标题列表的菜单。

MdiWindowListItem 属性指定 MDI 窗体中的哪个菜单可以显示 MDI 子窗体标题列表。其默认值为 None，表示不能显示 MDI 子窗体标题列表；若其值为某个菜单名称，则表示该菜单可以显示 MDI 子窗体标题列表。在程序运行期间，VB.NET 自动显示和管理子窗体标题列表。MdiWindowListItem 属性可以在设计阶段设置，也可以在代码中设置。设置该属性的语法格式如下：

```
菜单条名.MdiWindowListltem=菜单名称
```

具体如下。

（1）菜单条名，代表 MDI 窗体中的 MenuStrip 对象名称；

（2）菜单名称，指定要显示的 MDI 子窗体标题列表的菜单名称，默认值为 None 。

若某菜单被设置为可以显示 MDI 子窗体标题列表，在该菜单的下拉菜单中，最多只能显示 9 个 MDI 子窗体标题，如果已打开的 MDI 子窗体达到或超过 9 个，则在该下拉菜单的末尾显示一个名为"更多窗口"的菜单项，单击此菜单项将弹出带有 MDI 子窗口完整列表的对话框。

〖例 3.05〗MDI 多界面文档

本例使用 ToolStripPanel 开发带有多界面文档的控件。代码见[VBcodes Example：305]。

[VBcodes Example：305]

3.3 Module 模块

3.3.1 共享模块结构

1. Module 模块概念

在一个应用程序中，当需要声明在多个窗体共享的常量、全局变量或通用过程时，可以把这些全局声明放在一个单独的 Module 程序单元中，称为 Module 模块。Module 模块具有以下性质。

(1) 可以定义使用关键字 Public 修饰（或省略访问修饰符）的字段、过程（Sub）、函数（Function）、属性（Property）、接口（Interface）等成员，这些成员自动就是静态的（或者称为共享的，VB.NET 中的关键字是 Shared）。这些成员可以直接被访问，所以 Module 模块是无法实例化的，也没有必要实例化。

(2) Module 模块并不等同于类，无法继承，也无法实现接口。

(3) Module 模块里面可以有类，但这个类其实并不真的需要通过模块名作为前缀来引用。

(4) Module 模块可以被组织到命名空间中，它的方法也可以直接被外层的命名空间调用。

(5) Module 模块中可以定义使用关键字 Pravite 访问修饰符声明的成员，但仅在模块中可以被访问，不能被其他处的代码访问。

Module 模块和窗体是相对独立的程序单元，也是程序中使用较多的单元，一个项目中可有多个模块。一般情况下，在单窗体程序中，不需使用 Module 模块，而在多窗体程序中，Module 模块却有着重要的作用：多窗体共用的数据和过程可以在 Module 模块中定义，实现数据和代码的共享。这种程序结构又称为共享模块结构，它是多窗体程序开发的标准框架。

2. Module 模块定义

1) 添加 Module 模块

在项目中添加 Module 模块，可以通过"项目"菜单中的"添加模块"命令来实现。执行该命令后，弹出"添加新项"对话框。在底部的"名称"文本框内输入要建立的模块名（系统默认为 Module1），然后单击"添加"按钮，即可建立一个 Module 模块，并同时打开该模块的"代码编辑器"窗口，用户可以在该窗口中输入程序代码。

2) 代码结构

该模块的代码以 Module 开头，以 End Module 结束，它的一般语法格式如下：

```
Module 模块名
        '定义变量、常量
        '定义过程
        ...
End Module
```

Module 模块内声明部分由全局变量声明、模块层声明和通用过程等几部分构成。其中全局变量声明通常放在 Module 模块的首部，用 Public 关键字声明，全局变量的声明总是在程序启动时执行。在 Module 模块中使用的常量和变量应放在模块层声明，用 Private 关键字或 Dim 关键字声明。同一 Module 模块中声明的通用过程不能同名，但可以与其他 Module 模块中的过程同名，在调用时必须加上模块名，指明调用的是哪个 Module 模块的过程。Module 模块中声明的过程不会在程序启动时执行，只能在窗体或控件事件过程中调用。

在大型应用系统中，往往需要把实现功能的主要操作放在 Module 模块中，而窗体只用来实现与用户之间的交互。而对于单窗体程序来说，其全部操作通常在窗体中就能实现，Module 模块不是必需的。

3.3.2　Main 过程

1．Main 过程概念

每个 Visual Basic 应用程序均必须包含一个称为 Main 的过程。该过程为应用程序的起始点并为应用程序提供总体控制。.NET Framework 在加载应用程序并准备将控制传递给它时，将调用 Main 过程。除非要创建 Windows 窗体应用程序，否则就必须为自运行的应用程序编写 Main 过程。

在 Main 中，可以包含一些初始化运行的代码。例如，可以确定程序启动时首先加载的窗体，为应用程序建立必要的前置变量；或者打开应用程序需要的数据库等。

2．Main 过程的要求

独立运行的文件(扩展名通常为 .exe)必须包含 Main 过程。扩展名为.dll 的库文件不能独立运行，因而不需要 Main 过程。可以创建的不同类型的项目，要求如下。

(1)控制台应用程序可以独立运行，而且必须提供一个 Main 过程。

(2)Windows 窗体应用程序可以独立运行。但是，Visual Basic 编译器会在此类应用程序中自动生成一个 Main 过程，因而不需要编写此过程。

(3)类库不需要 Main 过程。这些类库包括 Windows 控件库和 Web 控件库，作为类库部署Web 应用程序。

3．声明 Main 过程

如果在类中声明 Main 过程，则必须使用 Shared 关键字。在模块中声明 Main 过程则不必使用 Shared 关键字。最简单的方法就是在 Module 模块中声明一个不使用参数或不返回值的Sub Main 过程。

```
Sub Main()
    ...
End Sub
```

定义了 Sub Main 过程后，系统不会自动将其设置为启动过程，需要用户从"项目属性"中进行设置指定，方法与设置启动窗体类似。在执行"项目属性"→"应用程序"命令后打开的界面中，取消选择"启用应用程序框架"选项，然后在"启动窗体"中选择 Sub Main 为启动对象即可。

3.3.3　Module 代码范例

〖例 3.06〗坐标的正反算

本例坐标正算通过在名为 ModuleExample 的 Module 模块中定义的 CalcuCoor 类(Class)实现；坐标反算则通过在 ModuleExample 中定义的 CalcuDistance()函数、CalcuAzimuth()函数以及 OutputResult()过程来实现。

Main 过程实现对程序总体的控制，包括通过库函数 InputBox()输入框来输入原始数据，通过库函数 MsgBox()消息框输出结果等。ModuleExample 模块被封装于命名空间 ModuleTest 中。代码见[VBcodes Example：306]。

[VBcodes
Example：306]

第4章 面向对象编程基础

VB.NET 2015 具有全新的面向对象特性。面向对象是一种对现实世界理解和抽象的方法。面向对象编程(Object Oriented Programming, OOP)的关键是它将数据以及对数据的操作行为整合在一起，作为一个相互依存、不可分割的整体——对象。对相同类型的对象进行归纳、抽象后，得出其共同的特征而形成一个类，因此，类是描述相同类型对象的一个总体框架结构,该结构具备数据输入/输出以及处理数据的功能。面向对象编程就是定义类，并将其作为一种数据类型用于创建类的对象。应用程序的执行则表现为一组对象之间通过公共接口进行通信，并协调一致地行动，从而完成系统功能。简单来说，面向对象编程就是以功能为核心解决问题。

OOP 达到了软件工程的三个主要目标，分别为复用性、灵活性和扩展性，具有以下三大特性。

封装：将一个类的定义和实现分开，只保留部分接口和方法与外部联系。类以实例对象的方式在程序中实现，确保一个类不会以不可预期的方式改变其内部状态。

继承：允许在现存类的基础上创建子类，子类自动继承其父类(Parent Class)中的属性和方法，并可以添加新的属性和方法或者对部分属性和方法进行重写。继承可以提高代码的复用性。

多态：允许多个子类中具有某个同名方法，但依据实际调用类型或环境的差异，子类的实例对象调用这些同名方法时，可以获得完全不同的结果，多态可以增强软件的灵活性。

4.1 类

4.1.1 类的概念

对类的理解，就如同把人抽象成一个类。人有性别、肤色、身高、体重、文化背景等属性差异，也具有饮食、思维、运动、工作等行为；面对外部环境的变化，人还具备对各种事件的响应处理行动。

循着这一思路，我们可以对一类具有特定内在联系的属性、字段、方法和事件等代码段进行集成，封装为一个逻辑完整的编程单元模块，称为类。而类中声明的字段、属性、方法和事件等逻辑单元，称为该类的成员。换言之，类是为实现某种应用逻辑，而将描述其编程抽象的所有数据和行为(属性、方法、事件)集合在一起的编程接口。它将这种抽象包装在适当的程序块中，该程序块具有针对外部代码良好定义的接口。这些接口确切地规定类外部的代码如何与其交互。类确定哪些数据在类的外部可见，哪些数据应该隐藏。

应用程序可以通过该类的实例对象调用类中对外可见的字段、属性、方法和事件来达到使用该类的目的。使用这种封装的类将使编程方式模块化。

在测量专业的编程中，有许多元素都可以根据需要定义成为一个类，如控制点、控制边、水平角、图幅等。

4.1.2 类的创建

1. 类的定义格式

VB.NET 中，类由 Class 关键字引导创建，由 Class 和 End Class 语句进行标记。如一个名为 ContrPoint 的类，其基本结构如下：

```
Public Class ContrPoint
    '添加类中成员代码
    ...
End Class
```

类框架可以通过 VS 2015 IDE 智能生成。操作过程如下。

(1)在"项目"菜单中单击"添加类"菜单项，弹出"添加新项"对话框，如图 4.1 所示。

图 4.1　"添加新项"对话框

(2)选择"类"模板，并在"名称"文本框中输入 ContrPoint.vb，然后单击"添加"按钮，即将一个新类 ContrPoint 添加到项目中。此时，自动调出"代码编辑器"窗口，并显示以下类框架代码：

```
Public Class ContrPoint

End Class
```

在这两条语句之间输入的任何代码都是类的一部分。当然，也可以在"代码编辑器"窗口，通过手动输入方式建立类框架代码。类创建后，可在"解决方案资源管理器"窗口中右击"查看类图"菜单项，可以看到 UML 图展示类的成员。

〖例 4.01〗控制点 ContrPoint 类

在工程测量平面控制网中，每个控制点都有一个点名，两个坐标值 X 和 Y，还需要标识

[VBcodes
Example: 4001]

[VBcodes
Example: 4002]

点的类型，即该点是已知点还是待定点。于是，我们可定义一个控制点类 ContrPoint，代码见[VBcodes Example：4001]。

示例中，ContrPoint 类成员仅包含 4 个 Public 数据字段 Name（点名）、PtType（点类型）、CoorX（X 坐标）、CoorY（Y 坐标）和 ShowPoint（）过程方法，也称子例程。应用程序若要使用该类，则需要利用 New 关键字创建该类一个实例对象。代码见[VBcodes Example：4002]（VBcodes Example 简称 VBE）。

示例中创建了一个 Form1 主窗体应用程序，界面如图 4.2（a）所示。在 Button1 的 Click 事件处理程序中，使用 New 关键字创建了一个 ContrPoint 类的实例对象 PtObj，因此，就可以通过它调用类中的成员，包括给 4 个数据字段赋值、调用 ShowPoint（）方法等。

(a)   (b)

图 4.2　VBE4001&VBE4002 界面

注意：我们可以发现，一个简单的窗体应用程序只有一个类，如 Class Form1，并没有产生该类的实例，这是因为，启动窗体时，系统已经从 System.Windows.Forms 类中自动实例化了一个窗体对象，该对象会有一个 UI 线程（User-interface Threads）始终监视消息泵系统，若接收到类似于单击、拖动、重绘等信息，消息泵就会通知 UI 线程进行处理。这一过程是隐形运行的，用户只能体验而觉察不到。

2．类的定义位置

VB.NET 中的类是一个代码块，可以出现在不同的位置，说明如下。

1）建立项目内的单独文件

自定义类可以作为单独文件放在项目中。方法是：建立一个项目后，执行"项目"→"添加类"命令，打开"添加新项"对话框，选择"类"模板，并在"名称"文本框内输入要建立的类文件名，然后单击"添加"按钮即可。

2）放在"类库"项中

当要建立的类较多时，可以把类放在一个称为"类库"的项中。方法请参考 4.1.6 节。

3）放在窗体或模块文件中

在 Windows 窗体文件、Web 窗体文件、模块文件中都可以定义类。

4.1.3　类的字段和属性

字段和属性是类中描述其特征数据的成员。

1．字段

在类 Class 代码块内独立声明的数据变量成员称为字段，用来存储和传递该类在应用中的特征数据，如 VBE4001 中的 PtName、PtType 等。为了指明字段的作用范围，类中定义字段时需要使用表 2.4 中的 Public、Friend、Private、Protected 等访问修饰符，默认为 Public。但需注意，访问修饰符的使用受到其所在域的可访问类型的限制。例如，在一个 Private Class 中，显然不能定义 Public 字段。

VS支持一个解决方案有多个项目 Project，每个项目都可以理解为一个程序集，也就是一个解决方案可以由多个程序集构成。例如，解决方案中包含有项目 A 和项目 B，项目 A 为启动项目，若项目 A 要访问项目 B 首先要引用项目 B，假设项目 B 里有个 Public 的类 myclass，类里有一个 Public 的字段 P 和一个 Friend 的字段 Q，按照VS访问级别的设定，myclass 类的字段 P 在项目 A 中是可访问的，而字段 Q 却是不可访问的，这是因为 Friend 从且仅从同一程序集内部访问。上述访问级别的设定对下面描述的属性、方法等均适用。

类在应用中，每创建一个实例对象都会产生相应字段的一个副本。

Dim 语句可以在 Class 代码块中定义一个私有字段。如果希望一个字段值在对象的生存期内保持不变，应当用 ReadOnly 关键字标记该字段。例如：

```
Public ReadOnly mBuildingDate As Date = #9/28/2003#
```

只读字段只能利用初始值设定项，或从构造函数方法内部进行初始化。如果尝试在类的其他位置对其进行赋值，就会产生一个编译错误。

2. 属性

在 VBE4001 中，ContrPoint 类中共用字段的适用性均被定义成 Public，这实质上暴露了一个类的内部结构，是不安全的。那么，如何才能使一个类的对外数据接口安全，更好地保护类的内部数据性质呢？这就需要使用类的另一个成员——属性。

属性可视为描述类特征数据更智能的字段，创建属性的代码块结构通常如下所示：

```
Property AnyName(ParamentList)As DataType
    Get
         '处理代码
         Return <表达式>
    End Get

    Set(ByVal value As DataType)
         '处理代码
    End Set
End Property
```

上述代码块定义了属性的名称、类型及参数签名。结构显示，属性定义包括一个 Get… End Get 代码块和一个 Set…End Set 代码块。Get 代码块用于外部程序调用该类实例对象的本属性值之前进行必要的处理，并向外部程序返回该属性值。Set 代码块则用于该类的实例对象接收从外部传入的本属性值并赋值给 value 参数，并进行必要的处理。因此，value 参数必须与 Property 语句中定义的属性值类型相同，而且必须使用 ByVal 进行声明。多数情况下，属性会映射到内部的一个 Private 字段。

〖例 4.02〗属性赋值过程演示

以下示例代码说明了对属性赋值的过程。代码见[VBcodes Example：4003]。

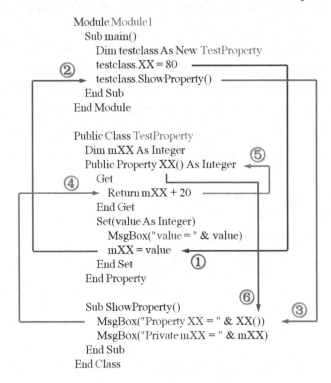

[VBcodes Example：4003]

示例中，定义了一个 TestProperty 类，成员包括：

（1）一个私有整型字段 mXX；

（2）一个整型公用属性 XX，它映射到整型私有字段 mXX；

（3）一个公用过程方法 ShowProperty()。

在模块 Module1 的主程序 main() 中，testclass 声明为 TestProperty 类实例对象。程序运行时，执行流程如标号所示。首先，在 main() 中为 testclass 的属性 XX 赋值 80，这一值被传递进入 TestProperty 类中的 Set 过程，将其接收并作为参数 value 的值，然后赋值给私有字段 mXX。当返回主程序调用接下来的 testclass.ShowProperty() 过程方法时，需要取得 XX 属性值。然而此时，通过 Get 过程返回的 XX 属性值已不再是原来的 80，而是处理成了 80+20，运行结果如图 4.3 所示。

图 4.3　VBE4003 运行结果

此例能让我们清晰地体验到属性是如何获取信息、处理信息、返回信息的。

Property 默认作用域为公用，可省略关键字 Public。当确实需为其指定其他作用域时，则不能省略关键字。

〖例 4.03〗ContrPoint 类中属性成员

VBE4001 中，为保证 ContrPoint 类中字段数据的保密和安全，我们可使用属性对其进行改造。将 4 个公有字段修改定义为 4 个属性，代码见[VBcodes Example：4004]。

[VBcodes Example：4004]

本段代码中，CoorX()和 CoorY()两个 Public 属性分别映射到 XValue 和 YValue 两个 Private 字段。鉴于它们的私有性质，很好地隐藏了坐标值在类中的运行机制，而属性 CoorX() 和 CoorY()则实现了对外部的数据交互。

对于类中无须限制的属性，可使用"自动实现的属性"功能快速指定属性，将定义简化成一句话的形式，而无须对该属性编写 Get 和 Set 操作代码，如上述代码段中的点名 Name() 和点类型 PtType()两个属性的声明方式。

在声明"自动实现的属性"时，VB.NET 会自动创建一个称为支持字段的隐藏私有字段来包含该属性的值。支持字段的名称是在自动实现的属性的名称前面加下划线"_"。例如，对于上述名为 Name 的"自动实现的属性"，则支持字段的名称为_Name。如果有一个类成员的名称也是_Name，则会产生命名冲突，且 VB.NET 会报告编译错误。

支持字段具有下列特性：

(1)不论该属性本身具有何种访问级别(如 Public)，支持字段的访问修饰符始终为 Private。

(2)如果该属性标记为共享 Shared，则支持字段也是共享的。

(3)为该属性指定的特性不会应用于支持字段。

(4)可从类中的代码以及从监视窗口等调试工具中访问支持字段。但支持字段不会显示在 IntelliSense 文字完成列表中。

上述类的代码如果全部采用自动实现的属性和支持字段，则完全可以改写，改写后的代码见[VBcodes Example：4005]。

[VBcodes Example：4005]

下列任一操作，不能使用"自动实现的属性"功能，必须改用标准的属性语法：

(1)需向属性的 Get 或 Set 过程添加代码。例如，在设置属性值之前，需要添加由 Set 过程传入值的符合性验证处理代码。

(2)为 Get 和 Set 过程指定不同的可访问性。例如，将 Set 过程设为 Private，而将 Get 过程设为 Public。

(3)为支持字段设置特性，或者更改支持字段的访问级别。

(4)为支持字段提供 XML 注释。

相对于字段而言，属性本质上是一个方法。既然在类中已经有字段，为什么还要设计属性来承载数据？这是因为，如果把类中的字段设置成 Public，如 VBE4001，虽然不相悖，但这与设计类的封闭性相违背。因此，用一个方法代码段完成对属性映射字段的直接操作，而将该字段设置成 Private 就完善了对数据的封装概念。由于这种操作较为频繁，故将其设计成一个 Property 属性(方法)，用 Set 过程接收来自外部提供的数据信息，必要时可设置检验，再用 Get 过程将内部处理好的数据信息返回属性值。

这样有几个好处：其一，完善了对类的封装，道理如上所述；其二，可实现对类中字段值的过滤，如赋值时，如果不允许为负数，则可以在代码中提示；其三，细化了类中对字段的读和写，有时只读，有时只写，这样分类进行限制；其四，对作用范围进行限制，若有些字段只准在项目内使用，则可以用 Friend 来限制。

应注意，属性名和字段名不能相同。尽管在属性中可以操作一个或多个字段，只有明白内部的代码才能知道对应的是哪个字段。而在实例对象中显示属性成员时，却显示的只是属性名而不是字段名。属性名就像内部字段的一个伪装，这对类的安全至关重要。

可以使用访问修饰符来为 Get 和 Set 代码块定义不同的作用域。例如，在属性级别使用 Public 关键字，而为 Set 代码块使用 Friend 或 Private 关键字；又如，可以定义一个属性，这一属性对于程序集之外必须是只读，而对于相同程序集中的其他类则是只写。实践中，永远不要使 Get 代码块的作用域比 Set 代码块的作用域更受限制。

3. 只读属性与只写属性

编程逻辑中常有一些对象的属性需要设计成只读或只写。只读属性可以在定义 Property 属性代码块时通过使用 ReadOnly 限定修饰符关键字且省略其中的 Set…End Set 子代码块来实现。同理，也可在定义 Property 属性代码块时通过使用 WriteOnly 限定修饰符关键字且省略其中的 Get…End Get 子代码块来创建一个只写属性。

〖例 4.04〗共享属性之角度换算 AngConver 类设计

本示例设计了一个 AngConver 类，通过四个只读属性，可实现以下四种角度转换：

(1)将 D.mmss 形式的角度值转换成以 Rad 弧度为单位的角值；

(2)将以 Rad 弧度为单位的角值转换成 D.mmss 形式的角度值；

(3)将 D.mmss 形式的角度值表达成 D°mm′ss″形式的字符串；

(4)将以 Rad 弧度为单位的角值表达成 D°mm′ss″形式的字符串。

角度换算 AngConver 类代码见[VBcodes Example：4006]。

注意：代码中的属性使用了修饰符关键字 Shared，表示该属性为共享属性。关于共享成员的性质见 4.2.4 节介绍。

主窗体应用示例代码见[VBcodes Example：4007]。

界面及运行结果见图 4.4。

[VBcodes
Example: 4006]

[VBcodes
Example: 4007]

图 4.4　VBE4006&VBE4007 界面及运行结果

当然，上述的四个共享只读属性也可以改写成四个共享函数方法，见 4.1.4 节。

4. 默认属性

允许对象匿名引用的属性称为默认属性，即只写对象名而不写属性名。需使用 Default 关键字指定默认属性。默认属性可以通过省略常用属性名而使源代码更为精简。

使用默认属性的规则如下。

(1)一个类只能有一个默认属性，包括从基类继承的属性。此规则有一个例外：在基类中定义的默认属性可以被派生类中的另一个默认属性隐藏。

(2)如果基类中的默认属性被派生类中的非默认属性隐藏，使用默认属性语法仍可以访问该默认属性。

(3)默认属性不能是 Shared 或 Private。

(4)如果某个重载属性是 VB.NET 默认属性，则同名的所有重载属性必须也指定 Default。

(5)默认属性必须是带参数的属性，不带参数的属性不能设置为默认值。

最适宜作为默认属性的是那些接收参数且最常用的属性。

〖例 4.05〗ContrPoint 类中默认属性设计

[VBcodes
Example: 4008]

例如，在 VBE4005 中，可以将控制点的坐标属性设置为默认属性。为此，我们使用一个泛型集合 Dictionary(Of Char, Double)存储点的坐标值，其中键值为 Char 类型，分别取 X 和 Y 标识 X 和 Y 二维坐标。代码见[VBcodes Example：4008]。

本段代码中，通过一个属性 PtCoor()即可以传递两个坐标值。这便是应用泛型集合 Dictionary(Of Char, Double)的魅力所在。窗体应用示例代码见[VBcodes Example：4009]。

[VBcodes
Example: 4009]

上述代码并不复杂。界面及运行结果如图 4.5 所示。程序中，声明 Pt()为一个 ControlPoint 类的对象数组。该数组的大小是可变的，在 Button1_Click 过程中，包含了 ReDim Preserve ReDim Preserve Pt(k)语句，因此，每单击按钮一次，就会重定义一次数组大小。由于 Preserve 作用，Pt()数组在扩展时，仍将保存之前的元素且序号不变。过程循环变量 k 声明为 Static 静态变量，故每次结束 Button1_Click 过程，k 变量地址单元不会被清除，执行 k += 1 语句，k 变量每次加 1。需注意：Pt(k)对象使用其默认属性 PtCoor 时省略了属性名，如代码中的 Pt(k)("X")= Val(TextBox2.Text)语句；而使用 PtType 属性时，则不能省略属性名，如 Pt(k).PtType = CheckBox1.CheckState 语句。

图 4.5　VBE4008&VBE4009 界面及运行结果

界面中的组合框 ComboBox1 控件用于检索和选择输入的控制点。因此，在每次 Button1.Click 事件的处理中，会首先检查 TextBox1.Text 是否已包含在 ComboBox1.Items 集合中，以避免输入同名控制点。通过检查，则会将 TextBox1.Text 作为新点的 Name 属性并添加到 ComboBox1.Items 中。

Button2.Click 事件处理程序的功能是根据 ComboBox1 的选项，将相应的控制点的信息显示在 TextBox4 中，并调用 ControlPoint 类中的 ShowPoint()方法。

〖例 4.06〗个人电话号码管理程序

[VBcodes
Example: 4010]

本示例是个人电话号码管理的简单程序，功能包括录入人员的姓名、身份号、手机号码以及办公电话号码，并可以显示检索结果。首先，创建一个 Person 类，代码见[VBcodes Example：4010]。

①代码中用到了一个称为哈希表的集合类型组件 Hashtable，与 Dictionary 类似，该集合

的元素由(Key，value)键/值对构成。为此，需要添加引用 System.Collections.Generic 类。

②类中的公有属性 NameDic 为 Dictionary(Of String, String)泛型对象，其(Key，Value)键/值对设计为人员编号和姓名，均为 String 类型。Key 取人员编号的目的是保持唯一性。

③类中私有字段 mPhones 是 Hashtable 实例对象，其(Key，value)键值对设计为号码类型和电话号码，均为 String 类型，其中电话号码类型取值分别为 Mobile 和 Office。

[VBcodes Example：4011]

④类中默认属性为 Phones，其参数就是号码类型 PhoneType，取值为 Mobile 或 Office。

主程序应用代码见[VBcodes Example：4011]。

程序运行界面如图 4.6 所示。主程序中，声明 Student()为一个 Person 类的对象数组。该数组的元素是可变的，在 Button1.Click 事件处理中，包含了 ReDim Preserve Student(i)语句，因此，每单击按钮一次，就会重定义一次数组大小。由于 Preserve 作用，Student()数组在扩展时，仍将保存之前的元素且序号不变。过程循环变量 i 声明为 Static 静态变量，故每次结束 Button1.Click 处理过程，i 变量的地址单元不会被清除，执行 i+=1 语句，i 变量每次加 1。需注意，Student(i)对象使用其默认属性 Phones 时省略了属性名，如 Student(i) ("Mobile")=TextBox3.Text 语句；而使用 NameDic 属性时，则不能省略属性名，如 Student(i).NameDic.Add()语句。此外，应关注的是：在组合框控件的选择项变化事件处理程序 ComboBoxSelectedIndexChanged 声明语句后边，Handles 子句后面同时关联了两个事件，分别为 ComboBox1.SelectedIndexChanged 和 ComboBox2.SelectedIndexChanged。这是一个事件处理程序关联多个事件的示例，将在事件中详细讨论。

图 4.6　VBE4010&VBE4011 界面

录入完成后，就可以在右边查询框中的 Name List(姓名)和 Phone Type(电话类型)两个下拉列表中选择姓名和电话类型，显示相应的内容。

4.1.4　类的方法

在面向对象中，类的方法是指封装在类的内部以 Sub 过程方法和 Function 函数方法所定义的程序性操作功能算法。Sub 过程方法只有程序功能行为，没有返回值；而用 Function 函数方法则将返回一个值作为结果。使用 Sub 和 Function 定义类的方法时，可以使用 Private、Friend、Public、Protected 以及 ProtectedFriend 等访问修饰符，以限定方法的应用范围。具体使用规则如表 2.4 所示。

默认情况下，方法的参数声明为 ByVal 而不是 ByRef。当然，可以通过使用 ByRef 关键字来重载这个默认的行为。

〖例 4.07〗共享函数之角度换算 AngConver 类设计

VBE4006 是通过在类中定义共享只读属性的方式，实现角度单位换算或转换成特定字符串表达形式。同样的功能完全可以通过定义共享函数方法的方式来实现。代码见[VBcodes Example: 4012]。

[VBcodes Example: 4012]

〖例 4.08〗基于类的坐标正反算

在测量控制网中，边向量由两个端点构成，并由始点指向终点，如图 4.7 所示。根据 A、B 两端点的坐标值可以计算边长 S_{AB} 和坐标方位角 α_{AB}，称为坐标反算。计算公式如下。

（1）坐标差值计算。

$$\Delta X_{AB} = X_B - X_A, \quad \Delta Y_{AB} = Y_B - Y_A \tag{4-1}$$

（2）边长计算。

$$S_{AB} = \sqrt{\Delta X_{AB}^2 + \Delta Y_{AB}^2} \tag{4-2}$$

（3）方位角计算。

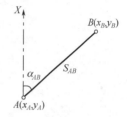

图 4.7　坐标反算示意图

（1）特殊角值情形：

$$\Delta X_{AB} = 0, \quad \begin{cases} \Delta Y_{AB} > 0, & \alpha_{AB} = \pi/2 \\ \Delta Y_{AB} < 0, & \alpha_{AB} = 3\pi/2 \end{cases}$$
$$\Delta Y_{AB} = 0, \quad \begin{cases} \Delta X_{AB} > 0, & \alpha_{AB} = 0 \\ \Delta X_{AB} < 0, & \alpha_{AB} = \pi \end{cases} \tag{4-3}$$

（2）其他情形，令

$$\theta = \arctan\left(\frac{\Delta Y_{AB}}{\Delta X_{AB}}\right) \tag{4-4}$$

则

$$\Delta X_{AB} < 0, \quad \alpha_{AB} = \theta + \pi$$
$$\Delta X_{AB} > 0, \quad \begin{cases} \Delta Y_{AB} < 0, & \alpha_{AB} = \theta + 2\pi \\ \Delta Y_{AB} > 0, & \alpha_{AB} = \theta \end{cases} \tag{4-5}$$

我们可以通过设计一个控制边类 ControlSide 来实现上面的计算。将始点 A 和终点 B 设定为 ControlSide 类的属性，类型为 VBE4008 中定义的 ControlPoint 控制点类；将边长计算和方位角计算设计为 ControlSide 类的两个方法。代码见[VBcodes Example: 4013]。

上面代码中，该类成员包括：

（1）PtSta()和 PtEnd()设计为自动实现的属性，其支持字段为_PtSta 和 _PtEnd。属性以及支持字段均为 VBE4008 中定义的 ControlPoint 类型的实例对象；

（2）只读属性 SideName()，边名，由"始点名+_+终点名"命名；

（3）函数方法 Length()和 AziAng()，分别计算并返回边长值和方位角值（弧度）。

主窗体应用示例程序代码见[VBcodes Example：4014]。

由于在 ControlSide 类中已将 PtSta()和 PtEnd()创建为 ControlPoint 类实例对象，故在窗体程序中可以直接为它们的属性赋值。如果在 ControlSide 类中，只是将 PtSta()和 PtEnd()定义为 ControlSide 类型，则需要在窗体程序中创建 ControlPoint 类实例，初始化后再赋值给 PtSta()或 PtEnd()。

[VBcodes Example: 4013]

[VBcodes Example: 4014]

此外，为了将弧度单位的方位角 SideObj.AziAng 转换成 D°mm′ss″形式，需调用 VBE4012 中 AngConver 类的共享函数 AngConver.RadToDMSstr()。窗体界面及运行结果如图 4.8 所示。

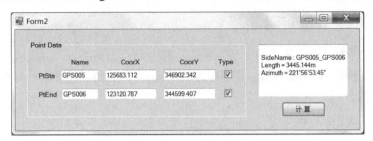

图 4.8　VBE4013&VBE4014 界面及运行结果

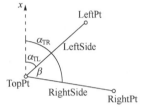

图 4.9　水平角计算示意图

〖例 4.09〗基于类的水平角计算

在控制边类 ControlSide 的基础上，可以进一步定义一个水平角类。如图 4.9 所示，一个水平角可理解成由水平面上的三个点组成的两条边构成。三点为顶点（TopPt）、左点（LeftPt）和右点（RightPt）；两条边为左边（LeftSide）和右边（RightSide）。水平角按式(4-6)计算：

$$\beta = \alpha_{TR} - \alpha_{TL} \tag{4-6}$$

[VBcodes
Example：4015]

可直接调用 ControlSide 类对象的方位角计算方法，代码见[VBcodes Example：4015]。

类成员包括：

（1）LeftPt、TopPt、RightPt 设计为自动实现属性，其支持字段为 _LeftPt、_TopPt、_RightPt，属性以及支持字段均为 VBE4008 中定义的 ControlPoint 类的实例对象；

（2）只读属性 AngleName，字符串类型，用于指定角名称，由"左点名+_+顶点名+_+右点名"命名。

（3）函数方法 AngleValue()用于实现水平角值（弧度）计算并返回。首先，定义 LeftSide 和 RightSide 两个局部变量，均为 VBE4013 中的 ControlSide 类实例对象，然后将角的端点赋值于这两条边，最后调用 LeftSide 和 RightSide 的 AziAng()方法计算方位角并相减实现式(4-6)，计算出水平角。

[VBcodes
Example: 4016]

主窗体应用程序示例代码见[VBcodes Example：4016]。

窗体界面及运行结果如图 4.10 所示。为了将弧度单位角值转换成 D°M′S″形式，示例中调用了 VBE4012 中 AngConver 类的共享函数 AngConver.RadToDMSstr()。

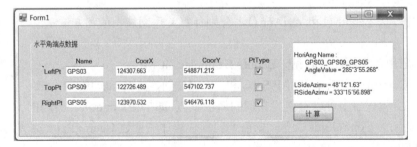

图 4.10　VBE4015&VBE4016 界面及运行结果

4.1.5 类成员的参数签名

正如在 2.6.4 节中所述，方法的形参列表所确定的参数的个数、类型、传递方式（ByVal 或 ByRef）、顺序、返回值类型等整体架构，称为方法的参数签名。例如：

```
Sub Exmp (ByVal aa As String, ByVal bb As Integer, cc As Object )
Function Add (ByVal uu As Double, ByVal vv As Double, ww As Integer )As
Double
Property Lenth (ByRef zz As String )As String
```

上面三个语句的参数签名可分别描述为

```
s (String, Integer, Object )
f (Double, Double, Integer ), Double
p (Ref String ), String
```

在 VB.NET 中，除 Sub 过程方法和 Function 函数方法外，许多类成员都会带有形式参数。如 Property 属性，以及后面还会接触到的 New 构造函数、Delegate 委托、Event 事件等类的成员也同样存在参数签名的问题。参数签名的重要性在于：它决定了正确调用和处理对象的前置条件，是实现如委托、接口、多态、重载等编程理念的基础。调用对象成员时，必须保持对象成员的实参签名与类中声明的成员的形参签名一致，否则将无法正确调用。

4.1.6 创建与使用类库

前面的学习中，我们通过创建 ControlPoint、AngConver、ControlSide、HoriAngle 等类，初步了解了类的基本结构和使用。为了提高类的使用效率，在开发 VB.NET 应用程序的过程中，使用类库来组织、管理和使用类。

1. 创建类库的必要性

在应用 VB.NET 开发程序的过程中，一旦设计出一个类，便可以在不同的应用程序中复用它。最简单直接的方法，就是把该类的代码复制到其他应用程序中。但这样做会带来以下问题。

（1）复用该类的过程中，必然要访问它的源代码文件，而在面向对象的程序设计中，定义类的主要目的之一是将数据和对数据的操作封装起来，对于类的用户而言，则无须了解对类中成员操作的具体实现细节，只掌握类的公共接口即可。此外，出于保护源文件和知识产权的目的，类的开发者往往不希望使用者复制类的源代码或者对其加以改进。

（2）每次编译使用该类的程序时，该类本身也需要编译。如果应用程序使用的类为数不多，这种情形可能无关紧要；但如果应用程序使用了大量复杂的类，必将使编译速度放缓。同时，编译后的可执行文件要包含所有使用的类，势必导致应用程序占用很大的存储空间。

（3）如果以后在类中发现错误，或者找到一种提高类的运行速度或运行效率的方法，需要对类加以改进时，就需要对使用该类的每个应用程序分别进行修改，从而显著增加程序调试和维护的工作量。

解决这些问题的最好方案便是使用类库。类库是编译成一个文件形式的类的集合，该文件名的扩展名为.dll。类库本身不能运行，但是可以通过在应用程序中引用类库从而使用其中包含的类。在使用类库中的类时不涉及类的源代码，编译应用程序时，也无须再次编译类库。

当类库需要纠错或改进甚至重新设计时，仅对类库本身进行改动并重新编译即可，不需要对使用它的每个应用程序分别进行修改。

DLL 库是动态链接库，只能调用，但看不到方法的实现。所以，获得和使用 DLL 库文件，需要同时获得 DLL 库文件的说明，以了解里面的属性、方法、事件、参数及其返回值等内容。要使用 DLL 库文件中的方法，首先把 DLL 库文件复制粘贴到所开发的.NET 项目中的[···\bin\Debug]路径下面，然后通过添加 DLL 库文件引用，将其中的类导入项目中。

2. 类库的创建和使用

〖例 4.10〗类库文件的创建与使用

本例，我们以前面示例中创建的 ControlPoint、AngConver、ControlSide、HoriAngle 四个类为基础，创建一个类库项目 PointSideAngleLibrary。

1) 创建类库项目

启动 VS 2015 后，单击"新建项目"，选择"类库"项，并在下方"名称"文本框内输入要建立的类库文件名，例如，PointSideAngleLibrary，单击"浏览"按钮选择保存的位置，然后单击"确定"按钮，如图 4.11 所示。注意，根命名空间为 PointSideAngleLibrary，下面会引用到。

图 4.11　创建 PointSideAngleLibrary 类库文件

在类"代码编辑器"窗口中，通过依次从"项目"菜单项中选择添加类，并修改相应的命名，分别将 VBE4008、VBE4012、VBE4013、VBE4015 中的 ControlPoint、AngConver、ControlSide、HoriAngle 四个类的代码添加至本项目。完成后，"解决方案资源管理器"窗口会显示已添加的几个类，如图 4.12 所示。

2) 保存类库项目，生成 DLL 文件

单击"生成"菜单，选择"生成 PointSideAngleLibrary"菜单项，则在项目文件夹

[…\PointSideAngleLibrary \bin\Debug]中编译生成 PointSideAngleLibrary.dll 库文件，即完成类库文件的创建。此时，经编译的 ControlPoint、AngConver、ControlSide、HoriAngle 类便封装至 PointSideAngleLibrary 中。此后，通过添加引用 PointSideAngleLibrary.dll 库文件，就可以直接调用 PointSideAngleLibrary 库文件中的这几个类了，实现代码复用。对于跨语言平台 VS 2015，C#、J#、F#、Python 等也都可以调用该项目。通常，创建完 DLL 库文件后，应将它们复制到开发项目统一规划的库文件夹中，以便管理和使用。

3）应用 DLL 文件

作为应用 PointSideAngleLibrary 库文件的示例，当输入三角形的三个顶点坐标时，完成三个内角的计算并输出。为此，创建一个名为 TriangleAppli 的 Windows 窗体应用程序，从"解决方案资源管理器"窗口右击"引用"，打开下拉菜单，选择"添加引用"菜单项，或从"项目"菜单中选择"添加引用"菜单项，然后单击"浏览"按钮定位至所创立的 PointSideAngleLibrary.dll 库文件处，单击"确定"按钮，完成添加。此时，"解决方案资源管理器"窗口如图 4.13 所示。

图 4.12 向类库文件添加类 　　　图 4.13 添加引用后的"解决方案资源管理器"窗口

在"代码编辑器"窗口输入应用代码见[VBcodes Example：4017]。

应用程序界面如图 4.14 所示。代码中，需要在代码档头添加命名空间引用，Imports PointSideAngleLibrary。否则，在引用 PointSideAngleLibrary .dll 库文件中的 ControlPoint、AngConver、ControlSide、HoriAngle 四个类时，必须前缀文件名 PointSideAngleLibrary 加"."，如下所示：

[VBcodes Example：4017]

```
Dim PtA, PtB, PtC As New PointSideAngleLibrary. ControlPoint
AngValStr = PointSideAngleLibrary. AngConver.RadToDMSstr(item.Value)
Dim Ang As New PointSideAngleLibrary.HoriAngle
```

这是因为，默认情况下，是在以工程名 TriangleAppli 为名的命名空间中查找类的，但 ControlPoint、AngConver、ControlSide、HoriAngle 四个类并不在 TriangleAppli 命名空间中，它们均在 TriangleAppli.PointSideAngleLibrary 命名空间中。

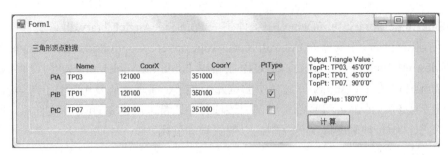

图 4.14　VBE4017 应用界面

此外，虽然代码中并没有直接出现 ControlSide 类实例，但事实上在 HoriAngle 类中，已创建了两个 ControlSide 类的实例 LeftSide 和 RightSide。所以，此例中 ControlSide 类的应用是隐含的。

3. 使用第三方提供的类库

类库最终被编译成 DLL 文件的形式，使用类库时只需要使用该 DLL 文件即可，而不需要访问该类库中类的源代码。因此，可以将自己创建的类库（DLL 文件）提供给别人使用；也可以在开发自己的应用程序时，使用其他人创建的类库（DLL 文件）。多数情形下，进行 VB.NET 应用程序开发时，有许多适合程序开发需要的第三方类库可供使用，这将极大地提高开发质量和效率。第三方类库的主要来源有两个：一是.NET Framework 类库；二是其他厂商或程序员开发的类库。

1）使用.NET Framework 类库

VB.NET 为我们提供了丰富的类库，如组件库、控件库等。VB.NET 工作在.NET Framework 集成开发环境下，.NET Framework 类库中类的相关信息可以通过查询帮助文档获得。帮助文档中提供了.NET Framework 类库中每个类和成员的说明及其功能提示。

2）其他厂商或程序员开发的类库

其他厂商或程序员开发的类库一般均会提供库内各个类所实现功能的简要说明，通过"对象浏览器"窗口可以查看类库中各个类及其成员的详细信息。在 VB.NET 集成开发环境下，按下 Ctrl+Alt+J 键即可打开"对象浏览器"窗口。

3）在解决方案中引用第三方类库

在开发应用程序中添加对类库（DLL 文件）的引用，然后编写使用类库（DLL 文件）中类的具体代码。方法与步骤请详细参考上面的示例。

应注意，第三方类库中的类位于以该类库名称命名的命名空间中，因此，在需要设定解决方案的源代码访问第三方类库中的类时，应在该命名空间中查找；否则，类在默认情况下将其所在工程名称为命名空间名称而导致发生编译错误。

为此，需要在每个使用第三方类库中类的模块顶部添加代码：Imports ClassLibraries Name，其中 Class Libraries Name 为需要使用的第三方类库名称。这样，在使用第三方类库中的类时，就不需要再提供包含命名空间和类名的完整名称了。

完成引用后，可以正常地编译和运行应用程序了。不同的是应用程序使用的是第三方类库中的类，而不是包含在应用程序 EXE 文件中的类。

4. 类库设计原则

类库的设计工作应该从软件工程的角度来进行把握，才能够合理地设计出符合应用程序开发需要的类库。其类库设计的主要原则如下。

(1)不要给类库中类的方法设计太多的参数,除非应用程序确实需要,这样做可以使得代码的编写尽量简化。

(2)类库中类的方法和参数命名应做到"见名知义",并含义明确。并且尽量使用其全拼形式而不要使用简写形式。

(3)类库中的类一般都是基类,应该仅编写应用程序开发过程中确实需要的基本方法和功能,勿为了面面俱到而赋予其所有可能的方法和增强的功能。

(4)类库中类的数量应尽可能达到最少,且尽可能保持每个类实现较为单一的功能。这样做并不影响应用程序开发中实现复杂功能。可以通过创建引用现有类库中的多个类从而将它们的功能组合起来的新类来实现复杂的功能。

(5)类库中类的功能如果既能使用方法实现又能使用属性实现,那么原则上应使用属性。同方法实现相比,属性实现往往更为简单。

(6)一般情况下,应先设计开发类库,再开发使用该类库的应用程序。在对开发项目进行功能分析和构建模型后,即可从模型中抽象出类库,并进行类库的设计开发。

5. 类库和分层的应用程序设计思想

分层的应用程序指的是在应用程序的开发过程中,在逻辑上将应用程序的功能实现分为若干层,每层在应用程序中都有明确的分工和不同的实现形式,每一层彼此独立但层与层之间存在交互接口。类库是创建分层应用程序的强大工具,这是因为使用类库可以将实现不同功能的代码放置在不同的层上。

通常分层的应用程序一般可分解为三层。

(1)数据层:主要负责获取数据源(一般是数据库)中的原始数据,或将修改后的数据写回到数据源。该层一般不考虑数据的含义,仅执行读/写操作。

(2)业务层:把某些业务规则应用到从数据源中提取出来的数据上,或确保要写回到数据源的数据遵循这些规则。业务层还可以包含处理或使用数据的代码。

(3)显示层:给用户显示数据,允许用户以某种方式与数据进行交互。

使用类库来实现分层的应用程序非常灵活,可以方便地混合和匹配分层应用程序的各层。开发分层应用程序时,可以用类库来数据层,而业务层和显示层用其他方式进行实现;也可以将数据层和业务层混合起来用类库来实现,而显示层用其他方式来实现。

使用类库开发分层的应用程序具有便于调试和维护的特点,如果因为新技术的出现和流行或分层的实现方法发生变化而需要对某层进行改动,其他各层不会受到影响,应用程序仍然可以照常使用。

在大型应用程序中,一般将表示界面的代码封装在一个单独层中,即显示层;将存取数据的代码封装在一个单独层中,即数据层。数据层、业务层、显示层之间相互独立,同时又相互协作,最终很好地解决实际问题。业务层一般不轻易发生变动,反而由于技术变迁的影响,数据层或显示层容易发生改变。例如,从 SQL Server 数据库移植到 Oracle 数据库;将C/S 应用程序改造成为 B/S 应用程序等等。在这些例子中,软件分层的优势就很好地体现出来了,外界需求的改变只会涉及其中个别层的更改,显著减少了程序维护的工作量,并且降低了程序维护的难度。

4.1.7 创建命名空间

在 1.3 节中，我们简要讨论过命名空间的概念和使用，本节我们将详细讨论如何创建命名空间。

1. 命名空间的基类

命名空间的概念是.NET 环境的重要内容。它可以提供一种机制，明确将不同的类按逻辑功能被组织进入特定的组，且使得这些类更容易搜索及管理。命名空间是_Namespace System Class 的一个实例，或者是_Namespace 类的一个派生类。_Namespace 类只有一个属性：Name。通过这个属性用户可以把某个命名空间和其他的命名空间分开。注意：命名空间的 Name 不能包括头缀和后缀的下划线"_"。

命名空间可以由相互联系的类和类的实例组成，构造出一个具有任意层次的网状结构。这种组织类的方式类似于文件系统的树状结构。在同一个层次的情况下，命名空间必须具有互异的名称。为了表示它们的层次结构，可以用反斜杠表示这种关系，如下：

```
Namespace1\Namespace2\Namespace3 … \LastNamespace
```

虽然说这些命名空间的层次结构可以表示成这样，但是，这些命名空间之间没有类的继承关系，也就是说，子命名空间中的类不会自动继承父命名空间中的类。

通常情况下，一个命名空间包含了在某种环境下一系列的类和类的实例。例如，在 Win32 下定义和运行的类即使和其他命名空间里的类具有相同的名字也不会出现冲突。然而在建立一个新的类时，最好不要和已经建立的类的名字相同，这为将来 WMI（Windows Management Intsruction）发布减少一些问题。

所有的 WMI 包含了下面这些预定义了的命名空间：

(1) Root；

(2) Toor\default；

(3) Root\cimv32。

Root 命名空间是专门为包含其他命名空间而设计的命名空间，WMI 把其他命名空间都放在这个命名空间下面。Toor\default 命名空间包含了系统基本的类；而 Root\cimv32 命名空间主要包含了在 Win32 环境下运行的一些类，如 Win32_logicalDisk 和 Win32_OperatingSystem。很多操作基本上都是在 Root\cimv32 命名空间下发生的。

2. 自定义命名空间

VB.NET 允许用户根据编程需要自定义命名空间，以组织特定的逻辑类供编程使用。声明命名空间使用 Namespace … End Namespace 块结构，如图 4.15 所示。

可以在同一个解决方案中跨项目声明多个命名空间，同时可以创建嵌套的命名空间。在一个命名空间内部定义的部件应该有唯一的名称，即不能在一个命名空间中创建

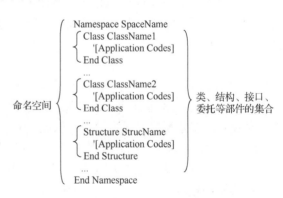

图 4.15 自定义声明命名空间代码块结构

两个具有相同名称的部件。跨命名空间时，类可以具有相同的名称。示例代码如下：

[VBcodes Example：4018]

```
Namespace University
    Namespace Agriculture
        Class WheatPlanting
            '[Application Codes]
        End Class
        Class Economic
            '[Application Codes]
        End Class
    End Namespace
    Namespace Industry
        Class ElectricPower
            '[Application Codes]
        End Class
        Class Economic
            '[Application Codes]
        End Class
    End Namespace
End Namespace
```

其中命名空间 Industry 的另一种书写方法如下：

[VBcodes Example：4019]

```
Namespace University.Industry
    Class ElectricPower
        '[Application Codes]
    End Class
    Class Economic
        '[Application Codes]
    End Class
End Namespace
```

因为命名空间是使用块结构来创建的，所以，可以跨项目创建相同名称的命名空间，把所属的类创建在分隔的项目源文件中。换句话说，在一个 VB.NET 解决方案中，可以在不同源文件中声明同名的命名空间，而所有在这些命名空间中的类将是同名的命名空间的一部分。系统在编译时，会自动将它们整合在一起。这体现出 VB.NET 应用编程的灵活性。

例如，定义一个三角网 Triangulation 命名空间，其中可以包含控制点 ControlPoint、控制边 ControlSide、水平角 HoriAngle 等类，示例代码如下：

[VBcodes Example：4020]

```
Namespace Triangulation
    Public Class ControlPoint
        '[Application Codes]
    End Class

    Public Class ControlSide
        '[Application Codes]
    End Class
End Namespace
```

```
        ...
        Namespace Triangulation
            Public Class HoriAngle
                '[Application Codes]
            End Class
        End Namespace
```

上述代码中，命名空间 Triangulation 在两处源文件中声明，而其中共有三个类，分别为 ControlPoint、ControlSide 和 HoriAngle。

需指出，在默认状态下，VB.NET 解决方案中，有一个根命名空间(RootNameSpace)，它实际上是解决方案属性的一部分。这个根命名空间使用了与解决方案相同的名字。所以当在项目中声明命名空间块结构时，实际上是将其嵌入了根命名空间中。假设，解决方案命名为 WindowsApplication1，则命名空间的域名全称应该是 WindowsApplication1. Triangulation。

当然，我们也可以改变根命名空间，具体操作可以使用"项目"菜单，单击"属性"菜单项，即进入解决方案"属性页"，然后修改根命名空间名称。

3. 命名空间的使用

类型可以使用命名空间来划分，增加可读性，减少名称冲突。理论上，欲调用命名空间的类，可以使用包含命名空间域名为前缀的路径全名。其中，命名空间域名应是以"."分隔逐层嵌套的子命名空间全域名，如下所示：

```
        Namespace1.Namespace2.Namespace3.···.LastNamespace.ClassName
```

例如，针对 VBE4020 中定义的类，在 Form1 窗体应用程序代码中，完全可以如下定义 3 个对象变量，代码如下：

[VBcodes Example：4021]

```
        Public Class Form1
            Private PotObj As WindowApplication1.Triangulation.ControlPoint
            Private SidObj As WindowApplication1.Triangulation. ControlSide
            Private AngObj As WindowApplication1.Triangulation. HoriAngle
            ...
        End Class
```

只是这种写法往往导致调用一个类要写很长的域名。通常的解决方案就是通过引入命名空间来减少程序代码的编写。这便是通过 Imports 关键字引导，将命名空间全域名统一放置在程序代码的档头。代码如下：

[VBcodes Example：4022]

```
        Imports WindowApplication1.Triangulation
        Public Class Form1
            Private PotObj As ControlPoint
            Private SidObj As Side
            Private AngObj As HoriAngle
            ...
        End Class
```

当然，由于 WindowApplication1 就是该解决方案的名称，也是本项目的根命名空间，是代码中类的默认检索空间，所以可以省略，写成 Imports Triangulation 即可。引用也可以使用命名空间的别名，具体如下：

[VBcodes Example: 4023]

```
Imports wat = WindowApplication1.Triangulation
Public Class Form1
    Private PotObj As wat. ControlPoint
    Private SidObj As wat. Side
    Private AngObj As wat. HoriAngle
    ...
End Class
```

　　.NET 的命名空间实质上就是一个巨大的类库，在其中定义了许多类及其字段、属性、方法和事件。正是依靠这些类及其字段、属性、方法和事件，.NET 开发语言丰富了自己的界面，实现了软件强大的功能。只有掌握了这些命名空间，.NET 开发工具才能最大限度地实现自身强大的功能。

4.2 对　象

　　对象是面向对象编程中的基本单元。对象和类的关系密切，但并不相同。类是在对一个对象群体抽象的基础上定义的一个对象类型框架。建立类之后，类就是一个名副其实的数据类型，只有创建该类的实例对象，它才能实际存在于内存而被具体调用，达到使用封装在类中的字段、属性、方法和事件等成员的目的，如图 4.16 所示。对象就如同程序的预制生成块，它们得以只在类中编写一次代码，然后反复使用它们。VB.NET 创建的应用程序就是不断处理对象的过程。

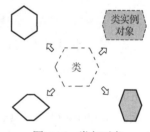

　　对象可以从自定义的类创建，也可以使用 VB.NET 提供的类库创建，如控件、组件、窗体和数据访问对象等；同时，还可以使用来自其他应用程序的对象，如 Excel 电子表格、Access 数据库等。

4.2.1 创建对象

图 4.16　类与对象

1. 对象的声明与实例化

　　对象在应用程序中是类实例的代名词，因此，创建对象就意味着声明对象和分配类实例两个方面。

　　声明对象与声明普通变量的形式并无不同，只是 As 关键字所指定的类型必须为类名称。而为对象变量分配类实例(即实例对象)则需要通过 New 关键字来构造。如此，才能为对象分配内存空间，使对象真实存在。简单地说，声明只是说明对象类型，实例化则说明在内存中为对象分配了空间。

　　在 4.1 节 VBE4008～VBE4017 的应用程序代码示例中，已有不少声明对象的实例。以下进一步归纳说明由类创建对象的步骤和方式。

　　(1)用两个语句来创建实例，具体如下。

　　①先根据需要选择使用 Public、Private 或 Dim 引导词声明一个可向其分配类实例的 Object 型变量，变量的类型应为所需的类。如在前面使用过的方式：

```
Dim PtObj As ContrPoint
Dim Student()As Person
```

②再通过赋值语句，添加 New 关键字，将该变量初始化为该类的新实例：

```
PtObj = New ContrPoint
Student(i)= New Person
```

(2)可将上述两步合并成一个语句，更清晰地表明类型与创建，在接口/继承上更好用。

```
Dim PtObj As ContrPoint = New ContrPoint 或 Dim PtObj As New ContrPoint
Dim LeftSide As New Side
Dim RightSide As New Side
```

注意：数组对象不能使用简短语法。如上述的 Student()，不能写成

```
Dim Student()As New Person
```

必须逐个元素实例化，如

```
For i As Integer = 1 To 8
    Student(i)= New Person
Next
```

(3)参数中创建实例对象。

```
DoSomeThing(New ContrPoint ())
```

(4)参数中创建实例对象的同时调用对象的方法。

```
DoOtherThing(New ContrPoint ().ShowPoint())
```

2. 窗体控件对象

VB.NET 工具箱中的每个控件，如文本框 TextBox、按钮 Button、标签 Label 或列表框 ListBox 等，也都代表一个类。例如，每次向窗体添加列表框时，就会创建 ListBox 类的一个实例，如 ListBox1，它具有在 ListBox 类中定义的 Name 和 List 属性值，并能执行在 ListBox 类中定义的方法，如 Add 和 Remove 方法。

3. 对象变量的赋值

对象变量的赋值要求与普通变量相同，需赋值相同类型的实例对象。例如，下例中声明了一个能引用任何类型控件 Control 的对象变量 myButton，而窗体中有一个名为 Button1 的按钮，则可把 Button1 按钮赋值给 myButton 对象变量：

```
Dim myButton As Control        '声明任何类型控件的对象变量
myButton = Button1             '将 Button1 赋值给对象变量
```

4. 对象变量的释放

对象变量需要的内存空间较大，当不再使用对象时，应及时地释放该对象所占用的内存。一般地，如果在一个过程中声明了一个对象变量，则应在退出该过程之前，释放该对象。释放对象的语法格式如下：

```
对象变量名 = Nothing
```

将 Nothing 赋给对象变量时，就取消了这个对象的引用，该变量将不再引用任何对象实例，即取消它指向堆中分配的空间。这时.NET 会知道：不再需要这个对象，CLR 会在某时刻销毁该对象。如果对象以前引用了一个实例，那么将其设置为 Nothing，则不会立刻终止该实例本身，只有在垃圾回收器（Garbage Collector，GC）检测到没有任何剩余的活动的引用时，才会终止该实例，并释放与其关联的内存和系统资源。

4.2.2　使用对象

1. 访问对象成员

对象的成员就是在类中定义的字段、属性、方法和事件等类成员。通过访问类实例对象成员，实现对象预定的数据处理功能。

1）对象引用

通过前面的应用案例，大家已经知道访问对象的非共享成员时，引用对象的句法依次是实例对象名称、句点(.)和成员的名称。其中，实例对象名称原则上可以前缀其命名空间的全名。但需注意：不能通过系统默认实例对象指代自身。

例如，在 Form1 主程序中，设置标签 Label 控件类的一个实例 AngleLabel 的 Text 属性时，采用以下命名方式将产生编译错误，它构成了系统默认实例对象指代自身：

```
WindowsApplication1.Form1.AngleLabel.Text = "水平角"
```

或

```
Form1.AngleLabel.Text = "水平角"
```

正确方式应是

```
AngleLabel.Text = "水平角"
```

或使用 Me 关键字，写成如下形式：

```
Me.AngleLabel.Text = "水平角"
```

当应用程序中对命名空间的引用不完整而产生歧义时，前缀命名空间全名则是必需的。示例代码如下：

[VBcodes Example：4024]

```
Imports Microsoft.VisualBasic
Public Class Form1
    Dim a$ = "ABCDEFGHIJK"
    Private Sub Button1_Click(sender As System.Object, e As System.EventArgs) Handles Button1.Click
        TextBox1.Text = Microsoft.VisualBasic.Left(a$, 5)
    End Sub
End Class
```

示例中，Left 是许多窗体控件的属性，用于设定控件距容器左边的距离。但在 Microsoft.VisualBasic 类中，Left 却是一个字符串截取函数，返回字符串左边指定的字符。因此，上述代码段中，尽管已通过 Imports 添加了对 Microsoft.VisualBasic 命名空间的引用，但单独使用 Left 还是会产生歧义，所以必须使用全名 Microsoft.VisualBasic.Left 引用 Left 函数方法。

注意：对封装在类中使用 Shared 关键字指定的共享成员，则无须创建类实例，可直接使用类名称调用。

2）访问字段和属性

如前所述，字段和属性主要用于存储对象中的数据信息。有些属性随着应用程序进程的不同，可以设置和取得的值也不同。有些控件属性可在设计时通过"属性"窗口设置其值；而有的属性在设计时是不可用的，只能通过代码在运行时设置。此时，可以像检索和设置过程中的局部变量那样，用赋值语句来检索和设置字段和属性的值。

例如，下面的示例中，AngleLabel 是一个 Label 类对象，设置该对象的 ForeColor、BackColor 属性：

```
AngleLabel.ForeColor = Color.Red
AngleLabel.BackColor = Color.Green
```

又如，设置按钮 Button1 的属性的 Text 和 Visible 属性：

```
Button1.Text = "确定"
Button1. Visible = True
```

应注意：一些属性值设计成既可设置又可返回，称为读写属性；而另一些属性则设计成了只能返回或只能设置，称为只读属性或只写属性。前面的示例程序中也不乏这样的示例。

下面示例中，展示了在 ClassStudent 类定义得只读属性 Age()及其应用：

[VBcodes Example：4025]

```
Public Class ClassStudent
    Private VarBirthDate As Date
    Public ReadOnly Property Age()As Integer '定义只读属性
        Get
            Return DateDiff(DateInterval.Year, VarBirthDate, Now())
        End Get
    End Property
End Class
```

注意：DateDiff()是 Microsoft.VisualBasic.DateAndTime 类的一个共享方法，功能是以 DateInterval 枚举指定的时间单位，计算两个 Date 日期之间的时间间隔。应用程序中，便可以用下列方式调用 Age()属性：

```
Dim StudentOne As New ClassStudent
Dim TheAge As Integer
TheAge = StudentOne.Age
```

应用程序中，可以在表达式中直接使用对象的属性，而不必将其赋予某个变量后再使用。但每次给属性赋值和调用属性值时，都会调用类中的 Set 或 Get 过程，因此，如果要多次使用同一属性值，则把属性值存储到一个变量中，执行起来会更快。例如，针对 VBE4008 中定义的 ContrPoint 类，可编写如下应用代码：

```
Dim StandardPoint As New ContrPoint
Dim XCoor As Double = StandardPoint("X")
Dim YCoor As Double = StandardPoint("Y")
```

3）方法调用

方法是对象可以执行的操作行为，如前所述，通常包括过程方法和函数方法。过程方法执行后没有返回值，而函数方法执行后会返回一个值。例如，Add 是 ComboBox 对象的一个过程方法，使用该方法可以向组合框中添加新项。

下面的示例阐释了调用 Timer 类对象 SafetyTimer 的 Start 方法：

```
Dim SafetyTimer As New System.Windows.Forms.Timer
SafetyTimer.Start()
```

如果要保存函数方法的返回值，直接使用一个变量即可。

2. 对象传递

VB.NET 允许像传递其他类型的参数那样将对象以参数形式传递给过程。下面的示例展示了给一个图片框对象的 Image 属性赋值的过程：

[VBcodes Example：4026]

```
Public Class Form2
    Public Sub GetPicture(ByVal ObjX As PictureBox)
        Dim PicObject As PictureBox
        PicObject = ObjX
        PicObject.Image = PictureBox2.Image
    End Sub
End Class

Public Class Form1
    Protected Sub Form1 Click(sender As Object, e As System.EventArgs)
Handles Me.Click
        Dim FormObj As New Form2
        FormObj.GetPicture(Me.PictureBox1)
    End Sub
End Class
```

示例中，应用程序添加了两个窗体 Form1 和 Form2，并在两个窗体上各添加一个图片框 PictureBox 控件，Form2 上的图片框取名为 PictureBox2。将两个图片框的 SizeMode 属性设为 StretchImage，并在 PictureBox2 中载入一张图片。

运行程序，然后单击 Form1 窗体，则 Form2 上 PictureBox2 中的图片就会出现在 Form1 上的图片框中。

4.2.3 构造函数

对象在应用程序中，从诞生到消亡是具有生命周期的。如前所述，VB.NET 通过赋值语句和关键字 New 创建类实例对象。事实上，使用 New 是在调用类中定义的构造函数，其作用是为该对象的数据字段提供初始数据，并将内存地址分配给新对象。这是一个构造对象并初始化的过程，从此开始对象的生命历程。

因此，New 关键字的正式称谓是构造函数。如有需要，构造函数应事先在类中定义，其格式如下：

[VBcodes Example：4027]

```
Public Class TheClass
    Public Sub New([形式参数表])
```

```
                    '添加初始化类对象所需要的代码
        End Sub
    End Class
```

定义构造函数应注意的事项如下。

(1)构造函数的名称必须是 New，且必须是一个 Public 类型的 Sub 过程。

(2)与调用常规方法不同，构造函数不能被直接调用，只在创建类的实例对象时，通过 New 关键字自动执行一次，为带有初始值设定项的字段进行初始化赋值。

(3)每个 VB.NET 的类都至少拥有一个构造函数。但它也可以被省略，但此时系统会自动创建一个没有参数的默认构造函数，并根据数据字段的类型赋予其默认初值。

(4)构造函数可以带参数，而且常常带有参数。通常应使用参数来定义为正确创建对象而必须传递的值。

(5)一个类中可以有多个构造函数，称为重载构造函数。此时，各构造函数的参数签名不能相同。系统会根据参数签名的不同自动调用其中适用的构造函数来创建对象。

以下通过应用示例来说明。

[VBcodes Example：4028]

```
        Class Accumulator   '累加器
            Dim a As Integer = 1
            Public Function Calcu()As Integer
                Static b As Integer
                b += a
                Return b
            End Function
        End Class

        Public Class Form1
            Dim Count As Accumulator = New Accumulator
            Private Sub Button1_Click(sender As System.Object, e As System.EventArgs)
Handles Button1.Click
                TextBox1.Text = Count.Calcu()
            End Sub
        End Class
```

如上所示，尽管在 Accumulator 类中没有显式声明任何构造函数，但 VB.NET 已自动为其提供了隐含的无参数构造函数 New()，所以，在 Form1 的应用程序中仍然可以通过 New()来创建类的实例化对象。

```
        Dim Count As Accumulator = New Accumulator
```

如果我们在类 Accumulator 中添加一个带参数的构造函数，代码如下：

[VBcodes Example：4029]

```
        Class Accumulator
            Dim a As Integer = 1
            Sub New(Value As Integer)
                a = Value
            End Sub
            Public Function Calcu()As Integer
```

```
        Static b As Integer
        b += a
        Return b
    End Function
End Class
```

那么，如果采用如下语句直接实例化类时，则会产生错误：

```
Dim Count As Accumulator = New Accumulator
```

只能通过调用 Accumulator 类中显式声明的带参数的构造函数来实例化类，如下：

```
Dim Count As Accumulator = New Accumulator (5)
```

如果要在类中同时使用无参数和带参数的构造函数，必须同时显式声明两种构造函数，即通过重载不同参数签名的构造函数方式实现。

[VBcodes Example：4030]

```
Class Accumulator
    Dim a As Integer = 1

    Sub New()
    End Sub

    Sub New(Value As Integer)
        a = Value
    End Sub

    Public Function Calcu()As Integer
        Static b As Integer
        b += a
        Return b
    End Function
End Class
```

在 VBE4013 创建 ControlSide 类和 VBE4015 创建 HoriAngle 类的程序中，为了更方便创建实例对象，可以分别增加两个构造函数。代码见[VBcodes Example：4031、4032]。

[VBcodes Example：4031]　　[VBcodes Example：4032]

〖例 4.11〗坐标变换 ConvertCoor 类

针对不同坐标系进行点的坐标变换，是测绘工程中常用的计算。典型的二维坐标变换如图 4.17 所示，新坐标系将原点移至 $O'(x_0, y_0)$，并旋转 α 角。故将 x_0、y_0、α 称为坐标变换参数。若已知 P 点在原坐标系的坐标值 x 和 y，求新坐标系的下的坐标值 x' 和 y'，如式(4-7)所示。

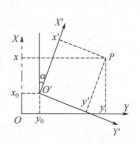

$$\begin{cases} x' = (x - x_0)\cos\alpha + (y - y_0)\sin\alpha \\ y' = (y - y_0)\cos\alpha - (x - x_0)\sin\alpha \end{cases} \quad (4\text{-}7)$$

图 4.17　坐标变换示意图

反之，由 $P(x', y')$ 计算 $P(x, y)$，如式 (4-8) 所示。

$$\begin{cases} x = x'\cos\alpha - y'\sin\alpha + x_0 \\ y = x'\sin\alpha + y'\cos\alpha + y_0 \end{cases} \tag{4-8}$$

下面我们来建立这样一个 TransforCoor 类，当给定坐标变换参数 x_0、y_0、α 后，可以完成坐标变换。类代码见[VBcodes Example：4033]。

[VBcodes Example：4033]

因在类中使用三角函数计算和使用数学常数 PI，需添加引用 System.Math 类。考虑到坐标值是成对出现的，故本程序设计中，设计了一个结构类型 CoorStrc，只有两个 Double 类型字段成员 X 和 Y。

TransforCoor 类成员及主要功能如下。

(1) 共享字段 NewOrigin 为 CoorStrc 类型，用于存储图 4.17 中新坐标原点的坐标值 (x_0, y_0)，作为变换参数之一，用于同一坐标系下所有点的坐标变换，故将其设计为共享字段。

(2) 共享字段 RotateAng 为 Double 类型，用于存储图 4.17 中的坐标系旋转角 α，作为变换参数之一，用于同一坐标系下所有点的坐标变换，故将其设计为共享字段。RotateAng 的角度值形式为 D.mmss。

(3) 私有字段 InputCoor 和 OutptCoor 均为 CoorStrc 类型，用于在类的内部存储传递源坐标和变换坐标。若源坐标为 $P(x, y)$，则返回坐标 $P(x', y')$；若源坐标为 $P(x', y')$，则返回坐标 $P(x, y)$。

(4) 私有字段 mCMark 为 Boolean 类型，用于保存变换计算模式，mCMark 取值为 False 时，标明变换计算模式为 $P(x, y) \rightarrow P(x', y')$，即式 (4-7)；取值为 True 时，标明变换计算模式为 $P(x', y') \rightarrow P(x, y)$，即式 (4-8)。

(5) 构造函数 New() 带有两个形参：其一是 CoorSource，为 CoorStrc 类型，接收传递进来的源坐标；其二是 CMark，为 Boolean 型，传递变换计算模式，含义同 (4)。

(6) 坐标变换计算放在只读属性 Coor() 中的 Get…End Get 语句块中。其中，首先使用 VBE4012 中 AngConver 类的共享函数方法 CRad(DMS)，将 D.mmss 形式的 RotateAng 角度值转换为弧度值，然后根据 mCMark 值确定转换计算类型并完成计算。

[VBcodes Example：4034]

主窗体应用示例程序代码见[VBcodes Example：4034]。

代码说明如下。

(1) CoorSource 和 CoorResult 两个私有字段均为 CoorStrc 类型，用于存储源坐标和变换坐标；字段 CMark 为 Boolean 类型，用于接收变换计算模式，与前面类中的 mCMark 取值规则一致。

(2) MyBase.Load 窗体加载事件处理中，对 RadioButton1 控件、GroupBox2 控件、GroupBox3 控件对象进行初始化。

(3) 坐标换算过程在 Button1.Click 事件处理程序中完成。首先根据 RadioButton1、RadioButton2 的选择结果，确定变换计算模式 CMark 取值，并决定将 $P(x, y)$ 还是将 $P(x', y')$ 作为源坐标赋值给 CoorSource 对象。接下来，使用 CoorSource 和 CMark 作为构造函数 New() 的实参创建 TransforCoor 类实例对象 TransCoor。调用 TransCoor 对象的 Coor 属性，并赋值给 CoorResult，即可完成坐标变换计算。

(4) 注意，在程序中需引用类的字段、方法、属性、事件等成员时，则必须前缀对象名加 ".", 如 TransCoor.Coor。但引用共享成员时，则不需要前缀对象名，而应前缀类名。如程序中的下列赋值语句：

```
AngConver.CRad(RotatAng)
TransforCoor.NewOrigin.X = Val(TextBox1.Text)
```

```
TransforCoor.NewOrigin.Y = Val(TextBox2.Text)
TransforCoor.RotatAng = Val(TextBox3.Text)
```

程序运行界面如图 4.18 所示，通过切换两个单选按钮 RadioButton1 和 RadioButton2，实现计算模式的变换。由原坐标计算新坐标时，新坐标的两个文本框不能输入，只能显示输出；反之，由新坐标计算原坐标时，则原坐标的两个文本框不能输入，只能显示输出。

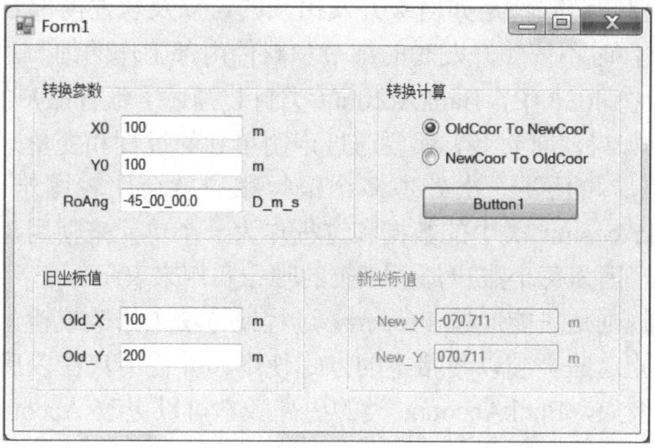

图 4.18　VBE4033&VBE4034 界面

在构造函数中，还可以使用 Optional 定义参数的缺省值。

4.2.4　共享成员

共享方法在 VBE4012 中创建 AngConver 类时已经使用过，VBE4034 中也有对共享字段 TransforCoor.NewOrigin、TransforCoor.RotatAng 的实际应用。归纳起来，共享成员就是在类及其派生类的所有实例之间共享的字段、属性、方法和事件。换言之，所有使用该类创建的对象都可以访问相同的数据字段、共享实现过程，并且收到相同的激发事件。

在类中指定共享成员的方法就是在访问修饰符 Public 或 Private 后加上 Shared 关键字。Shared 关键字指示一个或多个被声明的成员将被共享。共享成员独立于任何一个类的特定实例。可以通过直接使用类名或结构名来访问它们。如果共享成员是字段、属性或方法，我们则不用创建实例而直接用"类名.共享成员"的形式进行访问用。例如，类库中 System.Math 类的 Sin()、Cos()、Tan()、Sqrt() 等就是共享方法，可以使用 Math. Sin()、Math. Cos()、Math. Tan()、Math. Sqrt() 等形式进行调用，若档头添加了引用 Imports System.Math，则可直接使用方法名 Sin()、Cos()、Tan()、Sqrt() 进行调用。

在共享方法中，允许引用非共享的成员。共享字段是唯一的，每个类实例都会对它产生影响，因此共享字段的值取决于最后处理它的对象的操作行为。

VBE4035 中，通过共享字段、构造函数和属性可以确定创建类实例对象的总数。

运行上述程序，结果为 2，即创建了两个 ShareClass 类实例对象。

[VBcodes
Example：4035]

4.2.5　封装作用

封装是面向对象编程的核心思想，也是类和对象的主要特征。将对象的数据以及对这些数据的操作（属性、方法和事件）以类为载体封装起来，成为有独立意义的构件。类通常对用户隐藏其实现的具体细节，只保留有限的接口与外界联系，这就是封装的思想。采用封装的思想保证了类内部的数据结构的完整性，应用该类的用户不能轻易直接操纵该数据结构，而只能操作该类允许公开的数据。这样可以避免外部对内部数据的影响，提高程序的可维护性。

例如，用户在使用一款软件时，只需知道如何使用该软件，单击某个按钮就可以实现一定的功能，用户不需要知道软件是如何被开发出来的，以及软件内部是如何工作的，在使用该软件时不依赖开发时的细节和软件内部工作的细节。

[VBcodes
Example：4036]

在 4036 中，BankAccount 类封装描述了银行账户的方法、字段和属性：如果没有封装，就要通过声明单独的过程和变量来存储和管理银行账户信息，并且要一次处理多个银行账户就会比较困难。通过封装，可以将 BankAccount 类中的数据和过程作为一个单元来使用，还可以同时处理多个银行账户而不会混淆，因为每个账户都由该类的唯一实例来表示。

封装的一个基本规则是只能通过 Property 过程或方法来修改或检索数据。将类实现的详细信息隐藏，可以防止这些类被以不希望的方式使用，并使用户在以后修改该类时没有兼容性问题方面的风险。例如，BankAccount 类的更高版本可以更改 AccountBalance 字段的数据类型，而不会破坏依赖于此字段拥有的特定数据类型的其他应用程序。

封装还可以控制如何使用数据和过程。可以使用访问修饰符（如 Private 或 Protected）来防止外部过程执行该类方法或读取和修改其属性和字段中的数据。我们应该将类的内部详细信息声明为 Private，以防止它们在类的外部被使用。这种技术称为数据隐藏，是一种保护账户余额等客户信息的方式。

综上所述，类将它表示的编程抽象进行封装，通过共有接口规定外部应用程序的可见内容，而隐藏类中难以理解的实现细节。因此，封装有时也称为信息隐藏（Information Hiding）。通过隐藏，类可以防止外部的代码对这些内部细节随意进行操作。同时，该方法降低了应用程序不同部分之间的相关性，只允许由共有接口所明确许可的相关性。

4.2.6 事件初步

事件 Event 可以是一些用户操作（如单击或按键），或是程序运行发生的特定结果，也可由系统引发。应用程序需要为对象触发的事件编写事件响应处理代码。发出事件信号的代码就是引发事件 RaiseEvent，而响应事件的代码就是处理事件 Handles。事件是面向对象程序设计的一个重要内容。为方便应用，这里仅介绍事件的基本定义和使用。更多细节将在 4.10 节中详细讨论。

首先通过示例来引入事件的概念。

〖例 4.12〗事件引入：圆面积与周长计算

[VBcodes
Example：4037]

以下是利用圆的半径值计算圆面积和周长的示例代码见[VBcodes Example：4037]。

```
Imports System.Math
Class Circle
    Public Sub New()
    End Sub

    Public Sub New(ByVal RadiusValue As Single)
        _Radius = RadiusValue
```

```
        End Sub

    Friend Property Radius()As Single

    Friend Function Area()As Double
        Area = PI * _Radius * _Radius
    End Function

    Friend Function Circum()As Double
        Circum = 2 * PI * _Radius
    End Function
End Class
```

Circle 类成员包括：

（1）两个构造函数 New()，参数签名不同，一个不带参，另一个带参，参数为圆半径；

（2）自动实现属性 Radius()，其私有支持字段为_Radius，均为 Single 类型，用于对外交互和对内存储并使用圆半径；

（3）函数方法 Area()，用于计算并返回圆面积，Double 类型；

（4）函数方法 Circum()，用于计算并返回圆周长，Double 类型。

主窗体示例应用代码见[VBcodes Example：4038]。

[VBcodes Example：4038]

窗体应用界面和运行结果如图 4.19 所示。TextBox1 用于输入半径值，TextBox2 用于输出运算成果。当 TextBox1 为空值时，单击"计算"按钮会首先使用不带参的构造函数 New()创建 Circle 实例 CircleObj，然后弹出输入框，提示在输入框中输入半径值；当 TextBox1 已输入半径值时，单击"计算"按钮则会以 TextBox1 中的半径值为参数，使用带参的构造函数 New(RadiusValue)创建 Circle 实例 CircleObj，接下来在 TextBox2 中，使用 CircleObj 的方法输出面积和周长。

图 4.19　VBE4037&VBE4038 界面及运行结果

VBE4037 中，Circle 类代码设计是一种比较理想的状态，并没有考虑到运行时可能发生的一些特殊情况。假如，发生输入的半径值为负值这样的事件，应该如何处理呢？比较熟悉的一种办法就是发出消息框，然后中止运行。代码见[VBcodes Example：4039]。

这样的处置方式显然是比较被动的，积极的方式应该是将这一消息传递给调用这个类实例的主程序，并做出重新更正的响应。为此，需要建立事件的触发和响应机制。在类中定义事件的静态方法就是在类代码块的首部使用关键字 Event 引导声明一个事件，格式如下：

[VBcodes Example：4039]

```
[访问修饰符]Event EventName([形参列表])
```

然后，在达到引发事件条件或结果的地方，使用 RaiseEvent EventName([实参数列表])来

[VBcodes Example：4040]

触发事件通知，这样，CLR 就会建立消息队列，在调用该实例对象的所有路径上发布事件消息。结合本例，代码见[VBcodes Example：4040]。

这里，我们定义一个带参的事件 RadiusErr(sender As Object)。其中，参数 sender 是 Object 类型，意在触发 RadiusErr 事件时，把触发事件的对象传递给应用程序。触发 RadiusErr 事件将发生在为其半径属性 Radius()赋负值时，即 RaiseEvent RadiusErr(Me)。其中，关键字 Me 就是指代发生错误的 Circle 对象。

注意：不能在构造函数 New 中触发事件。这是因为在构造函数未执行完成前，对象并没有获得在内存堆中的注册地址，换句话说，对象并不存在。因此，如果在构造对象的过程中，通过构造函数实参给对象半径赋负值，则无法触发 RadiusErr(Me)事件。作为补救，只能是发布"数据格式错误，对象构造不成功！"的消息。而使用无参数构造函数创建对象的情况则不同，此时，对象已经在内存的堆中注册地址，所以，再通过属性给对象半径赋负值，就会触发 RadiusErr(Me)事件。

在主窗体 Form1 应用程序中，需要接受 CLR 广播的发生 RadiusErr 事件消息，并做出响应。为此，需要使用 WithEvents 关键字来声明 Circle 类型对象变量 CircleObj，而不能使用 Dim 关键字。语句应为：WithEvents CircleObj As Circle。WithEvents 的作用就是把 CircleObj 对象中定义的 RadiusErr 事件注册到 Form1 应用程序中，建立接收事件消息的机制。此时，Circle 类型中的 RadiusErr 事件会自动添加到 Form1 "代码编辑器"窗口中 CircleObj 对象的事件菜单中，如图 4.20 所示。

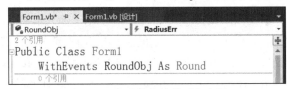

图 4.20　声明带事件的对象变量

在 CircleObj 对象的事件菜单上，单击 RadiusErr，就会出现下面自动生成的代码块：

```
Private Sub CircleObj_RadiusErr(sender As Object)Handles CircleObj.RadiusErr

End Sub
```

可以修改程序的名称 CircleObj_RadiusErr，并在其中编辑事件响应处理代码。完整的 Form1 示例应用程序代码见[VBcodes Example：4041]。

[VBcodes Example：4041]

注意：触发 CircleObj.RadiusErr(Me)事件后，Me 所指代的 Circle 类实例对象 CircleObj 就会传递给事件处理程序 CircleObj_RadiusErr 的参数 sender。因此，sender 传递过来的就是发送事件的对象 CircleObj。sender.Radius 就是 CircleObj.Radius。

4.3　继承和派生

4.3.1　类的继承

1. 继承的概念

继承是 VB.NET 面向对象程序设计的一个重要特性。它将一个类的字段、属性、方法和事件等类成员全部继承到另一个类，从而提高代码的复用性。利用继承，可以在已有类的基础上创建一个新类。其中，被继承的类称为基类或父类，继承后产生的类称为派生类或子类。当然，子类和父类是相对的。

实际上，在 VB.NET 中已经预先定义好了很多类，而且这些类都用到了继承。所有的类都派生自 System.Object 类，用户自定义的类也是 System.Object 的子类，它是所有类的源，可称为超级基类。它的子类又派生出众多的其他子类，构成庞大的 VB.NET 继承链。

继承后，在派生类中不仅有继承过来的父类成员，还有新类自己根据需要新增加的成员。这样的一个"大家庭"将相互影响。因此，继承是一回事，能不能直接访问这些成员又是另一回事。继承所有父类中的非私有成员后，访问控制是一个重点。

2. 继承的实现

在继承一个类时，派生类定义代码必须以 Inherits 语句开始，说明新类派生自所指明的基类，其语法格式如下：

```
Inherits 基类名
```

如果使用 Inherits 继承当前项目以外的类，则要指定包括该类的命名空间，或者在程序代码的顶端用 Imports 语句来引入要引用的命名空间。

派生类继承并可扩展基类中定义的属性、方法、事件、字段和常数。以下是关于继承应遵守的重要规则。

(1) VB.NET 不允许多重继承，即子类不能由多个父类继承而来，它只能继承一个父类。但是 VB.NET 允许深度继承分级结构，即一个子类可以由另外一个子类继承而来。

(2) 默认情况下，所有类都是可继承的。除非用 NotInheritable 修饰符标记。类既可以从项目中的其他类继承，也可以从项目引用的其他程序集中的类继承。

(3) 若要防止公开基类中的受限项，派生类的访问类型必须与其基类的一样，或它比其基类所受限制更多。例如，Public 类不能继承 Friend 类或 Private 类，而 Friend 类又不能继承 Private 类。

(4) 当从一个类派生另一个类时，派生类继承基类的所有非私有字段、属性、方法和事件，但不继承构造函数和私有成员。

继承得以只编写和调试类一次，然后将该代码作为新类的基础不断重复使用。通过继承，在派生类中可以根据需要对父类中的成员进行改造，调整功能结构，或者重写，或者隐藏，这样便实现了基于继承的多态性，使类具有名称相同而功能不同的方法或属性。

〖例 4.13〗类继承

以下是关于 Person 类和 Student 类继承关系的一个简单示例，代码见 [VBcodes Example：4042]。

[VBcodes Example：4042]

Person 是一个基类，拥有 Name（姓名）、Sex（性别）、BirthDate（出生日期）、IDCardNo（身份证号）、MobilePhone（手机）和 E-mail（电子邮箱）等六个属性；Student 是 Person 的派生类，除了拥有继承过来的 Name、Sex、BirthDate、IDCardNo、MobilePhone 和 E-mail 六个属性外，还拥有 International、Profession 和 StartDate 三个新扩展的属性。

4.3.2 重写属性和方法

在默认情况下，派生类从其基类继承属性和方法。如果继承的属性或方法需要在派生类中有不同的行为，该方法或属性可以重写，即可以在派生类中重新定义它的实现。下列修饰符用于控制如何重写属性和方法。

（1）Overridable：用于在父类中指定可以被覆盖的属性和方法。

（2）Overrides：用于在子类中指定要覆盖的属性和方法，重写基类中以 Overridable 定义的属性或方法。

（3）NotOverridable：用于限定方法，意为到此为止。禁止该方法或属性在子类中被重载或重写。默认情况下，Public 方法为 NotOverridable。

（4）MustOvarride：用于在父类中指定必须在子类中重写的属性和方法。当使用 MustOverride 关键字时，方法定义仅由 Sub、Function 或 Property 语句组成。不允许有任何其他语句，特别是没有 End Sub 或 End Function 语句。MustOverride 方法必须在 MustInherit 类中声明。

（5）Shadows：遮蔽，声明该方法与父类没有任何关系，是一个全新的方法。

默认情况下，基类未指明的成员都是不允许重写的。为了重写，必须用 Overridable 关键字来指明基类成员允许重写。重载是增加、扩展接口。重写本质上是建立一个虚拟函数表，

把基类的功能改变或完全替代（Replace），又称覆盖，而不是保留现有功能。

〖例 4.14〗重写属性和方法

[VBcodes Example：4043] 例如，在 VBE4042 中，欲在子类 Student 中改变 BirthDate 功能（校验年龄是否满 16 岁），需先在基类 Person 中使用 Overridable 关键字指明 BirthDate 属性可以被子类改写（重写）。代码见[VBcodes Example：4043]。

```
Public Class Person
    Property Name()As String
    Property Sex()As Sexuality
    Overridable Property BirthDate()As Date '仅表示它可被重写
    Property IDCardNo()As Date
    Property MobilePhone()As String
    Property Email()As String
End Class
```

[VBcodes Example: 4044] 再在子类中加入下面数据及属性，用 Overrides 来说明子类中用本方法来重写，代码见[VBcodes Example：4044]。

注意：DateDiff()是 Microsoft.VisualBasic.DateAndTime 类的一个共享方法，功能是以 DateInterval 枚举指定的时间单位计算两个 Date 日期之间的时间间隔。示例中新构一个错误信息对象 New AggregateException("At Least 16")，当满足条件时，将抛出一个异常消息。

4.3.3 继承链

如上所述，新类可以通过继承一个已定义类来创建。继承的一个关键优点是代码复用。从父类派生新的类时，子类继承父类的属性、方法和事件，因此子类可以复用父类的代码。代码复用不仅可以避免编写大量的代码，还可以简化代码的维护工作。

VB.NET 不允许多重继承，因此某个类最多只有一个父类，这意味着继承链是一个树状结构。

例如，我们可以定义一个 Person（人）基类，该类包括 Name（姓名）、Birthday（生日）、Phone（电话）和 E-mail（邮箱）等字段或属性，也包括 SendMail（发送邮件）方法。然后可以从 Person 类派生 Employee（雇员）类、Customer（顾客）类，以及应用程序需要的其他类型的人等。Employee 类继承 Name 等字段或属性，同时可以根据需要添加新的 EntryTime（入职时间）、Salary（薪水）字段或属性。

还可以继续从这些类派生出其他的类，从而根据需要建立尽可能多的不同类型的对象。例如，可以从 Employee 类派生出 Manager（经理）类、Secretary（秘书）类；同理，可以从 Manager 类派生 ProjectManager（项目经理）类、DepartmentManager（区域经理）类和 DivisionManager（部门经理）类等。

这意味 Person 类组成的关系是树状结构的，并且组成了继承的层次结构。图 4.21 显示出上述各类的继承关系。

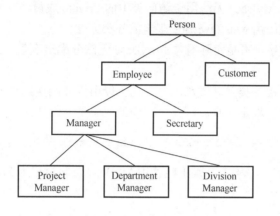

图 4.21　继承链示意图

对于生成继承层次结构，细化和抽象是两种有用的技术。is a 和 has a 关系有助于帮助理解建立的新类是否有意义。

（1）is a 关系表示一个对象是特定类型的另一个类。例如，Employee is a Person 对象。is a 关系自然地映射到继承层次结构中。因为 Employee is a Person，所以从 Person 基类中派生 Employee 类就是有意义的操作。

（2）has a 关系表示一个对象有一些作为属性的项。例如，Person has a Name 等，子类继承父类定义的属性、方法和事件。因此，子类 Employee 继承了这些项的定义和实现它们的代码，不必在 Employee 中再次重复这些成员代码。

类的继承为软件的维护提供了方便，假如在上面的例子中，需要添加新的属性，如需添加 IdentityCardNumber（身份证号），只需要简单的将 IdentityCardNumber 添加到 Person 类中，并且其他所有类都继承该属性。同样，如果需要修改或删除属性或方法，只需要在定义该属性或方法的类中进行修改，而不需要在继承该属性或方法的所有类中进行修改。

4.3.4　MyBase、Me 和 MyClass

继承所有后，访问控制是一个重点。为了避免出现类似于通过系统默认实例对象指代自身的系统错误，VB.NET 提供了三个关键字，Me、MyBase 和 MyClass，用于厘清父子类关系，正确访问其成员。

形象地说，Me 就是"我"，MyBase 就是"我老爸"，MyClass 就是"本来的我"。为什么有"本来的我",因为"我"会变质,变质后的"我"想找回以前的"我",于是就有了 MyClass。

1. MyBase 关键字

MyBase 关键字用于指代当前类实例的基类,常用于访问在派生类中被重写或隐藏的基类成员。例如,MyBase.New 用于从派生类构造函数中显式调用基类构造函数。当我们设计一个重写基类方法的派生类时,重写的方法可以调用基类中的该方法,并修改返回值,代码见

[VBcodes Example:4045]。

[VBcodes Example:4045]

使用 MyBase 的限制如下。

(1)MyBase 无法用在模块 Module 中。

(2)MyBase 无法用于访问类中的 Private 成员。

(3)MyBase 不能调用由 MustOverride 限定的基类方法。

(4)MyBase 是关键字,不是实际对象。MyBase 无法分配给变量,无法传递给过程,也无法用在 Is 比较中。

(5)MyBase 引用直接基类及其继承成员,也可以引用在间接继承的基类中定义的方法。

(6)MyBase 无法用于限定自身。因此,下面的代码是非法的。

```
MyBase.MyBase.BtnOK_Click() ' Syntax error.
```

(7)若基类在不同的程序集中,则不能使用 MyBase 访问标记为 Friend 的基类成员。

2. Me 关键字

Me 关键字用于指代当前在其中执行代码的类或结构本身,通常指代当前窗体,以避免产生默认实例对象指代自身。在类外声明的变量与在类内部声明的同名变量可用 Me 关键字区分。在向另一个类、结构或模块中的过程传递关于某个类或结构的当前执行实例的信息时,Me 关键字尤其有用。在窗体应用程序中,Me 关键字通常用来指代当前窗体。例如,假定在某模块中有以下过程,代码见[VBcodes Example:4046]。

[VBcodes Example:4046]

示例中,在调用 ChangeFormColor 过程方法时,用 Me 指代当前窗体 Form1,作为对象参数传递至 ChangeFormColor 过程。

3. MyClass 关键字

MyClass 关键字与 Me 关键字类似,但它对所有方法的调用都按该方法为 NotOverridable 类来处理。因此,所调用的方法不受派生类中的重写影响。该方法在基类中定义,但没有在派生类中提供该方法的实现,这种引用的意义与 MyBase.Method 相同。以下是一个应用 MyClass 的控制台程序示例,代码见[VBcodes Example:4047]。从中也可以清晰地看出其与 Me 关键字的区别。

[VBcodes Example:4047]

输出结果:

```
Child is just 25 years old!
Father is 50 years old!
```

示例中,尽管 DerivedClass 重写了 MyMethod,但 UseMyClass 方法中的 MyClass 关键字使重写的影响无效,编译器会将该调用解析为基类的 MyMethod 版本。

MyClass 关键字不能在 Shared 方法内部使用，但可以在实例方法内部使用它来访问类的共享成员。

4.3.5　构造函数的继承

构造函数不能继承。因此，当继承一个类时，若要使用基类的构造函数，则 VB.NET 提供一个有别于标准继承的替代方案来继承基类的构造函数，即必须在派生类中显式声明与基类签名相同的构造函数，并在第一行代码处添加如下语句：

```
MyBase.New()
```

注意：如果 MyBase.New() 不是派生类构造函数第一条语句，将产生语法错误。

例如，VBE4030 中设计了一个累加器 Accumulator 类，可以将 Calcu() 方法的限定更改为可重写 Overridable，增加一个派生类 DerivedClass，并在此类中重写 Calcu() 方法，代码见[VBcodes Example：4048]。

[VBcodes Example：4048]

示例中，DerivedClass 类通过 MyBase.New(Value) 继承了 Accumulator 类的带参数构造函数。

在实际编程中应遵循一个原则：在类中，无论基类还是子类，都显式声明所有需要的无参数或带参数构造函数。构造函数与普通函数不一样，对它不能使用 Overridable、Overrides、Overload、Shadows 等关键字限定，故不能被重写、覆盖或隐藏。

〖例 4.15〗类继承示例：球体表面积与体积计算

作为继承应用的示例，我们将 VBE4040 创建的 Circle 类作为基类，创建一个 Ball 派生类，其表面积计算重写基类中的 Area 方法，并新建体积计算方法。

球体表面积计算公式如式(4-9)所示：

$$Area = 4\pi r^2 \tag{4-9}$$

球体体积计算公式如式(4-10)所示：

$$Volume = \frac{4}{3}\pi r^3 \tag{4-10}$$

首先，需要对 VBE4040 中的 Circle 类进行以下调整：在 Area() 方法和只读属性 ObjName 前面添加 Overridable 关键字，将其修改为可重写，以便在继承后适应新类调整的需求；代码见[VBcodes Example：4049]。

然后，创建 Ball 派生类，代码见[VBcodes Example：4050]。

[VBcodes Example：4049]　[VBcodes Example：4050]

注意：因为构造函数不能继承，所以使用 Mybase 关键字重载基类的两个构造函数；本类中使用 Overrides 关键字重写了基类中的 Area() 方法和只读属性 ObjName。本类中新建 MaxCrossArea 最大截面积计算方法，实际上是返回基类的 Area() 方法，所以要用 MyBase.Area() 来调用；观察式(4-9)可知，球体表面积是最大截面积的 4 倍，所以代码中通过调用基类中的 Area() 方法乘以 4，即 MyBase.Area()* 4；新建 Volume 体积计算方法，比较式(4-9)和式(4-10)可知 Volume = Area*r/3，故代码中，使用了在本类中重写的 Area() 进行计算，Area()* Radius /3。

窗体应用主程序需要调整，代码见[VBcodes Example：4051]。

[VBcodes Example：4051]

注意：该代码首先添加了对附带事件的 Ball 派生类对象的声明，WithEvents BallObj As Ball；其次，改写了事件响应处理代码，重新命名为 RadiusErrOperation(sender As Object)，该程序关联了两个事件，一个由 CircleObj 对象触发，另一个由 BallObj 对象触发，究竟是哪个对象触发的事件，通过事件传递给程序的参数 sender 来分辨，因为 sender 中已经记录了发生事件的 Me。由于 Ball 继承自 Circle，故 Circle 中的非私有事件 Event RadiusErr(sender As Object) 和非私有属性 Property Radius() 也成为 Ball 实例对象 BallObj 的一部分。因此，一旦发生 BallObj.RadiusErr(Me) 事件，此时的 Me 便指向了 BallObj 而不是 CircleObj。这就是继承类的优势。

此外，由于在 Ball 派生类中已经重写了 ObjName 属性，故 sender.ObjName 会根据对象的不同，CircleObj 或 BallObj，取值"圆"或"球体"。

窗体的界面和运行结果见图 4.22。

图 4.22　VBE4051 界面及运行结果

〖例 4.16〗几何体面积与体积计算

在上述圆及球体计算编程的基础上，进一步考察 Circle(圆)、Ball(球体)、Cone(圆锥体)、Cylinder(圆柱体)四种几何体，它们的共同特征就是圆。Circle、Ball 的基础数据是半径 Radius；

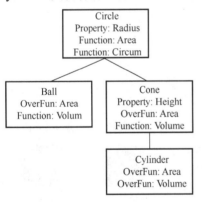

图 4.23　几何体继承链设计

而 Cone、Cylinder 的基础数据除半径 Radius 外，还有高 Height。编程要实现的是通过输入基础数据 Radius 以及 Height，分别计算出各几何体的 Circum(周长)、Area(面积)、Volume(体积)等值。编程的思路是设计 Circle 为基类，Ball、Cone 派生自 Circle 类，但需要重写 Area() 方法以计算其表面积，此外还要新建 Volume() 方法；Cylinder 派生自 Cone 类，并重写 Area() 和 Volume() 方法。同时，当 Radius、Height 的输入值为负值时，触发事件消息并进行更正处理。继承链关系如图 4.23 所示。

圆柱体、圆锥体的表面积以及体积计算，公式列于表 4.1 中。

表 4.1　圆柱体、圆锥体的表面积与体积计算

名称	参数	表面积	体积
圆柱体	r、h	$Area = 2\pi r(r+h)$	$Volume = \pi r^2 h$
圆锥体	r、h	$Area = \pi r(r+\sqrt{r^2+h^2})$	$Volume = \frac{1}{3}\pi r^2 h$

在系统控件的事件处理方法中，通常包括 sender 和 e 两个参数，如 VBE4051 中的 Sub Button1_Click(sender As Object, e As EventArgs)。参数 sender 是指发送事件的对象，提供给事

件处理程序代码用于调用。在 VBE4040、VBE4041，以及 VBE4049～VBE4051 中，我们在自定义事件 Event RadiusErr（sender As Object）中也使用了使用 sender 参数，从中可以体会到其方便之处和使用技巧。

另一个参数 e 用来传递事件源引发事件时的一些状态信息。.NET Framework 中设计了专门记录存储这些信息的事件信息类 System.EventArgs。它是所有事件信息类的基类。多数情况下，对于引发时无须向事件处理程序传递状态信息的事件，可将 e 设为 EventArgs，此时，事件源传递的参数值等于 EventArgs.Empty，这表明没有额外的参数信息。

（1）本例编程中，我们将使用事件信息类对象传递一些事件信息。为此，从 EventArgs 类派生一个事件信息类 GeomEventArgs，代码见[VBcodes Example：4052]。

```
Friend Class GeomEventArgs
    Inherits EventArgs
    Property GeomName As String
    Property GFeature As String
    Property NegValue As Double
End Class
```

GeomEventArgs 类设计了三个属性成员，包括几何体名称 GeomName、几何体特征部位 GFeature、负值数据 NegValue 等，用来传递事件信息。

（2）设计基类 Circle 代码见[VBcodes Example：4053]。

[VBcodes Example: 4053]

因为要保证仅在子类中继承，故 eINF 的修饰符关键字使用了 Protected Friend。Area（）函数方法需要在子类中重写，故使用了 Overridable 修饰符关键字。Circum（）函数方法不需要在子类中重写，所以没有使用 Overridable 修饰符关键字。

（3）设计派生类 Ball，继承自 Circle 类，需要重写 Area（）函数方法，代码见[VBcodes Example：4054]。

[VBcodes Example: 4054]

派生类 Ball 继承了 Circle 类的所有非私有成员。因此，通过继承，事件 RadiusErr（）和属性 Radius，也都成为 Ball 的成员。此外，重写了基类的 Area（）方法，并新建了 Volume（）方法。注意：MyBase.Area（）调用的基类中 Area（）方法。

（4）设计派生类 Cone，继承自 Circle 类，需要重写 Area（）函数方法，代码见[VBcodes Example：4055]。

[VBcodes Example: 4055]

派生类 Cone 继承了 Circle 类的所有非私有成员。因此，通过继承，事件 RadiusErr（）和属性 Radius，也都成为 Cone 的成员。此外，重写了基类的 Area（）方法，并使用 Overridable 关键字新建 Volume（）方法，即允许在子类继承时重写 Volume（）方法。

（5）设计派生类 Cylinder，代码见[VBcodes Example：4056]。

[VBcodes Example: 4056]

派生类 Cylinder 继承了父类 Cone 所有非私有成员，因此，事件 HeightErr（）和属性 Height 也就构成了 Cylinder 类的成员。同时，在继承链上，Cylinder 类还继承了其祖父类 Circle 类的所有非私有成员，故事件 RadiusErr（）和属性 Radius，也都构成 Cylinder 的成员。此外，重写了祖父类 Circle 的 Area（）方法和父类 Cone 的 Volume（）方法。

（6）设计主窗体 Form1 应用程序，代码见[VBcodes Example：4057]。

[VBcodes Example: 4057]

程序的界面和运行示例见图 4.24。代码说明如下。

图 4.24 VBE4052～VBE4057 界面及运行结果

①使用 WithEvents 关键字而不是 Dim 或 Private 声明对象变量，旨在 IDE 中完成对 RadiusErr()和 HeightErr()事件的注册，从而将它们添加至"代码编辑器"窗口的事件组合框下拉列表中。如此，Form1 主程序便作好了准备，接收 ObjCir、 ObjBal、ObjCon、ObjCyl 对象触发的 RadiusErr()或 HeightErr()事件消息。

②PicDic 为字典 Dictionary(Of RadioButton, String)泛型集合实例，其键/值对(Key, Value)分别是四个 RadioButton 对象及对应的几何体图片文件路径字符串，旨在建立 RadioButton 控件与图片文件路径间的对应关系。

③私有字段 K 用于存放本项目启动文件的路径字符串的长度；私有字段 AppPath 用于指定加载相应几何体图片文件的相对路径，位于与项目[bin]文件夹并列的文件夹中。事先应将需要加载的图片文件放入此文件夹中。

④加载 Form1 窗体时，将 PicDic 对象初始化，并将 RadioButton1 设置为默认；将圆形图片置于图片框对象 PictureBox1 中。

⑤单选按钮的变动处理程序 Sub RadioButton_CheckedChanged(sender As Object, e As EventArgs)的功能是确定计算项并在 PictureBox1 图片框中加载相应的示意图片。首先通过 sender 参数定位选中的 RadioButton 对象，然后根据泛型集合 PicDic 中对应的键值获得对应图片文件的路径，并为 PictureBox1.Images 属性加载相应的图片即可。

⑥Sub Button1_Click 过程方法用于根据选择的 RadioButton，调用相应的 CaluCircle、CaluBall、CaluCone、CaluCylinder 四个过程方法。上述四个过程方法，按照相应几何体的计算要求，实现半径以及高的输入，计算相应的几何量并在 TextBox1 文本框对象中输出相应的数据和结果。

以 Sub CaluCone()过程方法为例，首先创建 Cone 实例并将其赋予对象变量 ObjCone；然后由输入框为 ObjCone.Radius 属性和 ObjCone.Height 属性赋值；最后调用 ObjCone.Area()和 ObjCone.Volume()函数方法。

⑦事件处理机制是这样的，一旦在为 ObjCone.Radius 属性及 ObjCone.Height 属性赋值时出现赋负值的情形，便会触发相应的 RadiusErr()或 HeightErr()事件，该消息会被注册了该事件的 Class Form1 捕获并启动处理机制，调用 Sub ProcessRadiusErr(sender As Object, e As GeomEventArgs)或 Sub ProcessHeightErr(sender As Object, e As GeomEventArgs)处理程序。

以 Sub ProcessRadiusErr(sender As Object, e As GeomEventArgs)处理程序为例，该程序关联了 ObjCir、ObjBal、ObjCon、ObjCyl 四个对象的 RadiusErr 事件，通过参数 sender 捕获发生事件的对象。同时参数 e 携带了该对象的 GeomName 几何体名称、GFeature 几何体特征部位，以及 NegValue 负值数据三个信息，用于消息框以及更正输入框中的提示。通过循环语句直到输入正确合法的数值后，再将正确数值赋予该对象的 Radius 属性，即 sender.Radius = mRadius。

4.3.6 抽象类与抽象方法

VB.NET 引入了类级别的修饰符关键字 NotInheritable 和 MustInherit 以支持继承。使用 NotInheritable 修饰符的类为限定类，意为到此为止，禁止继承该类，旨在防止程序员误将该类用作基类。使用 MustInherit 修饰符的类仅适于用作基类，也称为抽象类。应用规则如下。

（1）在某些环境下，抽象类可以作为一个基础类，以此为基类创建新的类。

（2）作为基类，MustInherit 类不能被直接实例化，不能密封，必须由派生类来实现，抽象类可以包含抽象成员。

（3）派生类必须实现抽象类中的所有抽象成员。

〖例 4.17〗抽象类与抽象方法示例

作为设计示例，我们考察正方体、圆柱体、圆锥体和球体的表面积以及体积计算，有关计算公式参考式（4-9）、式（4-10），以及表 4.1。归纳上述几种几何体表面积和体积计算的共性，我们可以设计一个抽象类 AreaAndVolume，其中，仅包含两个抽象方法 Area() 和 Volume()。代码见[VBcodes Example：4058]。

```
Public MustInherit Class AreaAndVolume
    MustOverride Function Area()As Double
    MustOverride Function Volume()As Double
End Class
```

[VBcodes Example：4058]

AreaAndVolume 类不能被直接实例化，只能作为基类。可以创建 Cuboid（长方体）、Cylinder、Cone、Ball 四个派生类，分别实现 AreaAndVolume 类中的 Area() 方法和 Volume() 方法。代码见[VBcodes Example：4059、4060、4061、4062、4063]。

为应用上面各类，设计如下的主窗体应用程序。

注意：事件处理程序 RadioButton_CheckedChanged 关联了四个事件。界面及运行结果见图 4.25。

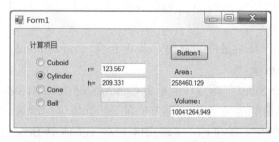

图 4.25　VBE4058～VBE4063 界面及运算结果

[VBcodes Example：4059]

[VBcodes Example：4060]

[VBcodes Example：4061]

[VBcodes Example：4062]

[VBcodes Example：4063]

4.3.7 基于类的支导线程序设计

作为综合应用案例，本节我们在前面建立的 PointSideAngleLibrary.dll 类库文件中定义的 ControlPoint、AngConver、ControlSide、HoriAngle 四个类的基础上，通过一些代码改进和继承的关系编写支导线计算程序。注意参考 VBE4008、VBE4012、VBE4013、VBE4031、VBE4032 中的示例代码。

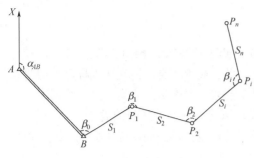

図 4.26 导线点计算示意图

〖例 4.18〗综合应用编程_支导线计算

支导线是测绘工程进行各类导线平差计算的基础。典型的支导线形式如图 4.26 所示，A、B 为已知点，其方位角 α_{AB} 可以由坐标 $A(X_A,Y_A)$、$B(X_B,Y_B)$ 反算得出，详见式 (4-1) ～ 式 (4-5) 及 VBE4013 中 ControlSide 类的实现代码。$\beta_0,\beta_1,\cdots,\beta_{n-1}$ 为水平角观测值；$S_1,S_2,\cdots,S_n$ 为各观测边的水平边长。各边方位角的递推计算公式如式 (4-11) 所示：

$$\alpha(i) = \alpha(i-1) \pm \beta(i-1) \pm 180 \tag{4-11}$$

式中，$\beta(i-1)$ 前 "+" "–" 的规则为左转角取正 "+"，右转角取负 "–"。各观测边的坐标增量计算公式如式(4-12)所示：

$$\begin{cases} \Delta X(i) = S(i)\cos\alpha(i) \\ \Delta Y(i) = S(i)\sin\alpha(i) \end{cases} \tag{4-12}$$

各待定点的坐标计算公式如式(4-13)所示：

$$\begin{cases} XP(i) = XP(i-1) + \Delta X(i) \\ YP(i) = YP(i-1) + \Delta Y(i) \end{cases} \tag{4-13}$$

(1) 为实现本例计算模型，首先需要对 PointSideAngleLibrary 类库进行更新和改造。对于 AngConver 类，按 VBE4012 的代码进行更新；对于 ControlSide、HoriAngle 两个，类按 VBE4031、VBE4032 的代码进行更新。再增加一个方位角递推计算的 Azimuth 类，实现式(4-11)，代码见[VBcodes Example：4064]。

[VBcodes Example：4064]

该类中只有一个共享方法，返回以弧度为单位的 Double 类型方位角数组 Azim。它的形参依次是已知起始边方位角 Aizm0 (如图中的 α_{AB})、水平角观测值数组 Ang() 和转角类型参数 AngID。其中，Aizm0 和 Ang() 数组均是以弧度为单位的 Double 类型；AngID 为 Integer 类型，左转角取 1，右转角取–1。设置 AngID 的缺省值为 1。

更新后重新生成 PointSideAngleLibrary.dll 类库文件。此时，其中包含 ControlPoint、AngConver、ControlSide、HoriAngle 和 Azimuth 五类。

[VBcodes Example：4065]

(2) 设计一个派生类 SurvSide (观测边)，继承自 ControlSide 类。SurvSide 类的功能包括：存储该观测边的边长 S 和观测方位角 α；计算坐标增量，实现式(4-12)；计算导线各待定点的坐标，实现式(4-13)。代码见[VBcodes Example：4065]。

SurvSide 类中，两个自动实现的属性 SurvDist、SurvAzim 分别存储该观测边的边长和方位角；两个只读属性 DX 和 DY 用于对外输出该观测边的坐标增量，对内映射到 mDX 和 mDY 两个私有字段；CalcuDCoor() 过程方法用于计算该边的坐标增量并赋值给 mDX 和 mDY；CalcuEndPt() 过程方法用于计算该边终点 PtEnd 的 X 和 Y 坐标值。

(3) 导线的观测角和观测边通常数据比较多，因此，组织数据的最好方式就是数据文件。这里，我们使用 Windows 系统提供的记事本，以 .txt 文本格式组织数据。设计支导线的数据格式如表 4.2 所示。

表 4.2　支导线数据格式

行	数据格式	数据项	说明
1	PtNum, AngID	待定点数，转角参数	AngID=1，左转角；AngID=−1，右转角
2	XA, YA, XB, YB	已知起始点坐标	单位：m
3	B(0), B(1),···, B(PtNum −1)	水平角度观测值	格式：D.mmss
4	S(1), S(2),···, S(PtNum)	水平边长观测值	单位：m

例如，某支导线的数据文件如图 4.27 所示。

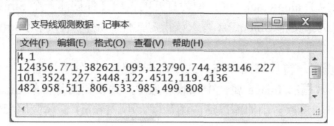

图 4.27　支导线数据文件示例

（4）为读取文件数据和保存数据文件需要用到 OpenFileDialog 和 SaveFileDialog 两个文件对话框组件类，它们均来自 System.Windows.Forms 命名空间。OpenFileDialog 类型对象用来浏览文件目录，选择并打开数据文件；SaveFileDialog 类型对象用来浏览选择保存数据文件的路径，指定写入数据的文件。.NET 把文本输入/输出的过程看成 "一股" 有序字符码流 Stream 的流动，需要用到 StreamReader 流读取和 StreamWriter 流写入两个类，均来自 System.IO 命名空间。StreamReader 对象用于从 OpenFileDialog 对象打开的数据文件中读取数据；StreamWriter 对象则用于向 SaveFileDialog 对象指定的文件中写入数据。

读取数据文件与将数据写入文件的过程方法均属于公共过程，因此将它们编入一个公共模块中。代码见[VBcodes Example：4066]。

[VBcodes Example：4066]

代码说明如下。

①字段 DataStream 用于保存从数据文件中读取的数据流文本；DataStr() 数组用于保存由 DataStream 拆分出的数据项；字段 CmputRst 用于保存写入文件的数据流文本。

②文件对话框的 Filter 过滤器属性用于设置过滤文件的类型，以提高检索效率。

③InputDataFile 过程方法的作用就是读取数据文件，其形参 OpenFile 传入一个 OpenFileDialog 型对象，通过其 ShowDialog 函数方法加载通用对话框，并返回用户选择结果。一旦结果为 DialogResult.OK，便为打开的数据文本文件创建一个 StreamReader 类实例对象 StrmR，执行其 ReadToEnd 方法，从头至尾读出数据流并将其赋值给 DataStream，即

```
DataStream = StrmR.ReadToEnd
```

完成后，调用 StrmR 的 Close 方法，解除与数据文件的关联，释放资源。

④由表 4.2 可知，DataStream 数据流文本中，分隔数据的字符有两种：一种是 ","（用于行内分隔数据）；另一种是 vbcrlf（行与行之间的分隔符）。为顺利将数据从 DataStream 中分离出来，需要使用 Microsoft.VisualBasic.Strings 类的Replace、Split共享方法，以及 System.String 类的 Tirm 方法对 DataStream 流文本进行标准化处理。首先需要使用Replace方法将 DataStream 文本中所的 vbcrlf 分隔符全部替换为 ","；再使用 Tirm 方法删除 DataStream 流文本中的尾

随","字符；最后使用Split方法，以","为分隔符，拆分数据项，并将其存入 DataStr 数组中。语句如下：

```
DataStream = Replace(DataStream, vbCrLf, ",")
DataStream = DataStream.Trim(",")
DataStr = Split(DataStream, ",")
```

⑤OutputRsutFile 过程方法的作用就是将计算结果保存至文件中，其形参 SaveFile 传入一个 SaveFileDialog 类型对象，通过其 ShowDialog 函数方法加载通用对话框，并返回用户的选择结果。一旦结果为 DialogResult.OK，便为打开的输出文件创建一个 StreamWriter 类实例对象 StrmW，将计算成果文本 CmputRst 写入该指定文件。完成后，调用 StrmW 的 Close 方法，解除与数据文件的关联，释放资源。

（5）窗体应用程序。窗体界面中拖入三个命令按钮、一个图片框和一个文本框，布局如图 4.28 所示。从图片框的 Image 属性中加载示意图，并设置图片框的 SizeMode 属性枚举值为 StretchImage，可使图片自动伸缩以适应图片框大小。Form1 窗体应用程序代码见[VBcodes Example：4067]。

[VBcodes
Example: 4067]

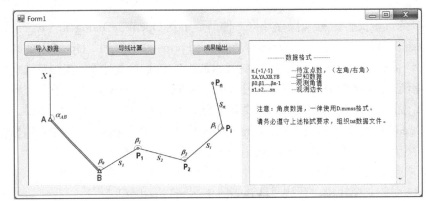

图 4.28　支导线计算窗体应用程序界面

代码说明如下。

①程序主体由三个按钮的单击事件处理程序构成，包括"导入数据"、"计算"和"成果输出"。

②私有字段定义了程序中需要使用的值类型和引用类型的变量，PtNum 为待定点个数；AngID 为转角参数；Side() 为 SurvSide 类型对象数组；B() 为水平角数组；Azimu() 为方位角数组；PtA、PtB 为 ControlPoint 类型对象变量存放已知点 A 及 B。

③MyBase.Load 加载窗体时，先关闭 Button2 和 Button3 按钮的 Enabled 属性，引导程序的运行首先从"导入数据"开始；在 TextBox1 文本框中显示数据格式提示，如图 4.28 所示。方便使用者检查数据格式和组织数据。

④在模块 Module1 中声明的全程变量 DataStream、DataStr() 数组和 CmputRst 可以在这里直接使用。

⑤在 Button1.Click 事件的"导入数据"程序中，首先以 New OpenFileDialog 新实例为参数，调用 Module1 中的 InputDataFile 过程方法导入数据文件；由前述可知，数据被存入 DataStr() 数组，因此，需要对数据个数按条件 DataStr.Length <> 2 * PtNum + 6 进行一次验证，以避免

导入错误。然后将 DataStr() 数组中的文本型数据按表 4.2 中的顺序和格式，经过值类型转换后赋值给相应的数据字段或对象变量的属性。

例如，把角度值据通过 Val() 和 AngConver.CRad() 函数方法处理后赋值给 B() 数组，把边长值据通过 Val() 处理后赋值给 SurvSide 类型对象 Side(i) 的 SurvDist 属性。

```
B(i)= AngConver.CRad(Val(DataStr(i + 6)))
Side(i).SurvDist = Val(DataStr(i + 9))
```

需要注意的是：对象数组的实例化，必须是每个元素单独实例化。例如：

```
Side(i)= New SurvSide
```

数据导入完成后，立即调用 OutputData() 过程，把数据显示在 TextBox1 中，以便计算前再次检查核实数据。然后恢复 Button2 的 Enabled 属性为值 True，以便接下来进行导线计算，见图 4.29。

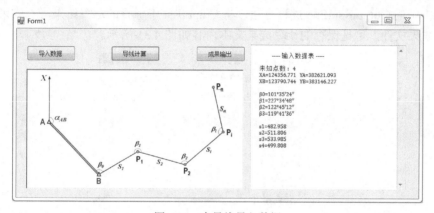

图 4.29 支导线导入数据

⑥Button2.Click 事件的"导线计算"程序是本例的核心代码段。首先以 PtA、PtB 为参数构造 ControlSide 类的实例 SideAB，用于计算 SideAB 的坐标方位角 SideAB.AziAng，然后以 SideAB.AziAng、水平角数组 B(PtNum−1) 和转角参数为实参，调用 Azimuth 类的共享方法 Azim，计算并返回方位角数组 Azimu(PtNum)，即

```
Dim SideAB As New ControlSide(PtA, PtB)
Azimu = Azimuth.Azim(SideAB.AziAng, B, AngID)
```

接下来，将方位角 Azimu(i) 赋值给各观测边，并计算各边坐标增量和导线点坐标值，语句即

```
Side(i).SurvAzim = Azimu(i)
Side(i).CalcuDCoor()
Side(i).CalcuEndPt()
```

完成后，输出计算结果 Call OutputRsut()，见图 4.30。

⑦上述步骤完成后，将 TextBox1 中的内容赋值给 CmputRst 文本变量，并恢复 Button3 的 Enabled 属性值为 True，以便将计算结果保存在文件中，语句如下：

```
CmputRst = TextBox1.Text
Button3.Enabled = True
```

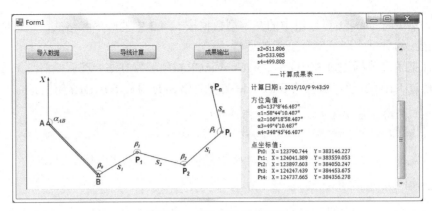

图 4.30　支导线计算成果表

在 Button3.Click 事件的"成果输出"程序中，以 New SaveFileDialog 新实例为参数，调用 Module1 中的 OutputRsutFile 过程方法，将 CmputRst 中保存的运算结果写入成果文件中。

打开成果文件，可见保存的计算成果文本内容如图 4.31 所示。

图 4.31　支导线计算成果文本

4.4　可视化继承

在 .NET Framework 框架中，VB.NET 以类库的方式提供了大量的预定义类，包括窗体和各种控件等。实际应用中，常有改进某个现有可视控件的需要，以便实现代码复用。

4.4.1　窗体的继承

大家注意到，一个窗体实例应用程序事实上是由 Class…End Class 限定的类代码块，因此，窗体已经是类的形式了，继承自 System.Windows.Forms.Form。如果要实现窗体实例的继承，可以生成一个基窗体，然后通过声明 Inherits 的方式在新窗体中实现对基窗体的继承。下面将通过实例分步骤说明窗体的继承的程序设计方法。

1. 创建基窗体

创建一个命名为 FormBase 的窗体应用程序作为基窗体，在窗体中拖入三个 TextBox 实例对象，分别为 TextBox1、TextBox2、TextBox3，并为 TextBox1 增加 KeyDown 事件，代码示例见[VBcodes Example：4068]。

```
Public Class FormBase
    Private Sub TextBox1_KeyDown(ByVal sender As Object, ByVal e As
KeyEventArgs)Handles TextBox1.KeyDown
        If e.KeyCode = Keys.Enter Then
            TextBox3.Enabled = False
            TextBox2.Focus()
            TextBox2.BackColor = Color.Blue
            TextBox2.ForeColor = Color.White
        End If
    End Sub
End Class
```

当光标(焦点)位于 TextBox1 中完成输入并按下 Enter 键时，则光标自动跳至 TextBox2，且 TextBox2 背景色变为蓝色，前景色变为白色，TextBox3 中不能输入。

2. 创建派生窗体

从"项目"菜单中选择"添加类"菜单项并将添加的类命名为 FormDerived，作为派生窗体，继承自基窗体 FormBase，故要将 Inherits FormBase 作为类代码块中的第一句，示例代码见[VBcodes Example：4069]。

```
Public Class FormDerived
    Inherits FormBase
End Class
```

这样就创建了一个继承窗体 FormDerived，只是在此窗体内的控件的事件或方法等成员均继承自 FormBase，未做任何修改，因此 FormDerived 与 FormBase 并无不同。

3. 改进派生窗体

若对继承窗体 FormDerived 中 TextBox1 的 KeyDown 事件响应程序做出修改，期望在 TextBox1 中按下 Enter 键时，光标自动跳至 TextBox3，则需要将基窗体 FormBase 中 TextBox1 的 KeyDown 事件修饰词由 Private 修改为 Protected Friend Overridable，示例代码见[VBcodes Example：4070]。

```
Public Class FormBase
    Protected Friend Overridable Sub TextBox1_KeyDown(ByVal sender As Object,
ByVal e As KeyEventArgs)Handles TextBox1.KeyDown
        If e.KeyCode = Keys.Enter Then
            TextBox3.Enabled = False
            TextBox2.Focus()
            TextBox2.BackColor = Color.Blue
```

```
                    TextBox2.ForeColor = Color.White
            End If
        End Sub
    End Class
```

而后将继承窗体 FormDerived 类中的代码做如下修改，代码见[VBcodes Example：4071]。

```
    Public Class FormDerived
        Inherits FormBase
        Protected Friend Overrides Sub TextBox1_KeyDown(ByVal sender As Object,
ByVal e As KeyEventArgs)
            If e.KeyCode = Keys.Enter Then
                TextBox2.Enabled = False
                TextBox3.Focus()
                TextBox3.BackColor = Color.DarkRed
                TextBox3.ForeColor = Color.White
            End If
        End Sub
    End Class
```

由于 TextBox1_KeyDown 过程方法已在基窗体 FormBase 中做了定义，故此处需要删除该方法中的子句 Handles TextBox1.KeyDown，否则，该事件处理程序会被执行两次，一次在基类，另一次在派生类。

4. 派生窗体的应用

为应用上述基窗体和派生窗体，添加窗体 Form1，并通过项目属性将启动窗体设置位为 Form1，拖入两个 Button 按钮。应用程序代码见[VBcodes Example：4072]。

```
    Public Class Form1
        Private Sub Button1_Click(sender As System.Object, e As System.EventArgs)
Handles Button1.Click
            Dim frm1 As New FormBase
            frm1.Show()
        End Sub

        Private Sub Button2_Click(sender As System.Object, e As System.EventArgs)
Handles Button2.Click
            Dim frm2 As New FormDerived
            frm2.Show()
        End Sub
    End Class
```

该示例中，分别在两个按钮事件中创建基窗体 FormBase 和派生窗体 FormDerived 的实例对象 frm1 和 frm2，以测试它们的功能。

在设计时，当生成包含基窗体的项目时，对基窗体外观所做的更改（属性的设置或控件的增减）将在继承的窗体上反映。仅将更改后的内容保存到基窗体是不够的。若要生成项目，则从"生成"菜单中选择"生成解决方案"菜单项。

〖例 4.19〗窗体继承应用绘制多条正弦曲线

以下是使用窗体继承的一个示例，其功能是绘制多条正弦曲线，代码见 [VBcodes Example：4073]。

[VBcodes Example：4073]

代码中定义了一个 SinLineForm 窗体类，继承自 System.Windows.Forms. Form 类。该类的成员具体如下。

①私有字段 t，为单精度 Single 值类型，用于存储正弦曲线初始角值。

②带参数构造函数 New(Value)，用于初始化字段 t，默认值为 Value = 0。

③私有字段 Pic 是图片框 System.Windows.Forms.PictureBox 类的一个实例对象，用于承载正弦曲线。

④公共方法 ShowSin()过程，功能是绘制正弦曲线。其中，局部变量 SinGraph 为画布对象，是 System.Drawing.Graphics 类的一个实例，指定窗体上的 Pic 为作画对象；局部变量 LinePen 为画笔对象，是 System.Drawing.Pen 类的一个实例，用于绘制坐标线和曲线。

⑤私有方法 SinLineForm_Load 和 SinLineForm_Closed 则分别是该窗体载入 Me.Load 和该窗体关闭 Me. Closed 事件响应处理程序。其中，窗体载入程序中对窗体和图片框的位置及尺寸进行初始化。

主窗体应用程序代码见[VBcodes Example：4074]。

```
Public Class Form1
    Private Sub Button1_Click(sender As System.Object, e As System.EventArgs) Handles Button1.Click
        Dim frm As New AppForm(Val(TextBox1.Text))
        frm.Show()
        frm.ShowSin()
    End Sub
End Class
```

主窗体 Form1 的设计界面中，拖入一个文本框 TextBox1 和一个按钮 Button1，分别用于输入 t 值和执行绘图程序。代码在单击按钮 Button1 的事件响应程序中定义 frm 为 SinLineForm 的一个实例窗体，并调用 frm 对象的 Show() 和 ShowSin() 方法。注意：Show() 方法继承自 Form 类，而 ShowSin() 方法是在 SinLineForm 类中定义的方法。运行结果见图 4.32。

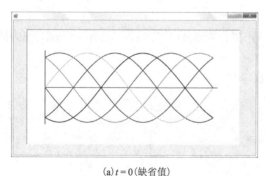

(a) $t = 0$(缺省值)

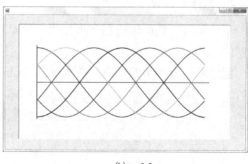

(b) $t = 0.5$

图 4.32　VBE4073 和 VBE4074 界面及运行结果

4.4.2 创建窗体类库

窗体继承的另一种方式，是创建窗体类库，即创建 DLL 窗体类库文件。以下来说明其方法步骤。

1. 创建 DLL 窗体类库文件

以 VBE4064 为例，打开"新建项目"对话框，创建了一个名为 FormInherits 的窗体应用程序，单击"浏览"按钮，选择合适的项目文件保存路径，单击"确定"按钮进入用户界面设计窗口。将窗体 Name 属性 Form1 修改为 FormBase，并在窗体中拖入三个 TextBox 实例，分别为 TextBox1、TextBox2、TextBox3。在"属性"窗口将 TextBox1、TextBox2、TextBox3 的 Modifiers 属性均设置为 Protected，并为 FormBase 添加 VBE4064 的代码。注意：此处需将原示例中的语句：

```
Protected Friend Overridable Sub TextBox1_KeyDown
```

中的访问修饰符 Friend 删除，修改为

```
Protected Overridable Sub TextBox1_KeyDown
```

这是因为，一旦将 FormInherits 方案编译为 DLL 窗体类库文件，该文件就是独立于本解决方案程序集的文档，只有通过引用，才能成为本解决方案的一部分。Friend 修饰符仅用于现实方案程序集中项目文档间的访问。

完成后，从"项目"菜单中单击最下面一行"FormInherits 属性"打开项目属性窗口，将其中的"应用程序类型"选项从"Windows 窗体应用程序"更改为"类库"；再从"生成"菜单中选择"生成 FormInherits"菜单项。如此，便在本解决方案的[...bin\Debug\]文件夹内生成了一个 FormInherits.dll 文件；单击"文件"菜单，选择"保存全部"菜单项。

2. 在解决方案中添加窗体类库引用

为应用上述 DLL 窗体类库文件，新创建一个 Windows 窗体应用程序，在"解决方案资源管理器"窗口中，右击"引用"弹出快捷菜单，选择"添加引用"菜单项，单击"浏览"按钮，定位至刚才建立的 FormInherits.dll 文件，单击"确定"按钮，这样便把刚才新建的 DLL 窗体类库文件 FormInherits.dll 添加至本项目中。

3. 创建派生窗体

从"项目"菜单中选择"添加类"菜单项，并将新添加的类命名为 FormDerived，作为继承窗体。

创建派生窗体示例代码见[VBcodes Example：4075]。

```
Public Class FormDerived
    Inherits FormInherits.FormBase
    Protected Overrides Sub TextBox1_KeyDown(ByVal sender As Object, ByVal
e As KeyEventArgs)
        If e.KeyCode = Keys.Enter Then
            Me.TextBox2.Enabled = False
            TextBox3.Focus()
```

```
                TextBox3.BackColor = Color.DarkRed
                TextBox3.ForeColor = Color.White
            End If
        End Sub
    End Class
```

注意：该代码与 VBE4065 中的代码不同之处就是将复合修饰符 Protected Friend 中的 Friend 删除了。

4. 应用基窗体和派生窗体

添加窗体 Form1，并通过项目属性将启动窗体设置为 Form1，拖入两个 Button 按钮。

应用基窗体和派生窗体示例代码见[VBcodes Example：4076]。

```
    Public Class Form1
        Private Sub Button1_Click(sender As System.Object, e As System.EventArgs)
Handles Button1.Click
            Dim frm1 As New FormInherits.FormBase
            frm1.Show()
        End Sub

        Private Sub Button2_Click(sender As System.Object, e As System.EventArgs)
Handles Button2.Click
            Dim frm2 As New FormDerived
            frm2.Show()
        End Sub
    End Class
```

注意：此时的 FormBase 来自 FormInherits.dll 窗体类库文件，因此，引用 FormBase 基窗体类时，需要带上前缀，即 FormInherits.FormBase。

4.4.3 自定义控件

控件只是.NET 类库中的一种特定类型，它们直接或间接地从 Control 和 UserControl 基类继承而来。要创建新的控件，可以通过生成该类的一个派生类，在派生类中添加或修改相关的属性、方法或事件来实现。以下通过示例来介绍用户自定义控件的创建与使用。

1. 改进现有控件

对现有控件的改进，是自定义控件的常用方法之一。

〖例 4.20〗自定义控件：改进 TextBox 控件

例如，使 TextBox 控件具有水印文字以提示输入信息；同时，当发生 MouseEnter（鼠标进入）和 MouseLeave（鼠标离开）事件时，改变 TextBox 控件的 BackColor（背景色）和 ForeColor（前景色）属性，使其呈现形式更丰富灵动的效果。

为实现上述功能，可在窗体中拖入一个 TextBox 对象后，导入代码见 [VBcodes Example：4077]。

[VBcodes Example：4077]

这种实现方式扩展性差，每添加一个 TextBox 对象，都需要同样的代码段予以支持。故考虑通过控件继承、重载等方法扩展 TextBox 控件，并把代码封装编译成 DLL 文件，实现代码复用并方便调用。其方法与步骤如下：

[VBcodes Example: 4078]

首先，创建一个名为 TextBoxWithWaterMark 的窗体应用程序，随后单击"项目"菜单选择"添加组件"菜单项，并在窗口底部的"文件名"文本框中将组件命名为 WaterMarkTextBox；单击"添加"按钮后，根据屏幕提示切换至代码设计窗口。该组件继承自 TextBox 类，所以，Class 代码块的首行应是 Inherits TextBox 语句。其余的代码见[VBcodes Example：4078]。

代码说明如下：

(1) 因为不同的应用需要输入相应的水印提示文字，所以为该控件扩展一个名为 WaterMarkText 的属性，缺省值为"水印文字提示"，编译后该属性会自动添加至控件"属性"窗口的设置栏中，以方便设置；

(2) 在构造函数 New() 中，对新实例初始化时，就显示"水印文字提示"；

(3) 语句块结构 Protected Overrides Sub OnMouseEnter…End Sub 是重写基类 TextBox 的 OnMouseEnter 方法；语句块结构 Protected Overrides Sub OnMouseLeave…End Sub 是重写基类 TextBox 的 OnMouseLeave 方法；

(4) 字符串型私有字段_WaterMarkText 用于内部映射 WaterMarkText 属性，初始值为"水印文字提示"；

(5) MyBase.OnMouseEnter(e) 和 MyBase.OnMouseLeave(e) 则分别引发基类 TextBox 中的 MouseEnter 及 MouseLeave 事件。

完成代码输入后，从"项目"菜单中单击打开最下面一行"TextBoxWithWaterMark 属性"窗口，将其中的"应用程序类型"从"Windows 窗体应用程序"更改为"类库"；然后，返回代码编辑界面，在"解决方案资源管理器"窗口中删除 Form1.vb 文件项；从"生成"菜单中选择"生成 TextBoxWithWaterMark"菜单项。如此，便在本解决方案的[…bin\Debug\]文件夹内生成了一个 TextBoxWithWaterMark.dll 文件；单击"文件"菜单，选择"保存全部"菜单项。至此，便在 TextBoxWithWaterMark.dll 文件中创建了 WaterMarkTextBox 自定义控件。

为使用该控件，首先需要打开"工具箱"窗口，然后在其中右击弹出快捷菜单，选择"添加选项卡"菜单项，创建一个"自定义控件"选项卡；将其选中后，再次右击弹出快捷菜单并单击"选择项"菜单项打开"选择工具箱项"窗口，单击"浏览"按钮，定位至刚才创建的 TextBoxWith-WaterMark.dll 文件处，单击"确定"按钮，便将该控件添加至"自定义控件"选项卡中。至此，便可像使用其他控件那样使用该控件了。一旦向窗体中拖入该控件实例 WaterMarkTextBox1，"属性"窗口中便会添加在代码中增加的属性项 WaterMarkText，如图 4.33 所示。

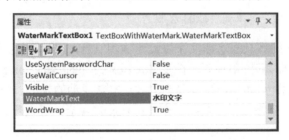

图 4.33 "属性"窗口自动添加设置

2. 开发定制控件

可以通过对 Control 或 UserControl 类进行扩展开发定制控件。扩展 Control 或 UserControl 类意味着需要覆盖 OnPaint 方法，自己绘制图形用户接口。Control 类是 Windows 可视化组件的父类，自己开发的定制类将是 Control 类的一个子类。定制类一般是对 UserControl 类进行扩展。UserControl 类是 Control 类的一个间接子类，它提供一个可以用来创建其他控件的空控件。由于 UserControl 类也是由继承 Control 类而生成的，所以，定制类将会继承 Control 类的所有有用的方法、属性和事件。例如，由于定制类继承自 Control 类，故定制类会自动地拥有事件处理程序。

定制控件时，常用到的 Control 类的一些最重要的属性及方法见表 4.3、表 4.4。

表 4.3 Control 类的重要属性

属性	功能说明
BackColor	控件的背景色，由一个 System.Drawing.Color 对象提供
Enable	一个表示该控件是否可用的布尔型值，缺省情况下其值为 True
Location	控件的左上角在其窗口中的位置，由一个 System.Drawing.Point 对象表示
Name	控件的名字
Parent	返回控件的父控件或容器的引用
Size	控件的大小，由 System.Drawing.Size 对象表示
Text	与控件相关的字符串

表 4.4 Control 类的重要方法

方法	功能说明
BringToFront	如果该控件被其他一些控件遮蔽，则将控件呈现至最上层，完整地显示
CreateGraphics	获取控件的 System.Drawing.Graphics 对象，可以在其上利用 System.Drawing.Graphics 类的各种方法进行绘图显示。但是，用这种方法在控件上所画的图像不是"永久"的。当控件被重画时，用这种方式画的图像就会消失
Focus	使控件获取焦点，成为活动控件
Hide	将控件的 Visible 属性值设置为 False，隐藏控件
GetNextControl	按 Tab 键控制次序返回下一个控件
OnXXX	触发 XXX 事件，这里的 XXX 可以是 Click、ControlAdded、ControlRemoved、DoubleClick、DragDrop、DragEnter、DragLeave、DragOver、Enter、GotFocus、KeyDown、KeyPress、KeyUp、LostFocus、MouseDown、MouseEnter、MouseHover、MouseLeave、MouseMove、MouseUp、Move、Paint、Resize、TextChanged 等事件
Show	将控件的 Visible 属性值设置为 True，以显示该控件

注意：如果定制组件直接继承自 UserControl 类，即 Inherits UserControl，则 OnXXX 方法只有 OnPaint 方法一种，其余事件方法均不能重写。

〖例 4.21〗开发定制控件：圆形定制按钮

下面通过制作一个名为圆形按钮 CirclButton 控件的示例，说明定制控件具体的方法。在开发定制控件时一个非常重要的问题就是如何显示定制控件的用户界面。需注意：无论如何组织定制控件，有时它都会重新显示。每次重绘控件时，都会调用 Control 类的 OnPaint 方法，因此，需要对 OnPaint 方法进行重写，以保证定制控件保持一定的外观。

首先，创建一个名为 CirclButtonClass 的窗体应用程序，随后单击"项目"菜单选择"添加组件"菜单项，并在窗口底部的"文件名"文本框中将组件命名为 CirclButton；单击"添加"按钮后，根据屏幕提示切换至代码设计窗口。该组件继承自 UserControl 类，所以，Class 代码块的首行应是 Inherits UserControl 语句。其余的代码见[VBcodes Example：4079]。

代码说明如下。

[VBcodes Example：4079]

（1）因为需要绘制按钮图案，故添加引用：Imports System.Drawing 和 Imports System.Drawing.Drawing2D。

关于使用 System.Drawing 及 System.Drawing.Drawing2D 命名空间中的 Graphics、Pen、Point、LinearGradientBrush、SolidBrush 等类进行绘图的有关详细内容参考第 5 章。

（2）该定制类只有一个方法：OnPaint，重写自基类 UserControl 的 OnPaint 方法。该方法参数传递了一个 PaintEventArgs 对象 e，从中可以获得一个 System.Drawing.Graphics 对象（画布），它表达了定制控件的绘制区，无论在该 Graphics 对象上绘制什么图案，它都会显示为定制用户控件的界面。

（3）OnPaint 方法中创建了一个宽度为 4 像素的 System.Drawing.Pen 对象 BtnPen，用于执行 Graph.DrawEllipse 方法，绘制圆形按钮边框；创建了一个 System.Drawing.Drawing2D. LinearGradientBrush 对象 BtnBrush，用于执行 Graph.FillEllipse 方法，在圆形按钮中填充渐变色；创建了一个 System.Drawing.SolidBrush 对象 TextBrush，用于执行 Graph.DrawString 方法，绘制圆形按钮上的文字。

代码输入完成后，余下的制作方法与步骤和上例完全一致，不再赘述。至此，便在 CirclButtonClass 解决方案的[...bin\Debug\]文件夹内生成了一个 CirclButtonClass.dll 文件，在其中定义了一个 CirclButton 定制控件。

3．定制组合控件

一个简单的定制新控件的方法就是使用现有控件进行组合形成一个新的控件。

〖例 4.22〗定制组合控件：定制调色板

作为制作示例，这里，我们利用现有的 Label、HScrollBar、PictureBox、TextBox 等控件组合形成一个调色板控件，并将其封装成 DLL 文件以备调用。

众所周知，自然界中的每一种颜色均可以通过使用红、绿、蓝三基色按照不同比例混合调制出来。VB.NET 中，Color 结构来自 System.Drawing 命名空间，可以使用 Color 的 FromArgb 方法来获得某一种颜色，语句如下：

```
Dim 颜色对象名 as Color = Color.FromArgb (Alpha, Red, Green, Blue)
```

其中，Alpha（透明度）、Red（红）、Green（绿）、Blue（蓝）均为 Integer 型参数，取值范围均为 0～255。调色板定制控件制作过程如下。

首先，创建一个名为 ColorPaletteClass 的窗体应用程序，随后单击"项目"菜单选择"添加用户控件"菜单项，并在窗口底部的"文件名"文本框中将其命名为 ColorPalette，单击"添加"按钮后，出现控件设计窗口。由工具箱向控件界面中拖入 4 个 picturebox 控件，修改它们的 Name 属性，分别命名为 PictureRed、PictureGreen、PictureBlue、PicturePalette，它们的 BackColor 属性将用于显示 RGB 三基色和调和色；拖入 4 个 HScrollBar 控件，修改它们的 Name

属性，分别命名为 BarRed、BarGreen、BarBlue、BarAlpha，用于设置 RGB 三基色亮度值和 Alpha 透明度级值；拖入 5 个 Label 控件，修改前 4 个的 Name 属性，分别命名为 LabelRed、LabelGreen、LabelBlue、LabelAlpha，它们的 Text 属性将用于显示 RGB 三基色亮度值和 Alpha 透明度级值，修改 Label5 的 Text 属性为 Alpha。控件布局如图 4.34 所示。

打开"代码编辑器"窗口，输入代码见[VBcodes Example：4080]。

代码说明如下。

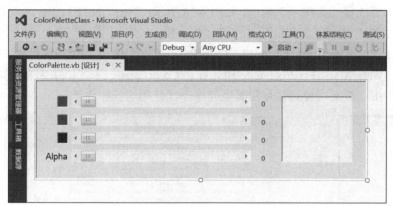

[VBcodes Example：4080]

图 4.34　用户控件设计界面

（1）类名为 ColorPalette。类中公共部分定义了三个私有字段 ColorGenerate、ColorDic 和 ColorValueDic。其中，ColorGenerate 为 Color 结构类型，用于存储合成色；ColorDic 为泛型集合 Dictionary（Of TKey,TValue）字典类的一个对象。Dictionary 集合的元素都是由键/值对（Key,Value）构成的，这里指定 Key 的类型为 HScrollBar，Value 则为 Label，用于将四个 HScrollBar 对象与四个 Label 对象进行对应和互动；ColorValueDic 也是一个泛型集合 Dictionary（Of TKey,TValue）字典类的对象，其 Key 指定为 String 类型，Value 则为 Integer 类型，用于存储四个 HScrollBar 对象的 Value 值，在内部映射只读属性 ColorValue。

（2）构造函数 Sub New（），用于创建该定制控件实例时，对其内部控件进行初始化设置。

（3）只读属性 ColorValue 用于对外输出 RGB 三基色亮度值和 Alpha 透明度级值，构成对外的数据交换。ColorValue 对象必须是 Dictionary（Of String,Integer）类型，以与 ColorValueDic 对象保持一致。这里，在输出前首先使用 ColorValueDic 对象的 Clear（）方法清空 ColorValueDic 对象，然后使用 ColorValueDic 对象的 Add（）方法向其中添加最新调和色的 ARGB 的值。

（4）Private Sub ColorBarScroll（）过程方法用于同时响应 4 个水平滚动条 HScrollBar 的 Scroll 事件，参数 sender 将记录发生 Scroll 事件的 HScrollBar 对象。因此，一旦拖动其中的滚动条，处理程序将通过循环结构将 sender 与 ColorDic 对象中每个元素的 Item.Key 做对比，以确定发生 Scroll 事件的滚动条，并将该滚动条的 Value 值赋值给对应的 Label 对象的 Text 属性，即 Item.Value.Text = Item.Key.Value。

（5）Private Sub ColorMixing（）过程方法用于获取以四个滚动条的 Value 值确定的颜色 ColorPalette，并将图片框 PicturePalette 的底色设置为该颜色，即 PicturePalette.BackColor = ColorPalette。

代码输入完成后，余下的制作方法与步骤与 WaterMarkTextBox 示例和 CirclButton 示例完全一致，不再赘述。至此，便在 ColorPaletteClass 解决方案的[...bin\Debug\]文件夹内生成了一个 ColorPaletteClass.dll 文件，在其中定义了一个 ColorPalette 定制控件。

4．定制控件的使用

〖例 4.23〗定制控件的应用

为使用定制控件，可以在"工具箱"窗口中通过"添加选项卡"菜单项创建一个"自定义控件"选项卡，并向其中添加前面已创建的 WaterMarkTextBox、CirclButton 和 ColorPalette 三个定制控件，如图 4.35 所示。方法是：右击"自定义控件"选项卡，弹出快捷菜单并单击"选择项"菜单项进入"选择工具箱项"窗口，如图 4.36 所示；单击".NET Framework 组件"选 项 卡， 单 击 " 浏 览 " 按 钮 打 开 " 文 件 " 对 话 框 ， 分 别 定 位 至 上 面 创 建 的 TextBoxWithWaterMark.dll、CirclButtonClass.dll、ColorPaletteClass.dll 三个类库文件处，单击"确定"按钮。这样，WaterMarkTextBox、CirclButton 和 ColorPalette 三个定制控件便添加至"自定义控件"选项卡中。以后，便可像使用其他控件一样使用这些控件了。

图 4.35　添加"自定义控件"选项卡

图 4.36　"选择工具箱项"窗口界面

作为应用示例，创建一个名为 UserContralApplication 的窗体应用程序，并向 Form1 窗体中拖入 WaterMarkTextBox、CirclButton 和 ColorPalette 三个定制控件对象，布局如图 4.37 所示。

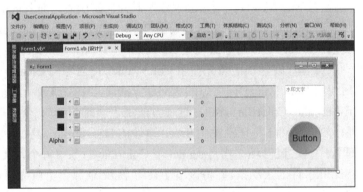

图 4.37　应用定制控件窗体布局示例

[VBcodes Example：4081]

双击 CirclButton1 对象的图标，进入"代码编辑器"窗口，输入代码见 [VBcodes Example：4081]。

代码要实现的功能是：一旦发生 CirclButton1.Click 事件，则在水印文本框 WaterMarkTextBox1 对象中输出调色板 ColorPalette1 对象颜色的 ARGB 值。这里，应用了我们在 ColorPalette 定制控件类中定义的 Dictionary(Of Tkey, TValue) 类型的只读属性

ColorValue。需注意：组合于 ColorPalette 类内部的控件，其属性已不能对外独立交互。程序运行界面如图 4.38 所示。

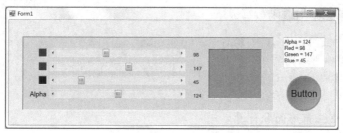

图 4.38　VBE4081 界面及运行结果

4.5　重　载

4.5.1　重载的概念

重载是类中方法的多态性的一种表现形式，其含义就是在同一个类中，可以多次声明相同名字的方法或属性，而每次声明时参数签名不能相同，即类中可以有多个同名方法或属性的版本，其版本差异在于方法或属性间不同的参数签名。重载使方法或属性调用变得更加灵活。需说明：重载同样可以应用到父类与子类当中，即子类重载父类的方法。

.NET 中的重载规则具体如下。

（1）方法重载时，名称必须相同；参数签名必须不同。

（2）方法重载时，可以使用不同的访问修饰符，如使用 Public 或者 Friend。

（3）对于同一类中，重载一组名称相同的方法时，可以加关键字 OverLoads 或者不加。但如果其中有一个方法加上该关键字，那同组其他方法也必须加该关键字。

（4）如果该方法是重载父类中的方法，那么在派生类中则必须加 OverLoads 关键字。

（5）如果两个同名函数方法仅返回值类型不相同，则它们不能重载。

（6）如果某个重载属性是默认属性，则同名的所有重载属性必须也指定 Default。

4.5.2　方法重载

如上所述，可以在同一类中重载多个不同参数签名版本的同名方法。VB.NET 会基于传递给方法的参数签名决定调用与其匹配的方法。

和所有方法一样，Sub New 方法也可以被重载。实际上这就意味着可以为用户提供多种方式来实例化对象，这样可以提高类的可用性。例如，下面的代码中所示的 Product 类具有两个名为 New 的构造函数：第一个构造函数只有一个参数；第二个构造函数有两个参数，代码见[VBcodes Example：4082]。

以下代码使用了这些构造函数：

[VBcodes Example: 4082]

```
Dim Product_1 As New Product ("HuaWei")
Dim Product_2 As New Product ("Apple", 12)
```

第一条语句向构造函数传递了一个参数，因此调用第一个 New 方法；第二条语句向构造函数传递了两个参数，故调用第二个构造函数。

Overload 关键字不能用于构造函数。VBE4082 的代码中，如果第二个构造函数在内部调用第一个构造函数，或者从第一个构造函数中调用第二个构造函数，则可以简化该代码。例如，可以将上述第二个构造函数写成

```
Public Sub New(ByVal NameValue As String, ByVal IDValue As Integer)
    Me.New(NameValue)
    ProductID = IDValue
End Sub
```

〖例 4.24〗重载三角形面积计算

作为方法重载的示例，下面介绍三角形面积计算方法的重载。如图 4.39 所示，三角形面积计算有多种形式，根据已知数据是 3 边、2 边 1 角、2 角 1 边或是 3 个点坐标值，可以有式 (4-14)～式 (4-17) 四种计算公式：

$$S = \sqrt{M(M-a)(M-b)(M-c)}, \quad M = \frac{1}{2}(a+b+c) \tag{4-14}$$

$$S = \frac{1}{2}ab\sin C = \frac{1}{2}bc\sin A = \frac{1}{2}ca\sin B \tag{4-15}$$

$$S = \frac{a^2 \sin B \sin C}{2\sin(B+C)} = \frac{b^2 \sin A \sin C}{2\sin(A+C)} = \frac{c^2 \sin A \sin B}{2\sin(A+B)} \tag{4-16}$$

$$S = \frac{1}{2}\begin{vmatrix} x_1 & y_1 & 1 \\ x_2 & y_2 & 1 \\ x_3 & y_3 & 1 \end{vmatrix} = \frac{1}{2}|x_1y_2 + x_2y_3 + x_3y_1 - x_1y_3 - x_2y_1 - x_3y_2| \tag{4-17}$$

[VBcodes Example: 4083]

[VBcodes Example: 4084]

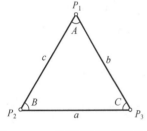

图 4.39　三角形面积计算示意图

设计一个 TriAngArea 类，通过共享方法重载实现四种三角形面积计算。代码见[VBcodes Example：4083、4084]。

（1）函数中，形参角度值单位度分秒以 D.mmss（即度.分秒）的字符串形式给出，其中，分值 mm 为两位数字，不足时前补 0；秒值 ss 的整数也是两位数字，不足时前补 0，若秒值中存在小数，则删除小数点后尾随的数。

（2）采用 Shared 方法的好处是：应用时，该类不必实例化，直接用"类名.方法名"的格式调用即可，或添加引用后直接使用方法名进行引用。

[VBcodes Example: 4085]

（3）TriangAreaCoor 类是 TriangArea 类的派生类，因此重载 TriangArea 方法时，除参数签名必须与基类的 TriangArea 参数签名不同外，还必须在前面添加 Overloads 关键字。

上面 TriAngArea、TriAngAreaCoor 两个类的应用示例代码见[VBcodes Example：4085]。

4.5.3　运算符重载

实现运算符重载是 VB.NET 的许多增强功能之一。如果想在对象之间定义"+""−""×"等运算，可利用现有的运算符，通过重载的方法实现。运算符重载允许在任何数据类型上定义运算符，甚至是对自定义创建的基类型进行运算。这样，实例对象之间就可使用类似于基本类型运算的方式进行运算操作。

运算符重载规则：

(1) 使用 Operator 来指明运算符重载的过程，且必须用 Shared 进行限定；

(2) 很多运算符必须成对出现重载，否则出错，如 "=" 和 "<>", ">" 和 "<" 等；

(3) 对于 CType 运算符的重载，还必须出现 Narrowing 或者 Widening，其用来指明取值范围是扩大还是缩小。

运算符重载的说明如表 4.5 所示。

表 4.5　运算符重载说明

序号	运算符	功能	运算及重载说明
1	=、<>	等于与不等于	二元关系运算，必须成对出现重载
2	>、<	大于和小于	二元关系运算，必须成对出现重载
3	>=、<=	大于等于和小于等于	二元关系运算，必须成对出现重载
4	IsFalse、IsTrue	布尔转换	只能出现在重载中，必须成对出现重载；用于支持 AndAlso、OrElse；接收一个对象
5	CType	类型转换	接收一个参数(返回值是另一转换类型)，必须与 Narrowing 或 Widening 结合
6	+、−	加与减	一元或二元运算，一元：a+=b，二元：a+b
7	*、/、\、^、Mod	乘、除、指数、整除、取余	二元运算
8	&	连接	二元(a&b)
9	And、Or、Xor	逻辑比较(或位操作)	二元逻辑运算，布尔类型运算返回值是逻辑值，按位运算返回值是其他类型数据
10	Like	模式比较	二元(a Like b)

〖例 4.25〗重载运算符实现复数运算

下例是进行复数运算的示例，通过 "+" 运算符重载，实现两个复数相加运算。此外，通过 CType 转换运算符重载，实现将 Complex 类型实例表达成 [Real] i [Imag] 形式的字符串。代码见[VBcodes Example：4086]。

[VBcodes Example: 4086]

〖例 4.26〗重载运算符实现角度计算

VBE4087 中定义了一个 Angle 类，通过重载 "+"、"−"、"=" 和 "<>" 等运算符，实现对于 D.mmss 形式的角度对象进行相加、相减运算，或进行比较运算。此外，通过重载 CType 转换运算符，实现将 Angle 类型实例表达成 D°M′S″ 形式的字符串。代码如下：

窗体主程序示例代码见[VBcodes Example：4087、4088]。

程序界面和运算结果如图 4.40 所示。注意：当 a、b 作为 Angle 实例显示在文本框时，实际存在 Angle 类型向 String 类型转换的需求，会隐性调用 Angle 类中重载的 CType() 方法；a+b、a−b 的运算结果为 D.mmss 形式的 Double 类型值，故将其进一步构造为 Angle 类型，显示时，也会隐性调用 Angle 类中重载的 CType() 方法。

[VBcodes Example: 4087]

[VBcodes Example: 4088]

图 4.40　VBE4087 和 VBE4088 界面

4.6 接　　口

4.6.1　接口的概念

VB.NET 只支持单向继承，因此，为了解决多继承的实际需求，引入接口的概念。接口就是指只包含虚成员的虚类。虚类表明接口只是一个抽象概念，不能够被直接实例化；虚成员则表明接口只是说明了它具有什么样的功能，可以提供什么样的信息，而不提供这些功能的具体实现，尚需要不同类型的对象根据具体需求来实现。

之所以说接口可以部分替代多继承，是因为一个类可以实现一个或多个接口。但由于接口不实现成员，只声名成员，所以也就不存在多继承的路径问题。进一步说明，一个接口可以让不同的类去实现它，接口中定义的属性或方法可能会随着类的不同而变化。这样，彼此没有继承关系的类可以实现同样的功能或调用同名的方法。这一事实构成多态行为的基础。

4.6.2　创建与实现接口

接口定义包含在 Interface…End Interface 的代码块内。在 Interface 语句后面，可以列出由 Inherits 引导的一个或多个被继承接口。声明中，Inherits 语句必须出现在除注释外的所有其他语句之前。接口定义中其余的语句，根据需要可以包括 Sub、Function、Property、Event、Interface、Class、Structure 和 Enum 等语句。接口不能包含任何实现代码或与实现代码关联的语句，如 End Sub 、EndFunction 或 End Property 等。

在命名空间中，默认情况下，接口语句访问类别为 Friend，但也可以显式声明为 Public 或 Friend。在类、模块、接口和结构中定义的接口默认为 Public，但也可以显式声明为 Public、Friend、 Protected 或 Private。

使用接口的规则：

(1)接口代码块不能包括可执行代码，可以只包括方法和属性签名；

(2)接口可以在项目的任何代码模块中，但最好将这种类型放在标准模块并独立定义；

(3)接口中属性定义允许使用 ReadOnly 和 WriteOnly 关键字指定一个属性的读/写特征，但不能为 Get 和 Sub 过程指定不同作用域可见性；

(4)接口中定义的成员不能带有作用域限定符(访问修饰符关键字)，它们都必须遵循隐式 Public 限定；

(5)接口可以包括公共事件，当然通常很少出现这种情况，而且也不建议这样做；

(6)接口允许继承，而且允许多继承，但是接口只能从接口继承；

(7)派生类在继承基类后，可以继承基类对接口中方法的实现,若基类中的方法可以覆盖,则在派生类中将允许覆盖基类中的方法。

定义接口之后，接口中的成员由实现该接口的类来实现。其实，接口可以认为是一种约定，实现接口的类就是签约的类，必须实现接口中定义的所有成员。在实现接口的签约类中，使用 Implements(实现)关键字指示接口的实现约定。

接口实现规则如下：

(1)如果实现的接口不是项目的一部分，则添加一个对包含该接口的程序集的引用；

(2)创建实现接口的新类，并将 Implements 关键字加入该类名后面的行中。语句格式为：

Implements 接口名;

(3)可以用 Implements 关键字同时实现多个接口。语句格式为：Implements 接口 1，接口 2。

〖例 4.27〗接口应用示例：重构几何体类

VBE4052～VBE4057 在继承链的架构下，完成了 Circle、Ball、Cone、Cylinder 四种几何体的表面积及体积的计算编程。这里，我们通过设计接口实现上述示例。

考虑到 VBE4052 中需要输入几何体的半径 Radius 和高 Height，且一旦输入负值就应触发事件通知应用程序更正的数据，故考虑设计两个接口。修改的 VBE4052 代码见[VBcodes Example：4089]。

[VBcodes Example: 4089]

其中，IGeometry1 接口中需要实现属性 RR()和事件 RRErr(sender As Object, e As GeomEventArgs)。IGeometry2 派生自 IGeometry1，所以 IGeometry2 接口除需要实现 IGeometry1 中的两个成员外，还需要实现两个新增的成员，即属性 HH()和事件 HHErr(sender As Object, e As GeomEventArgs)。

[VBcodes Example: 4090]

接下来，修改示例 VBE4053 基类 Circle 代码，实现 IGeometry1 接口，代码见[VBcodes Example：4090]。

接下来，修改示例 VBE4055 派生类 Cone 代码，实现 IGeometry2 接口，代码见[VBcodes Example：4091]。

[VBcodes Example: 4091]

VBE4054、VBE4056、VBE4057 中的派生类 Ball、派生类 Cylinder，以及 Form1 主窗体代码则无须修改。相关代码说明、程序运行界面与结果见 VBE4052～VBE4057 的代码说明及图 4.24。

4.6.3 何时使用接口

当我们发现一些毫不相干的类却有一个共同的操作，它们的参数和返回值一致，而我们恰恰要在某个(或几个)地方频繁地使用这些类时，我们不妨将这些相同的部分用接口实现。但是前提条件是这些操作对设计逻辑来说应是属于相同类型的操作。不要为了使用接口而刻意使用它。

接口允许将对象的定义与实现分开，因而是一种功能强大的编程工具。接口继承和类继承各有优缺点，最终可能会在项目中将二者结合使用。因此，需要确定哪种方法最适合编程需求的实际情况。

以下是使用接口继承而不用类继承的一些其他原因。

(1)在应用程序要求很多可能不相关的对象类型来提供某种相同功能的情况下，接口的适用性更强。

(2)接口比基类更灵活，因为可以定义单个实现来实现多个接口。

(3)在无须从基类继承实现的情况下，接口更好。

(4)在无法使用类继承的情况下，接口能起发挥重要作用。例如，结构无法从类继承，但它们可以实现接口。

4.6.4 接口应用

为了说明接口的作用，需要一个复杂示例。以下将呈现一个 IDataRowPersistable 接口，其包含的方法能够使对象将其数据加载和保存在 DataTable 中的行中。

[VBcodes
Example：4092]

建立一个窗体应用程序，在 Form1 窗体上添加一个数据格网浏览 DataGridView1 控件和一个按钮 Button1 控件，为项目添加一个模块 Module1，进入 Module1 代码编辑器，在 Module 上方或模块中，建立 IDataRowPersistable 接口，代码见[VBcodes Example：4092]。

```
Interface IdataRowPersistable
    ReadOnly Property PrimaryKey()As Object
    Sub Save(ByVal Row As DataRow)
    Sub Load(ByVal Row As DataRow)
End Interface
```

[VBcodes
Example: 4093]

可以看出，接口并不特殊，可以由任何需要这一功能的对象来使用。现设计一个 ContrPoint 类实现该接口。为此，在项目中添加一个类 Class1，并将其命名为 ContrPoint，作为实现 IDataRowPersistable 接口的示例，为 ContrPoint 类添加的代码见[VBcodes Example：4093]。

[VBcodes
Example: 4094]

VBE4094 说明一个程序如何使用 IDataRowPersistable 接口将一个 ContrPoint 对象数组保存到 DataTable 中，以及如何从表中加载它。进入 Form1 界面设计窗口，双击 Button1 按钮，进入 Form1 代码编辑器，输入的代码见 [VBcodes Example：4094]。

在 Module1 代码编辑器中，为上述代码中的 SaveObjects 和 LoadObjects 的过程方法添加的代码见[VBcodes Example：4095]。

这些方法使一个 IDataRowPersistable 对象数组在 DataTable 之间进行移动。

[VBcodes
Example: 4095]

如果仔细查看 SaveObjects 和 LoadObjects 方法的源代码，不会看到任何对 ContrPoint 类型的引用。事实上，这些方法具有一般性，可以处理任何实现 IDataRowPersistable 接口的类型。利用这一接口，可以创建一段能够在许多其他类型中重新使用的多态代码。

例如，可以定义一个实现 IDataRowPersistable 接口的 GPSPoint 类型，仍然能够重复利用在 DataTable 之间移动数据的代码，除非需要具有不同表结构的 DataTable。示例代码段运行结果如图 4.41 所示。

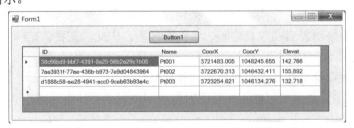

图 4.41　VBE4094 和 VBE4095 界面与运用结果

有时很难确定利用接口还是通过从基类继承来实现一个给定特性集合。一般情况下，从代码简洁性来说，从基类继承更好一些，因为可以就在基类中实现常见功能。而继承对于前面说明的情况没有太大帮助，因为每个派生类都需要 IDataRowPersistable 接口重载，以考虑其成员的同名称和类型。

4.6.5　IComparable 接口

IComparable 是常用的.NET 接口，由具有可排序值的类型实现。它要求实现类型定义单个方法CompareTo（Object）：

```
Function CompareTo(obj As Object)As Integer
```

该方法指示当前实例在排序顺序中的位置位于同一类型的另一个对象之前、之后还是与其位置相同。CompareTo（Object）方法的实现必须返回三个 Integer 值之一，如表 4.6 所示。

表 4.6　CompareTo（Object）方法返回值

值	含义
小于零	当前实例优先于由 CompareTo 方法按排序顺序指定的对象
零	该当前实例按排序顺序发生的位置与 CompareTo 方法指定的对象相同
大于零	此当前实例遵循由 CompareTo 方法按排序顺序指定的对象

实例 IComparable 的实现由 Array.Sort 和 ArrayList.Sort 等方法自动调用。

所有数据类型（如 Integer 和 Double）均实现 IComparable，这一点与 String、 Char 和 DateTime 类型是相同的。此外，自定义类型还应提供自己的 IComparable 实现，以便允许对象实例进行排序。

〖例 4.28〗IComparable 接口应用：地形点按距离排序

数字测绘应用中，常需要对给定的地形点相对于指定点按距离进行排序，以实现按距离加权等操作。为此，我们可以创建实现 IComparable 接口的 SortPoint 类来实现这一功能。首先，我们可以创建 LandPoint 和 Side 两个类，代码见[VBcodes Example：4096、4097]。

LandPoint 类定义地形点的数据结构，包括点名和坐标；Side 类定义边的数据结构，包括两个端点和边长。接下来，创建 SortPoint 类实现 IComparable 接口，进行距离比较。代码见[VBcodes Example：4098]。

[VBcodes Example: 4096]

SortPoint 类派生自 LandPoint 类，并实现 IComparable 接口，可以进行两个 SortPoint 类实例的比较。类中定义了 LandPoint 类型的共享字段 CenterPoint，用于存放指定点。

[VBcodes Example: 4097]

在实现 IComparable.CompareTo 方法中，使用了 TryCast 类型转换。其与 CType 类型转换的不同之处在于：如果尝试转换失败，CType 转换会引发 InvalidCastException 异常；TryCast 转换则返回 Nothing，不引发异常。因此，TryCast 类型转换只需要测试返回的结果是否为 Nothing，便知类型转换是否成功，而无须处理可能产生的异常。

[VBcodes Example: 4098]

此外，类中设置了只读属性 SidLength，用于返回本点（Me）与指定点（CenterPoint）之间的距离。

接下来，设计窗体应用主程序。代码见[VBcodes Example：4099]。

代码实现的功能是：对于给定的地形点集，可以指定其中任一点为参考点，计算其他所有点相对于该点的距离，并按距离远近进行排序。窗体界面和运行结果见图 4.42。界面上设计了两个控件：一个是组合框 ComboBox1，用于在程序运行时自由切换指定点；另一个是文本框 TextBox1，用于输出计算结果。

[VBcodes Example: 4099]

代码说明如下。

（1）在私有字段 DataStr 中，存储了一组地形点数据，其数据结构是"点号，x 坐标，y 坐标，…"；字段 PtArr 是 ArrayList 数组列表的实例对象，具有 Sort 方法，该方法自动调用实现

IComparable 接口的方法 CompareTo（Obj As Object），实现地形点自动排序；字段 Pt 为 SortPoint 类型变量，用于向 **PtArr** 对象中添加地形点对象。

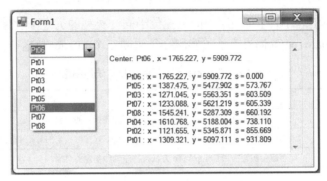

图 4.42　VBE4096～VBE4099 界面和运行结果

　　（2）加载 Form1 窗体时，使用 Split 方法将字段 DataStr 中的数据文本拆分，结果存入 DataVal 数组。经处理后，为 SortPoint 类实例 Pt 的 PtName、CoorX、CoorY 等属性赋值。然后，将 Pt 对象添加至数组列表 PtArr 中。同时，将点名 PtName 属性添加至组合框 ComboBox1 中。

　　（3）排序发生在变更 ComboBox1 中的选项时。此时，从 ComboBox1 中任意选定点名，该点名对应的点将赋值于 SortPoint 类的共享字段 CenterPoin。然后，调用方法 PtArr.Sort() 时，Sort() 方法会自动调用在 SortPoint 类中自定义的比较两个 SortPoint 实例的 CompareTo 方法，即比较这两个点相对于指定点的距离。该方法实现了由 IComparable 接口定义的 CompareTo 方法。

4.7　析　构　函　数

4.7.1　对象的析构

　　当对象生命周期结束，走出作用域时，就应该清除这个对象，释放其所占用的内存空间，

[VBcodes Example：4100]

避免系统资源的永久泄漏。这是构造对象的逆过程，称为对象的析构。必须清楚：一个对象只有在没有任何引用的情况下才能够被回收。为了说明这一点，见代码[VBcodes Example：4100]。

　　VBE4100 中，GC.Collect() 是强制回收方法（不推荐使用）。这里 objA 引用的对象并没有被回收，因为这个对象还有另一个引用：ObjB。

　　在 VB.NET 框架中，有两种方法可以实现析构函数的功能：一种是 Finalize 方法，用于被动地释放资源；另一种是 Dispose 方法：可以主动地释放资源。

4.7.2　析构对象的 Finalize 方法

　　应用程序创建的大多数对象可以依靠 .NET Framework CLR 的垃圾回收器隐式地执行所有必要的内存管理任务。但是，在创建封装非托管资源的对象时，虽然垃圾回收器可以跟踪这些对象的生存期，却在应用程序使用完这些非托管资源之后，并不清楚该如何清理这些资源。最常见的一类非托管资源就是包装操作系统资源的对象，如文件、窗口或网络连接等。如果这些非托管资源结束生命周期后所占内存不能被释放，这些内存就不会被重新分配，直到计算机重起为止，也就是内存泄漏。因此，必须显式地释放它们。

对于这种类型的对象，.NET Framework 提供了 System.Object 中的虚方法 Finalize。默认情况下，Finalize 方法不执行任何操作。如果对象保存了对任何非托管资源的引用，则必须在类中重写 Finalize 方法，以便在垃圾回收过程中放弃对象之前释放这些资源。习惯上称重写的 Finalize 方法为析构函数，这是一个没有参数的 Sub 过程。System.Object.Finalize 方法的范围是 Protected。当在类中重写该方法时，应该保持这个有限的范围。通过保护 Finalize 方法，可以防止应用程序的用户直接调用对象的 Finalize 方法。Finalize 方法由 GC 自动调用。

下面是一个应用示例，代码见[VBcodes Example：4101]。

VBE4101 中使用了 Stopwatch 类组件，该类提供了用于准确测量运行时间的一组方法和属性。其中，StartNew 方法用于对新的 Stopwatch 实例进行初始化，将运行时间属性设置为零，然后开始测量运行时间。Stop 方法用于停止测量某个时间间隔的运行时间。Elapsed 属性用来获取当前实例测量得出的总运行时间。

[VBcodes Example：4101]

该示例中定义了一个 ExampleClass 类，类的成员包括一个 Stopwatch 对象变量 sw、一个构造函数 New、一个 ShowDuration()方法和一个 Finalize 析构函数。该示例要实现的功能就是测量创建一个 Stopwatch 对象到销毁这一对象的时间。

从 Main()运行此例，在"输出"窗口会显示类似于如下的运行结果：

```
Instantiated object
This instance of WindowsApplication1.ExampleClass has been in existence
for 00:00:00.0004776
Finalizing object
This instance of WindowsApplication1.ExampleClass has been in existence
for 00:00:00.0345118
```

对数组的释放，可采用以下示例结构，代码见[VBcodes Example：4102]。

默认情况下，一个类是没有析构函数的，也就是说，对象被垃圾回收器回收时不会被调用 Finalize 方法。当我们在一个类中重写 Finalize 方法建立析构函数后，就称该类建立了对象的终结器(Finalizer)。析构函数不可继承，因此，除了自己所声明重写的析构函数外，一个类不具有其他析构函数。由于

[VBcodes Example：4102]

析构函数要求不能带有参数，因此它不能被重载，所以一个类最多只能有一个析构函数。

4.7.3 析构对象的机制

Finalize 方法是 CLR 提供的一个机制，不能被用户代码直接调用，而是由 VB.NET的 GC 自动调用。这涉及 CLR 进行内存分配和释放的管理机制。每当创建新对象，CLR 会从托管堆为其分配内存。只要托管堆中仍有地址空间可用，CLR 就会继续为新对象分配空间。但内存并不是无限大，最终，CLR 的 GC 则必须执行回收以释放一些内存。当一个对象不再被引用后，该对象就符合被销毁的条件。垃圾回收器使用名为终止队列的内部结构跟踪具有 Finalizer 的对象。每当应用程序创建具有 Finalizer 的对象时，GC 都会在终止队列中放置一项指向该对象的记录，如图 4.43 所示。

因此，在托管堆中，所有需要在 GC 回收其内存之前调用终止代码的对象都会在终止队列中留有记录。

用 Finalize 方法回收对象所占内存至少需要进行两次垃圾回收。过程如下：当 GC 执行回收时，它只回收符合回收条件且没有终结器的对象内存；对符合回收条件但具有终结器的对

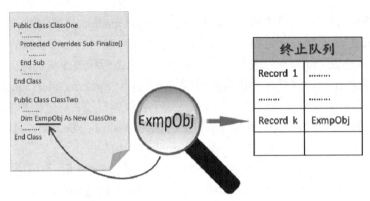

图 4.43　GC 在终止队列中放置一项指向具有终结器的对象的记录

象，并且尚未通过调用 SuppressFinalize 禁用终止，它并不立即执行回收，而是改为将这些对象的记录从终止队列中移除并将它们放置在"准备终止对象"列表中。该列表中的记录指向托管堆中准备被调用其终止代码的对象。这里所说的记录其实就是对象指针。垃圾回收器将在另外一个 Low Priority 的线程上，为此列表中的对象调用 Finalize 方法后，将这些记录从列表中移除。所以，第一次回收是确定托管堆中的对象确实是垃圾，因为"准备终止对象"列表中的记录不再指向它们。第二次回收时，终止队列内已没有了对象的记录，变成没有终结器的无用对象了，同时，"准备终止对象"列表中已没有了该对象的记录，至此，对象的内存才会被真正回收。

下面的代码示例可以说明两次回收的过程，代码见[VBcodes Example：4103]。

[VBcodes Example：4103]

该示例中，GC.WaitForPendingFinalizers 方法的功能是一直阻止其他线程，直到所有终结器均运行结束为止。

　　GC 的实际回收过程远比此复杂，这是因为对象所处的状态并非如此简单，所以，GC 回收的次数往往要多于两次。为了提高内存回收的效率，GC 使用了 Generation（代）的概念。每个待销毁的对象的原始代号为 Generation0，GC 每执行一次回收，余下待销毁对象的代号均会加 1，如 Generation1、Generation2 等。GC 每次执行回收，会先试着在属于 Generation0 的对象中回收，因为这些是最新的，最有可能会被回收，如一些函数中的局部变量在退出函数时就没有了引用（可被回收）。如果在 Generation0 中回收到足够的内存，那么 GC 就不会再接着回收了；如果回收的不够，那么 GC 就试着在 Generation1 中回收；如果还不够就在 Generation2 中回收，以此类推。在回收到足够的内存后，GC 会重新排整内存，让数据间没有空格，为 CLR 顺序分配内存做好准备。

　　需指出的是：GC 并不总是工作，只有当内存资源告急时，GC 才会工作。GC 优化引擎会根据正在进行的分配情况确定执行回收的最佳时间点，用户是无法控制的。由于垃圾回收器是由.NET 框架通过一个独立的线程自动调用的，因此，即使垃圾回收器工作，所有指向对象的变量都设置为 Nothing 之后，Finalize 方法也不一定得到执行。这是由于程序中的其他线程的优先级远远高于执行 Finalize 析构函数线程的优先级。所以，在对象丧失作用范围和 GC 调用 Finalize 析构函数之间通常会有延迟。

　　当具有终结器的实例对象果真被 GC 执行销毁时，则其 Finalize 方法应该释放该对象保留的所有资源。同时，它还应该调用该对象基类的 Finalize 方法。GC 会按照从派生程度最大到派生程度最小的顺序调用该实例对象继承链中的各个析构函数，析构函数可以在任何线程上执行。

由此可见，每次实现 Finalize 方法，释放系统资源并回收内存的过程都会浪费一定的 CPU 时间，对应用程序的性能造成负面影响。因此，除非绝对需要，否则应避免在类中创建不必要的 Finalize 方法。而一旦确定使用，则需注意以下几点。

(1) 在 Finalize 方法中，应该总是释放非托管对象(如文件句柄等)的资源，不应该对托管对象实现 Finalize 方法，即不要在 Finalize 方法中访问任何托管对象，因为垃圾回收器会自动清理托管资源，这些托管对象很可能已经被销毁。

(2) 在实现 Finalizer 的代码中不能有任何时间逻辑。这是因为在.NET 中我们不知道什么时候会执行 Finalize，也不能知道 Finalize 的执行顺序。也就是说同样的情况下，A 的 Finalize 可能先被执行，B 的后执行；也可能 A 的后执行而 B 的先执行。

(3) 永远不要在程序中主动调用 Finalize 方法，调用 Finalize 方法的唯一方式是将引用对象的变量设置为 Nothing。Finalize 方法由 GC 自动调用。

4.7.4 析构对象的 Dispose 方法

由于 Finalize 方法的种种限制，特别是延迟调用特性，我们不得不考虑使用一种更主动的方式来释放资源，那就是实现 IDisposable 接口的 Dispose 方法。与 Finalize 的延迟调用特性不同，Dispose 方法被设计成使用者主动调用并立即执行，无须等到该类对象被垃圾回收器回收的时间点。这是一种可控制的释放资源的方法。除了非托管对象的释放工作之外，Dispose 还可以负责托管对象的释放，这一点 Finalize 方法是做不到的。程序中可以多次调用对象的 Dispose 方法。通常情况下，只有第一次调用时释放资源。

按照.NET Framework 标准，所有需要手动释放非托管资源的类都需要实现 IDisposable 接口。实现这个接口只有一个方法：Dispose。Dispose 方法有两种形式：一种是带参 Dispose(bool disposing)方法；另一种是不带参的 Dispose()方法。

实现 Dispose 方法的准则具体如下。

(1) 它不能抛出任何错误信息，重复地调用 Dispose 也不能。因此，如果已经调用了一个对象的 Dispose，当第二次调用 Dispose 时程序不应该出错，换言之，程序在第二次调用 Dispose 时不会做任何事。

(2) 类型的 Dispose 方法应释放它拥有的所有资源。它还应该通过调用其父类型的 Dispose 方法释放其基类型拥有的所有资源。该父类型的 Dispose 方法应该释放它拥有的所有资源并同样也调用其父类型的 Dispose 方法，从而在整个基类型层次结构中传播此模式。若要确保始终正确地释放资源，Dispose 方法应该可以被多次调用而不引发任何异常。

实现 IDisposable 接口的类需要有类似以下的结构，代码见[VBcodes Example：4104]。

这是一段经典的示例代码，设计思想说明如下。

[VBcodes Example: 4104]

(1) 一个对象的 Dispose 要做到释放这个对象的所有资源。以代码中的继承类 Derive 为例，由于继承类中用到了非托管资源，所以它实现了 IDisposable 接口；如果继承类的基类也用到了非托管资源，那么基类也需要被释放，可以通过基类 Base 中的 Overridable 的 Dispose 方法来实现，这样我们能保证每个 Dispose 都被调用。注意在该示例代码中，我们首先要释放继承类的资源，然后释放基类的资源。这就是为什么我们的设计有一个 Overridable 的 Dispose 方法的原因。

(2) 始终保障正确释放非托管资源。通过定义一个 Finalize 析构函数来保证在没有调用

Dispose 方法的情况下，还有机会在垃圾回收时执行 Finalize()，以释放非托管资源。但应意识到，虽然可以手动释放非托管资源，我们仍然要在析构函数中释放非托管资源，这样才是安全的应用程序。否则如果因为程序员的疏忽忘记了手动释放非托管资源，那么就会带来灾难性的后果。所以在析构函数中释放非托管资源是一种补救的措施，至少对于大多数类来说是如此。

(3) 提高非托管资源的使用效率并提升系统性能。在实现 IDisposable.Dispose() 时，我们调用了 System.GC.SuppressFinalize() 方法。由于析构函数的调用将导致 GC 对对象回收的效率降低，所以如果 Dispose() 已经完成了析构函数该干的事情（如释放非托管资源），就应当使用 SuppressFinalize 方法告诉 CLR 不需要再执行某个对象的析构函数。这样，如果对象当前在终止队列中，GC.SuppressFinalize 可防止其 Finalize 方法被调用，避免无谓地执行 Finalize 方法而减损应用程序性能。如果用户调用了 Dispose()，就能及时释放托管和非托管资源，完成对象的清理，垃圾回收器就不必再调用对象的 Finalize 方法，会使回收速度更快。

(4) 带参的 Dispose(bool disposing) 以两种截然不同的方案执行。如果 disposing 等于 True，则该方法已由用户的代码直接调用或间接调用，并且可处置托管资源和非托管资源。如果 disposing 等于 False，则该方法已由 CLR 从 Finalize() 方法内部调用，并且只能处置非托管资源。由 4.7.3 节可知，终结器不会以任意特定的顺序执行，所以在执行对象终止代码时，不应引用其他对象。如果正在执行的终结器引用了另一个已经终止的对象，则该正在执行的终结器将失败。

(5) 如果只有一个 Dispose() 而没有 Dispose(bool disposing) 方法，那么在处理实现非托管资源释放的代码时无法判断该方法是客户手动调用的还是垃圾回收器通过 Finalize() 调用的。如果是客户手动调用的，那么就不希望垃圾回收器再调用 Finalize()（已调用 GC.SupperFinalize 方法）。如果是垃圾回收器通过 Finalize() 调用的，那么在释放代码中我们可能还会引用其他一些托管对象，而此时这些托管对象可能已经被垃圾回收器回收了，这便会导致无法预知的执行结果。万不可在 Finalize() 中引用其他的托管对象。

(6) 如果只有一个 Dispose(bool disposing) 而没有 Dispose() 方法，那么对于用户来说，既然 Dispose(false) 已经被 Finalize() 使用了，必须要求用户以 Dispose(true) 方式调用，但是谁又能保证用户不会以 Dispose(false) 方式调用呢？所以这里采用了重载设计模式，把 Dispose(bool disposing) 实现为 Protected，而 Dispose() 实现为 Public，这样就保证了用户只能调用 Dispose()，无法调用 Dispose(bool disposing)。而在内部调用 Dispose(true)，说明是客户直接调用的。

(7) 在代码的"托管类"注释处，应编写在调用 Dispose() 时，欲让其处于可释放状态的托管代码。注意：这里不能有释放的时间逻辑。这里只需要去掉成员对象的引用让它处于可被回收的状态，并不是直接释放内存。此处也要写上所有实现了 IDisposable 的成员对象，因为它们也有 Dispose()，需要在对象的 Dispose() 中调用他们的 Dispose()，这样才能保证遵循第二个准则。disposing 用来区分 Dispose 的调用方法，如果我们手动调用（disposing = true 时）Dispose()，那么"托管类"资源自然得到释放；如果是 Finalize 调用（disposing = false 时）的 Dispose()，这时，对象已经没有任何引用，处于可被回收的状态，对象的成员自然也就不存在了，也就没有执行释放"托管类"资源的必要了。

[VBcodes
Example: 4105]

如果要实现的类是一个基类，并且不想让继承类的释放过程过于复杂，可使用下面的 Dispose-Finalize 模式，一站式处理实现释放资源的功能。代码见 [VBcodes Example：4105]。

关于 Finalize() 与 Dispose() 的使用，归纳总结要点如下。

（1）一个对象只能在没有任何引用的情况下才会被回收。一般情况下不要使用 GC.Collect 强制回收。

（2）没有特殊需要就不要写 Finalizer()。在 Finalize() 方法中应该只释放那些非托管对象的资源，而垃圾回收器对如窗口句柄或打开的文件和流等非托管资源一无所知。

（3）永远不要试图在程序中主动调用 Finalize() 方法，调用 Finalize() 方法的唯一方式是将引用对象的变量设置为 Nothing。

（4）派生类中的每个 Finalize() 实现都必须调用其基类的 Finalize() 实现。这是唯一允许应用程序代码调用 Finalize() 的情况。

（5）如果认为有了 Dispose()，内存就会马上被释放，这是错误的。只有非托管内存才会被马上释放，托管内存的释放由 GC 管理完成的，但无法预测进行垃圾回收的时间。所以在 Finalize() 方法中不必管理其他托管对象的释放工作。

（6）即使在通过 Dispose() 提供显式控制时，也应该使用 Finalize() 方法提供隐式清理。Finalize() 提供了候补手段，这样可防止在程序员未能调用 Dispose() 时造成资源永久泄漏。

（7）在任何有非托管资源或含有 Dispose() 的成员的类中实现 IDisposable() 接口。向现有类添加 IDisposable 接口是重大的更改，需慎重，因为这更改了类的语义。

如何选择释放资源的方法？实现 Finalize() 还是实现 Dispose()？

（1）如果不介意延迟调用并且对象内部仅有非托管资源需要释放，实现 Finalize() 方法是很好的选择。是否选择 Finalize() 方法完全取决于我们对延迟调用的容忍程度，设想当我们想要关闭一个文件时系统却没有及时响应，这样的情况是否能容忍？

（2）如果对象内部存在其他托管对象并且这些托管对象实现了 Dispose() 方法，那么实现 Dispose() 方法用于释放内部的托管对象将是唯一的选择。因为只有在 Dispose() 方法中才可以调用其内部对象的 Dispose() 方法。

4.7.5 窗体组件、控件的析构

一个窗体控件或组件对象也通过调用类的 New 方法来创建实例（通常是隐式的，拖入对象时，VB.NET 自动生成创建实例的编译代码），调用类的 Dispose() 方法来销毁实例。对于大部分的窗体控件和组件，当我们关闭一个对象，会发出一个终止响应，并将该对象送入终止队列。CLR 的垃圾回收器跟踪这个对象的生存期，此时就会调用此对象基类的 Dispose() 方法，用于销毁对象并回收资源。清理释放窗体控件的示例代码见[VBcodes Example：4106]。

Form.Dispose 方法重写自 Control.Dispose 方法。Control.Dispose 方法的作用就是：释放由 Control 占用的托管和非托管资源。Form 类的 disposing 为 True，故它既释放托管资源也释放非托管资源。CLR 会自动处理对象的布局和管理对象的引用，在关闭窗体时自动调用 Dispose 的功能，释放它们。对不受 CLR 管理控制的资源，如窗口句柄（HWND）、数据库连接等经常封装的类实例，在完成使用该对象的操作时，对象的使用者应调用此方法。

[VBcodes Example：4106]

如果应用程序在使用昂贵的外部资源，则应提供一种在垃圾回收器释放对象前显式释放资源的方式。可通过实现 IDisposable 接口的 Dispose() 方法来完成这一点，该方法为对象执行必要的清理。这样可显著提高应用程序的性能。

Form.Dispose 是显式释放内存的。单击窗体 Form 上面的"×"按钮，便是对窗体做 Dispose() 处理。在大多数情况下，这两种方法是等同的。调用 Close 方法可以清除 FileStream 对象，其他的对象则是通过调用 Dispose() 方法来清除的。这是因为 VB 以前的版本一直使用 Close 方法，为了兼容，一些对象仍使用该方法。

Finalize、Dispose、Close 三种销毁对象方法的比较见表 4.7。

表 4.7　三种销毁对象方法的比较

方法	Finalize 析构函数	Dispose 方法	Close 方法
意义	销毁对象	销毁对象	关闭对象资源
调用方式	不能被显式调用，在 GC 回收时被调用	需要显式调用或通过 Call 语句	需要显式调用
调用时机	不确定	确定，在显式调用或者离开 using 程序块时	确定，在显式调用时

4.8　多态与异常处理

我们通过重载，已经了解过多态的含义。准确地说，多态指定义具有功能不同但名称相同的方法或属性的多个类的能力，这些类可由客户端代码在运行时交换使用。简单来说，多态意味着将一个对象视为另一个对象。在面向对象的术语中，多态意味着可以将某个类的对象视为来自其父类。

4.8.1　基于继承的多态性

大部分面向对象的编程系统都通过继承提供多态性。基于继承的多态性涉及在基类中定义方法并在派生类中使用新实现重写它们。

例如，可以定义一个类 BaseTax，该类提供计算某个地区的销售税的基准功能。从 BaseTax 类派生的类，如 CityTax，可以根据相应的情况实现方法，如 CalculateTax。

多态性来自这样一个事实：可以调用属于从 BaseTax 派生的任何类的某个对象的 CalculateTax 方法，而不必知道该对象属于哪个类。VBE4107 中的 CalculateTax 过程演示了基于继承的多态性，代码见[VBcodes Example：4107]。

[VBcodes Example：4107]

在此示例中，ShowTax 过程接收 BaseTax 类型的名为 Item 的参数，但还可以传递从该 BaseTax 类派生的任何类，如 CityTax。这种设计的优点在于可添加从 BaseTax 类派生的新类，而不用更改 ShowTax 过程中的客户端代码。

4.8.2　基于接口的多态性

接口提供了在 Visual Basic 中实现多态性的另一种方法。接口描述属性和方法的方式与类的相似，但与类的不同，接口不能提供任何实现。多个接口具有允许软件组件的系统不断发展而不破坏现有代码的优点。

若要使用接口实现多态性，应在几个类中以不同的方式实现接口。客户端应用程序可以以完全相同的方式使用旧实现或新实现。基于接口的多态性的优点是不需要重新编译现有的客户端应用程序就可以使用新的接口实现。

下面的示例代码中，定义名为 Shape 的接口，该接口在名为 RightTriangleArea（直角三角形面积）、RectangleArea（矩形面积）和 CylinderVolume（圆柱体体积）的三个类中实现。名为 ProcessShape 的过程分别调用 RightTriangleArea、RectangleArea 和 CylinderVolume 实例的 CalculateShape 方法，代码见[VBcodes Example：4108]。

[VBcodes Example：4108]

从本例可以看出，实现接口的关键在于类中实现接口成员的参数签名必须与接口中声明的参数签名保持一致。

4.8.3 异常处理

异常处理又称为错误处理，是.NET 平台重要的安全机制。异常是指在程序执行期间出现的问题，如尝试除以零。例外是对程序运行出现异常情况时的响应。该机制将错误代码的接收和响应处理进行分离，理清了编程者的思绪，增强了代码可读性，方便了维护者的阅读和理解。同时，该机制还提供了程序运行出现任何意外或异常情况时的处理方法。

VB.NET 的异常类派生自 System.Exception 类，异常处理建立在四个关键字 Try、Catch、Finally 和 Throw 之上。尝试可能不成功的操作、处理失败，以及在事后清理资源。

1．.NET Framework 中的异常类

在.NET 框架中，异常类主要由 System.Exception 基类直接或间接派生。Exception 类的主要属性包括：Message，获取描述当前异常的消息；Source，获取或设置导致错误的应用程序或对象的名称；TargetSite，获取引发当前异常的方法。

System.ApplicationException 和 System.SystemException 类是由 System.Exception 类派生的常用异常类。System.ApplicationException 类支持由应用程序生成的异常类，所以程序员定义的异常类派生自该类。System.SystemException 类是所有预定义系统异常类的基类。

表 4.8 提供了从 Sytem.SystemException 类派生的一些预定义异常类。

表 4.8　常用预定义异常类

异常类	描述
System.IO.IOException	发生输入/输出错误时引发的异常
System.ArgumentException	向方法提供的参数之一无效时引发的异常
System.ArgumentNullException	将空引用传递给不接受它作为有效参数的方法时引发的异常
System.ArgumentOutOfRangeException	参数值超出调用的方法所定义的允许取值范围时引发的异常
System.IndexOutOfRangeException	试图访问索引超出界限的数组或集合的元素时引发的异常
System.ArrayTypeMismatchException	试图在数组中存储类型不正确的元素时引发的异常
System.NullReferenceException	尝试取消引用空对象引用时引发的异常
System.ArithmeticException	因算术运算、类型转换或转换操作中的错误而引发的异常
System.DivideByZeroException	试图用零除整数值或十进制数值时引发的异常
System.InvalidCastException	由无效类型转换或显式转换引发的异常
System.OutOfMemoryException	没有足够的内存继续执行程序时引发的异常
System.OperationCanceledException	取消线程正在执行的操作时在线程中引发的异常
System.StackOverflowException	因包含的嵌套方法调用过多而导致执行堆栈溢出时引发的异常

2．异常处理的三个语句块

.NET 平台中异常处理主要由 Try、Catch、Finally 三个语句块构成，Try 语句块负责尝试执行可能存在错误或异常的代码块；Catch 语句块负责捕获 Try 块中出现的异常，并执行处理程序；Finally 语句块负责错误处理后的后续工作，如释放对象、清理资源等的工作，且无论是否抛出异常。语法结构如下：

```
Try
    [Try Statements]
    [Exit Try]
Catch ExceptionObject As OneExceptionType
```

```
    [Catch Statements]
    [Exit Try]
Catch …
    [Catch Statements]
    [Exit Try]
    …
Finally
    [finallyStatements]
End Try
```

在上面的语句块中，Try 和 Finally 语句块是必须运行的，但是 Catch 语句块不一定运行，如果 Try 语句块内的代码没有错误，没有抛出异常，Catch 语句块中的代码是不运行的，而是跳过 Catch 语句块直接运行 Finally 语句块中的清理工作代码。反之，如果遇到了异常，Catch 语句块中的处理工作就要进行。可以列出多个 Catch 语句以捕获不同类型的异常，以防 Try 块在不同情况下引发多个异常。

为什么要在 Finally 块中进行清理工作？简单地说，一个程序的异常会导致程序不能正常完成结束工作，而且在错误出现的地方跳出程序，直接执行 Catch 语句块中的代码，使得在程序运行时构建的对象资源不能释放，浪费了内存资源，同时也可能导致栈中数据存储的杂乱，所以无论有没有出现异常，Finally 语句块中的代码是一定会运行的。

[VBcodes Example：4109]

异常处理的代码见[VBcodes Example：4109]。

3. 抛出异常

[VBcodes Example：4110]

我们知道在程序中出现异常会导致提前跳出程序代码，同样抛出异常也会跳出程序代码，直接运行 Catch 语句块中的内容。抛出异常不仅可以应用在程序代码出现错误时，我们还可以使用抛出异常的机制来捕获一个过程或一个函数中出现异常值的情况，可以把这种方法看作一个函数返回一个特殊值，通过上层函数来捕获程序中遇到异常的情况。

VB.NET 使用 Throw 关键字来在程序中抛出异常，让调用这个函数的上级调用函数进行处理，代码见[VBcodes Example：4110]。

[VBcodes Example：4111]

以下是创建用户定义的异常的示例，代码见[VBcodes Example：4111]。

4.9 委　托

4.9.1 委托的概念

VB.NET 的委托是基于 System.Delegate 类的引用类型的。其功能是定义一个具有一致参数签名的方法类，并根据实际编程需要，将其实例化为具有不同功能的方法对象。这样，就可以根据需要，委托存在不同内存地址上的方法实例实现该方法。由于其作用与其他编程语言中使用的函数指针相似，故也被称为类型安全的函数指针，该指针指向方法实例的内存地址。因为方法实例的内存地址不同，所以方法实例名称可能不一致，但方法的参数签名必须一致。

与函数指针不同的是：委托既可以引用实例方法也可以引用共享方法(无需类的特定实例便可调用的方法)。实现委托的三个步骤为声明委托、实例化委托、调用委托。

1. 声明委托

声明委托的关键字是 Delegate，委托的方法既可以是 Sub 过程方法也可以是 Function 函数方法。例如：

```
Delegate Function DelegateName (ByVal x As string, ByVal y As Integer)As String
```

声明委托的关键是方法的参数签名，例中的参数签名是 f(String, Integer)，即与此参数签名相同的函数地址都可以被委托接收。这是为接收回调函数地址做准备。如果函数形式是 f(objcet)，则不能接收。

2. 实例化委托

使用 AddressOf 关键字指定方法实例，事实上是指向方法实例的内存地址。所委托的方法实例可以是参数签名一致的任何方法，既可以是实例方法，也可以是 Shared 静态(共享)方法。

3. 调用委托

通过"委托实例名(参数)"或者"委托实例名.Invoke(参数)"的形式调用委托。

以下代码是调用委托的一个示例，对两个数字进行相加运算并返回一个数字，代码见 [VBcodes Example：4112]。

4.9.2 委托的应用

[VBcodes
Example: 4112]　　[VBcodes
Example: 4113]

〖例 4.29〗委托应用示例：切换图案生成模式

本示例代码通过委托实现两种不同图案生成模式的切换。代码见[VBcodes Example：4113]。

应用时，需向 Form1 窗体中添加一个按钮 Button1 和一个文本框 TextBox1。将 TextBox1 的 Multiline 属性值设为 True。此外，还需添加两个单选按钮 RadioButton1 和 RadioButton2，分别将其 Text 属性改写为"图案 1"和"图案 2"，再添加一个集成框 GroupBox1，其 Text 属性置空，并将两个单选按钮拖入集成框 GroupBox1 中。

运行程序时，通过点选"图案 1"或"图案 2" RadioButton 按钮，并单击 Button1，在文本框 TextBox1 中显示输出由字符拼出的两种菱形图案，如图 4.44 所示。

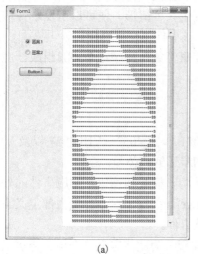
(a)
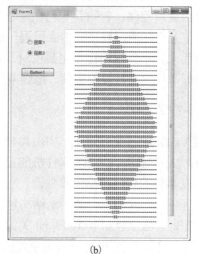
(b)

图 4.44　VBE4113 运行结果

以下示例代码通过委托实现对象数组元素按指定的属性进行排序，代码见[VBcodes Example：4114]。

以上都是直接调用委托的示例。事实上，直接调用委托没有特别的意义。因为可以直接调用方法，那样更加简单。调用委托最多的其实是事件，因为事件是由委托实现的。

[VBcodes
Example：4114]

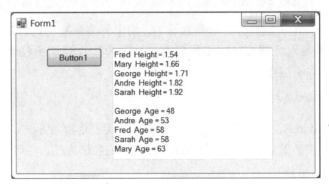

图 4.45　VBE4114 运行结果

4.10　事　件

4.10.1　事件的概念

在面向过程的程序设计中，通常可以通过 If…Then…Else…End、While…End While、Select Case 等语句结构在应用程序中实现条件选择处理过程。而在面向对象的程序设计中，正如大家在〖例 4.15〗、〖例 4.16〗中的示例编程、控件应用中已经初步接触到的情形，我们可以设定事件引发点，当引发代码实现时，就可以引发事件，并执行事件响应代码。这便是事件驱动程序的概念。

事实上，大多数应用程序的执行都由外界发生的事件所驱动。正如在前面许多窗体示例程序中的 Me.Load、Button1.Click、TextBox1.KeyPress、Timer.Tick 事件及其响应程序一样。事件和字段、属性、方法及构造函数一样，都是向外部提供公开接口的一部分。事件让对象发送消息给应用程序，告知其一旦在对象代码中发生某种情形，便可以引发事件，并将该事件的相关信息告知应用程序，由应用程序确定针对该事件执行何种操作。

归纳起来，事件驱动程序主要由对象、事件和事件处理程序三个要素组成。应用事件之前，应做好事件定义、触发事件、捕获响应等工作。

4.10.2　事件定义与触发

通过 VBE4040～VBE4041、VBE4049～VBE4051、VBE4052～VBE4057 以及 VBE4089～VBE4091，大家对于 VB.NET 事件机制已经有了初步了解和体验。

能引发事件的代码源称为事件源，包括类、结构、模块和接口。响应事件的处理程序称为事件处理程序。声明事件的语法结构包括使用 Event 关键字在事件源内部定义事件名，并在其中指定的位置上使用 RaiseEvent 关键字引发该事件。

像 VBE4113，我们也可以采用事件的方式来实现。为此，定义一个用字符拼出菱形图案的 Shape 类。

事件定义与触发代码见[VBcodes Example：4115]。

代码中声明了一个 FinishShape 事件，并在拼出图案后触发这一事件。

关于定义事件的说明如下。

[VBcodes Example：4115]

（1）用 Event 声明一个事件时，可以采用的访问修饰符关键字包括 Public、Protected、Friend、Protected Friend 或 Private。这些值确定哪部分代码可以捕获该事件。

①Public 指示对该事件没有任何限制。类内部或外部的代码都可以捕获该事件。

②Protected 指示只有相同类或派生类中的代码可以访问该事件。

③Friend 指示在同一项目中，类模块内部或外部的代码可以使用该事件。Friend 与 Public 之间的区别在于 Public 允许项目外部的代码访问该事件。

④Protected Friend 指示事件同时具有 Protected 和 Friend 状态。只有在同一项目中的相同类或派生类中可以使用该事件。

⑤Private 指示只有在包含其的类中才可以使用该事件。该类的实例可以捕获该事件，但是类外部的代码不可以捕获该事件。

（2）事件可以携带传递给事件处理程序的参数。参数列表的语法与为 Sub 子例程或 Function 函数声明参数列表的语法相同。事件没有返回值、可选参数或者数组参数。如果事件使用 ByRef 关键字声明参数，捕获该事件的代码就可以修改该参数的值。当事件处理程序结束时，引发事件的类代码就可以读取新的参数值。

（3）RaiseEvent 关键字引发事件时，只能在该事件源中引发事件，即在定义该事件的类、结构、模块和接口内部引发该事件。一个事件不能像方法那样被使用，就如同不能用 Button1.Click 引发一个 Button 的单击事件一样，事件必须使用 RaiseEvent 关键字来引发。当使用公开事件的基类时，必须记住：虽然派生类可以处理基类事件，但是它无法引发基类事件。

例如，在 VBE4054 中 Ball 类；VBE4055 中 Cone 类；VBE4056 中 Cylinder 类；在继承链上均派生自 VBE4053 的 Circle 类，因此，在 Class Ball、Class Cone、Class Cylinder 中，均无法使用 RaiseEvent 关键字来触发基类 Circle 中的 Event RadiusErr（）事件。

定义事件后要解决的便是如何捕获事件消息和实现处理，这包括静态绑定事件和动态绑定事件两种模式。

4.10.3 静态绑定与处理事件

静态绑定事件的模式正如 VBE4040～VBE4041、VBE4049～VBE4051 和 VBE4052～VBE4057 中所示，就是在应用程序中使用 Withevents…Handles 结构，将对象触发的事件绑定至事件处理程序。如前所述，Withevents 语句用来声明携事件对象，旨在应用程序中注册对象事件，为捕获事件触发消息做好准备；Handles 子句则将事件绑定至事件处理程序，指定该过程所处理的是 WithEvents 声明的哪个对象事件。由于在编译代码时，事件已经与事件处理程序绑定，故这样的关联模式称为静态绑定。

必须指出，使用 WithEvents 关键字定义的对象变量必须基于一个类，该类已定义一个或多个实例事件，否则编译时它将导致错误。Handles 子句为 VB.NET 编译器提供了提示，引发 VB.NET 编译器生成额外的代码，创建并注册事件处理程序。事件处理程序必须是 Sub 引导的过程方法，其参数签名必须与事件源中声明的该事件参数签名保持一致。

当事件在 WithEvents 声明的对象中触发时，可以由任何带有以此事件的 Handles 子句标识的 Sub 过程来处理。反之，由 Handles 子句标识的事件处理程序也只能处理由 WithEvents

声明的对象引发的事件。事件消息的广播是多路的，因此，便存在多个事件关联至同一个事件处理程序，如 VBE4049～VBE4051 和 VBE4052～VBE4057 中的情形；也会存在一个事件关联多个事件处理程序的情形，大家不妨设计简单的代码段来进行验证。事件与处理程序多重关联的唯一要求是：每个事件处理程序的参数签名必须与事件源中声明的该事件参数签名保持一致。

通过前面的示例应用可知，静态绑定事件模式可由 IDE 自动生成的事件处理程序框架，默认名称使用"对象名_事件名"的形式。事实上，对于事件处理程序而言，名称并不重要，我们可以根据需要对其进行修改，并不影响事件处理程序的执行过程。

〖例 4.30〗静态绑定事件应用：切换图案生成模式

结合 VBE4115 中定义的 Shape 类，当实例对象 ShapeObj 引发它的 FinishShape 事件时，就会执行相应的事件处理程序。

[VBcodes Example：4116]

[VBcodes Example：4117]

静态绑定事件与事件处理程序代码见[VBcodes Example：4116]。

运行程序时，结果如图 4.44 所示。

作为事件处理程序关联多个事件的示例，可在 Form1 窗体上再添加一个按钮 Button2，并删除两个 RadioButton 控件，事件处理程序就可以修改成关联多个 Button 单击事件的情形，示例代码见[VBcodes Example：4117]。

该示例中，CompleteShape 由 VBE4117 中的 Button1_Click 更名而来，Handles 子句后面关联了 Button1.Click、Button2.Click 两个事件，通过 sender 对象的 name 字段来判断事件对象是 Button1 还是 Button2，程序运行结果如图 4.46 所示。

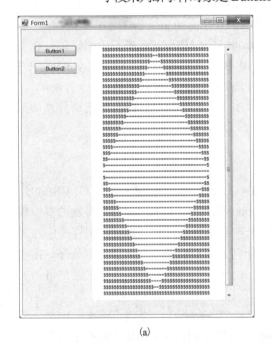
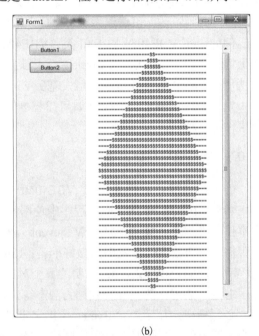

(a)   (b)

图 4.46 VBE4117 运行结果

VBE4118 使用事件方式实现 10～0s 倒计时显示。代码中，使用了 DateAndTime 类的共享只读属性 Timer，该属性值为 Double 类型，该值返回最近午夜 0:00:00 点之后所经过的秒数和毫秒数。秒数为返回值的整数部分；毫秒数则为小数部分。

程序运行时，单击按钮，则文本框中开始从 10～0s 进行倒计时。10s 过去后，文本框显示 Done（完成）。

代码见[VBcodes Example：4118]。

[VBcodes Example：4118]

为帮助大家理解本示例代码，可参考倒计时原理模型，如图 4.47 所示。应用本实例时，需向主窗体 Form1 添加一个名为 Button1 的按钮和一个名为 TextBox1 的文本框。在事件源 Class TimerState 类中，其中定义了两个事件，即带参事件 UpdateTime 和不带参事件 Finished；代码声明部分，通过 WithEvents 关键字将 TimerState 类实例对象 TimeCountdownω，及其事件分别添加至 IDE "代码编辑器"窗口的对象与事件各自的组合框下拉列表项中。

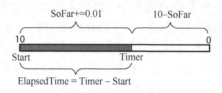

图 4.47　倒计时原理模型图

在 TimerState 类中的 StartCountdown 方法中，计时经历的时间用 Timer–Start 算出并将其赋值给 ElapsedTime；累加计时器 SoFar 的步长为 0.01s；10–SoFar 就是倒计时余下的时间。每当累加计时器 SoFar 累加 0.01s 时，就会触发 UpdateTime 事件，并将倒计时余下时间作为参数传递给处理程序 Sub TimeCountdownω_UpdateTime，显示在 TextBox1 文本框中；当 ElapsedTime ＞ =10，便跳出循环计时结构，触发 Finished 事件，处理程序 Sub TimeCountdownω_Finished 将在 TextBox1 文本框中显示 Done。

尽管在派生类中不能引发从基类继承的事件，但可以处理在基类引发的事件。展示在派生类中处理基类中引发事件情形的示例代码见[VBcodes Example：4119]。

[VBcodes Example：4119]

代码中，DerivedClass 类作为基类 BaseClass 的派生类，继承了 BaseClass 中定义的 EventBase 事件和 CauseEventBase 方法，虽不能在 DerivedClass 类中引发该事件，却可以通过 HandleEventBase 过程处理该事件。Obj 是派生类 DerivedClass 的一个实例对象，当执行流程调用 Obj 从基类继承的 CauseEventBase 方法时，EventBase 事件便在基类中被引发，并将基类 CauseEventBase 方法中的 W 字段值"Event Base"作为参数传递给子类中的事件处理程序

处理程序 HandleEventBase 会将传递过来的字符串 "Event Base"与X字段值" Is Raised"连接，并显示在消息框中，如图 4.48 所示。注意：消息框中的"Event Base"来自基类；" Is Raised"来自派生类。

图 4.48　VBE4119 运行结果

4.10.4　动态绑定与处理事件

将事件动态绑定到事件处理程序是响应事件的另一种模式。该模式使用 AddHandler… AddressOf 的复合语句结构动态绑定事件。其语法结构如下：

```
AddHandler Obj.event, AddressOf EventHandlerName
```

即在引用携事件对象的应用程序中，使用关键字 AddHandler 指定事件源对象名称；用"，"号分隔后，再使用关键字 AddressOf 指定事件处理程序。

与静态绑定中的 Handles 子句绑定事件不同的是，AddHandler 语句在程序运行时才将事件处理过程连接到事件，故称为动态绑定。此模式对事件处理程序的要求与静态绑定模式并无差异。

[VBcodes Example：4120]

〖例 4.31〗动态绑定事件应用：切换图案生成模式

例如，针对 VBE4115 及 VBE4116 输出菱形图案的示例，若采用动态绑定事件模式，则可调整窗体主程序，代码见[VBcodes Example：4120]。

输出图形如图 4.44 所示。

应用事件的动态绑定时，首先需要编写事件处理程序子例程，然后，使用 AddHandler…AddressOf 复合语句关联事件与事件处理程序。如果事件处理程序的参数列表长而复杂，编写事件处理程序就可能是一件烦琐的工作。为了简化该工作，可以借助静态绑定中的方法，先用 WithEvents 关键字声明携事件对象，并使用 IDE "代码编辑器"窗口中的事件组合框下拉列表项提供事件处理程序框架；然后可以根据应用需求编辑该事件处理程序；完成后再改变它的名称、删除 Handles 子句、改变参数名等。构建完事件处理程序子例程之后，再使用 AddHandler… AddressOf 结构语句将该例程赋给特定对象的事件。

除了可以在 Class 类中定义和引发事件之外，在 Structure 结构中也可以定义和引发事件。在 Structure 结构中声明和引发事件的示例代码见[VBcodes Example：4121]。

[VBcodes Example: 4121]

该示例在模块 Module1 中定义了 EventStruc 结构类型，EventStruc 结构的成员包括两个事件：EventA() 和 EventB()，以及一个带参 Sub 过程方法 RaiseEventSub(Chk As Boolean)。根据参数 Chk 为 True 或 Flase，将在 RaiseEventSub 方法中引发事件 EventA() 或 EventB()。

由此，利用上述结构也可实现 VBE4115 及 VBE4116 输出的菱形图案。主窗体应用程序代码见[VBcodes Example：4122]。

[VBcodes Example：4122]

AddHandle…AddressOf 语句结构为动态绑定事件与事件处理程序提供了极大的灵活性。但在事件处理过程完成后，如果不将事件处理程序与事件分离，对象将继续驻留在内存中，对象的事件仍保持对事件处理程序的引用。这将造成内存的闲置占用，易出现内存溢出。事件的静态绑定中，WithEvents 通常会自动处理这些细节；动态绑定中，VB.NET 则提供了与其相对的另一个方法结构，即 RemoveHandler…AddressOf，用于解除之前已建立的事件与处理程序的绑定关系，使事件处理程序与事件分离，以便及时释放闲置内存，更有效地利用内存资源。其语法与 AddHandler…AddressOf 相同，具体如下：

```
RemoveHandler Obj.event , AddressOf EventHandlerName
```

[VBcodes Example：4123]

应用中，AddHandler 与 RemoveHandler 一般应成对出现。例如，从优化内存使用的角度，上述 VBE4122 中的 Button1_Click 事件处理过程，可做如下修改，程序代码见[VBcodes Example：4123]。

事实上，当事件处理过程结束，对象脱离作用域后，.NET Framework 的垃圾回收机制就会自动释放内存资源。因此，仅就上述过程而言，使用 RemoveHandler 优化内存的作用并不明显。只对大型应用程序而言，当事件绑定需要消耗大量内存时，其优化内存的作用才会突出。然而，养成好的代码编写习惯十分有必要。

AddHandler 与 RemoveHandler 在一起就可以提供比 Handles 子句更大的灵活性。在有需要时就可以动态建立或断开事件与事件处理程序的关联关系。因为这种链接是在运行时建立的，故更有利于控制过程。例如，可以加入判断，达到要求就建立链接，否则解除链接等。只要善于利用它们，就可以动态地添加、移除和更改与某事件关联的事件处理程序。

例如，在 VBE4123 中，如果在窗体界面中再增加一个 CheckBox1 控件对象（显示图案），则可通过勾选项的选择实现是否加载事件的动态控制，如图 4.49 所示。此时窗体主程序的 Button1_Click 事件处理过程可以调整代码程序，代码见[VBcodes Example：4124]。

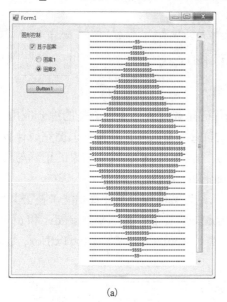

[VBcodes Example：4124]

(a)   (b)

图 4.49　VBE4124 界面与运行结果

4.10.5　事件与委托

如前所述，事件是带有事件的对象发送的消息，以信号通知应用程序发生了某项操作。操作可能由用户交互引起，如单击，或由其他程序逻辑。引发事件的对象就是事件发送方（Sender），捕获事件并对其做出响应的对象就是事件接收方。让一个引发事件的对象能够在不同的环境下调用对应的事件处理程序往往是许多编程实践中要处理的现实问题，但在事件通信中，引发事件的对象并不知道将由哪个对象或方法接收它引发的事件。所以，需要在事件源和接收方之间存在一个媒介或类似指针的机制。

在介绍委托时，我们知道它等效于一个类型安全的函数指针。委托具有一个签名，并且只能对与其签名匹配的方法进行引用。而事件处理机制则要求由事件传递给事件处理程序的参数类型及方式（ByRef 或 ByVal）必须匹配声明该事件处理程序的参数签名,这便构成在事件处理机制中利用委托指定事件处理程序的基础。委托声明提供了委托签名，CLR 则提供委托实现，这便使委托成为实现将事件与事件处理程序动态联系的较好工具。简单地说，事件委托规定了该事件处理程序的格式。委托可根据实际编程需要，将各种调用转发到相应符合规定格式的事件处理程序上。

声明事件委托的方式包括显式和隐式两种方式。显式使用现有委托类型为基础委托的方式，需要首先使用 Delegate 关键字定义委托(4.9 节)。而定义事件委托不能有返回值，因此委托类型必须使用 Sub 关键字而不能使用 Function 关键字。这种限制的主要原因是：对于多点传送的 Function 委托类型，即将一个委托绑定到多个 Function 处理方法时，使用返回值非常困难。多点传送委托的 Invoke 调用的返回值是调用委托列表中最后一个处理方法的返回值。因此，若要求捕获列表中前面的处理方法的返回值，则会使事件处理难度陡增；而取消捕获多个返回值的需求则使事件更容易使用，故声明委托的形式如下：

```
Delegate Sub DelegateType(参数 1，参数 2，…)
```

然后使用以下语法声明事件委托：

```
Event EventName As DelegateType
```

该语法在将多个事件路由到同一处理程序时是很有用的。

〖例 4.32〗动态绑定事件应用：快速计算游戏

下面是一个简单的快速计算游戏示例程序。示例代码是显式声明事件委托的综合应用。该程序的功能是进行两个 10 以内整数的加法或乘法快速心算，输入答案并按回车键完成计算，同时显示完成计算的时间。完成计算后会触发事件，根据输入结果的正确与否，显示不同的结果。代码见[VBcodes Example：4125]。

[VBcodes Example：4125]

该示例程序运算结果如图 4.50 所示。为实现预设的计算功能，在公共模块中定义了一个过程委托 CalcuGameHandler，其带有两个参数 sender 和 e；此外，程序中定义了四个类，即 Calcu 类、AppPicBox 类、AppTxtBox 类和 CalcuEventArgs 类。

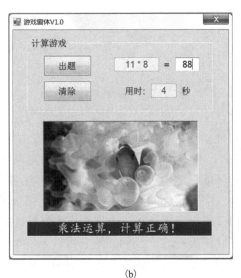

(a)   (b)

图 4.50　VBE4125 运行结果

Calcu 类的功能是利用随机函数 Rnd()产生两个运算数和一个运算符，组成加法或乘法运算表达式。同时，验证运算结果的正确与否。完成计算后触发事件，并向主线程传递运算符以及验证结果等信息。该类的主要成员具体如下：

(1)一个 CalcuGameHandler 委托类型的事件 CalcuFinish，该委托已在 Module1 中做出声

明，并带有两个参数 sender 和 e；

(2)构造函数 New()，功能是随机产生三个 10 以内的整数，两个是运算数，即 AA 和 BB，另一个则是运算符生成数 OperatNum。当 OperatNum<=5 时，做加法运算；当 OperatNum>5 时，做乘法运算；

(3)只读属性 Expression()，String 类型，用于生成运算表达式；

(4)只写属性 CalcuResult()，Integer 类型，用于接收输入的运算答案，检验正确性并触发事件 CalcuFinish。

AppPicBox 类，继承自 PictureBox 控件类，其功能是捕获事件 CalcuFinish 消息，并根据事件信息加载不同的图片：

(1)String 类型共享字段 ImagePath，用于向 AppPicBox 类传递需要加载的图片的路径；

(2)构造函数 New()，功能是为 AppPicBox 的有关属性赋值，使其初始化；

(3)过程方法 ShowPic(sender, e)是事件 CalcuFinish 动态绑定的委托处理程序之一。它根据计算结果为图片框 PictureBox 加载不同的图片。方法的参数签名必须与委托 CalcuGameHandler 的参数签名保持一致。

AppTxtBox 类，继承自 TextBox 控件，其功能是捕获事件 CalcuFinish 消息，并根据事件信息输出不同的文字信息：

(1)构造函数 New()，功能是为 AppTxtBox 的有关属性赋值，使其初始化；

(2)过程方法 ShowTxt(sender, e)是事件 CalcuFinish 动态绑定的委托处理程序之一。它根据计算结果，为文本框 TextBox 加载不同的文字信息。方法的参数签名必须与委托 CalcuGameHandler 的参数签名保持一致。

CalcuEventArgs 类继承自环境参数类 EventArgs，用于记录 Calcu 类实例对象运行时产生的环境参数，如生成的运算符、计算结果的正确性等：

(1)OperatNum 字段为 Integer 类型，用于记录 Calcu 对象的运算符生成数；

(2)ResultChk 字段为 Boolean 逻辑型，用于记录 Calcu 对象计算结果的正确性；

(3)CalcuMethod 和 CalcuChk 是两个 String 类型只读属性，分别对应 OperatNum、ResultChk 两个字段，存放相应的运算方法和计算结果，为输出做准备。

程序运行时，通过 Button1 的 Click 事件创建 Calcu 类的实例对象 Game；自动生成运算表达式并将其显示在 TextBox1 中，同时利用系统计时器记录运算开始时间 StartTime；用户在 TextBox2 中输入计算结果并回车；此时，在 TextBox2_KeyPress 子例程中，一旦检索到回车字符("Enter")，将首先创建 AppPicBox 控件和 AppTxtBox 控件的实例对象 Picω 和 Txtω；并将完成计算的时间显示在 TextBox3 中。通过 AddHandler…AddressOf 语句结构建立 Game 对象的 CalcuFinish 事件捕获和处理机制；在窗体上加载控件 Picω 和 Txtω；向 Game 对象的 CalcuResult 只写属性写入运算结果，并据此检查计算表达式和计算结果；创建事件环境参数类 CalcuEventArgs 的实例对象 eE，并为 eE 的 OperatNum 和 ResultChk 字段赋值。

完成后触发 CalcuFinish 事件，分别调用 Picω 和 Txtω 对象中相应的委托处理程序，加载不同的图片和计算结果文字信息。

动态绑定事件模式提供了事件与事件处理程序的灵活关联。尤其是需要对多个对象使用相同的事件处理程序，或对于同一事件，在不同的环境下灵活关联多个事件处理程序时，使用 AddHandler 语句就特别方便。其实，当用户使用 AddHandler 时，没必要显式声明委托类。

AddressOf 实质上就是一种委托的操作符，它创建了一个指向事件处理程序地址的委托。没有显式声明事件委托，而通过 AddressOf 直接指定事件处理程序地址的方式就是隐式声明事件委托。例如，针对 VBE4125，完全可以删除 Module1 中的显式声明委托：

```
Delegate Sub CalcuGameHandler(sender As Object, e As CalcuEventArgs)
```

[VBcodes
Example：4126]

而将 Class Calcu 改写，代码见[VBcodes Example：4126]。

事件委托是多路广播的，这意味着它们可以对多个事件处理方法进行引用。委托考虑了事件处理中的灵活性和精确控制。通过维护事件的已注册事件处理程序列表，委托为引发事件的类担当事件发送器的角色。

4.10.6 用户定制事件

本节我们讨论用户定制事件 Custom Event 的使用。与其相对，前面用 Event 来声明的事件暂且称为通用事件。实际上，正如前面讨论过的情形，在类中添加或处理通用事件并不是十分复杂的问题，但是使用类来处理一个用户定制事件则有所不同，因为它需要一个代理列表来存储事件处理委托。例如，使用 Hashtable 类、ArrayList 类或 EventHandlerList 类保存事件处理委托等。

使用定制事件的好处在于：①避免一个事件处理委托队列（EventHandlers）执行时出现阻塞现象；②节省内存，这是因为定制事件允许应用程序仅对其处理的事件使用内存。

[VBcodes
Example：4127]

在类中声明一个用户定制事件的典型语法结构示例代码见[VBcodes Example：4127]。

如上所述，定制事件 Custom Event 声明的主体定义是名为 AddHandler、RemoveHandler 和 RaiseEvent 的 3 个子例程，称为事件的属性。在 VB.NET "代码编辑器" 窗口，当输入完成 Custom Event 第一行语句并按下 Enter 键，会自动创建 AddHandler、RemoveHandler 和 RaiseEvent 的子例程框架，以便用户根据应用逻辑进一步编辑。事件源对象将使用这三个事件属性跟踪主程序中响应事件的处理程序，以及在适当时调用事件处理程序。

根据 MSDN，处理一个事件或多个事件应遵循以下步骤：

(1)在类中定义引发事件的委托集合；

(2)为每个事件定义一个键值；

(3)定义引发事件类中的事件属性；

(4)使用委托集合来实现添加和删除访问事件属性的方法；

(5)在处理事件的类中使用公共事件属性来添加和删除事件处理委托。

〖例 4.33〗用户定制事件应用：寻宝游戏

下面通过一个简单的寻宝游戏程序展示上述定制事件的定义、引发和处理等过程。游戏界面如图 4.51 所示。图 4.51(a)是游戏开始界面，窗体右边设置供选择的 9 个图片框 PictureBox1～PictureBox9，并用集成框 GroupBox 控件圈定。程序运行时，首先在这些图片框内载入相应的 9 张号码图片 1～9，对应图片框编号。

然后，生成一个 1～9 中的随机数指定图片位置，并将一张宝石图片置于该图片框内。此时，宝石图片并不显示出来，用户可以猜测其所处位置并单击。若没猜中，则如图 4.51(b)、(d)所示，左边图片框 PictureBox10 会现出一张萌脸表情；若猜中，左边图片框 PictureBox10

中则会送出一束鲜花，如图 4.51(c) 所示。

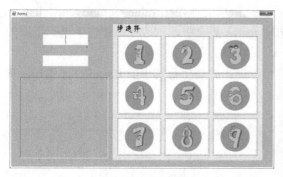
(a) 游戏开始界面

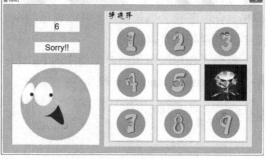
(b) 未寻到宝石界面(一)

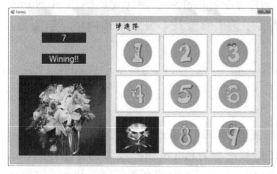
(c) 寻宝石成功界面

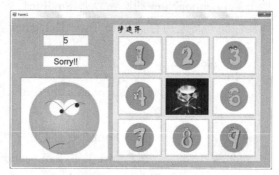
(d) 未寻到宝石界面(二)

图 4.51　VBE4128 和 VBE4129 运行界面

为此，我们利用定制事件的方式设计一个名为 PicLocation 的类，代码见 [VBcodes Example：4128]。

[VBcodes Example：4128]

PicLocation 类成员具体如下。

私有字段：m_Num，Integer 类型。

私有字段：m_EventDelegates，ArrayList 类型。

事件委托：LocationChangedHandler，参数签名为 BayVal 传递的 Integer 值类型。

定制事件：LocationChanged。

友元方法：FindPic。

在 PicLocation 类的构造函数，由随机函数 Rnd() 生成 1～9 的随机数，赋值给私有字段 m_Num 通过构造函数，用于指定存放宝石图片的位置。ArrayList 类型的 m_EventDelegates 字段用来存储事件处理委托。Delegate 定义了处理事件的 Sub 例程委托 LocationChangedHandler，其参数签名是按值传递的 Integer 类型参数 LocationNum。引发事件时，LocationNum 会传递到事件处理程序中。

类中 Custom Event 定义的三个事件属性 AddHandler、RemoveHandler 和 RaiseEvent 实际上为本类对象建立了对事件处理程序的跟踪侦听。

每当在主程序中通过 AddHandler 将事件处理程序绑定本类对象时，就会调用一次类中 Custom Event 定义的 AddHandler 属性，把指向事件处理程序的该项委托 value 添加至 m_EventDelegates 委托集合中。

每当在主程序中通过 RemoveHandler 从本类对象中解除事件处理程序时，就会调用一次类中 Custom Event 定义的 RemoveHandler 属性，把该项处理委托 value 从 m_EventDelegates 委托集合中删除。倘若该项委托不在 m_EventDelegates 集合中，则应在该属性中进一步添加必要的错误处理代码。

每当主程序调用本类对象类中的 FindPic() 方法时，就会执行其中的 RaiseEvent 语句，从而引发 LocationChanged 定制事件。如下：

```
Sub FindPic()
    RaiseEvent LocationChanged(m_Num)
End Sub
```

事实上，引发事件后便会调用类中 Custom Event 定义的 RaiseEvent 属性。传递给该属性形参 LocationNum 的实参就是 FindPic() 方法中通过 RaiseEvent 语句返回的值 m_Num。该属性例程将遍历存储在 m_EventDelegates 集合中的所有委托，并且分别调用这些委托。如下：

```
For Each Delegateω As LocationChangedHandler In m_EventDelegates
    Delegateω.Invoke(LocationNum)
Next
```

[VBcodes Example：4129]

窗体 Form1 中的主程序代码见[VBcodes Example：4129]。

在 Form1 类中，PicLocationObj 被声明为 PicLocation 类型的变量；PicArray 和 PhizArray 声明为 String 类型数组，分别用于存放 9 张号码图片和 8 张萌脸表情图片的文件路径。AppliPath 字段则用于引用图片文件的相对工作路径。

程序运行时，首先通过 Form1 的 Load 事件中对 PicArray 和 PhizArray 两个数组初始化。Sub 例程 PictureBoxClick 关联界面中的 9 个图片框 PictureBox1～PictureBox9 的 Click 事件，参数 sender 将返回被单击的图片框对象，因此，通过 sender 对象的 name 字段将得到图片框名。单击图片框时，首先调用创建 PicLocation 类的新实例，并将其赋值给 PicLocationObj 对象。此时，PicLocation 类的构造函数将随机生成宝石图片的位置 m_Num。利用循环结构，便可检索到对应的单击位置 i+1，并将其赋值给 SelectPicture 例程的形参 SelecPlace，以此参数调用 SelectPicture 例程。

然后，SelectPicture 例程通过 AddHandler 语句将 PicLocationObj.LocationChanged 事件动态绑定到事件处理程序 Pic_LocationChanged。此时便会调用 PicLocationObj 对象代码中 LocationChanged 事件的 AddHandler 属性例程，将指向处理事件的委托程序 Form1.Pic_LocationChanged 的内存地址作为参数 value 添加到 PicLocationObj 对象的 m_EventDelegates 委托集合中。

接下来，执行 PicLocationObj.FindPic() 方法，引发 PicLocationObj.LocationChanged 事件。如前面所述，PicLocationObj.LocationChanged 事件中的 RaiseEvent 例程将从 m_EventDelegates 委托列表中调用事件处理程序 Form1.Pic_LocationChanged，并将宝石图片的位置信息参数 LocationNum（即 m_Num）传递到事件处理程序 Pic_LocationChanged 中，将其赋值给形参 New_Location。

事件处理程序一方面将宝石图片位置信息 New_Location 显示在文本框 TextBox1 中；另一方面，通过 For Each 循环结构在图片框对象数组 PictureBoxω() 中确定放置宝石图片的图片框对象 PicBoxSelec，并将位置编号赋值给 IndexSelec。

随后，流程返回 SelectPicture 例程检验单击的位置是否与宝石图片位置是否一致。如果一致，将在左下角图片框 PictureBox10 中送出一束鲜花，并在 TextBox2 中输出 Wining!!，如图 4.51(c)所示；否则随机送出一个萌脸表情并输出 Sorry!!，如图 4.51(b)、(d)所示。

完成判断后，通过 RemoveHandler 语句解除事件 PicLocationObj.LocationChanged 与事件处理程序 Form1.Pic_LocationChanged 间的关联。此时，将调用 PicLocationObj 对象代码中 LocationChanged 事件的 RemoveHandler 属性，从委托列表 m_EventDelegates 中清除 Form1.Pic_LocationChanged 事件处理程序的内存地址，释放内存。

Application.DoEvents()语句将完成图片显示操作。Thread.Sleep(1000)语句使线程休眠 1000ms，便于观察窗体上的变化。接下来，程序将恢复等待模式。

4.10.7　.NET Framework 类库事件

1. EventHandler 通用事件委托

事件功能是由三个互相联系的元素提供的，分别为引发事件的源对象、提供事件信息的对象和事件处理委托。本节将在事件委托概念的基础上，进一步系统地审视.NET Framework 类库事件。对于 System.Windows.Forms 窗体及其控件的事件使用，大家已经非常熟悉，如 Butten1.Click、CheckBox1.CheckedChanged 等。事实上，这些类库事件都是使用 EventHandler 通用事件委托类型来定义事件。EventHandler 通用委托类型存在于 System 命名空间的 mscorlib 程序集中(在 mscorlib.dll 中)并具有以下定义：

```
Delegate Sub EventHandler(sender As Object, e As EventArgs)
```

EventHandler 通用事件委托的调用签名形式上是统一的。在其中定义了两个参数：一个参数名为 sender，Object 类型；另一个参数名为 e，EventArgs 类型。

Object 类型是.NET Framework 类层次结构的根，即.NET Framework 中所有类的最终超类，支持.NET Framework 类层次结构中的所有类，并为派生类提供低级别服务。一般来说，参数 sender，正如其词义，就是触发(或称引发)事件的对象，传递对事件源对象的引用。例如，Button1.Click 事件就是 Button 对象所触发的基于 EventHandler 通用事件委托的事件，sender 传递的就是触发 Button 对象。下面这段代码，可以让我们见到 sender 参数的内容：

```
    Private Sub Button1_Click(sender As System.Object, e As System.EventArgs)
Handles Button1.Click
        MsgBox(sender.ToString)
    End Sub
```

运行后，显示消息如图 4.52 所示。可见，此时 sender 指的就是触发事件的对象 Button1。

sender 是在事件处理程序代码内部或外部进行调用的。例如，VBE4129 中的 PictureBoxClick 例程通过 sender 识别并返回被单击的图片框。如果在控件触发的事件中编写事件处理程序代码，则无须为其重新指派触发事件的对象，因为已经默认它是该控件了。但当我们自己写代码来调用某事件处理程序时，就要明确 sender 是何物了。

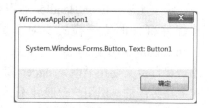

图 4.52　事件参数 sender

另一个参数 e 用来传递事件源引发事件时的一些环境信息数据。事件就是一个信号，发生的事件一定会含有独特的信息。于是，.NET Framework 中专门设计了可以记录存储这些信息的事件信息类 System.EventArgs。多数情况下，对于引发时无须向事件处理程序传递环境信息的事件，可将参数 e 设为 EventArgs。此时，事件源传递的参数值等于 EventArgs.Empty，这表明没有额外参数信息。如果事件处理程序需要事件源提供环境信息数据，则必须从 EventArgs 类派生出一个用来保存环境信息数据的子类，例如，在 VBE4052～VBE4057 中的 GeomEventArgs 类，参数 e 将作为由该子类创建的对象，传递来自事件源的环境信息数据。

下面这段代码可以让我们看到参数 e 的内容：

```
        Private Sub Button1_Click(sender As System.Object, e As System.EventArgs)
Handles Button1.Click
        MsgBox(e.ToString)
        End Sub
```

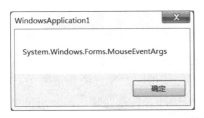

图 4.53　事件参数 e

运行后，显示消息框如图 4.53 所示，因为 Click 事件是由 mouse 发出的，因此，消息框中显示的 e 就是引发这一事件所需的环境信息数据 System.Windows.Forms.MouseEventArgs 类的实例了。注意，MouseEventArgs 就是派生自 EventArgs 类的子类，而 e 就是 MouseEventArgs 的实例。进一步通过 IDE 窗体"帮助"菜单查询 MouseEventArgs 类的常用属性（表 4.9），这便是发生 Click 事件时，MouseEventArgs 类对象 e 记录并可提供给我们的信息。如果有需要，编程中便可使用这些信息。

表 4.9　MouseEventArgs 类常用属性

属性	说明
Button	获取曾按下的是鼠标哪个按钮
Clicks	获取按下并释放鼠标按钮的次数
Location	获取鼠标在产生鼠标事件时的位置
X	获取鼠标在产生鼠标事件时的 X 坐标
Y	获取鼠标在产生鼠标事件时的 Y 坐标

[VBcodes
Example：4130]

一般情况下，许多控件事件（如单击）都不生成事件数据。sender 和 e 参数在多数场合并没有实际的作用。例如，当为从 Form 派生的类编写 Load 事件处理程序时，sender 只传递 Me 引用，而不会提供任何其他值；e 传递的参数则为 EventArgs.Empty。可进行测试，代码见[VBcodes Example：4130]。

"输出"窗口显示结果为 true、true。

综上所述，EventHandler 通用事件委托为我们提供了处理 System.Windows.Forms 窗体及其控件事件的统一模式。对于数量庞大的无数据事件，使用.NET Framework 提供的 EventHandler 通用事件委托已足够。只有当事件伴生信息数据并需要传递至事件处理程序时，才需要自定义委托类型。sender 和 e 这两个参数对于 EventHandler 通用事件委托而言，在形式上是必需的，但用户一般并不真正需要使用它们。使用.NET Framework 类库提供的控件或组件进行应用编程的重点是根据 EventHandler 通用事件委托来编写事件处理方法的实现，而不是引用参数 sender 或 e。

为什么.NET Framework 类库事件大多都根据这种具有通用调用签名(sender 和 e)结构的 EventHandler 通用事件委托建模，而不设计为具有满足其调用需要签名的自定义委托类型来为每个事件建模？众所周知，.NET Framework 类库开发中的一个设计目标就是限制用于事件处理的委托类型的数量。

其中，最小化委托类型数量的目的之一就是更有效地利用应用程序使用的内存。而加载更多委托类型则意味着占用更多内存。如果在 Windows 窗体框架中的类定义的每个事件都基于一个自定义委托类型，则每次运行 Windows 窗体应用程序时，都必须将多至上百个委托类型加载到内存，这必将消耗大量内存资源。而运用上述通用委托类型模型则可依赖很少的委托类型在 Form 及各种控件类中定义上百个事件，从而提供更高的内存利用率。

最小化委托类型数量的目的之二就是利用可插接式处理程序方法来增加实现多态性的可能。当使用与 EventHandler 通用事件委托匹配的通用调用签名来编写处理程序方法时，可以将其绑定到大多数由窗体及其控件引发的事件上。这将在下面的示例中提到。

2. EventHandler 通用事件委托的事件处理

先分析一个应用程序框架。代码见[VBcodes Example：4131]。

[VBcodes Example: 4131]

上述代码并不陌生，在 Windows 窗体应用程序中包含了 Form 类的 Load 和 Button 类的 Click 两个事件处理程序，均使用静态绑定模式来关联事件处理程序。它们都是根据 EventHandler 通用事件委托定义的。编辑事件处理程序代码可通过在界面视图中双击窗体或"命令"按钮，VB.NET 将自动创建事件处理程序框架。我们只需填充这些方法的实现，为事件处理赋予预期的行为。

应明确，VB.NET 中，静态绑定事件并不真正与事件处理程序的名称有关，而与其 Handles 子句密切相关。这与前面讨论过的自定义事件的情形一样，用户可以为处理程序重命名为所需的任何名称。

我们也可以使用动态绑定事件模式进行事件处理，示例代码见[VBcodes Example：4132]。

代码中不再需要 WithEvents 以及 Handles 关键字，而是使用 AddHandler… AddressOf 语句结构，动态绑定事件与事件处理程序。

[VBcodes Example: 4132]

〖例 4.34〗事件处理多路响应运用一

本示例创建一个将用户输入改为大写的事件处理程序，可以响应窗体中多个文本框的 TextChanged 事件。同时，当鼠标指针进入各文本框时，响应 TextBox_MouseEnter 事件，改输入模式为蓝底白字；鼠标指针离开各文本框时，响应 TextBox_MouseLeave 事件，改输入模式为白底黑字。代码中，就没必要为每个控件创建单独的事件处理程序。代码见[VBcodes Example：4133]。

[VBcodes Example: 4133]

Form1 主窗体程序代码见[VBcodes Example：4134]。

注意，示例中 Handles 子句使用了由逗号分隔的三个事件列表。TextBox_Changed、TextBox_MouseEnter 和 TextBox_MouseLeave 三个方法实际上都分别创建了三个不同的事件处理程序。因此，当用户在操作其中任意一个的文本框时，都将执行相应的方法。

[VBcodes Example: 4134]

那么，当程序执行其中的方法时，如何知道是哪个 TextBox 对象引发了该事件呢？这就是参数 sender 要解决的问题。由于参数 sender 是根据 Object 通用类型传递的，所以，在针对其编程之前，应将它转换成一个更具体的类型。就本例而言，可转换参数 sender 的类型为 TextBox 控件类型，如下所示：

```
Dim txt As TextBox = CType(sender, TextBox)
```

除可以将一个事件处理程序绑定到多个同类型事件上，也可以创建一个事件处理程序来响应由多个不同类型的控件所引发的事件。

将一个事件处理程序绑定到三个不同控件类型的三个不同事件上，代码示例见[VBcodes Example：4135]。

[VBcodes Example：4135]

可见，.NET Framework 的事件体系结构为我们提供了丰富的控件功能。动态绑定事件与事件处理程序的唯一要求是：处理程序和绑定到它的事件应基于相同的委托类型。.NET Framework 中提供的事件，相当多都基于 EventHandler 通用事件委托，这使得编写通用事件处理程序方法十分简单。

有时，处理程序方法需要编写代码来执行条件操作，而这些操作只在事件源为某种特定类型的对象时才执行。例如，处理程序方法可以使用 TypeOf 运算符来检查 sender 参数。这样，处理程序方法可以在事件源为 Button 对象时执行一组操作，而在事件源为 CheckBox 对象时执行另一组操作，示例代码见[VBcodes Example：4136]。

[VBcodes Example：4136]

3. EventHandler 通用事件委托参数的自定义

如前所述，基于 EventHandler 通用事件委托的事件通知通常将事件信息存储于 EventArgs 类的字段或属性中，称为事件信息类。参数 e 作为 EventArgs 类的实例传递这些信息。然而，EventArgs 类是包含事件信息的基类，其中的事件数据通常为空。因此，对于无数据事件，即在引发事件时不必向事件处理程序传递信息数据的事件可以使用此类。此时，形式上，参数 e 传递的参数值是 EventArgs.Empty。如果事件处理程序需要事件环境信息数据，则应用程序必须从此类派生一个子类来保存需要传递的事件环境信息数据。.NET Framework 的设计者创建了一个将参数化信息从事件源传递到事件处理程序的约定。此约定包括创建 EventArgs 子类，即自定义事件信息类和自定义委托类型。

由 Forms 类引发的鼠标事件（如 Mousedown），提供了如何使用此约定的示例。其参数化信息均记录在名为 MouseEventArgs 类的属性值中，见表4.9。按照.NET Framework 约定，该类派生自 EventArgs 基类。参数 e 就是 MouseEventArgs 类的实例。在事件通信中，传递参数化信息的约定需要通过一个自定义委托类型来补充自定义事件信息类。因此，就有了名为 MouseEventHandler 的委托类型用于补充 MouseEventArgs 类。该委托类型是系统隐含的，并不真的需要出现在应用代码中。其定义如下：

```
Delegate Sub MouseEventHandler(sender As Object, e As MouseEventArgs)
```

揭示 Forms 类对 MouseDown 事件做出的响应示例代码见[VBcodes Example：4137]。

[VBcodes Example：4137]

本示例的功能是在单击的位置生成一个新创建的标签 Label 控件，并在其中显示由参数 e 捕捉到的单击处的坐标。同时，根据点击使用的是鼠标左键或右键，使窗体背景色产生红色或蓝色变化。运行代码可知，添加上述委托类型与否，都不会影响程序的运行。

由此可知，通过约定的 MouseEventArgs 类，参数 e 向处理程序提供了鼠标指针的位置以及按键的信息，这些参数化信息都可以在事件处理程序的实现代码中使用。在 Windows 窗体框架中，如此使用参数化约定的示例不少。

以键盘事件为例，以下是与 Control 类相关的各种键盘事件：

（1）KeyDown——当按下一个键并且控件具有焦点时发生；

（2）KeyPress——当按下一个键并且控件具有焦点时发生；

（3）KeyUp——在具有焦点的控件上释放键时发生。

对于 KeyPress 事件，其参数化信息均记录在名为 KeyPressEventArgs 的类对象中，由名为 KeyPressEventHandler 的委托类型补充；参数 e 为 KeyPressEventArgs 类对象，具有以下属性，见表 4.10。

表 4.10　KeyPressEventArgs 类常用属性

属性	说明
Handled	获取或设置一个值，该值指示是否处理过 KeyPress 事件
KeyChar	存储对应于按下的键的字符

对于 KeyDown 和 KeyUp 事件，其参数化信息均记录在名为 KeyEventArgs 的类对象中，由名为 KeyEventHandler 的委托类型补充；参数 e 为 KeyEventArgs 类对象，具有以下属性，见表 4.11。

表 4.11　KeyEventArgs 类常用属性

属性	说明
Alt	获取一个值，该值指示是否曾按下 Alt 键
Control	获取一个值，该值指示是否曾按下 Ctrl 键
Handled	获取或设置一个值，该值指示是否处理过此事件
KeyCode	获取 KeyDown 或 KeyUp 事件的键盘代码
KeyData	获取 KeyDown 或 KeyUp 事件的键数据
KeyValue	获取 KeyDown 或 KeyUp 事件的键值
Modifiers	获取 KeyDown 或 KeyUp 事件的功能键（Ctrl、Shift 和/或 Alt 键）
Shift	获取一个值，该值指示是否曾按下 Shift 键
SuppressKeyPress	获取或设置一个值，该值指示键盘事件是否应传递到基础控件

〖例 4.35〗事件处理多路响应运用二

本例提供了一个如图 4.54 所示信息输入界面，五个文本框用于信息输入。根据鼠标指针进入文本框与否，可实现文本框的背景色和前景色的变化调整。同时，对必须输入数字字符的文本框进行跟踪检查。示例代码见 [VBcodes Example：4138]。

[VBcodes Example：4138]

程序采用事件处理多路响应方式，当鼠标指针进入或离开各文本框时，分别响应 TextBox_MouseEnter 事件处理程序和 TextBox_MouseLeave 事件处理程序，利用 sender 返回触

图 4.54　VBE4138 界面

[VBcodes
Example：4139]

发事件的文本框对象，对该文本框的 BackColor 和 ForeColor 属性值进行调整：鼠标指针进入时输入模式为蓝底白字；鼠标指针离开时输入模式改变为白底黑字。

当在 TxtID 和 TxtPhone 两个文本框中输入字符时，响应 TextBox_KeyUP 事件处理程序，利用 sender 返回触发 KeyUp 事件的文本框对象，利用 KeyEventArgs 类对象 e 的 Code 属性，对输入文本框中的字符进行校对，判定是否为数字字符，若不是，则弹出消息框提示正确输入要求，并清空文本框。

以下通过一个自定义文本框 TextBox 控件的对比设计详细说明自定义事件信息类参数的实际作用。假定我们需要设计一个仅输入数字的文本框，当输入非数字字符并最终按下回车键时，将改变文本框底色和字符颜色并弹出提示消息框，该消息框确认后，恢复等待输入状态。为此，设计一个自定义文本框 CustomTextBox 类，代码见[VBcodes Example：4139]。

CustomTextBox 类中，采用隐式委托方式设计了一个 EnterKeyPress 事件。事件参数除 sender 外，还包括 Cancel、Message、FColor、BColor、ButtonStyle 五个参数。

参数 Cancel 为 Boolean 类型，用于判断输入字符是否正确，以确定是否需要弹出消息框。

参数 Message 为 String 类型，值为"请输入数字字符！"，作为错误提示内容。

参数 FColor 和 BColor 为 Color 类型，用于传递文本框字符颜色和底色。

参数 ButtonStyle 为 MsgBoxStyle 类型，用于传递定制的消息框样式。

CustomTextBox 类继承自 TextBox 控件类，自然就继承了 TextBox 控件类的 MyBase.KeyPress 事件。因此，该类中包含了一个处理 MyBase.KeyPress 事件的私有方法成员 Sub TextBox_KeyPress。该方法参数 e 的 e.KeyChar 属性记录了按键的信息，一旦侦测到按下 Enter 键，将首先对输入 CustomTextBox 对象中的字符是否为数字字符做出判断，并设置 Cancel 值；然后对 Message、FColor、BColor、ButtonStyle 各参数进行赋值；最后就会触发自定义的 EnterKeyPress 事件，并将 Me、Cancel、Message、FColor、BColor、ButtonStyle 作为参数传递给应用程序的 EnterKeyPress 事件处理程序。

根据.NET Framework 的约定，对于对象型参数，不论传递方式是 ByVal 还是 ByRef，其实质传递的都是存储这些对象的地址副本。一旦参数内容发生改变，该地址上存储的内容将彻底更新。

窗体应用主程序代码见[VBcodes Example：4140]。

[VBcodes
Example：4140]

这里，采用静态绑定模式，将 CustomTextBox 类的实例对象 TestTextBox 的 EnterKeyPress 事件绑定到事件处理程序 Sub TestTextBox_EnterKeyPress 过程方法。如果传递过来的 Cancel 值为 False，表明输入文本框的字符为非数字字符，便以红底白字警示性地显示输入内容，同时，释放一个错误提示消息框，提示"请输入数字字符！"。一旦接收到消息框的确认信息，便恢复实例对象 TestTextBox 的白底黑字模式，同时清除输入的内容。

以上代码设计中，CustomTextBox 类中自定义事件 EnterKeyPress 传递的参数过多，这是一个的明显的缺陷。如果用户对该文本框提出更多的要求，参数列表还将加长。假如应用程序中使用这样的自定义的文本框有很多处，一旦用户提出要求修改该文本框，这样的修改对于应用程序来说将是灾难性的。

因此，是否可以考虑参考前面的 Mousedown 事件，设计一个类似于 MouseEventArgs 类的自定义事件信息类，将需要事件传递的事件信息数据写入其中，而事件的参数在形式上却只有 sender 和 e 两个呢？答案是肯定的。为此，我们遵循.NET Framework 约定，首先设计一个由 EventArgs 类派生出的子类 EnterKeyPressEventArgs，通过该类的一些属性承载希望传递的事件环境信息数据。代码见[VBcodes Example：4141]。

[VBcodes Example：4141]

自定义文本框 CustomTextBox 类的代码便可以得到简化，并具有更合理的结构。代码见[VBcodes Example：4142]。

对比 VBE4139，EnterKeyPress 事件的参数大为缩减，只有 sender 和 e 两个参数。VBE4139 在 TextBox_KeyPress 方法中定义的变量全部集中到了 EnterKeyPressEventArgs 类的属性中。这样的改变为日后可能出现的修改提供了结构化的便利，会极大程度地减轻应用程序修改的压力。这个就是面向对象的好处，封装了操作，只通过信息接口来连接。也就是软件工程里面所说的松耦合。

[VBcodes Example：4142]

窗体主程序代码见[VBcodes Example：4143]。

4．综合编程示例

[VBcodes Example：4143]

〖例 4.36〗.NET Framework 参数化事件应用程序

作为综合应用练习，我们设计一个能够遵循.NET Framework 约定的方式进行参数化的事件应用程序。如图 4.55 所示，该应用程序实现的功能是：产生一个 100 以内能整除 360 的随机数，并在自定义的窗体上显示出沿圆周均匀分布的该数量的椭圆，如图 4.55(b)、(c)所示。主窗体界面如图 4.55(a)所示，列表框中显示出 100 以内所有整除 360 的整数，Button1 按钮用于执行自定义窗体，并显示相应的构图。

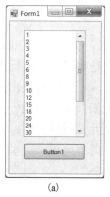
(a)

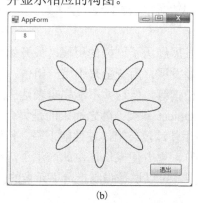
(b)

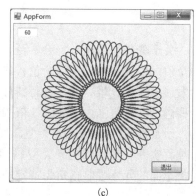
(c)

图 4.55　VBE4144 运行界面设计

首先设计一个能在其上构建图形的窗体类 AppForm，该类继承自 Form 基类。通过代码在该窗体上添加一个名为 TextDisplay 的文本框控件和一个名为 QuitButton 的按钮控件。其中 QuitButton 按钮静态绑定 Click 事件。在载入该窗体对象时，对窗体及以上两个控件进行初始化。

窗体类 AppForm 代码见[VBcodes Example：4144]。

[VBcodes Example：4144]

该代码中，带参数构造函数用于传递构建图形(简称构图)中的椭圆个数。使用基类窗体的 Paint 事件静态绑定绘图事件处理程序。所绘图形为在半径为 100 像素的圆周上均匀排列的 EllipseNum 个椭圆，其中，每个椭圆的大小为 100 像素×30 像素，其长轴均指向圆周的圆心。

创建一个派生自 EventArgs 类的事件信息类 RndNumEventArgs，通过该类的构造函数，随机生成构图中的椭圆个数，代码见[VBcodes Example：4145]。

[VBcodes
Example：4145]

该类在构造函数中生成能整除 360 的随机数 RndNum 并将其赋值给 Integer 类型只读属性 Num。

为捕捉到这一构图所需的数据信息，并将其传递给构图处理程序，需要设计一个 CatchRndNum 类，代码见[VBcodes Example：4146]。

[VBcodes
Example：4146]

CatchRndNum 类中包含一个事件成员 GetNum 和一个过程方法成员 SendNum。在过程方法中通过定义 RndNumEventArgs 类的实例对象 eRN 产生构图随机整数，并触发事件 GetNum。eRN 作为 GetNum 事件的第二个参数，其属性 Num 携带了构图所需的参数。在事件引发时，eRN 被传递至接下来的事件处理程序中。

主窗体应用程序代码见[VBcodes Example：4147]。

[VBcodes
Example：4147]

程序中，CatchRndNum 类的新实例对象 ShapeNum 静态绑定了事件 GetNum 的事件处理程序 ShapeNumHandler。单击 Button1 按钮，启动 ShapeNum 对象的 SendNum 回调过程，引发 ShapeNum.GetNum 事件，从而执行事件处理程序 ShapeNumHandler，加载并显示 AppForm 窗体对象 Formω。Formω 对象按传递进来的 e.Num 参数进行构图并将其加载到窗体上。

此外，Form1 窗体加载时，会将 100 以内所有能整除 360 的整数显示在 ListBox1 列表框中，供检索查阅。

4.11　数组、集合、泛型

关于变量、数组、集合、泛型的发展经历了这样的历程：最开始用内存中一个位置映射一个值，用变量来使用这个值；进一步发展，用变量来引用一组值，这就是数组；由数组概念发展出链表、堆、栈，进行排序、检索等，但这并不能完全表达应用需求，由此发展出集合概念，它是更强大的数组，依赖于 Object 基类；随之而来的是集合中元素并不一定是一样的，于是都得转为 Object 类型，其应用便涉及装箱，使性能下降，特别是元素量巨大时；由于编程实践一般使用同一类型(强类型)，更方便操作，由此产生了泛型。简单地说，泛型就是把里面的元素强制指定为特定的类型，可以说是强制指定了元素的模板。

4.11.1　数组

对数组的讨论已经在 2.5 节中做过初步的讨论。本节中，我们将以 VB.NET 的视角做归纳分析。

1. 数组定义

System.Array 类是数组的基础，数组就是由它派生而来。所有.NET 数组和集合的下标总是从 0 开始。

各种定义数组的代码方式归纳如下：

```
        Dim a1(20)As Integer
        Dim a2()As Integer = {1, 2, 3, 4}
        Dim a3(4, 2)As Integer
        Dim a4(,)As Integer = {{1, 2, 3}, {4, 5, 6}, {7, 8, 9}, {10, 11, 12}, {13,
14, 15}}
        Dim a5(,,)As Integer = {{{1, 2, 3}, {4, 5, 6}}, {{7, 8, 9}, {10, 11, 12}},
{{13, 14, 15}, {16, 17, 18}}}
        Dim a6()As Integer
```

说明：

a1 数组是 a1(0)～a1(20)共 21 个元素，而不是 20 个元素，20 表示上限；

a2 表示 4 个元素，上限是 3，即 a2(3)；

a3 表示的是 5×3 阶的二维数组；

a4 也是二维数组，但其一维和二维的上限由后面的值来确定；

a5 表示的是三维数组，但其各维的上限由后面的值来确定；

a6 表示是一维不定数组，仅声明了类型，没有指明大小。

VB.NET 中仍然保留了前期 Visual Basic 中关于数组操作的一些经典方便的语句、函数和关键字，其罗列于表 4.12 中。

表 4.12 Visual Basic 语句、函数和关键字

名称	说明
Const 语句	声明和定义一个或多个常数
Dim 语句	为一个或多个变量声明并分配存储空间
Static 关键字	指定在其中声明一个或多个局部变量的过程终止后，这些已声明的局部变量继续存在并保留其最新值
ReDim 语句	为数组变量重新分配存储空间
Preserve 关键字	当仅更改最后一个维度的大小时，用来保留现有数组中的数据
Nothing 常数	表示任意数据类型的默认值
Erase 语句	用来释放数组变量和解除分配用于它们的元素的内存
UBound()函数	返回数组中某维中的上限，参数用来指定维数
LBound()函数	返回数组下标的下限，由于 VB.NET 将数组下标的下限固定为 0，所以该函数实际无用

2. 多维数组

UBound()函数用来提取数组中某维中的上限(注意不是元素个数)，参数用来指定维数。LBound()函数用来提取数组的下限，由于下限永远从 0 开始，所以这个函数没用。

另外，维数是从左到右、从 1 开始计数(这与元素索引从 0 开始计数不同)的。需要注意的是：Array 类的 GetUpperBound()方法也提取指定维的上限，但它的维数计数是从 0 开始的。例如，a1.GetUpperBound(0)，相当于 UBound(a1,1)。以下为 UBound 函数示例，代码见[VBcodes Example：4148]。

```
Module Module1
    Sub TestArray()
        Dim a(,)As Int32 = {{1, 2, 3}, {3, 4, 5}, {6, 7, 8}}
        Dim temp As Int32
        Dim b As String = ""
        For i As Int32 = 0 To UBound(a)  '即 UBound(a,1),返回第一维下标上限
```

```
        For j As Int32 = 0 To UBound(a, 2) '返回第二维下标上限
            b += "    a(" + CStr(i)+ "," + CStr(j)+ ")=  " + CStr(a(i, j))
            temp += a(i, j)
        Next
        b += VBCrLf
    Next
    Console.WriteLine(b)
    Console.WriteLine(VBCrLf & temp)
    Console.Read()
    End Sub
End Module
```

3. 数组大小的调整

1)关键字 ReDim

使用 ReDim 关键字可以更改某个已声明数组的多个维度大小,但不能改变维度的个数。如此,便可以通过 ReDim 关键字减小数组以释放内存,或扩大数组以满足应用需要。应用规则如下。

(1) ReDim 关键字仅适用于数组。它在标量(仅包含单一值的变量)、集合或结构上无效。

(2) 如果将显式声明变量为 Array 类型,则不允许使用 ReDim 关键字创建新数组。此时,调整数组大小,需使用 Array 类的 Resize() 共享方法。

(3) ReDim 关键字仅可以在过程级别中使用,这意味着 ReDim 关键字声明变量的上下文必须是过程(Sub、Function、New、Property 等),而不能是源文件、命名空间、接口、类、结构、模块或块。

(4) 对于使用 Dim 关键字仅声明了类型的不定数组,在使用前需用关键字 ReDim 来实例化,指明数组各维度的大小,即下标上限,以便分配内存空间。但不能用关键字 ReDim 来改变它类型,否则出错。

不定数组就是声明时并没有实例化的数组。它只说明了数组类型,却没有在内存中分配空间,因为元素个数未定。因此,在没有具体实例化前不能直接使用该数组,必须使用关键字 ReDim 来实例化。

下面的示例说明了这一点,代码见[VBcodes Example: 4149]。

```
Sub Main()
    Dim a()As Int32
    'ReDim a(3)'只能实例化,不能声明成类型
    Console.WriteLine(a(0))
    Console.Read()
End Sub
```

图 4.56 使用不定数组元素引发的异常

运行结果如图 4.56 所示。

2)关键字 Preserve

Preserve 是保持的意思。不定数组经 ReDim 关键字实例化后,还可再次用 ReDim 关键字来改变,第二次改变会直接改变第一次实例化中重叠的元素。为了保持元素值,可附加使用 Preserve 关键字来指明。

注意，使用关键字 Preserve 后，只能修改最后一个维度的下标上限。动态增大某个数组最后一个维度，不会丢失数组中的任何现有数据，减少该维度则会有部分数据丢失。如下述代码：

```
Dim intArray(10, 10, 10)As Integer
ReDim Preserve intArray(10, 10, 20)
ReDim Preserve intArray(10, 10, 15)
ReDim intArray(10, 10, 10)
```

执行第一个 ReDim 语句时会创建一个与 intArray 重名的新数组。ReDim 语句将所有元素从现有数组复制到新数组中。同时，还会在每一层中的每个行的结尾另外添加 10 列，并将这些新列中的元素初始化为 0（数组元素类型 Integer 的默认值）。

执行第二个 ReDim 语句也会创建另一个新数组，复制所有适合的元素。但每一层的每一行会较前丢失结尾处 5 列。如果这些列无用，则丢失不造成问题。减小大型数组的大小能够释放不再需要的内存。

执行第三个 ReDim 语句仍然创建另一个新数组，从每一层中的每个行的结尾移除另外 5 列。本次调整不再复制任何现有元素，并将所有元素还原为原始默认值。

4. Array 类的属性和方法

VB.NET 对数组的操作现已优化整合至 System.Array 基础类的属性和方法中。数组就是由它派生而来的。现将 Array 类的常用属性和方法列于表 4.13 和表 4.14 中。

表 4.13　Array 类常用属性

属性	说明
Length	获得一个 32 位整数，该整数表示 Array 的所有维数中元素的总数
Rank	获取 Array 的秩（维数）

表 4.14　Array 类常用方法

方法	说明
Clear	将 Array 中的一系列元素设置为零、False 或 Nothing，具体取决于元素类型
ConvertAll()	将一种类型的数组转换为另一种类型的数组
Copy()	从指定的源索引开始，复制 Array 中的一系列元素，并将其粘贴到另一指定目标索引开始的 Array 中
CopyTo()	将当前一维 Array 的所有元素复制到从指定的目标索引开始指定的另一维 Array
CreateInstance()	创建具有指定下限、指定 Type 和维长的 Array
ForEach(Of T)	对指定数组的每个元素执行指定操作
GetLength	获取表示 Array 的指定维中的元素数
GetLowerBound	获取 Array 中指定维度的下限
GetType	获取当前实例的 Type
GetUpperBound	获取 Array 的指定维度的上限
GetValue()	获取 Array 中指定位置的值
Resize(Of T)	调整数组大小，改变元素的数量
Reverse()	反转整个一维 Array 中元素的顺序
SetValue()	将某值设置给 Array 中指定位置的元素
ToString	返回表示当前对象的字符串

下面是一个应用 Array 类的控制台示例，程序见[VBcodes Example：4150]。

程序运行结果：

```
Lengths of single dimension array[0]        '索引号为 0 的一维数组各维长度
    Total length of the array = 5           '该数组总长度 = 5
Lengths of 3 dimension array[1]             '索引号为 1 的三维数组各维长度
    Length of dimension(0)= 5               '0 维长度 = 5
    Length of dimension(1)= 3               '1 维长度 = 3
    Length of dimension(2)= 2               '2 维长度 = 2
    Total length of the array = 30          '该数组总长度 = 30(即 5×3×2)
```

4.11.2 集合

[VBcodes
Example：4150]

1. 集合的概念

集合对象是由可以枚举的多个对象组成的特殊对象，它有自己的属性和方法。对象集合中的对象作为集合的成员被引用，集合中的每个成员从 0 开始顺次编号，即索引号。例如，控件集合 Controls 包含已给定窗体上的所有控件。

VB.NET 支持 For Each…Next 语句中的特定语法。该语法允许循环访问集合中的项。另外，集合通常允许使用 Item 属性(Collection 对象)按照元素的索引或通过将元素与某个唯一字符串相关联来检索元素。集合比数组更易于使用，因为它们允许用户在不使用索引的情况下添加或移除项。由于它们的易用性，集合经常用于存储窗体/控件。

在 ListBox 列表框对象中列出控件集合 Controls 中每个成员的名字代码见[VBcodes Example：4151]。

```
Public Class Form1
    Private Sub Button1_Click(sender As System.Object, e As System.EventArgs)
Handles Button1.Click
        Dim MyControl As Control
        For Each MyControl In Me.Controls
            ListBox1.Items.Add(MyControl.Name)
        Next MyControl
    End Sub
End Class
```

有两种通用方法获取对象集合的成员：指定成员的名称和利用成员的索引号。一旦能够获取全体成员及单个成员，就可用操作对象的标准方法，应用对象集合的属性和方法或集合中各元素对象的属性和方法，示例代码见[VBcodes Example：4152]。

```
Public Class Form1
    Private Sub Button1_Click(sender As System.Object, e As System.EventArgs)
Handles Button1.Click
        TextBox1.Text = Me.Controls(3).Name
        Me.Controls("ListBox1").Top = 200
    End Sub
End Class
```

数组功能很强大，但 Array 基类并没为数组提供更多的功能，如排序、动态分配内存，为更强大的功能产生了集合。对于不同的用处，System.Collections 命名空间提供了几个强大的集合类型，见表 4.15。

表 4.15　典型的集合类型

集合	说明
ArrayList	实现一个数组，其大小在添加元素时自动增加大小(不必烦恼数组的上限或用 ReDim、Preserve)
BitArray	管理以位值存储的布尔数组
Hashtable	实现由键组织的值的集合(Key,Value)，排序是基于键的散列完成的(哈希函数)
Queue	实现先进先出集合(排序方式)
Stack	实现后进先出集合
SortedList	实现带有相关的键的值的集合，该值按键来排序，可以通过键或索引来访问

2. ArrayList 数组列表

ArrayList 仅一维且不保证是排序的。允许使用一个整数索引访问此集合中的元素。此集合中的索引号从 0 开始。

在执行需要对 ArrayList 排序的操作(如 BinarySearch)之前，必须对 ArrayList 进行排序。ArrayList 的容量是 ArrayList 可以包含的元素数。随着向 ArrayList 中添加元素，容量通过重新分配按需自动增加。可通过调用 TrimToSize 或通过显式设置 Capacity 属性减少容量。对于非常大的 ArrayList 对象，则在 CLR 运行时，环境(IDE)中增加的最大容量为 2^{31}，对于 64 位的系统，需要通过设置 gcAllowVeryLargeObjects 配置元素的 enabled 属性，将其属性值设置为 True。ArrayList 集合接受 Null 引用(在 Visual Basic 中为 Nothing)作为有效值并且允许重复的元素。示例代码见[VBcodes Example：4153]。

```
Module Module1
    Sub Main()
        '使用大小会根据需要动态增加的数组来实现 IList 接口
        Dim objArryList As New System.Collections.ArrayList
        Dim objItem As Object
        Dim intLine As Int32 = 1
        Dim strHello As String = "Hello"
        Dim objWorld As New System.Text.StringBuilder("World")
        objArryList.Add(intLine)
        objArryList.Add(strHello)
        objArryList.Add(" "c)
        objArryList.Add(objWorld)
        objArryList.Insert(1, ". ")'在索引 1 处插入(索引号从 0 开始)
        For Each objItem In objArryList
            Console.WriteLine(objItem.ToString)
        Next
        Console.Read()
    End Sub
End Module
```

从上述代码可以看出其使用很方便：

(1)不需要声明数组大小；

(2)不需要重写定义数组大小；

(3)不需要用 Preserve 来保持数据。

ArrayList 都会自动完成这样的功能。

3．Hashtable 哈希表

Hashtable 表示根据键的哈希代码进行组织的键/值对的集合。键通过一个哈希函数来确定元素值的具体存储位置。这样就可以快速由 Key 取得值。键不能是 Nothing（Null），值可以是。优点：定位查找一个值，插入、删除一个映像的效率较高。

4．SortedList 排序列表

Hashtable 是没有排序的，所以新增元素会比较快。而 SortedList 存储的键/值对是按 Value 进行排序的，因为要排序，所以新增元素时，要先查找元素的位置再插入，速度相对慢些，但是在查找时比较快。

下面示例中，每变动一次元素，会自动按 Value 进行排序，所以最后不需排序，就可得到排序的结果，代码见[VBcodes Example：4154]。

```
Module Module1
    Sub Main()
        Dim objSortedList As New System.Collections.SortedList
        objSortedList.Add("first", 32)
        objSortedList.Add("second", 66)
        objSortedList.Add("third", 77)
        objSortedList.Add("forth", 55)
        For j As Int32 = 0 To 3
            Console.WriteLine(objSortedList.GetByIndex(j))
        Next
        Console.Read()
    End Sub
End Module
```

程序输出结果为：32、55、66、77。

5．Queue 队列

Queue 类称为队列，表示一个先进先出的对象集合。存储在 Queue 队列中的对象在一端插入，从另一端移除，即最先添加到队列中的对象会最先被移除。队列在按接收顺序存储对象方面非常有用，当需要按先进先出访问对象时使用。Queue 队列的主要属性和方法如下：

(1) Count 属性：获取保存在队列中的对象的个数，若其值为 0 则表明队列为空。

(2) Clear() 方法：移除队列中的所有对象。

(3) Contains() 方法：判断队列中是否存在某个对象，存在返回 True，否则返回 False。

(4) Dequeue 方法：用于返回队列顶部对象，并从队列中删除该对象。

(5) Enqueue 方法：用于向队列底部添加新对象。

(6) Peek 方法：用于返回队列顶部对象，但不从队列中删除该对象。

(7) TrimToSize 方法：将容量设置为 Queue 中元素的实际数目。

Queue 的容量是 Queue 可以保存的元素数。向 Queue 添加元素时，将通过重新分配来根据需要自动增大容量。可通过调用 TrimToSize 来减少容量。等比因子是当需要更大容量时

当前容量要乘以的数字。在构造 Queue 时确定增长因子。默认增长因子为 2.0。Queue 能接受空引用作为有效值，并且允许重复的元素。

控制台应用示例代码见[VBcodes Example：4155]。

```vb
Module Module1
    Sub Main()
        Dim objQueue As New System.Collections.Queue
        Dim obj As Object
        objQueue.Enqueue("OK")
        objQueue.Enqueue(32)
        objQueue.Enqueue("hello")
        For Each obj In objQueue
            Console.WriteLine(obj)
        Next
        Console.Read()
    End Sub
End Module
```

6. Stack 栈

Stack 类称为堆栈，表示后进先出的对象集合。即最后被添加到堆栈中的对象最先被移除。当需要按后进先出访问对象时使用它。当在堆栈中添加一个对象时称为推送对象，当移除对象时称为弹出对象。Stack 堆栈的主要属性和方法：

(1) Count 属性：获取保存在堆栈中的对象个数，若其值为 0 则表明堆栈为空。

(2) Clear 方法：移除堆栈中的所有对象。

(3) Contains 方法：判断堆栈中是否存在某个对象，存在返回 True，否则返回 False。

(4) Pop 方法：返回堆栈最新添加的对象，并从堆栈中移除该对象。

(5) Push 方法：向堆栈的栈顶添加新对象。

(6) Peek 方法：返回堆栈栈顶对象，但不从堆栈中删除该对象。

控制台应用示例代码见[VBcodes Example：4156]。

```vb
Module Module1
    Sub Main()
        Dim objStack As New System.Collections.Stack
        Dim obj As Object
        objStack.Push("OK")
        objStack.Push(32)
        objStack.Push("hello")
        For Each obj In objStack
            Console.WriteLine(obj)
        Next
        Console.Read()
    End Sub
End Module
```

注意：比较与 Queue 的输出顺序，以下是另一个 Stack 应用示例，可以进一步体会它的特性。代码见[VBcodes Example：4157]。

示例代码在控制台的输出结果：

[VBcodes Example：4157]

```
myStack
        Count:       3
        Values:      !    World    Hello
```

4.11.3 泛型

1)装箱与拆箱的概念

所有继承自 System.ValueType（而 System.ValueType 继承自 System.Object）的类型都是值类型，而其他类型都是引用类型。值类型（ByVal）数据存储在栈上，引用类型（ByRef）数据存储在堆上。当值类型向引用类型转变，即从栈向堆上迁移，值就变成了一个对象。仿佛在值类型数据的外面包装了一层东西，这个过程称为装箱（Boxing）。当需要使用其值时，又需要去除引用类型包装，把该值从堆转移至栈上，这个过程称为拆箱（Unboxing）。

〖例 4.37〗数据装箱与拆箱演示程序

例如，假定要创建一个 ArrayList 对象来容纳一组 Point 结构，并根据需要将这组数据显示在文本框中。代码见[VBcodes Example：4158]。

[VBcodes Example: 4158]

该代码中 Point 结构是值类型并拥有两个 Single 类型字段 x、y。加载窗体时，通过每次循环迭代，初始化一个 Point 值类型对象 APt，并将其存储到集合 ArrayList 类的对象 PtArray 中。ArrayList 集合的 Add 方法原型是 Add（Object），就是说，Add 需要获取托管堆上的一个对象引用（对象的内存地址）并将其作为参数。但之前代码中传递的是 Point 值类型对象 APt。为了使代码正确运行，必须将值类型对象 APt 转换成一个真正在堆中托管的对象，而且必须获取一个对这个对象的引用。为此，需要启动装箱机制，完成如下三个步骤：在托管堆中分配好内存；将值类型的字段复制到新分配的堆内存；返回对象的地址。

在上述代码中，当编译器检索到需要向引用类型的方法 Add 传递一个值类型时，会自动生成代码，对传递对象进行装箱。CLR 运行时，就会按装箱程序把当前 Point 对象实例 APt 中的字段逐一复制到堆内新分配给 Point 对象的内存中，并将已装箱的 Point 对象地址返回给 Add 方法。至此，这个地址就是一个 Point 对象的引用，值类型已转变成了一个引用类型。Point 对象会一直存在于堆中，直到被垃圾回收器回收。

代码中单击按钮时的输出操作，涉及拆箱。代码 BPt = PtArray（i）是要获取 ArrayList 集合中第 i 个元素包含的引用，并试图将其放到一个 Point 对象的实例 BPt 中。此时，CLR 分两步完成这个操作。第一步，获取已装箱的 Point 对象中各 Point 字段的地址；第二步，将这些字段包含的值从堆中复制到基于栈的值类型实例 BPt 中。

装箱/拆箱是.NET Framework 框架的概念，不是 C#或是 VB.NET 哪一个具体语言的概念。正如 VBE4158 代码所呈现状况，装箱和拆箱意味着在堆和栈的空间上进行一系列操作，导致数据在堆和栈上进行来回复制，伴随产生一些"无功"的冗余行为。尤其是对于堆上空间的操作，速度相对于栈上慢得多，并且可能引发垃圾回收，造成对系统性能的规模性影响。因此，频繁地装箱/拆箱操作会付出性能损失的代价。

2)引入泛型

System.Collections 命名空间中提供了集合类型，如 ArrayList、SortedList 等并不计较存入

其中的数据类型，因而称为弱类型集合。由前述可知，这类集合在处理值类型元素的过程中都将进行装箱操作，隐式地向上强制转换值类型为 Object 引用类型并将其存储于堆上；在检索或引用时又要进行拆箱操作。如果数据量庞大，强制转换带来的装箱和拆箱操作造成的性能损耗程度就比较可观了。此外，对基于 Object 类型的对象还要进行后期绑定，这意味着需要编写额外的代码才能在运行时访问它们的成员，同样会降低性能。

然而，在一个指定的应用中，往往只有存储唯一的类型才有意义。设计泛型的一个主要目的就是创建强类型集合，减少装箱和拆箱的冗余行为，使处理速度加快。

〖例 4.38〗数组、集合和泛型集合的性能差异演示程序

通过比较，展现出数组、集合和泛型集合之间的性能差异，示例代码见 [VBcodes Example：4159]。

[VBcodes Example：4159]

该代码中，在固定长度数组 myarray、自动增长集合 ArrayList 的实例 myarraylist，以及泛型类集合 List(Of T) 的实例 mylist 中，分别储存了 500 万个数值元素，计算并显示各自完成的时间(ms)。运行结果如下(不同机器存在差异)：

```
Compare Performance :
Array time: 18 ms
Arraylist time: 537 ms
List time: 35 ms
```

从中可以看出显著的性能差异。Array 对象有无与伦比的速度，且无须为改变数组的大小付出代价；泛型 List(Of T) 对象的耗时是 Array 的 2 倍，位居其次；而自动增长的 ArrayList 对象的耗时是 Array 的近 30 倍。问题出在 ArrayList 被设计成储存引用型变量，将 Integer 值类型储存到 ArrayList 对象上以前要经过装箱操作，将 Integer 类型转为 Object 类型。VBE4159 结果表明装箱的代价非常昂贵，所以当需要储存值类型数据(如 Integer 类型、Date 类型、Boolean 类型以及自定义创建的 structure 类型等)时，使用泛型将获得非常可观的性能提升。

除装箱外，另一个使弱类型集合使用受限的因素是缺少编译时的类型检查。同一个集合可接收不同类型，所有项都强制转换为 Object 类型。因此，在编译时无法检查是否可以接收这种类型，或者是否人为错误输入了另一个类型。而 IDE 的智能感知能力也只能根据 Object 类型提示通用信息，丧失了对具体类型对象的感知和提示能力，使错误检查变得困难重重。

例如，假定我们设计了一个 Student 类，并将这个类储存在一个 Collection 集合对象中，代码见[VBcodes Example：4160]。

这里，首先创建了一个 Collection 的实例 StuRecord；接着在 Button1.Click 中创建了一个 Student 类的实例，并设置了一些数据；最后，Student 对象 St 被添加到 Collection 集合中，指定 St.IDNum 属性为关键字。Button2.Click 代码展示了如何从 Collection 取出这个 Student 对象的实例。

[VBcodes Example：4160]

如此使用集合会产生哪些问题？首先，该代码的初衷是让 Collection 集合对象 StuRecord 只储存 Student 类型的对象。但这里没有任何机制可以防止将其他类型对象放入其中，因为 Collection 集合可以接收任何类型的对象。其次，没有任何信息可以告诉我们从这个集合中取出的数据是什么类型。下面的代码照样可以正确编译：

```
Dim str As String
str = StuRecord("123456-20120525-7890")
```

虽然开发者可以很明确地知道这不能正确工作，但没有办法让编译器发现这个问题，只是在运行时(后期绑定时)会发生一个异常信息，如图 4.57 所示。

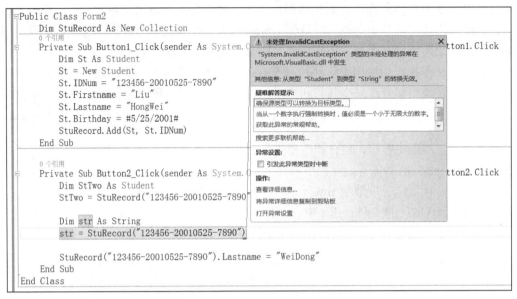

图 4.57　后期绑定时异常信息

集合的使用同样限制了 IDE 智能感知能力的发挥。如这段代码：

```
StuRecord("123456-20120525-7890").Lastname = "WeiDong"
```

说明我们可以直接编辑集合中的项目。此时，IDE 的智能感应能力只能基于 System.Object 类型提示使用通用方法，包括 Equals()、GetHashValue()、GetType()、ReferenceEquals()、Tostring()，却得不到关于 Student 类的智能感知帮助，提示选择 Lastname 属性等。

综上可以得出结论，集合虽然容易使用，但作为一个动态数组使用时其性能非常差。使用集合的两大限制就是性能和灵活性方面的损失。如果我们对其中的类型进行一些限制，使之成为统一的类型，虽然编码的复杂性稍有增加，但好处是可以创建一个更安全并且速度更快的集合类型，校验错误也变得容易。这便催生了泛型，解决了原先无法避免的容器操作的装箱/拆箱问题，同时通过类型强化提升了 IDE 智能感知的能力。

3)泛型及分类

泛型是将数据类型作为形参而建立的功能完整的编程单元。这样的编程逻辑相当于制作了一个编程单元模板，只要为其指定具体的类型实参，就能获得基于该编程单元的不同数据类型的实际编程元素版本。但是，无论声明的元素使用哪种数据类型，它们均执行相同的逻辑功能。而无须为每个数据类型编写单独版本。

声明泛型时，类型参数作为占位符，必须由关键字 Of 引导，且参数间以逗号分隔。

使用泛型建立的编程单元，可以是类、模块、结构、接口、委托、过程、集合等，于是就有了泛型类、泛型模块、泛型结构、泛型接口、泛型委托、泛型过程、泛型集合等编程逻辑。可以大致将它们归纳为泛型过程和泛型类型两大类。

(1)泛型过程。

泛型过程也称为泛型方法，就是使用类型参数定义的过程。每次调用该过程时，调用代码都需要根据实际应用提供具体的数据类型以实现其编程逻辑。泛型过程可以在它的普通参数列表、返回值类型(如果有)和过程代码中使用其类型参数。

〖例 4.39〗泛型过程演示程序

[VBcodes Example：4161]

给出一个简单的示例，代码见[VBcodes Example：4161]。

程序运行结果如图 4.58 所示。

(a)

(b)

(c)

图 4.58　泛型方法 VBE4161 界面与结果

示例代码中设计了两个泛型过程：其一为 GenericSub(Of t1, t2)，携带两个类型参数；其二为 DemoSub(Of t)，携带一个类型参数。单击按钮调用泛型过程时，则给出类型参数具体的数据类型。

也可以在不提供任何类型实参的情况下调用泛型过程，此时，由编译器通过类型推理确定传递到该过程的数据类型。如果编译器无法从调用的上下文中推断出数据类型，则报告错误。启动类型推理只需省略所有类型实参即可。不允许针对类型参数列表只提供其中部分类型参数实例。要么全部省略以启动类型推理，要么全部显式提供。类型推理只支持泛型过程，不支持泛型类、泛型结构、泛型接口或泛型委托。

一个过程之所以成为泛型过程，并不是简单地由于其在泛型类或泛型结构中进行定义。若要成为泛型过程，除了可能采用的所有普通参数外，该过程还必须采用至少一种类型参数。泛型类或泛型结构中可以包含非泛型过程；而非泛型类、泛型结构或泛型模块中也可以包含泛型过程。本示例的 Form1 类就不是一个泛型类。

下面的示例定义了泛型 Function 方法，其用于查找数组中的特定元素。它定义了一个类型参数，并用该类型参数在参数列表中构造两个参数。代码见[VBcodes Example：4162]。

[VBcodes Example：4162]

该示例代码中，需要能够将 SearchValue 与 SearchArray 中的每个元素进行比较。为保证具有此能力，约束类型参数 T 实现 IComparable 接口。代码使用 CompareTo 方法取代"="运算符，这是因为无法保证为 T 提供的类型参数支持"="运算符。运行程序， MsgBox 分别显示 0、1 和-1。

当需要实现一些与特定类型不相关的一般算法时，创建泛型方法应是首选。例如，典型的冒泡排序需要遍历数组中的所有项目，两两比较，并在需要时交换需要排序的数据。如果希望能够排序任何类型，就可以将其中交换两个排序数据位置的算法抽象出来，编写一个泛型 swap 方法，如下：

```
Private Sub Swap(Of T)(ByRef v1 As T, ByRef v2 As T)
    Dim temp As T
    temp = v1
    v1 = v2
    v2 = temp
End Sub
```

代码中通过 ByRef 传址方式，确定两个数据的实际存储地址并实现交换。对随机产生的
10 个 100 以内的整数进行排序的完整应用代码见[VBcodes Example：4163]。

(2)泛型类型。

在定义类、结构、接口、委托等编程单元时，如果采用类型参数，就形成
类、结构、接口、委托的泛型模板，即泛型类型。通过创建泛型模板来获得更
好的性能以实现代码复用。使用泛型类型时，必须提供每个类型参数的实际数据类型，从而
由泛型类型生成一个可供应用的构造类型。之后，就可以声明构造类型的变量，进而创建构
造类型的实例，并应用于编程。

[VBcodes Example: 4163]

〖例 4.40〗泛型类型实现 IComparable 接口

例如，为了实现与 VBE4162 相同的功能，可以设计泛型类 GenericClass(Of
T As IComparable)，代码见[VBcodes Example：4164]。

GenericClass(Of T As IComparable)类中，通过构造函数导入需要查询的元
素和数组，将查询结果以只读属性 FindResult 返回。在私有函数方法
FindElement()中实现了对 T 的 IComparable 约束接口。

[VBcodes Example: 4164]

应用上面 GenericClass (Of T As IComparable)泛型类的示例程序代码见
[VBcodes Example：4165]。

代码中，通过指定具体数据类型分别创建了泛型类 GenericClass(Of T)的
三个构造类：GenericClass(Of String)、GenericClass(Of Integer)、GenericClass(Of
Date)，以及这三个类的实例：CaseStr、CaseInt、CaseDat。

[VBcodes Example: 4165]

和其他.NET 的类型一样，带泛型参数的类型同样是一个确定的类型，在未指定具体类型
实参的情况下，它直接继承自 System.Object 类型，并且可以派生出其他类型。

泛型类型称为开放式类型，.NET 机制规定开放式类型不能被实例化，这样就确保了泛型
在类型参数未被指定前，不能被实例化成任何对象。事实上，.NET 也不能对其进行实例化，
因为不能确定需要分配多少内存给开放式类型。

通过为泛型类型指定具体的类型参数来重新定义一个新的封闭类型(构造类型)，针对该
类型的所有实例化都是合法的。注意：虽然为开放式类型的泛型提供具体的类型参数将导致
生成一个新的封闭类型，但这不代表新的封闭类型和开放式类型存在任何派生继承的关系。
事实上，两者在类结构上处于同一个层次，没有任何关系。

〖例 4.41〗泛型类应用：单向链表

以下是一个建立泛型单向链表类的示例。单向链表是程序设计中常用的数据结构之一，
广泛应用于网页链接、通讯录设计等。单向链表系由一系列结点单向顺序链接而成，每个结
点均由当前结点值和指向下一结点的引用(指针)两个元素组成，如图 4.59 所示。对链表的访

问要从头部开始，顺序读取。对链表的操作通常包括添加、查询、插入、删除、逆序、结点统计等。其中插入、删除、逆序等操作参见图 4.60～图 4.62。

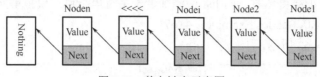

图 4.59　单向链表示意图

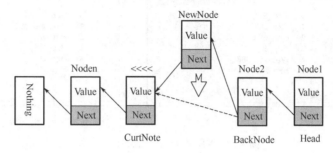

图 4.60　插入结点操作

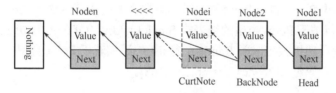

图 4.61　删除结点操作

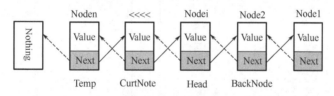

图 4.62　逆序结点操作

如果在设计链表时，将结点值的类型设计为泛型参数，就得到一个泛型单向链表类。当指定不同的数据类型时，就可以得到不同数据类型下的单向链表类，实现基于泛型的单向链表的多态形式。

采用泛型方式设计 SingleLinkList(Of T) 单向链表类，代码见[VBcodes Example：4166]。

上述泛型类 SingleLinkList(Of T) 代码中，内置一个 Node 类，包含于注释块。其中，结点的值 Value 设计为 Node 类的只读属性，而将指向下一结点的引用 NextNode 设计为 Node 类的读写属性。这两个属性的值通过构造函数初始化。

[VBcodes Example：4166]

除成员 Node 类外，SingleLinkList(Of T) 类的成员还包括：默认只读属性 Item(index)，用于返回指定结点的值；只读属性 Count()，用于统计链表中的结点数；私有字段 Head，用于存储头结点；方法 Add、Insert、Remove、ReverseListNode，分别实现链表结点的添加、插入、删除、逆序等不同的功能。

应用实例一：创建字符串型实例应用对象。此时，将具体数据类型 String 提供给泛型链表 SingleLinkList 的类型参数 T，获得关于 String 数据类型的链表类 SingleLinkList（Of String），并实例化为 list。在加载窗体时，向 list 中添加若干字符串结点，模拟单向链接网页地址，以及插入结点，代码见[VBcodes Example：4167]。

运行结果如图 4.63 所示。

[VBcodes Example：4167]

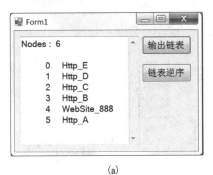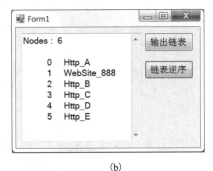

(a)   (b)

图 4.63　VBE4166 和 VBE4167 界面与运行结果

应用实例二：创建结构类型实例应用对象。为此，首先创建一个包含 Name、X、Y 三个字段的 Structure 类型 Point，再以 Point 作为具体数据类型并将其提供给泛型链表 SingleLinkList 的类型参数 T，获得关于 Point 类型的链表类 SingleLinkList（Of Point），并实例化为 list。然后，在加载窗体时，使用随机数生成类 Random 向 list 中添加若干 Point 类型的结点。创建结构类型实例应用对象，代码见[VBcodes Example：4168]。

运行结果如图 4.64 所示。

[VBcodes Example：4168]

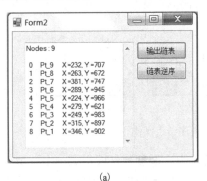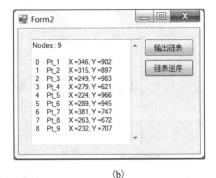

(a)   (b)

图 4.64　VBE4168 界面与运行结果

4.11.4　常用.NET Framework 泛型

.NET Framework 定义了许多泛型模板，包括一些常用的泛型类、泛型结构和泛型接口等。它们多位于 System.Collections.Generic 命名空间，如字典、列表、队列和堆栈等泛型集合类（俗称泛型容器），如表 4.16 所示。

字母 T 意指 Type，是类型参数的占位符。应用时必须提供类型实参，使泛型固化为实型。泛型带来的性能提升让任何使用集合数据类型的地方都可以替代使用泛型。以下通过一些应用示例说明这些泛型类型的使用方法。

表 4.16　常用泛型集合

泛型集合	说明
Dictionary（Of TKey, TValue）	表示键和值的集合
SortedDictionary（Of TKey, TValue）	表示根据键进行排序的键/值对的集合
List（Of T）	表示可通过索引访问的对象的强类型列表
Queue（Of T）	表示对象的先进先出集合
Stack（Of T）	表示任意类型相同的实例的可变大小的后进先出集合

1. Stack（Of T）与 Queue（Of T）泛型集合

〖例 4.42〗Stack（Of T）与 Queue（Of T）泛型集合应用

本示例使用相同的类（System.Collections.Generic.Stack）创建两个栈类集合对象，这两个对象容纳不同数据类型的项。它向每个栈内依次压入项，然后从每个栈的顶部删除并显示项。代码见[VBcodes Example：4169]。

运行结果如图 4.65 所示。

下面的示例使用相同的类（System.Collections.Generic.Queue）创建两个队列类集合对象，这两个对象容纳不同数据类型的项。它向每个队列尾部添加项，然后从每个队列的头部删除并显示项。代码见[VBcodes Example：4170]。

运行结果如图 4.66 所示。

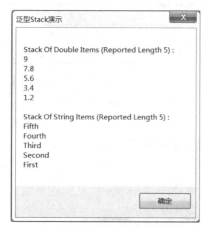

图 4.65　Stack 后进先出

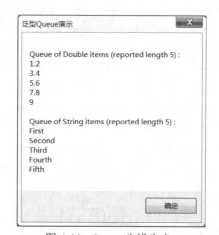

图 4.66　Queue 先进先出

[VBcodes Example：4169]

[VBcodes Example：4170]

2. Dictionary（Of TKey, TValue）泛型字典

其实，Generic.Dictionary（Of TKey，TValue）泛型字典在之前的许多示例程序中已经应用了，大家并不陌生。该集合需要两个类型参数来提供键/值对（Key，Value）。泛型指定数据类型后，Dictionary 实类型只接收特定类型的键/值对。应用时需注意：Dictionary 实例中元素的键具有检索作用，因此必须唯一。下面以地形图的分幅与编号编程为例，说明 Dictionary（Of TKey，TValue）泛型字典集合的应用。

〖例 4.43〗字典泛型应用：地形图梯形分幅编号

国际统一的地形图梯形分幅以 1:100 万地图的分幅为基础，逐步向下扩大比例尺。各级别比例尺的图幅划分具有一定的嵌套规则。图 4.67 为北半球东部 1:100 万地形图的分幅结构。其分幅遵循表 4.17 所列规则。

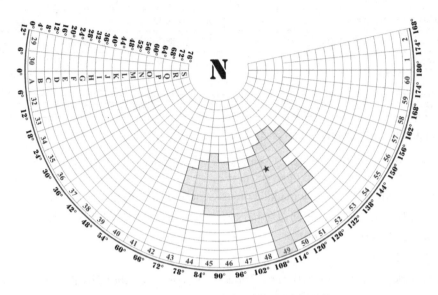

图 4.67　1:100 万北半球东部地形图分幅结构

表 4.17　1:100 万北半球地形图分幅表

序号	分幅	经度差	纬度差	纬度范围
1	单幅	6°	4°	纬度 60°以下
2	双幅合 1 幅	12°	4°	纬度 60°～76°
3	四幅合 1 幅	24°	4°	纬度 76°～88°
4	合为一幅			纬度 88°以上

我国所跨纬度范围为 4°N～53°N，经度范围为 73°E～135°E。处于北纬 60° 以下，因此没有合幅。自 1:100 万比例尺往下，各级别比例尺图幅的嵌套关系见图 4.68。

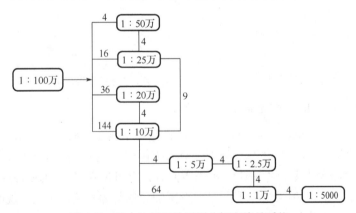

图 4.68　基本比例尺地形图分幅和编号系统

依据国家标准，我国基本地形图包括 8 种比例尺。表 4.18 列出了各比例尺的图幅范围，以及由一幅 1:100 万地图得到的分幅数。

表 4.18　各级比例尺地形图分幅要素

序号	分幅比例尺	比例尺字符码	纬度差	经度差	1:100 万向下分幅
1	1:100 万	A	4°	6°	1×1
2	1:50 万	B	2°	3°	2×2
3	1:25 万	C	1°	1°30′	4×4
4	1:10 万	D	20′	30′	12×12
5	1:5 万	E	10′	15′	24×24
6	1:2.5 万	F	5′	7′30″	48×48
7	1:1 万	G	2′30″	3′45″	96×96
8	1:5000	H	1′15″	1′52.5″	192×192

由此，一幅 1:100 万地形图向下至 1:5 万各比例尺分幅嵌套结构如图 4.69 所示。1:5 万以下至 1:5000 雷同，不再赘述。

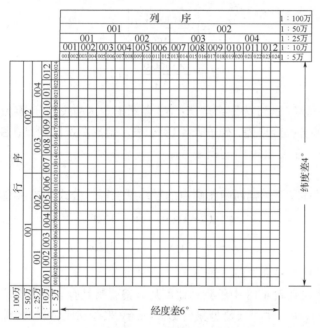

图 4.69　各级比例尺地形图分幅嵌套示意图

一幅地形图的统一编码共 10 个字符位。每个字符位的编码意义如图 4.70 所示。

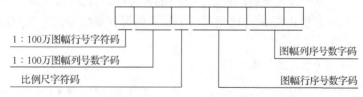

图 4.70　统一分幅编号码定义

图 4.70 中，1:100 万图幅行号字符码和列号数字码如图 4.67 所示；比例尺字符码如表 4.18 所示；图幅行列序号数字码如图 4.69 所示。

地形图分幅与编号计算包括对于给定经纬度坐标的地面点，能够按分幅规则计算出该点所在指定比例尺的图幅编号，并计算出该图幅西南图廓点的坐标。具体计算方法如下。

首先，计算所在 1:100 万图幅编号，公式如式（4-18）和式（4-19）所示：

$$a = \left[\frac{\varphi}{4°}\right] + 1 \tag{4-18}$$

$$b = \left[\frac{\lambda}{6°}\right] + 31 \tag{4-19}$$

式中，中括号[]表示取整；φ 表示给定点的大地纬度；λ 表示给定点的大地经度；a 表示 1:100 万图幅所在纬度带的顺序数，利用此数和 ASCII 码反演纬度带字符码；b 表示 1:100 万图幅所在经度带的数字码。

注意：公式中的角度均以"°"度为单位，计算时角度单位必须统一。

其次，依据指定比例尺，计算地形图图幅的行序号和列序号。公式如式（4-20）和式（4-21）所示：

$$c = \left[\frac{(\varphi \bmod 4°)}{\Delta\varphi}\right] + 1 \tag{4-20}$$

$$d = \left[\frac{(\lambda \bmod 6°)}{\Delta\lambda}\right] + 1 \tag{4-21}$$

式中，中括号[]表示取整；mod 为取余运算；$\Delta\varphi$ 表示指定比例尺的分幅纬度差，列于表 4.18；$\Delta\lambda$ 表示指定比例尺的分幅经度差，列于表 4.18；c 表示地形图按比例尺在图 4.69 中的行序号；d 表示地形图按比例尺在图 4.69 中的列序号。

其他符号和要求同前。

最后，根据图号计算该图幅西南图廓点的经纬度坐标。公式如式（4-20）和式（4-23）所示：

$$\varphi = (a-1) \times 4° + (c-1)\Delta\varphi \tag{4-22}$$

$$\lambda = (b-31) \times 6° + (d-1)\Delta\lambda \tag{4-23}$$

式中，各符号意义及使用要求如前所述。

设计程序时，考虑到表 4.18 中所列各比例尺分幅要素具有固定的对应关系，且比例尺具有唯一性，因此可以使用一个字典泛型集合 Dictionary 来存储比例尺及分幅要素。其中，将比例尺字符串设定为键，而将其他要素整合构造为值。构造方法是将各要素以","号分隔，一并集成一个字符串，即值字符串 = "比例尺字符码, 纬度差, 经度差"。

为方面大家阅读程序，其中的字符标识含义为：Lat：纬度；Lon：经度；Dif：差值；Scale：比例尺。地形图梯形分幅编号代码见[VBcodes Example: 4171]。

[VBcodes Example: 4171]

程序界面如图 4.71 所示。

程序主要功能说明如下：

（1）应用泛型字典集合实类型 Dictionary(Of String, String) 创建的实例 MapDivScales 来存储分幅信息。其中，Key 字符串为分幅比例尺；Value 字符串则由比例尺字符码、纬度差、经度差整合集成。在窗体加载时，初始化 MapDivScales 字典对象，向其中添加各级分幅元素的键/值对。并利用 MapDivScales 对象的"键集合"属性 Keys，采用 For Each 循环结构，将字典 MapDivScales 中各键（比例尺）添加至组合框 ComboBox1 中备选。

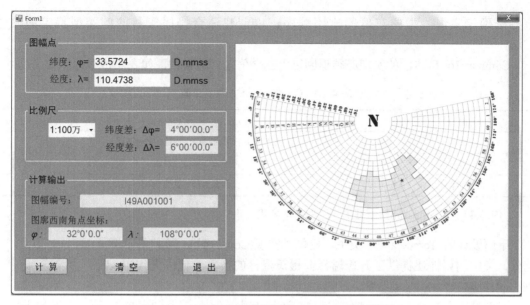

图 4.71　地形图分幅编号程序 VBE4171 程序界面

（2）在 ComboBox1 的 SelectedValueChanged 事件处理程序中，使用泛型键/值对 KeyValuePair（Of String, String）实类型变量 SelecItem 作为循环变量，采用 For Each 循环结构，遍历 MapDivScales 字典中的所有元素，以","为分隔符使用 Split 函数将各元素的 String 型值 Value 拆分成 3 个子串，即尺字符码、纬度差和经度差，并存于数组 DivInform 中；接下来，将比例尺字符码 DivInform（0）赋值给字符变量 ScaleChar，并将纬度差 DivInform（1）和经度差 DivInform（2）做进一步拆分，以"_"为分隔符将其拆分成度、分、秒值，分别存于 LatDif（）、LonDif（）数组中备用。

（3）在 Form1 中声明了一个私有事件 Event ValueError，其用于处理在 TextBox1 和 TextBox2 中输入指定点的纬度和经度时可能存在的错误，旨在提高应用程序的容错能力。该事件的参数签名是（String, TextBox）。String 传递错误提示信息；TextBox 传递当前输入数据的文本框。触发 ValueError 事件的机制是：在当前文本框中完成输入数据，光标离开时，触发 TextBoxLostFocus 事件处理程序，该处理程序关联了两个窗体事件，即 TextBox1.LostFocus 和 TextBox2.LostFocus；此时，TextBoxLostFocus 方法会立即调用 CDEG 函数方法检验数据的正确性，如果检验发现错误，则触发 ValueError 事件；否则，就将输入的 D.mmss 格式的角值换算成以度为单位的角值并返回；CDEG 函数方法中可检出的错误类型包括负值数据、经纬度出界、角度分值或秒值超限等；如果是输入非数字字符，则在 TextBoxLostFocus 方法中触发 ValueError 事件。ValueError 事件静态绑定 CorrectErr 事件处理程序。

程序的其他部分应不难理解，此处不再赘述。

使用泛型 Dictionary（Of TKey, TValue），有时会指定 Guid 结构类型作为 Key。Guid 结构类是由系统自动产生的一个 128 位（16 字节）整数，可用于所有需要唯一标识符的计算机和网络。此标识符重复的可能性非常小。

3. IComparable（Of T）泛型接口

IComparable（Of T）接口提供强类型的比较方法，以排序泛型集合对象的成员。该接口定义了 CompareTo（T）方法，由值可以排序的类型实现，如数值或字符串等类型。

该方法确定实现类型的实例的排序顺序，以创建适合排序等目的的类型特定的比较方法。

CompareTo（T）方法的实现必须返回以下三个值之一的整数，如表 4.19 所示。

表 4.19　CompareTo 方法返回值

值	说明
小于零	此对象小于 CompareTo 方法指定的对象
零	此对象等于方法参数
大于零	此对象大于方法参数

〖例 4.44〗IComparable（Of T）泛型接口应用

下面设计的 Temperature 类中，提供了实现IComparable 接口的示例。此外，类中的属性还提供了开氏温标向摄氏温标的换算。代码见[VBcodes Example：4172]。

[VBcodes Example：4172]

以下是应用 Temperature 类的控制台示例。其中，创建了以 "温度" 为键，"字符串" 为值的SortedList（Of Temperature, String）集合，并将多个 "开氏温度值" 和对应的 "释意名称" 以键/值对的无序方式添加到集合列表中。在调用Add方法时，SortedList集合使用 IComparable（Of Temperature）实现对其列表项按键值大小进行排序。然后，这些列表项将按温度的升序显示。代码见[VBcodes Example：4173]。

[VBcodes Example：4173]

以 Sub Main（）方式运行该程序，在 IDE 窗体的 "输出" 窗口显示结果如下：

```
Absolute zero is -273.15 degrees Celsius.
Freezing point of water is 0 degrees Celsius.
Boiling point of water is 100 degrees Celsius.
Melting point of Lead is 327.5 degrees Celsius.
Boiling point of Lead is 1744 degrees Celsius.
Boiling point of Carbon is 4827 degrees Celsius.
```

4. BindingList（Of T）泛型集合

BindingList（Of T）泛型集合类来自命名空间System.ComponentModel，是提供支持数据绑定的泛型集合。可以将其作为基类，创建支持数据绑定的强类型集合。该类的常用属性、方法和事件分别列于表 4.20～表 4.22 中。

表 4.20　BindingList 常用属性

属性	说明
AllowEdit	Boolean 类型，指示该列表中的项是否可以编辑
AllowNew	Boolean 类型，指示是否可以使用 AddNew 方法向列表中添加项
AllowRemove	Boolean 类型，指示是否可以从集合中移除项
Count	获取 Collection（Of T）中实际包含的元素数
Item	获取或设置指定索引处的元素
RaiseListChangedEvents	Boolean 类型，指示在列表中添加或移除项时是否会引发 ListChanged 事件

表 4.21   BindingList 常用方法

方法	说明
Add	将对象添加到 Collection(Of T)的结尾处
AddNew	将新项添加到集合中
AddNewCore	将新项添加到集合末尾
ApplySortCore	如果已在派生类中重写，则对项进行排序；否则将引发 NotSupportedException
CancelNew	丢弃挂起的新项
Clear	从 Collection(Of T)中移除所有元素
ClearItems	移除集合中的所有元素(重写 Collection(Of T).ClearItems)
Contains	确定某元素是否在 Collection(Of T)中
CopyTo	从目标数组的指定索引处开始将整个 Collection(Of T)复制到兼容的一维 Array
EndNew	向集合提交挂起的新项
IndexOf	搜索指定的对象，并返回整个 Collection(Of T)中第一个匹配项的从零开始的索引
Insert	将元素插入 Collection(Of T)的指定索引处
OnAddingNew	引发 AddingNew 事件
OnListChanged	引发 ListChanged 事件
Remove	从 Collection(Of T)中移除特定对象的第一个匹配项
RemoveAt	移除 Collection(Of T)的指定索引处的元素(继承自 Collection(Of T))
RemoveItem	移除指定索引处的项(重写 Collection(Of T).RemoveItem(Int32))

表 4.22   BindingList 常用事件

事件	说明
AddingNew	在将项添加到该列表之前发生
ListChanged	当列表或列表中的项更改时发生

〖例 4.45〗BindingList(Of T)泛型集合类应用

本示例展示了 BindingList(Of T)泛型的属性、方法和事件的实际应用。示例中设计了一个仅有 Name 和 Number 两个属性成员的 Product 类。并以此为类型，创建 BindingList(Of Product)的实例 ProductList。将其作为数据源，并分别绑定到 ListBox1 和 DataGridView1 两个数据显示控件上。在通过两个文本框向 ProductList 中添加新的 Product 对象时，对象的信息会分别在 ListBox1 和 DataGridView1 两个控件上出现。代码见[VBcodes Example：4174]。

代码运行界面如图 4.72 所示。

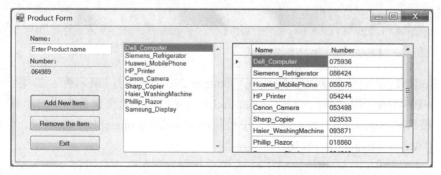

[VBcodes Example：4174]

图 4.72   VBE4174 界面与运行结果

该代码中,没有使用常规的 Add 方法向 ProductList 添加 Product 新项,而是在单击 Button1 的事件中,通过调用 ProductList.AddNew()方法触发 BindingList 类的 AddingNew 事件。在事件处理中,将新项暂时赋值给事件信息类 AddingNewEventArgs 对象 e 的字段 NewObject,待新项检验合格后才会真正添加至 ProductList 集合中。程序中设置的检验条件是检查 Product 新项的 Name 属性字符串中是否包含空格,如果包含,则认为 Name 属性字符非法,就会执行 CancelNew 方法,将该项丢弃。欲从集合中删除对象时,需用鼠标在 ListBox1 或 DataGridView1 上选择对象,然后单击 Button2 按钮即刻删除该项。

下面的示例是将 BindingList(Of T) 作为基类使用的情形。代码见 [VBcodes Example:4175]。

[VBcodes Example:4175]

运行界面见图 4.73。该代码中,通过继承基类泛型 BindingList(Of T)创建了派生类 StudentList。继承时,就指明了具体类型参数 Student。这样,重载、重写、事件等常规继承概念也可用于其中。

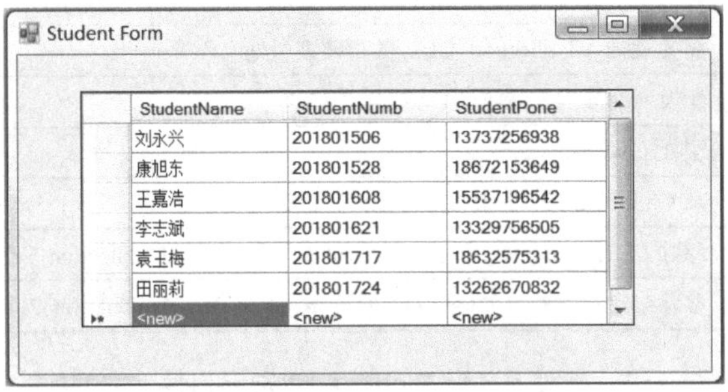

图 4.73　VBE4175 界面

4.11.5　约束泛型

在定义泛型时,如果对类型参数提出限制条件,则构成约束泛型。约束可以是限定类型。参数必须是某特定的类(Class)或结构(Structure);或必须是继承自某特定的类;或必须实现某特定接口;或必须具有可访问的无参数构造函数;或必须是引用类型或值类型等;也可以是这些约束项的组合,但至多只能指定一个类。约束对具体类型提出限制,使得智能提示生效。

下面是定义泛型类时可能存在的一些约束方式:

```
Public Class ListClass(Of T, V As Generic.List(Of T))
Public Class ReferenceOnly(Of T As Class)
Public Class ValueOnly(Of T As Structure)
Public Class Factories(Of T As New)
Public Class Factories(Of T As {New, Class})'限制类型参数为多种情况(花括号)
```

〖例 4.46〗约束泛型类应用:排序单向链表

其实,VBE4162 就是一个类型参数实现 IComparable 接口的约束示例。如果我们对 VBE4166 泛型类单向链表 SingleLinkList(Of T)中的类型参数也提出约束,实现接口 IComparable,便可得到一个经排序的链表 ComparableLinkedList,代码见 [VBcodes Example:4176]。

[VBcodes Example:4176]

与 VBE4166 相比,VBE4176 的变化来自添加结点的过程 Sub Add。在这个过程中，实现了接口所定义的 CompareTo 方法。此外，本类实现了自动排序，因此插入项也需要自动排序，因此 VBE4166 中的插入结点操作已无意义，故在本类中删除。

本类的一个应用程序代码见[VBcodes Example：4177]。

程序运行界面与结果见图 4.74。显然，链表的结点是按照字符串排序方式链接的。

[VBcodes Example：4177]

图 4.74　VBE4177 界面与结果

4.11.6　协变与逆变

协变和逆变所表达的是一种基于继承关系的类型转变。

对具有返回值类型的委托或接口而言，如果返回值类型指定为 TypeA，那么实际返回值类型就必须是 TypeA 或者 TypeA 的子类；而当返回值类型确为其子类时，就称返回值类型协变。对于具有参数签名的委托或接口，如果参数类型指定为 TypeB，则实例方法的参数类型必须是 TypeB 或者 TypeB 的父类；而当参数类型确为其父类时，就称参数类型逆变。因此，协变关注于返回值，而逆变关注于参数；协变发生在方法最后对返回值的操作，而逆变发生在方法调用中间对参数的操作。

协变和逆变统称为变体 Variant 类型；未标记为协变或逆变的泛型参数称为固定参数。显然，系统能否支持类型安全的协变和逆变取决于.NET Framework 核心技术的发展。Variant 类型仅适用于引用类型。如果为 Variant 类型参数指定值类型，则该类型参数对于生成的构造类型保持不变。在.NET Framework 4 中，Variant 类型参数仅限于泛型接口和泛型委托类型，且可以同时具有协变和逆变类型参数。

.NET Framework 定义了 Out 和 In 两个关键字来指示泛型参数的协变和逆变，且 Out 和 In 只能用于泛型委托或泛型接口，不能用于泛型类、泛型结构或泛型过程等。其中，Out 用于指定泛型协变，该类型参数只能作为返回值类型，不能作为方法实参。In 关键字用于指定泛型逆变，该类型参数只能用作为方法实参，不能用作为返回值类型。

1.　泛型协变

使用泛型协变揭示在类型完全匹配的情况下，子类泛型隐式转换成基类泛型的示例代码见[VBcodes Example：4178]。

[VBcodes Example：4178]

主窗体应用代码中，Dog、Cat 分别派生自 Animal 类，因此，将实现接口 IZoo（Of Dog）和 IZoo（Of Cat）的实例 DogZoo 和 CatZoo 赋值给 IZoo（Of Animal）接口变量 AnimalZoo 时，基类变量 TheAnimal 已将引用指针指向实例 DogZoo 和 CatZoo 了。此时，调用方法 AnimalZoo. GetAnimal（），就会将 Activator.CreateInstance（Of T）所创建的对象，即派生自 Animal 的 Dog 或 Cat 对象，而非基类 Animal 对象赋值给 TheAnimal。所以运行程序时，单击按钮 1 或按钮

2，会将子类的只读属性 AnimalKind 显示消息框中。

代码中所使用的 System.Activator 类用以在本地或从远程创建对象类型，或获取对现有远程对象的引用。此类不能被继承。方法 Activator.CreateInstance（Type）可以使用指定类型的默认构造函数来创建该类型的实例。

从.NET Framework 4 开始，多个泛型接口拥有协变类型参数，如 IEnumerable（Of T）、IEnumerator（Of T）、IQueryable（Of T）和 IGrouping（Of TKey, TElement）。这些接口的所有类型参数都是协变类型参数，因此这些类型参数仅用于成员的返回值类型。

2．泛型逆变

以下示例使用泛型逆变揭示在类型完全匹配的情况下，基类泛型参数 Animal 转换成子类 Dog 和 Cat 泛型参数的隐式转换过程。代码见[VBcodes Example：4179]。

〖例 4.47〗事件委托处理中参数类型逆变演示

[VBcodes Example：4179]

[VBcodes Example：4180]

[VBcodes Example：4181]

以下是关于事件委托处理程序中的参数类型逆变的示例。该代码中，多项事件委托处理程序 MultiHandler 的参数类型为 EventArgs，而将 KeyPress 和 MouseClick 事件路由到该委托时，传递过来的参数类型则分别为 KeyEventArgs 和 MouseEventArgs，它们都派生自 EventArgs。代码见[VBcodes Example：4180]。

如以下示例，基类 GeomeShape 是一个虚类，拥有一个 Double 类型的只读虚属性 Area；Circle 类派生自 GeomeShape，并实化其 Area 属性。ShapeAreaComparer 类实现泛型接口 IComparer（Of GeomeShape），对 GeomeShape 类对象按 Area 属性进行比较。代码见[VBcodes Example：4181]。

主程序是一个控制台程序。其中，SortedSet（Of T）（IComparer（Of T））为使用指定比较器初始化 SortedSet（Of T）类的新实例。逆变发生在建立泛型排序集合 SortedSet（Of Circle）的实例对象 CirclesWithArea 时。此时，输入比较器 ShapeAreaComparer 的对象类型是 Circle 而非 GeomeShape 类型。也就是说，CirclesWithArea 进行 Circle.Area 比较排序时，使用的是实现对 GeomeShape.Area 进行比较的比较器 ShapeAreaComparer。鉴于 Circle 类派生自 GeomeShape，于是，发生泛型逆变。运行程序，输出结果如下：

```
Nothing
Circlel with area 0.000314159265358979
Circle2 with area 162.860163162095
Circle3 with area 31415.9265358979
```

从.NET Framework 4 开始，某些泛型接口具有逆变类型参数，如 IComparer（Of T）、IComparable（Of T）和 IEqualityComparer（Of T）。由于这些接口只具有逆变类型参数，因此这些类型参数只用作接口成员中的参数类型。

4.12 线 程 初 步

4.12.1 进程与线程

Windows 系统是一个多任务系统。多任务的特点就是在操作系统的协调下，多个遂行不同功能的程序可以同时在计算机中互不干扰地运行，如浏览网页时可同时听歌、看电影、聊天，这些同时运行在计算机中的程序称为进程，即进程描述的是应用程序在计算机中运行的过程。Windows 系统可通过进程 ID 统筹协调分时管理各进程；而一个进程至少包含一个线程，线程是进程中可以独立运行的程序片段，它是系统中分时处理的最小单位。无论如何，CPU 在同一时刻只能执行一个线程，因此，线程会在系统的多任务中注册，以便系统在运行主程序的同时，根据注册号分时运行该线程。由于切换时间极短，用户的感觉是多个线程同时执行的。每个线程可以与同属一个进程的其他的线程共享进程所拥有的全部资源。这意味着其在和主程序同时运行时可以共享主程序定义的变量、函数。

有了线程，很多不需要及时处理的功能完全可以使用线程完成。很多情况下，产生一个运行后台处理程序的新线程会提高应用程序的可用性。例如，当执行一个可能使窗体看起来停止响应的长过程时，我们大概率会想在窗体上放置一个"取消"按钮。

4.12.2　引入线程

VB.NET 中，线程由 CLR 控制。每个正在运行的程序（即进程）都至少拥有一个线程，该线程称为主线程，而只有一个主线程的程序称为单线程程序。主线程在程序启动时被创建，所有代码只能顺序执行。同时，CLR 支持创建自由线程应用程序，允许用户自己开辟新的线程。相对于主线程来说，这些线程可称为子线程。子线程和主线程都是独立的运行单元，在系统分时机制的协调下，各自执行互不影响。下面我们通过导入一个自由线程来展示线程的作用和运行方式。

首先在窗体上创建一个标签和一个按钮控件，并添加代码如下：

[VBcodes Example：4182]

```
Public Class Form1
    Private Sub Button1_Click(sender As System.Object, e As System.EventArgs)
Handles Button1.Click
        test()
    End Sub
    Private Sub test()
        For i = 0 To 9000
            Label1.Text = i.ToString
        Next
    End Sub
End Class
```

代码欲实现的功能是在 Label1 上面动态显示数字 0～9000，并希望看到数字的变化。但程序运行后的结果是直接显示最后的 9000，而看不到期待中的数字变化过程。可以使用线程来改善代码运行效果，为此，需要导入 System.Threading 命名空间。将代码中调用 test()的过程修改为通过创建 Thread 实例启动一个线程，由线程来调用 test()方法。这样，上述代码需要做如下修改：

[VBcodes Example：4183]

```
Imports System.Threading '导入命名空间
Public Class Form1
    Dim t As Thread '定义全局线程变量
```

```
        Private Sub Button1_Click(sender As System.Object, e As System.EventArgs)
Handles Button1.Click
            t = New Thread(AddressOf test) '创建线程,使它指向 test 过程,注意该过程不
能带有参数
            t.Start() '启动线程
        End Sub
        Private Sub test()
            For i = 0 To 9000
                Label1.Text = i.ToString
            Next
            t.Abort()
        End Sub
    End Class
```

该代码中,在创建线程实例 t 时,通过委托 AddressOf 指定线程引用地址。Start 方法启动该线程;Abort 方法则终止该线程。运行此代码段,则会出现如图 4.75 所示错误提示。这是由于跨线程调用窗体控件抛出的错误信息。

图 4.75　VBE4183 运行异常界面

窗体控件 Label1 受 UI 线程管理,UI 线程称为用户线程,用于接收和响应用户界面的操作,由 CLR 控制,系统会给它维护一个消息队列。本段代码中,由于我们从一个新的线程 t 调用 UI 线程中窗体控件,这个做法很危险,t 线程的执行和 UI 线程的执行可能存在潜在的冲突,所以该操作被直接拒绝了。解决办法之一就是不让编译器进行跨线程检查。为此,需要添加以下语句:

```
        CheckForIllegalCrossThreadCalls = False,
```

修改代码如下:

[VBcodes Example: 4184]

```
    Imports System.Threading '导入命名空间
    Public Class Form1
        Dim t As Thread '定义全局线程变量
        Private Sub Button1_Click(sender As System.Object, e As System.EventArgs)
Handles Button1.Click
            CheckForIllegalCrossThreadCalls = False
            t = New Thread(AddressOf test) '创建线程,使它指向 test 过程,注意该过程不
能带有参数
            t.Start() '启动线程
        End Sub
        Private Sub test()
            For i = 0 To 9000
```

```
                Label1.Text = i.ToString
            Next
            t.Abort()
        End Sub
    End Class
```

再次运行程序，数字的动态变化正常，实现了预期功能。

但是，允许跨线程调用窗体控件就能万事大吉么？答案是否定的。假如我们再创建一个窗体 Form2，并在其上放置一个名为 Label0 的标签。如果希望通过 Form1 上的按钮让 Form2 中的 Label0 显示 0~9000，则对代码进行如下调整：

[VBcodes Example：4185]

```
    Imports System.Threading '导入命名空间
    Public Class Form1
        Dim t As Thread '定义全局线程变量
        Private Sub Form1_Load(sender As Object, e As System.EventArgs)Handles Me.Load
            Form2.Show()'启动时显示 Form2
        End Sub
        Private Sub Button1_Click(sender As System.Object, e As System.EventArgs)
Handles Button1.Click
            CheckForIllegalCrossThreadCalls = False
            t = New Thread(AddressOf test)'创建线程,使它指向 test 过程,注意该过程不
能带有参数
            t.Start()'启动线程
        End Sub
        Private Sub test()
            For i = 0 To 9000
                Form2.Label0.Text = i.ToString '注意这里改了
            Next
            t.Abort()
        End Sub
    End Class
```

运行程序可以看出，在 Form2 上没有任何变化。其原因是这里跨了两个 UI 线程调用 Form2，造成自由线程 t 与 UI 线程的冲突。

为彻底解决上述跨线程问题，我们需要用到委托 Delegate 和委托实现 Invoke。在 Form1 代码中添加带参的委托声明 ThreadDelegate（ByVal i As Integer），以及实现该委托的一个方法 UpdateUI（ByVal i As Integer）；在 test() 方法中使用 Me.Invoke 调用委托实例，执行 UpdateUI 方法，并向其中传递参数 i。将以上程序进一步修改，代码如下：

[VBcodes Example：4186]

```
    Imports System.Threading '导入命名空间
    Public Class Form1
        Dim t As Thread '定义全局线程变量
        Private Delegate Sub ThreadDelegate(ByVal i As Integer)
        Private Sub Form1_Load(sender As Object, e As System.EventArgs)Handles Me.Load
            Form2.Show()'启动时显示 Form2
        End Sub
        Private Sub Button1_Click(sender As System.Object, e As System.EventArgs)
Handles Button1.Click
```

```
'CheckForIllegalCrossThreadCalls = False '此句已无用,可以删除。
        t = New Thread(AddressOf test)'创建线程,使它指向 test 过程,注意该过程不
能带有参数
        t.Start()'启动线程
    End Sub
    Private Sub test()
        For i = 0 To 9000
            Me.Invoke(New ThreadDelegate(AddressOf UpdateUI), i)
        Next
        t.Abort()
    End Sub
    Private Sub UpdateUI(ByVal i As Integer)
        Form2.Label0.Text = i.ToString '注意这里改了
    End Sub
End Class
```

再次运行程序,Form2 顺利调出,数字的动态变化正常,实现了预期功能。语句:

```
CheckForIllegalCrossThreadCalls = False
```

在这里已彻底无用,将其省去后程序照常运行。如此,便实现了跨线程安全调用 Windows 窗体控件。有了线程和委托的联合,我们就能创建更安全的自由线程。需注意:线程结束后,必须通过 Abort 方法放弃。否则,如果线程未结束,而程序退出,则只是 UI 线程退出,线程依然存在,并一直占用内存资源。

4.12.3 Thread 类

1. Thread 类属性和方法

4.12.2 节的代码阐释了自由线程创建与应用的基本过程。System.Threading.Thread 类的属性和方法提供了线程的创建、控制,以设置其优先级并获取其状态等主要操作。Thread 类的常用属性、方法如表 4.23、表 4.24 所示。

表 4.23 Thread 常用属性

属性	说明
CurrentThread	获取当前正在运行的线程
IsAlive	获取一个值,该值指示当前线程的执行状态
IsBackground	获取或设置一个值,该值指示某个线程是否为后台线程
IsThreadPoolThread	获取一个值,该值指示线程是否属于托管线程池
ManagedThreadId	获取当前托管线程的唯一标识符
Name	获取或设置线程的名称
Priority	获取或设置一个值,该值指示线程的调度优先级
ThreadState	获取一个值,该值包含当前线程的状态

表 4.24 Thread 常用方法

方法	说明
Start	导致操作系统将当前实例的状态更改为 ThreadState. Running
Interrupt	中断处于 WaitSleepJoin 线程状态的线程
Sleep (Int32)	将当前线程挂起指定的时间
Suspend	当线程达到一个安全点时暂停线程,即挂起线程

方法	说明
Resume	恢复已挂起的线程
Join	在继续执行标准的 COM 和 SendMessage 消息泵处理期间，阻塞调用线程，直到某个线程终止为止
Abort	当线程达到一个安全点时终止线程
ResetAbort	取消为当前线程请求的 Abort
SpinWait	通过空转来延迟线程的执行。过程将导致线程等待由 iterations 参数定义的时间量
Yield	导致调用线程执行准备好在当前处理器上运行的另一个线程。由操作系统选择要执行的线程

2. 线程状态

一个线程在其生命周期中要经历运行、休眠、挂起、阻塞、停止等不同状态，其所处状态值存储在 Thread 实例对象的枚举属性 ThreadState 中，见表 4.25。

表 4.25　ThreadState 枚举值

枚举值	说明
Running	当前线程已由其他线程执行 Thread.Start 而启动，它未被阻塞，并且没有挂起的 ThreadAbortException
StopRequested	正在请求线程停止。仅用于内部
SuspendRequested	正在请求线程挂起
Background	线程正作为后台线程执行。可以设置 Thread.IsBackground 属性来控制此状态
Unstarted	所有托管线程的初始状态，尚未对线程调用 Thread.Start 方法。处于这个状态的线程仅占用内存，不占用 CPU 的资源
Stopped	线程已停止。已正常结束，线程"死亡"，不能再被启动
WaitSleepJoin	线程被阻塞，阻塞原因可能是 Wait、Sleep 或 Join
Suspended	线程已挂起，即线程已启动，但不处于活动状态
AbortRequested	已对线程调用了 Thread.Abort 方法，但尚未收到尝试终止它的挂起的 System.Threading.ThreadAbortException
Aborted	线程状态包括 AbortRequested 并且该线程现在已"死"，但其状态尚未更改为 Stopped。它是由于非正常结束而产生的一种状态

线程创建后，最初处于 Unstarted 状态；通过 Start 方法后线程转为 Running 状态；中间可以处于睡眠 Sleep 或挂起 Suspend 状态；中途还可以有请求状态，如 StopRequested 请求停止、SuspendRequested 请求挂起、AbortRequested 请求中止等，当代码执行完成后则自动停止，处于 Stopped 状态；也可因指令或意外处于 Aborted 中止状态。线程可以同时处于多个组合状态，例如，请求中止时，线程处于 Running 与 AbortRequested 状态。

〖例 4.48〗线程状态演示

例如，下述示例代码中，演示了线程挂起、恢复的情形，并显示线程中的不同状态。运行结果如图 4.76 所示。代码见[VBcodes Example：4187]。

[VBcodes Example：4187]

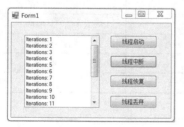

(a)界面　　　　　　　　　(b)运行消息　　　　　　　　　(c)挂起消息

图 4.76　VBE4187 运行界面与结果

下面的示例通过调用两个线程，分别计算某数值的平方值和平方根值，运行结果如图 4.77 所示。代码见[VBcodes Example：4188]。

(a) 数据输入　　　　　　　　(b) 平方值　　　　　　　　(c) 平方根值

图 4.77　VBE4188 界面与计算结果

[VBcodes Example：4188]

如 VBE4188 所示，创建线程最直接的方法是创建新的线程类实例，并使用 Address Of 语句为运行的过程传递委托。但是这种方法不能传递参数和返回值。示例中是通过事件返回计算结果的。然而，对于在单独的线程中运行的过程方法，我们可以通过将其包装到类或结构中，为它们提供参数，并使其能返回参数。这一点可以在下面后方交会的计算示例中体现。

〖例 4.49〗线程应用：后方交会

后方交会计算常用于测绘工程中加密控制点。如图 4.78 所示，仅在拟加密的待定控制点 P 处架设经纬仪，分别观测 A、B、C 三个已知控制点方向，测得三个夹角 α、β、γ；然后计算 P 点的坐标值。

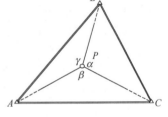

图 4.78　后方交会示意图

其计算过程如下。

（1）计算已知边方位角。

已知两点 $A(x_A, y_A)$、$B(x_B, y_B)$，A 至 B 的坐标方位角计算如下。设象限角为 θ，则

$$\theta = \arctan\left(\frac{\Delta y_{AB}}{\Delta x_{AB}}\right) = \arctan\left(\frac{y_B - y_A}{x_B - x_A}\right) \tag{4-24}$$

坐标方位角计算公式列于表 4.26 中。

表 4.26　坐标方位角计算公式

Δx_{AB}	Δy_{AB}	象限	θ 符号	坐标方位角 α_{AB}
+	+	I	+	$\alpha_{AB} = \theta$
−	+	II	−	$\alpha_{AB} = \theta + 180°$
−	−	III	+	$\alpha_{AB} = \theta + 180°$
−	+	IV	−	$\alpha_{AB} = \theta + 360°$
0	>0	—	—	90°
0	<0	—	—	270°

同理可以计算 α_{AC}、α_{BA}、α_{BC}、α_{CA}、α_{CB}。

（2）计算三角形内角。

设 A、B、C 三个顶点处的顶角分别为 $\angle A$、$\angle B$、$\angle C$，有

$$\begin{cases} \angle A = \alpha_{AC} - \alpha_{AB} \\ \angle B = \alpha_{BA} - \alpha_{BC} \\ \angle C = \alpha_{CB} - \alpha_{CA} \end{cases} \tag{4-25}$$

(3)计算辅助量 P_A、P_B、P_C。

$$\begin{cases} P_A = \dfrac{1}{\cot A - \cot \alpha} \\ P_B = \dfrac{1}{\cot B - \cot \beta} \\ P_C = \dfrac{1}{\cot C - \cot \gamma} \end{cases} \tag{4-26}$$

式中，α、β、γ 为读入的观测角值。

(4)计算待定点 P 的坐标值。

$$\begin{cases} x_P = \dfrac{P_A x_A + P_B x_B + P_C x_C}{P_A + P_B + P_C} \\ y_P = \dfrac{P_A y_A + P_B y_B + P_C y_C}{P_A + P_B + P_C} \end{cases} \tag{4-27}$$

(5)危险圆检查。

三角形 ABC 的外接圆称为后方交会 P 点的为危险圆。因为由几何原理得知，当 P 点位于该圆上时，仅凭测得的 α、β、γ 三个角值，P 点坐标无定解。所以，当 P 点邻近该圆轨迹时，解算精度较差，可靠性不高，不具应用价值。通常规定，P 点不得落入以该圆为中线、内外两侧各 $r/5$ 的范围内。r 为该圆的半径。

根据 A、B、C 三个已知点的坐标值，做辅助计算：

$$R_A = x_A^2 + y_A^2, \quad R_B = x_B^2 + y_B^2, \quad R_C = x_C^2 + y_C^2 \tag{4-28}$$

危险圆圆心 $O\ (x_0, y_0)$ 的坐标计算公式为

$$\begin{aligned} x_0 &= -\frac{y_A(R_B - R_C) + y_B(R_C - R_A) + y_C(R_A - R_B)}{2[x_A(y_B - y_C) + x_B(y_C - y_A) + x_C(y_A - y_B)]} \\ y_0 &= -\frac{x_A(R_B - R_C) + x_B(R_C - R_A) + x_C(R_A - R_B)}{2[y_A(x_B - x_C) + y_B(x_C - x_A) + y_C(x_A - x_B)]} \end{aligned} \tag{4-29}$$

危险圆半径 r 的计算公式为

$$r = \sqrt{(x_0 - x_A)^2 + (y_0 - y_A)^2} \tag{4-30}$$

待定点 $P\ (x_P, y_P)$ 至危险圆圆周的距离应小于危险圆半径 r 的 $1/5$，P 点到危险圆圆心 O 点的距离为

$$D_{OP} = \sqrt{(x_P - x_0)^2 + (y_P - y_0)^2} \tag{4-31}$$

当

$$\left| D_{OP} - r \right| > \frac{1}{5} r \tag{4-32}$$

[VBcodes
Example：4189]

[VBcodes
Example：4190]

[VBcodes
Example：4191]

判定为合格，否则判定不合格。

该示例的程序与前面的支导线计算程序相似，首先要设计 ControlPoint、ControlSide 两个类，以及角度转换函数，并将其放在公用模块中。代码见[VBcodes Example：4189]。

根据前面的计算原理及公式，设计一个后方交会计算类 RearCross。代码见[VBcodes Example：4190]。

RearCross 类中，PtA、PtB、PtC、α、β、γ 各字段主要用于输入已知点和观测角等计算参数；只读属性 PtP 及 SafetyFactor（安全系数）用于计算结果的输出；过程方法 CalcuPtP() 实现待定点 P 坐标的计算，该方法将委托给线程 Thread1 调用；过程方法 DangerCircle() 实现计算危险圆的圆心坐标 $O(x_0, y_0)$，该方法将委托给线程 Thread2 调用；函数方法 ExamineCircle() 用于计算安全系数 SafetyFactor，并返回危险圆的检验结果，该方法将由窗体程序调用。

主窗体程序代码见[VBcodes Example：4191]。

该代码中，已知点坐标数据存于数组 PointData，观测角值数据存于数组 SurveyData，格式为 D.mmss。这样的安排是为了在实用程序中，可以由读取数据文件的代码灵活替代此部分的代码。字段声明部分首先创建了 RearCross 类的实例对象 RearCrossCalcu；然后在载入窗体中，对 RearCrossCalcu 进行初始化，将已知数据和观测数据导入 RearCrossCalcu 对象的相关字段。

单击按钮 Button1，创建两个线程：Thread1 和 Thread2，分别委托处理 RearCrossCalcu.CalcuPtP 和 RearCrossCalcu.DangerCircle 两个过程方法，直到线程结束。接下来，就可以根据危险圆检验结果，在 TextBox1 中输出计算结果。界面与运行结果见图 4.79。

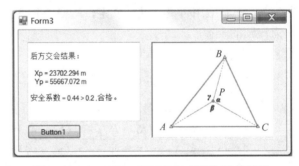

图 4.79　VBE4189～VBE4191 界面与计算结果

4.12.4　多线程

有用户界面的线程一般称为用户线程；没有界面的称为工作者线程。如 4.12.2 节所述，UI 线程受 CLR 所控，通过一个消息队列，系统会给它维护一个消息队列，接收和响应用户界面的操作。我们所编写的 VB.NET Windows 应用程序代码一般都基于这个线程。位于单一线程中的代码也是从上往下依次进行的。所以，当 UI 线程中某一过程花费的时间很长时，如单击按钮触发一个很耗时间的复杂计算，界面不再响应，这时就出现了长时间的停顿，也就是"假死"，而用户会认为这很卡。因此，如果我们在 UI 线程的基础上另开一个线程，通过一个工作者线程分支来实现这个计算过程就不会卡了。工作者线程默认是没有消息队列的。

但同时，我们又不得不面临这样一个问题：万一该线程执行的过程和 UI 线程执行的过程有冲突怎么办？如同在 VBE4183 中遇到的情形。当在非 UI 线程中调用 UI 线程中的某一个控件，设置它的某某属性，这时常会收到"线程间操作无效：从不是创建控件 xxx 的线程访问它。"的一条异常信息。

1. 多线程应用程序

拥有多个线程的程序称为多线程程序。单线程与多线程的区别在于：单线程程序只有一个线程，代码顺序执行，容易出现代码阻塞(如发生页面"假死"现象)；多线程程序则有多个线程，线程间独立运行，能有效地避免代码阻塞，并且提高程序的运行性能。

创建线程对象的作用就是使用多线程并发，以充分合理地使用 CPU 时钟资源，避免 CPU 时钟资源闲置，从而提高程序运行效率。事实上，VBE4188 与 VBE4191 都是多线程的示例。

另一个简单的两个线程的原理代码见[VBcodes Example：4192]。

[VBcodes Example：4192]

2. 线程的优先级

每个线程执行时都具有一定的优先级。在多线程并发执行过程中，优先级高的线程将抢先优先级较低的线程。抢先意味着它先运行，获得较多的执行机会。所有最高优先级的线程完成之后，仅次于它们优先级的线程就会被安排执行，以此类推。

不同的线程具有不同的优先级，而优先级决定了线程能够得到多少 CPU 时间。高优先级的线程通常会比普通优先级的线程得到更多的 CPU 时间，如果程序中存在不止一个高优先级的线程，操作系统将在这些线程之间循环分配 CPU 时间。一旦低优先级的线程在执行时遇到了高优先级的线程，它将让出 CPU 时间给高优先级的线程。在 VB.NET 中，System.Threading.Thread.Priority 枚举了线程的优先级别，这些级别包括 Highest、AboveNormal、Normal、BelowNormal、Lowest。新创建的线程初始优先级为 Normal。每个线程默认的优先级都与创建它的父线程的优先级相同，在默认情况下，main 线程具有 Normal 普通优先级，由 main 线程创建的子线程也具有 Normal 普通优先级。

3. 线程的同步

在多线程应用中，必须要考虑不同线程之间的数据同步和防止死锁。如图 4.80 所示，假定 X 夫妇二人试图同时从同一账户(总额 1000 元)中支取 1000 元。由于余额有 1000 元，该夫妇各自都满足条件，于是银行共支付 2000 元。结果是银行亏了 1000 元。这种两个或更多线

图 4.80　从同一个账户中同时取款

程试图在同一时刻访问同一资源来修改其状态，并产生不良后果的情况被称为竞争条件。为避免竞争条件出现，需要采取线程同步措施，使取款(Withdraw)方法具有线程安全性，即在任一时刻只有一个线程可以访问到该方法。此外，当两个或多个线程之间同时等待对方释放资源时就会形成线程之间的死锁。为了防止死锁的发生，我们也需要通过同步来实现线程安全。线程同步就是指线程协同步调，按预定的先后次序进行安全运行。此处，"同"字是指协同、协助、互相配合。VB.NET 提供了一些用于线程的同步语句，如 SyncLock 独占锁语句和 Thread.Join 方法。

SyncLock 语句的功能就是为受保护的语句块[block]设置独占锁。线程在执行该语句块前先获取对该块的独占锁。为线程分配独占锁的权限在 CLR。通过取得这种独占锁，可确保多个线程不在同一时间执行该语句块，防止各个线程进入该语句块，直到没有其他线程执行它为止。SyncLock 语句结构如下：

```
SyncLock lockobject
    '[ block ]
End SyncLock
```

其中，lockobject 为必需参数，表达式计算结果应为对象引用值。其值不能为 Nothing，必须事先用 Dim、Private 或 Private Shared 声明一个 Object 类型实例对象。然后才能在 SyncLock 语句中使用此对象，以保护属于当前实例的数据，或保护所有实例共有的数据。

独占锁机制是这样的：当线程到达 SyncLock 语句时，它将计算 lockobject 表达式，并挂起执行，直到获取了由表达式返回的对象上的独占锁。当另一线程到达 SyncLock 语句时，它将不能获取独占锁，直到第一个线程执行 End SyncLock 语句。

受独占锁保护的语句块通常称为临界区。SyncLock 最常见的作用便是保护数据不被多个线程同时更新。当操作数据的语句必须在没有中断的情况下完成，就应将它们放入 SyncLock 块中。

〖例 4.50〗线程同步：账户取款

例如，对于上面同时从一个账户中安全取款的示例，可通过以下的控制台程序来模拟，代码见[VBcodes Example：4193]。

该程序代码中，创建了一个拥有 10 个线程的线程组，用来模拟有 10 个人同时从一个银行账户对象 CustomAccount 上循环取款。使用随机函数，产生每个人提取的款额。设定账户初始余额为 1600 元，运行结果见图 4.81。

[VBcodes
Example：4193]

图 4.81　VBE4193 运行结果

〖例 4.51〗线程同步：三角函数值计算

[VBcodes
Example: 4194]

本示例中，创建了三个线程，分别委托它们完成给定角度值的 Sin()、Cos()、Tan()三角函数计算。代码见[VBcodes Example：4194]。

该代码需要完成一系列角度值的三角函数计算。这里，三个线程都需要调用模块中的角度转换函数 CRad(DMS) 和 DMSstr(DMS)，它们是三个线程的公共资源，因此，为避免调用中出现死锁冲突，就必须要将这两个函数的代码通过 SyncLock 语句设置独占锁。界面与计算结果见图 4.82。

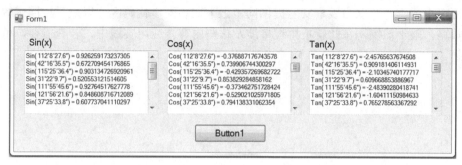

图 4.82　VBE4193 界面与计算结果

Thread.Join 方法则允许用户等待一段特定的时间，直到一个线程结束。

例如，在前面后方交会的 VBE4189～VBE4191 的代码中，事实上存在三个线程协调的问题，即 UI、Thread1 和 Thread2。对于 RearCross 类的实例对象 RearCrossCalcu，计算安全系数 SafetyFactor 的函数方法 ExamineCircle() 受 UI 线程控制；计算待定点 P 坐标的过程方法 CalcuPtP() 委托给了线程 Thread1；计算危险圆的圆心坐标 $O(x_0,y_0)$ 的过程方法 DangerCircle() 委托给了线程 Thread2。但在执行 ExamineCircle() 函数方法时，又必须用到 CalcuPtP() 和 DangerCircle() 两个过程方法结果，所以，为避免死锁，程序在启动 Thread1 和 Thread2 两个线程时，分别都跟上了 Thread.Join 方法，以保证在执行 ExamineCircle() 方法前，完成 Thread1 和 Thread2 两个线程。

此外还可以给定等待线程的时间，如果线程在所确定的时间之前完成，Thread.Join 返回 True，否则返回 False。例如，在 VBE4194 中，可以将 Button1_Click 过程方法的代码进行调整，代码见[VBcodes Example：4195]。

事实上，创建过多的线程反而会影响性能，因为各个线程之间是分时复用的，操作系统需要在它们之间不断的切换，线程过多时，大量的时间消耗在线程切换上，所以需要控制线程的数量。

[VBcodes
Example: 4195]

4. .NET 对线程同步的支持

关于线程应用，在提供灵活、方便的同时，最重要的当然是线程安全。事实上，.NET Framework 在 System.Threading 命名空间中提供了一些用于开发线程安全代码的类，见表 4.27。

表 4.27　System.Threading 命名空间中常用开发线程安全的类

类	说明
Monitor	用来锁定代码临界区，提供同步访问对象的机制
Mutex	同步基元，只向一个线程授予共享资源的独占访问权。也可用于进程间同步

类	说明
AutoResetEvent	通知正在等待的线程已发生事件。此类不能被继承
ManualResetEvent	通知一个或多个正在等待的线程已发生事件。此类不能被继承
InterLocked	为多个线程共享的变量提供 CompareExchange()、Decrement()、Exchange(), and Increment() 等原子操作方法
SynchronizationAttribute	设置组件的同步值。确保同一时刻只有一个线程可以访问对象。这种同步进程是自动的,且不需要任何临界区的显式封锁。此类无法继承

使用以上各类,可以为线程安全提供同步上下文和同步代码区,以及手控同步等基本线程同步策略。限于篇幅,在此就不再过多涉及这些内容。应用实践中,若有需要,可以参考相关书籍。

第5章 图形图像应用

Windows 系统是基于图形的操作系统，图形是 Windows 应用程序的基本元素，随着计算机技术的发展，应用程序越来越多地使用图形和多媒体，用户界面更加美观，人-机交互也更友好地利用.NET 框架所提供的 GDI+库，可以很容易地绘制出各类图形，处理各种图像，还可以显示风格迥异的文字。

5.1 图形设计基础

5.1.1 GDI+简介

VB.NET 的绘图功能是基于 Windows API 来实现的。API 是一些预先定义的函数，或指软件系统不同组成部分衔接的约定，目的是提供应用程序与开发人员基于某软件或硬件得以访问一组例程的能力，而又无须访问源代码，或理解内部工作机制的细节。GDI 是 Graphics Device Interfac 的缩写，即图形设备接口。它的主要任务是负责系统与绘图程序之间的信息交换，处理所有 Windows 应用程序的图形输出。所以，可以这样来理解：GDI 是基于 API 而面向图形图像处理的图形设备接口。

GDI 具有如下特点：

(1)不允许程序直接访问物理硬件，而是通过称为设备环境的抽象接口间接访问；

(2)程序需要与显示硬件(显示器、打印机等)进行通信时，必须首先获得与特定窗口相关联的设备环境；

(3)用户无须关心具体的硬件设备类型；

(4)Windows 系统参考设备环境的数据结构完成数据的输出。

由此可见，GDI 的出现使程序员无须关心硬件设备及驱动，就可将程序的输出转化为硬件设备上的输出，实现程序开发者与硬件设备的隔离，使得程序员能够创建与设备无关的应用程序，极大地方便了开发工作。

GDI+是 GDI 的升级版，它们都具有设备无关性。应用程序的程序员调用 GDI+类提供的方法，而这些方法又反过来相应地调用特定的设备驱动程序。GDI+不但在功能上比 GDI 要强大很多，而且在代码编写方面也更简单。GDI+的体系结构见图 5.1。

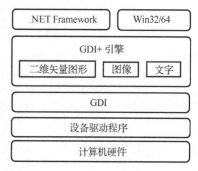

图 5.1 GDI+的体系结构

虽然，相对于 GDI 来说，GDI+确实增加了许多新特性，而且功能更强大，使用也更方便。但这并不等于 GDI+就能够完全代替 GDI，因为，GDI+实际上是 GDI 的封装和扩展，GDI+的执行效率一般要低于 GDI 的执行效率。

GDI+ API 包含 54 个类、12 个函数、6 类(226 个)图像常量、55 种枚举和 19 种结构。这些.NET Framework 的绘图资源主要来源于 System.Drawing 命名空间。该命名空间提供了对 GDI+ 基本图形功能的访问。 System.Drawing.Drawing2D、 System.Drawing.Imaging 和 System.Drawing.Text命名空间中的资源提供了 GDI+的以下三种基本功能：①二维矢量图形；②图像处理；③文字显示版式。若把 GDI+的 54 个类按其所包含的功能划分，则包括绘图类、效果类和独立类。GDI+类的层次结构分别见图 5.2～图 5.4。

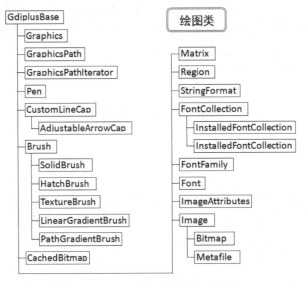

图 5.2　GDI+中绘图类的层次结构

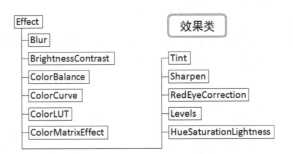

图 5.3　GDI+中效果类的层次结构

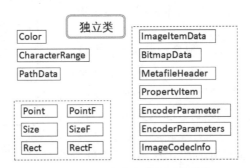

图 5.4　GDI+中独立类的层次结构

　　GDI+ API 中的核心类是 Graphics，它是实际绘制直线、曲线、图形、图像和文本的类。许多其他的 GDI+类是与 Graphics 类一起使用的。例如，DrawLine 方法接收 Pen 对象，该对象中存有所要绘制的线条的属性(颜色、宽度、虚线线型等);FillRectangle 方法可以接收指向 LinearGradientBrush 对象的指针,该对象与 Graphics 对象配合工作,用一种渐变色填充矩形;Font 和 StringFormat 对象影响 Graphics 对象绘制文本的方式,Matrix 对象存储并操作 Graphics 对象的仿射变换,包括旋转、缩放和翻转图像。

GDI+还提供了用于组织图形数据的几种结构类(如 Rect、Point 和 Size)。而且,某些类的主要作用是结构化数据类型。例如,BitmapData 类是 Bitmap 类的帮助器;PathData 类是 GraphicsPath 类的帮助器。

GDI+已成为.NET Framework 框架的重要组成部分,以图形图像作为对象,支持在 Windows 窗体应用程序中以编程方式绘制或操作图形图像。

5.1.2 屏幕坐标系

坐标系是图形设计的基础,绘制图形都需要在一个逻辑坐标系中进行。这是一个相对坐标系,它可以是窗体坐标系,也可以是某个对象坐标系(如文本框、按钮等对象),无论基于哪一种对象,坐标系总是以该对象的左上角为原点(0,0)。坐标横轴为 X 轴,又称 Left 轴,默认指向屏幕左侧为正,X 值就是像素点与原点的水平距离。坐标系纵轴为 Y 轴,又称 Top 轴,默认指向屏幕下方为正,Y 值是像素点与原点的垂直距离。坐标值的默认单位为 pixel(像素),可根据需要设置为 inch 或 cm。

在 Windows 窗体中,每个控件(包括窗体本身)都有自己的尺寸。当在窗体上建立一个控件对象后,该控件左上角相对于窗体坐标系中的位置就确定了下来,分别用属性 Location.X 和 Location.Y 来表示其 X、Y 值;控件在水平方向上的宽度用属性 Size.Width 来表示,在垂直方向上的高度用属性 Size.Height 来表示。同时,控件本身也存在自己的坐标系,其左上角即是该坐标系的原点(0,0)。

5.1.3 屏幕像素

当在屏幕上绘图时,实际上是通过一个点阵来绘制图形的,构成图形的点就是图像元素,简称像素。前面介绍的对象的 Location.X,Location.Y,Size.Width 和 Size.Height 等属性,默认都是以像素为单位的。

计算机屏幕的分辨率决定了它所能显示的像素的数量。例如,当屏幕分辨率为 800 像素×600 像素时,可以显示 480000 个像素;而当屏幕分辨率为 1024 像素×768 像素时,可以显示的像素比前一种要多。分辨率确定后,每个像素在屏幕上的位置就确定了。对于同一个坐标值,如(400,300),在 800 像素×600 像素分辨率下,它在屏幕的正中,而在 1024 像素×768 像素分辨率下,它就不在屏幕正中。就是说,同一个坐标值在不同的分辨率下在屏幕上的位置不相同。

像素是光栅设备可以显示的最小单位。可以用二进制的位来描述单个像素的色彩特征值。对单色设备来说,1 个位数就可以描述单个像素;而对彩色设备,就必须用多个位数表示。位数越多,表示的颜色越丰富。表 5.1 列出了部分设备中描述每个像素的位数与颜色数。

表 5.1 像素的位数与颜色数

像素位数/个	颜色数/个	典型设备
1	2	单色显示器、打印机
4	16	标准 VGA

像素位数/个	颜色数/个	典型设备
8	256	256 色 VGA
16	32768 或 65535	32K 或 64K 色 VGA
24	2^{24}	24 位真彩色设备
32	2^{32}	32 位真彩色设备

5.1.4　Color 结构

通常情况下，我们所见的颜色都可以用红色、绿色、蓝色三种颜色按照不同比例混合调制而成，因此红绿蓝又称为三基色(对应英文 R(Red)、G(Green)、B(Blue))。每种颜色都有 0~255 共 256 级亮度，其中 0 表示没有亮度，255 表示最大亮度。这样计算下来，RGB 三基色总共能组合出约 1678 万种颜色，即 256×256×256=16777216=2^{24}，这就是 24 位色；此外，计算机中又增加了透明度(Alpha：α)的概念，也有 0~255 共 256 级，其中 0 表示完全透明，255 表示完全不透明。如此计算下来，ARGB 色彩总共能组合出的颜色为 256×256×256×256 = 4294967296=2^{32}，也就是 32 位色。

GDI+中，Color 结构来自 System.Drawing 命名空间。其中，表 5.2 中列出了常用 Color 结构的颜色属性值，所有这些预定义颜色均为 KnownColor 枚举值。因此，引用颜色的方法之一就是利用智能提示选用 Color 结构的属性值，格式为"Color.成员名"。

表 5.2　Color 结构中的部分颜色属性

属性	颜色	属性	颜色	属性	颜色
AliceBlue	爱丽丝蓝色	Green	绿色	Orange	橙色
Azure	天蓝色	GreenYellow	绿黄色	OrangeRed	橙红色
Beige	米色	HotPink	亮粉色	Orchid	兰花色
Black	黑色	Indigo	靛青色	PaleGoldenrod	淡金黄色
BlanchedAlmond	杏仁白	Ivory	象牙色	PaleGreen	淡绿色
Blue	蓝色	Khaki	黄褐色	PaleTurquoise	淡蓝绿色
BlueViolet	紫罗兰色	Lavender	薰衣草色	PaleVioletRed	浅紫红色
Brown	棕色	LavenderBlush	淡紫色	PeachPuff	粉桃红色
BurlyWood	原木色	LawnGreen	草绿色	Pink	粉色
CadetBlue	藏青色	LemonChiffon	粉黄色	PowderBlue	粉蓝色
Chocolate	巧克力色	LightBlue	浅蓝色	Purple	紫色
CornflowerBlue	矢车菊兰色	LightGray	浅灰色	Red	红色
Cornsilk	玉米穗黄色	LightGreen	浅绿色	RosyBrown	玫瑰褐色
Crimson	赤红色	LightPink	浅粉红色	RoyalBlue	宝蓝色
Cyan	青色	LightSalmon	浅橙红色	Salmon	三文鱼色
DarkBlue	深蓝色	LightSkyBlue	天蓝色	SandyBrown	沙棕色
DarkGray	深灰色	LightYellow	浅黄色	SeaGreen	海绿色
DarkGreen	深绿色	Lime	酸橙色	Silver	银色
DarkMagenta	深品红	LimeGreen	暗绿色	SkyBlue	天蓝色
DarkOrange	深橙色	Linen	麻布色	SlateBlue	青蓝色

属性	颜色	属性	颜色	属性	颜色
DarkOrchid	深兰花紫色	Magenta	品红色	SlateGray	青灰色
DarkRed	深红色	Maroon	栗色	SpringGreen	嫩绿色
DarkSalmon	深橙红色	MediumBlue	暗蓝色	SteelBlue	钢青色
DarkSlateBlue	深青蓝色	MediumOrchid	暗兰花色	Tan	黄褐色
DarkViolet	深紫色	MediumPurple	暗紫色	Tomato	番茄色
DeepPink	深粉红色	MediumSlateBlue	青蓝色	Turquoise	绿松石色
DeepSkyBlue	深天蓝色	MidnightBlue	黑蓝色	Violet	紫色
DodgerBlue	宝蓝色	MintCream	薄荷乳白色	Wheat	小麦色
Fuchsia	紫红色	MistyRose	粉玫瑰红色	White	白色
Gold	金色	Navy	海军色	WhiteSmoke	烟白色
Goldenrod	黄花色	Olive	橄榄色	Yellow	黄色
Gray	灰色	OliveDrab	淡绿褐色	YellowGreen	黄绿色

Color 结构的常用方法见表 5.3。

表 5.3 Color 结构的常用方法

方法	说明
FromArgb(R, G, B)	从 RGB(红色、绿色和蓝色)三个分量值创建 Color 结构对象,每个分量的值仅限于 8 位(Bit)。此时,Alpha 取默认值 255(完全不透明)
FromArgb(A, R, G, B)	从 ARGB 四个分量(Alpha、红色、绿色和蓝色)值创建 Color 结构对象。此方法允许为每个分量传递的值仅限于 8 位
FromKnownColor	基于指定的预定义颜色创建 Color 结构
FromName	基于预定义颜色的指定名称创建 Color 结构,见表 5.2
GetBrightness	获取此 Color 结构的色调-饱和度-亮度(HSB)的亮度值
GetHue	获取此 Color 结构的色调-饱和度-亮度(HSB)的色调值,以度为单位
GetSaturation	获取此 Color 结构的色调-饱和度-亮度(HSB)的饱和度值
ToArgb	获取此 Color 结构的 32 位 ARGB 值
ToKnownColor	获取此 Color 结构的 KnownColor 值

引用颜色的方法之二就是使用表 5.3 中的 FromKnownColor() 或 FromName() 函数方法,例如:

```
Dim ColorBrush As New SolidBrush(Color.FromName("BlueViole"))
```

引用颜色的方法之三就是使用表 5.3 中的 FromArgb() 函数方法设定颜色。该方法需要分别设定 Alpha、Red、Green、Blue 等各分项的值,以获得混合颜色。其语句格式如下:

```
Dim 颜色对象名 As Color= Color.FromArgb (Alpha, Red, Green, Blue)
```

其中,Alpha、Red、Green、Blue 各分项均为 Integer 类型的整数,取值范围均为 0~255。VBE4080 就利用该函数方法制作了一个调色板控件。

5.2 画笔与绘图

VB.NET 提供了绘制各种图形的功能。这需要事先通过 Imports 导入 System.Drawing、System.Drawing.Drawing2D等命名空间。这些图形绘制功能允许用户在窗体及其各种对象上绘制直线、矩形、多边形、圆、椭圆、圆弧、曲线、饼图等图形。

5.2.1 画笔

画笔是绘图的基本工具。System.Drawing 命名空间提供了两个画笔类，即 System.Drawing.Pen 和 System.Drawing.Pens。用户可以根据需要灵活选用。需注意：无论使用 Pen 对象还是 Pens 对象，它们都将作为 Graphics(绘图)类对象的实参，用来绘制各种图形。本节主要说明如何来设置各种画笔对象的特征属性。

1. 创建 Pen 画笔对象

使用 Pen 画笔，必须创建 Pen 类的实例对象。常用的两种创建 Pen 对象的重载方法的语法格式如下：

```
Dim 画笔对象名 As New Pen(颜色[，宽度])
```

具体如下。

(1)画笔对象名，可以是任何合法的标识符。

(2)颜色，用来定义画笔的颜色。参考 5.1 节中引用颜色的几种方法及表 5.2。

例如，定义一个名为 BluePen 的画笔，颜色为蓝色，宽度为 3 像素，代码如下：

```
Dim BIuePen As New Pen(Color.Blue , 3)
```

该语句中，颜色通过 Color 结构的属性指定，即 Color.Blue。

2. Pen 类的属性

Pen 类的常用特征属性列于表 5.4 中，可以在使用时，根据需要进行设置。

表 5.4　Pen 类的常用属性

属性	说明
Alignment	获取或设置此 Pen 的对齐方式
CompoundArray	获取或设置用于指定复合钢笔的值数组。复合钢笔将绘制由平行直线和空白区域组成的复合直线
Color	获取或设置 Pen 对象的颜色
DashCap	获取或设置此 Pen 所绘短划线终点的线帽样式
DashStyle	获取或设置 Pen 对象绘制线条的样式
EndCap	获取或设置此 Pen 绘制直线的终点线帽样式
LineJoin	获取或设置此 Pen 绘制两直线的连接点样式
PenType	只读属性，获取使用该 Pen 对象绘制线条的样式
StartCap	获取或设置此 Pen 绘制直线的起点线帽样式
Width	获取或设置 Pen 对象的宽度

表 5.4 中，DashStyle 属性的类型是来自 System.Drawing.Drawing2D 命名空间定义的枚举类型 DashStyle，其枚举值为以下 6 种线型，见表 5.5。

表 5.5　DashStyle 枚举值

枚举值	说明
Custom	指定用户定义的自定义划线段样式
Dash	指定由划线段(虚线)组成的直线
DashDot	指定由划线段及单点组成的直线
DashDotDot	指定由划线段及双点组成的直线
Dot	指定由点构成的直线
Solid	指定实线

〖例 5.01〗DashStyle 线型样式演示

本示例显示了不同的 DashStyle 线型样式，代码见[VBcodes Example：501]。

该代码依次输出 Solid、Dash、DashDot、DashDotDot、Dot 五种不同线型的式样，并设置了线段端点的线帽为 RoundAnchor，如图 5.5 所示。

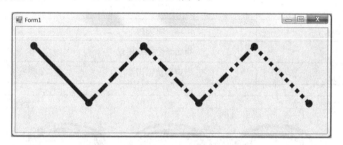

[VBcodes
Example：501]

图 5.5　VBE501 输出各种线型

表 5.4 中，DashCap、StartCap、EndCap 属性的值类型均为 System.Drawing.Drawing2D 命名空间中的 LineCap(线帽)枚举类型，其枚举值列于表 5.6。

表 5.6　LineCap 枚举值

枚举值	说明
AnchorMask	指定用于检查线帽是否为锚头帽的掩码
ArrowAnchor	指定箭头状锚头帽
Custom	指定自定义线帽
DiamondAnchor	指定菱形锚头帽
Flat	指定平线帽
NoAnchor	指定没有锚
Round	指定圆线帽
RoundAnchor	指定圆锚头帽
Square	指定方线帽
SquareAnchor	指定方锚头帽
Triangle	指定三角线帽

除使用单线画笔外，Pen 类还允许设置使用多线复合画笔，以绘出平行双线或多线的线段或图形轮廓线。该属性即表 5.4 中的 CompoundArray 属性。此属性是一个包含 Single 值类型数组，这些值用来在直线宽度方向上确定实线与空白处的部位以及所占比例。假定 Single 值数组为 {0.0,0.30,0.7,1.0}，则复合线形式是实-空-实，比例为 30%-40%-30%。下面是一个应用复合线画图的示例，代码见[VBcodes Example：502]。

[VBcodes Example：502]

代码中使用了 Graphics 的 SmoothingMode 属性，该属性的功能是设置图形边缘平滑锯齿的方式，其值为 System.Drawing.Drawing2D 命名空间定义的枚举类型 SmoothingMode，枚举值列于表 5.7。本例使用了 None 和 AntiAlias 两种平滑效果做对比。输出图像如图 5.6 所示。其中，上面三个图像没有抗锯齿平滑（None）；下面三个图像是对应添加了抗锯齿平滑（AntiAlias）效果。

表 5.7　SmoothingMode 枚举值

枚举值	说明
AntiAlias	指定抗锯齿的呈现
Default	指定不抗锯齿
HighQuality	指定抗锯齿的呈现
HighSpeed	指定不抗锯齿
Invalid	指定一个无效模式
None	指定不抗锯齿

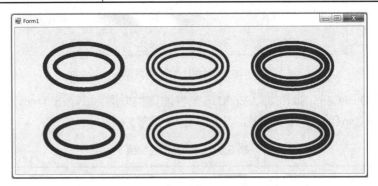

图 5.6　VBE502 复合画笔图案

表 5.4 中，PenType 只读属性的类型也是来自 System.Drawing.Drawing2D 命名空间定义的枚举类型 PenType，其枚举值为以下 5 种线型，见表 5.8。

表 5.8　PenType 枚举值

枚举值	说明
SolidColor	指定实填充
HatchFill	指定阴影填充
TextureFill	指定位图纹理填充
PathGradient	指定路径渐变填充
LinearGradient	指定线性渐变填充

表 5.4 中，LineJoin 属性的值类型为 System.Drawing.Drawing2D 命名空间中的 LineJoin 枚举类型，其枚举值见表 5.9。

表 5.9　LineJoin 枚举值

枚举值	说明
Bevel	指定成斜角的联接。产生一个斜角
Miter	指定斜联接。产生一个锐角或切除角
MiterClipped	指定斜联接。产生一个锐角或斜角
Round	指定圆形联接。在两条线之间产生平滑的圆弧

〖例 5.02〗LineJoin 线段接点样式演示

本例的代码演示了表 5.9 的四种 LineJoin 角的形式，代码见[VBcodes Example：503]。输出结果见图 5.7。

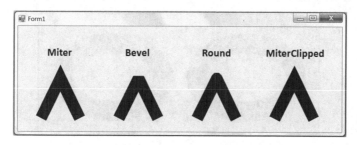

[VBcodes Example：503]

图 5.7　VBE503 输出 LineJoin 枚举样式

3. 图案笔

画笔 Pen 类的另一个构造函数是从画刷(Brush)来创建画笔(Pen)。如果是单色的实心刷，则相当于前述画笔的构造函数。如果画刷为影线或纹理等图案刷，则该构造函数所创建的就是图案笔。有关画刷的定义和应用可详细参考 5.3 节内容，这里仅给出应用示例。

为创建图案笔，下面示例中首先需要创建一个"影线"画刷 DrawBrush 和一个"纹理"画刷 TextBrush 对象，如下：

```
        Dim DrawBrush As New HatchBrush(HatchStyle.DiagonalBrick, Color.AliceBlue,
Color.DarkBlue)
```

Dim TextBrush As New TextureBrush(Image.FromFile("TestImag.bmp"))

"影线"画刷的参数包括由 HatchStyle 枚举指定的影线式样、前景色、背景色等；"纹理"画刷就需要事先将用作纹理的图片存放于项目启动文件夹[\...\Debug\]中。本例中的示例图片见图 5.8，图片文件名为：TestImag.bmp。然后，就可以创建以下两支图案笔进行绘图了。

```
        Dim DrawPen As Pen
        DrawPen = New Pen(DrawBrush, 60)
        DrawPen = New Pen(TextBrush, 60)
```

图 5.8　用作纹理的图片

〖例 5.03〗图案笔应用演示程序

本例演示图案笔的应用，示例的完整代码见[VBcodes Example：504]。
示例界面与输出图案见图 5.9。

[VBcodes
Example：504]

图 5.9　VBE504 图案笔绘制椭圆

4．标准画笔 Pens

标准画笔 Pens 类为 System.Drawing 命名空间提供的一组笔端宽度为 1 像素、线型样式为
Solid(实线)的标准画笔相当于如下的 Pen 画笔对象：

```
Pen. DashStyle = Drawing2D.DashStyle.Solid
Pen. Width = 1
```

提供标准画笔的目的是方便多数对画笔无特定要求的应用。标准画笔共计有 141 种标准
颜色属性值，使用时仅需要根据智能提示选择并设置其颜色属性值即可。

5．删除画笔

当使用完由 Pen 类定义的画笔对象后，可以通过 Pen 的 Dispose 方法来删除画笔对象，释
放画笔对象所占用的全部内存资源。删除画笔对象的语法格式如下：

```
画笔对象名.Dispose()
```

例如，删除名为 BluePen 的画笔对象，代码如下：

```
BluePen.Dispose()
```

5.2.2　创建绘图对象

要绘制一个图形，必须先确定在什么地方绘制，也就是要确定画面是谁？VB.NET 允许
在窗体、打印机，以及各种窗体控件(如图片框、按钮、标签等)对象上绘图。这需要通过创

建 System.Drawing.Graphics 类实例并指定承画对象（窗体或控件）来完成。常用创建绘图对象的方式有两种，下面将逐一介绍。

1. 使用 Paint 事件创建绘图对象

VB.NET 中的窗体和各种控件对象都定义了一个公共事件 Paint，该事件继承自基类 System.Windows.Forms.Control，在重绘控件时触发，如下：

```
Public Event Paint As PaintEventHandler
Public Delegate Sub PaintEventHandler(sender As Object, e As PaintEventArgs)
```

由此可见，Paint 事件标准委托中的参数 e 是 PaintEventArg 类对象，该参数包含一个只读属性 Graphics，其指定控件本身为绘图对象。利用该 Graphics 对象，可在该控件上绘图。

〖例 5.04〗Paint 事件与控件上绘图演示程序

本例演示如何在控件上绘图，代码见[VBcodes Example：505]。

该示例中，当程序运行时就会在窗体上绘制 Button1 控件，此时，便触发 Paint 事件。处理程序会执行 Graphics 的 DrawLine 方法，在按钮上从坐标点(1,1)到(20,20)画一条蓝色直线。

[VBcodes Example：505]

另一个应用示例是在窗体加载时，在窗体上加载一个图片框对象 PicBox 触发 PicBox 的 Paint 事件。采用动态绑定事件委托方式，在图片框内绘制一条红色对角线，并在图片框中指定点处输出一段文字。代码见[VBcodes Example：506]。

[VBcodes Example：506]

以上示例说明，通过 Paint 类库事件和标准事件委托，可以在触发事件的控件对象上绘图。若要在其他控件对象上绘图，就要利用 CreateGraphics 方法来创建绘图对象。

2. CreateGraphics 方法创建绘图对象

除 Paint 事件及委托外，System.Windows.Forms.Control 类还有一个 CreateGraphics 方法，用来创建 Graphics 对象。若调用成功，则将指定的窗体或控件作为 Graphics 对象的画面。创建步骤如下。

(1)声明一个 Graphics 对象。语句格式如下；

```
Dim 绘图对象名 As Graphics
```

(2)用 CreateGraphic 方法将指定控件作为画面，并将其赋值给 Graphics 对象：

```
绘图对象名 = 控件对象名.CreateGraphics()
```

或将以上两句合并为一句：

```
Dim 绘图对象名 As Graphics = 控件对象名.CreateGraphics()
```

(3)用 Graphics 对象的绘图方法作图。例如，若要在按钮 Button2 的 Click 事件中实现在 Button1 对象上画线，应先将 Button1 按钮设置为 Graphics 对象，再调用 DrawLine 方法。示例代码见[VBcodes Example：507]。

[VBcodes Example：507]

与 Paint 方法不同，CreateGraphics 方法可以灵活地将任何控件创建为绘图画面并将其赋值给 Graphics 对象，然后调用 Graphics 对象的各种绘图方法绘图。在后面的例子中，将主要用 CreateGraphics 方法实现绘图。

3. 清屏

在画图时，有时需要清除承图对象上的内容，以便重新开始画图，这可以通过 Graphics 类的 Clear 方法来实现。利用该方法可以清除窗体或控件上已经画好的图，同时也可设置画图工作区的背景色。其语法格式如下：

```
Graphics 对象名.Clear(颜色)
```

具体如下。

(1)对象名，为之前已创建的 Graphics 实例对象名。

(2)颜色，用来填充图面的背景色，颜色值见表 5.2。

5.2.3 绘制图形

Graphics 是 GDI+ 中的核心类。该类提供了丰富的绘图方法，可以绘制直线、矩形、多边形、圆、椭圆、饼图、弧、曲线等图形，表 5.10 列出了 Graphics 类常用的绘图方法。

表 5.10　Graphics 类常用的绘图方法

方法	说明	方法	说明
DrawLine	直线	DraWPie	饼图
DrawRectangle	矩形	DrawCurve	非闭合曲线
DrawPolygon	多边形	DrawCIosedCurve	闭合曲线
DrawEllipse	圆、椭圆	DrawBezier	贝塞尔曲线
DrawArc	圆弧		

1. 直线

可以用 Graphics 类的 DrawLine 方法来绘直线。常用的 DrawLine 方法有两种重载方式，语句格式：

```
DrawLine(画笔对象名, x1, y1, x2, y2 )
DrawLine(画笔对象名, 点1, 点2 )
```

具体如下。

(1)画笔对象名，即使用的 Pen 对象，可以是任何合法的标识符。

(2)x1、y1、x2、y2，其中，x1、y1 代表直线起点坐标(x1, y1)；x2、y2 代表直线终点坐标(x2,y2)，坐标值可以是 Integer 类型或 Single 类型的值。

(3)点 1、点 2 分别代表直线的起点和终点。

特征点是绘图方法中的必需元素。为此，GDI+ 在 System.Drawing 命名空间中专门设计了 Point 或 PointF 结构，用来定义二维平面中点坐标的有序对(x, y)；这里，Point 结构指定的 x 和 y 坐标是 Integer 类型，而 PointF 结构指定的 x 和 y 坐标是 Single 类型(浮点数)。绘图方法中指定的特征点一般都需要创建成 Point 或 PointF 的实例对象。用这两种结构定义点的语法格式如下：

```
Dim 变量名 As New Point(x, y)
Dim 变量名 As New PointF(x, y)
```

例如，定义一个 Point 结构坐标点(10, 10)和一个 PointF 结构坐标点(20.84, 20.0)：

```
Dim Point1 As New Point(10,10)
Dim Point2 As New PointF(20.84F, 20.0F)
```

注意：如果用常数来定义 PointF 结构坐标点，应在常数后面后缀 F，表示浮点数。

〖例 5.05〗运用三角函数实现折图

VBE508 和 VBE509 使用三角函数计算折线点坐标，绘制由折线构成的图案，示例代码见[VBcodes Example：508]。

注意：这里为画笔对象 DrawPen 的 DashStyle 属性指定的线型为 Solid。界面及输出结果见图 5.10。示例代码见[VBcodes Example：509]。

[VBcodes
Example: 508]

注意：这里使用的画笔是系统定义的标准画笔 Pens，指定颜色为 BlueViolet。结果输出如图 5.11 所示。

VBE510 可以在窗体上生成手写板，示例代码见[VBcodes Example：510]。

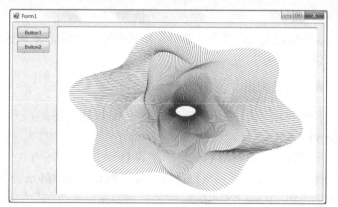

图 5.10　VBE508 界面与输出结果

[VBcodes
Example: 509]

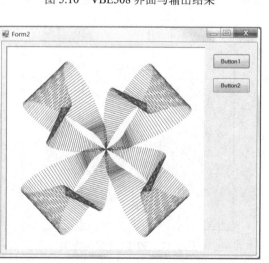

图 5.11　VBE509 界面与输出结果

[VBcodes
Example: 510]

2. 矩形

可以用 Graphics 类的 DrawRectangle 方法来绘制矩形。常用的 DrawRectangle 方法有两种重载方式，语句格式：

```
DrawRectangle( 画笔对象名, x , y , 宽度, 高度 )
DrawRectangle( 画笔对象名, 矩形 )
```

具体如下。

(1)画笔对象名,即使用的 Pen 对象,可以是任何合法的标识符。

(2)x、y 代表矩形的左上角坐标(x, y),坐标值可以是 Integer 类型或 Single 类型的值。

(3)宽度、高度代表所画矩形的宽度和高度,可以是 Integer 或 Single 类型的值。

(4)矩形是指用 Rectangle 结构定义的矩形。

Rectangle 结构用来指定矩形的位置和尺寸,定义该结构的语法格式如下:

```
Dim 矩形对象名 As New Rectangle (x, y, Width, Height )
```

或采用分句方式:

```
Dim 矩形对象名 As  Rectangle
矩形对象名 = New Rectangle (x, y, Width, Height )
```

其中,x、y 代表矩形左上角的坐标;Width 和 Height 分别代表矩形的宽度和高度,都可以是 Integer 类型或 Single 类型的值。

〖例 5.06〗矩形图元旋转构图

[VBcodes
Example: 511]

本例应用矩形图元旋转在窗体上绘制复杂图案,示例代码见[VBcodes Example:511]。

该代码中,除使用 Graphics 类的 DrawRectangle 方法外,还使用了其中的 Translate Transform 平移坐标原点,以及 RotateTransform 旋转坐标系两种方法。

需注意的是:RotateTransform 方法的参数是以度为单位的角度值,而不是弧度值,且正值为顺时方向旋转,负值为逆时方向旋转。输出结果见图 5.12。

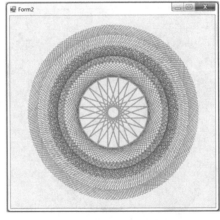

图 5.12　VBE511 输出图案

3. 多边形

可以用 Graphics 类的 DrawPolygon 方法来绘制多边形。使用 DrawPolygon 方法的语句格式如下:

```
DrawPolygon(画笔对象名,Point 类数组)
```

具体如下。

(1)画笔对象名,即使用的 Pen 对象,可以是任何合法的标识符。

(2)Point 类数组,元素为 Point 或 PointF 类型的数组。数组中的每一个元素都是多边形的一个顶点。两个相邻的顶点构成一条边,若最后一个顶点与第一个顶点不一致,则将把它们连成线,构成最后一条边。

〖例 5.07〗多边形图元绘制五角星

本例应用 DrawPolygon 方法,绘制五角星并随机给其填充颜色,示例代码见[VBcodes Example:512]。

该代码使用随机函数设置五角星上的阴阳三角面颜色。五角星的中心设置在屏幕中心。输出结果见图 5.13。

[VBcodes Example: 512]

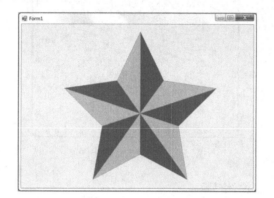

图 5.13 VBE512 输出随机颜色的五角星

〖例 5.08〗多边形图元旋转构图

本例是一个三边、四边、五边、六边形的旋转构图示例。通过单选按钮确定图形,单击窗体产生相应图形的旋转构图。示例结果见图 5.14,示例代码见[VBcodes Example:513]。

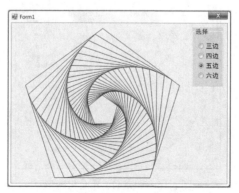

[VBcodes Example: 513]

图 5.14 VBE513 输出五边旋转图案

4. 圆和椭圆

可以用 Graphics 类的 DrawEllipse 方法来画制椭圆及圆,圆只是椭圆的特例。使用 DrawEllipse 方法的格式与画矩形方法的格式一样,所定义的矩形作为所绘椭圆的外切矩形,椭圆的大小和形状由外切矩形决定。使用 DrawEllipse 方法的语句格式如下：

```
DrawEllipse(画笔对象名，x，y，宽度，高度)
DrawEllipse(画笔对象名，矩形)
```

〖例 5.09〗椭圆图元旋转构图

本例使用椭圆图元进行旋转构造复杂图形，示例代码见[VBcodes Example：514]。

运行代码，窗体输出的 36 个椭圆分布图见图 5.15。

[VBcodes
Example：514]

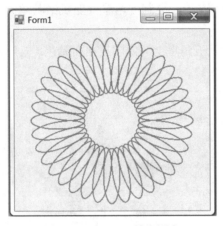

图 5.15　VBE514 输出图案

〖例 5.10〗椭圆图元水波纹动画

本例使用椭圆图元制作类似水波纹的一组同心圆动画，示例代码见[VBcodes Example：515]。

单击窗体可运行程序，文本框 TextBox1 中，只能输入不大于 5 的数值。界面及动画图案效果见图 5.16。

[VBcodes
Example：515]

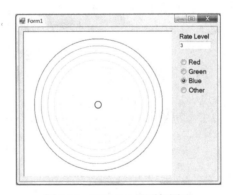

图 5.16　VBE515 界面与图形

〖例 5.11〗椭圆图元拖尾旋转效果动画

本例使用椭圆图元制作拖尾圆的动画效果，示例代码见[VBcodes Example：516]。

本程序与上例有非常相似的代码思路。单击窗体可运行程序，文本框 TextBox1 中，只能输入不大于 5 的数值。界面及动画图案效果见图 5.17。

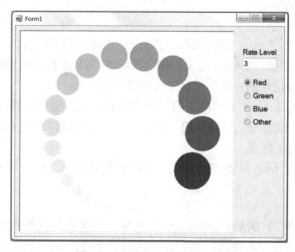

[VBcodes
Example: 516]

图 5.17　VBE516 界面与效果

5．弧线

可以用 Graphics 类的 DrawArc 方法来绘制弧线。弧线是圆或椭圆的一部分，因而 DrawArc 方法的参数大部分与 DrawEllipse 方法相同，另外有两个参数是特殊的。常用的 DrawArc 方法有两种重载方式，语句格式：

```
DrawArc(画笔对象名, x, y, 宽度, 高度, 起始角, 扫描角)
DrawArc(画笔对象名, 矩形, 起始角, 扫描角)
```

具体如下。

（1）起始角，弧线的起始角度，Single 类型值。该角以圆心或椭圆心水平向右为起始方向，即 0°，按顺时针方向为正值，逆时针方向为负值度量。

（2）扫描角，从起始角开始，按顺时针方向增加的角度，Single 类型值。扫描角的值可以是正值（顺时针），也可以是负值（逆时针）。

（3）角度值均以度计量，而非弧度值。

6．饼图

饼图也称扇形图，它是圆或椭圆的一部分，但与弧线不同，饼图是由弧和连接弧线两个端点的半径组成的。可以用 Graphics 类的 DrawPie 方法来绘制饼图，它的使用方法与 DrawArc 方法完全相同。常用的 DrawPie 方法有两种重载方式，语句格式：

```
DrawPie(画笔对象名, x, y, 宽度, 高度, 起始角, 扫描角)
DrawPie(画笔对象名, 矩形, 起始角, 扫描角)
```

7．样条曲线

可以用 Graphics 类的 DrawCurve 方法来绘制样条曲线。该方法可以连接多个点并绘出一条光滑样条曲线。常用的 DrawCurve 方法有多种重载方式，语句格式：

```
DrawCurve(画笔对象名, Point 类数组名)
DrawCurve(画笔对象名, Point 类数组名[, 偏移数, 段数, 张紧系数])
```

具体如下。

(1)画笔对象名，即使用的 Pen 对象，可以是任何合法的标识符。

(2)张紧系数，可选项，Single 类型的值，其值大于或等于 0.0，用来指定曲线的张紧程度，该值越大越紧，即越弯曲，值为 0.0 时画出的是直线段。

(3)偏移，可选项，Integer 类型的正值，相对于曲线起点的偏移量。点可以定义多个，但不一定从第一个点开始画曲线，如果从第一个点开始画，则偏移量为 0；如果从第二个点开始画，则偏移量为 1，依次类推。

(4)段数，可选项，Integer 类型的正值，指欲画曲线段的段数。每两个点之间为一段。

8. 闭合样条曲线

可以用 Graphics 类的 DrawClosedCurve()方法来绘制闭合样条曲线。该方法可以连接多个点并绘出一条光滑闭合样条曲线。其中，若最后一个点与第一个点不一致，则将最后一个点和第一点连接为一个曲线段。绘制闭合样条曲线的 DrawClosedCurve()方法与绘制非闭合样条曲线的 DrawCurve()方法语句格式相同，如下：

```
DrawClosedCurve(画笔对象名, Point 类数组名)
DrawClosedCurve(画笔对象名, Point 类数组名[, 偏移数, 段数, 张紧系数])
```

〖例 5.12〗样条曲线图元绘制等高线

[VBcodes
Example: 517]

本示例应用 DrawCurve()和 DrawClosedCurve()方法模拟绘制等高线。示例代码见[VBcodes Example：517]。

代码说明：

(1)设计思路，通过 MouseClick 事件参数 e 可以获取窗体上被单击的点的坐标值。由此，可以在窗体上连续单击选择一系列的点并将其存放入临时点数组 Pt()，并视情形使用 DrawClosedCurve()或 DrawCurve()方法来绘制闭合样条曲线或非闭合样条曲线。

(2)因此，需要判断选点何时结束，以及所选的一组点是闭合曲线还是非闭合曲线。为此，考虑使用键盘上的 Ctrl 和 Shift 两个功能键作为辅助。在选择本组的最后一个点时，若为闭合曲线，在按下 Ctrl 键的同时应单击，此时便会调用 DrawClosedCurve()方法，绘出本组点构成的闭合曲线预览；反之，对于非闭合曲线，则需要同时按下 Shift 键，此时便会调用 DrawCurve()方法，绘出本组点构成的非闭合曲线的预览线。

(3)当不满意此次所选的一组点并希望重新选择时，应在画出预览线前，按下 Esc 键，以清除本次所选的点。预览线画出后，就不能修改了，只能单击界面中的"选点"按钮重来。

(4)代码中使用两个 List(Of Point())泛型列表集合的实例对象，即 ClosedCurveList 和 CurveList，来存储每轮所选的点集。对于闭合曲线，就将临时点集 Pt()添加至 ClosedCurveList 泛型列表；对于非闭合曲线，则将临时点集 Pt()添加至 CurveList 泛型列表。这样设计的目的是便于后期绘图时，分别调用两个集合中的点集元素。

(5)一旦完成所有点的选择，会同步呈现全部预览效果，见图 5.18。若单击"绘图"按钮，会清除屏幕预览，并再次分别使用 DrawClosedCurve()、DrawCurve()方法重绘 ClosedCurveList 和 CurveList 集合中的每个点集，完成最终的图形，如图 5.19 所示。

图 5.18　VBE517 选点及预览

图 5.19　VBE517 最终成果图

9. 贝塞尔曲线

在工程设计中，常用贝塞尔曲线来设计任意曲线。给定一组(4 个)多边折线的顶点，可以唯一确定贝塞尔曲线的形状。多边折线称为贝塞尔多边形或特征多边形，改变特征多边形顶点的位置，就可以改变贝塞尔曲线的形状。

可以用 Graphics 类的 DrawBezier 方法来绘制贝塞尔曲线。常用的两种重载 DrawBezier 方法的语句格式：

```
DrawBezier(画笔对象名, 点1, 点2, 点3, 点4)
DrawBezier(画笔对象名, x1, y1, x2, y2, x3, y3, x4, y4)
```

具体如下。

(1)画笔对象名，即使用的 Pen 对象，可以是任何合法的标识符。

(2)点 1、点 2、点 3、点 4 都用 Point 或 PointF 结构定义。点 1 是曲线的起点；点 2 和点 3 是两个控制点；点 4 是曲线的终点。

(3)x1、y1、x2、y2、x3、y3、x4、y4，Single 类型的值，(x1,y1)是曲线的起点坐标；(x2,y2)和(x3,y3)是控制点坐标；(x4,y4)是曲线的终点坐标。

5.3 画刷与填充

在绘制各种图形的过程中，VB.NET 提供了使用的颜色、条纹或图片等素材，以固定或渐变等方式，对图形目标区域进行填充的功能。这需要事先导入 System.Drawing 以及 System.Drawing.Drawing2D等命名空间。这些图形填充功能允许用户在窗体及多数控件对象上填充绘制矩形、多边形、椭圆、饼图、闭合样条曲线，以及复合图形等图形区域。

5.3.1 画刷

画刷是以填充的方式绘制图形的工具。画刷对象作为参数提供给 Graphics（绘图）对象，可以为设定的目标图形区域填充各种色彩、纹饰及图片。在 System.Drawing 命名空间和 System.Drawing.Drawing2D 命名空间中，提供的画刷类见表 5.11。

表 5.11　GDI+提供的画刷类

画刷类	说明	命名空间
Brush	画刷抽象基类，不能进行实例化。应使用从 Brush 派生出的类创建画刷对象，如 SolidBrush、TextureBrush 和 LinearGradientBrush 等	System.Drawing
Brushes	"标准颜色"画刷。 此类不能被继承	System.Drawing
SolidBrush	创建"实心"画刷对象，该对象使用单一的颜色填充图形内部。此类不能被继承	System.Drawing
TextureBrush	创建"纹理"画刷对象，该对象使用图像填充图形内部。此类不能被继承	System.Drawing
HatchBrush	创建"影线"画刷对象，该对象使用影线样式、前景色和背景色定义画刷。此类不能被继承	System.Drawing.Drawing2D
LinearGradientBrush	创建"线性渐变"画刷对象，使用矩形线性渐变封装 Brush。此类不能被继承	System.Drawing.Drawing2D
PathGradientBrush	创建"路径渐变"画刷对象，该对象通过渐变填充 GraphicsPath 对象的内部。此类不能被继承	System.Drawing.Drawing2D

其中，Brush 是所有实用画刷的基类，为 MustInherit 类型，不能直接用于创建画刷对象，应通过其派生类 SolidBrush、TextureBrush、HatchBrush、LinearGradientBrush 和 PathGradient Brush 来创建画刷对象。

1. "实心"画刷

"实心"画刷 SolidBrush 类对象使用单一的颜色填充图形。应通过 SolidBrush 类的构造函数来创建"实心"画刷对象，其语法格式如下：

```
Dim 画刷名 As SolidBrush
画刷名 = New SolidBrush（颜色）
```

或，

```
Dim 画刷名 As SolidBrush = New SolidBrush（颜色）
```

或，

```
Dim 画刷名 As New SolidBrush(颜色)
```

具体如下。

（1）画刷名，要创建的画刷对象名，可以是任何合法的标识符。

（2）颜色，用来填充图形的颜色，Color 结构数据类型，颜色值参见表 5.2。

〖例 5.13〗画刷应用绘制正叶曲线图

本示例使用"实心"画刷 SolidBrush 绘制 8 片的正叶曲线。输出图案见图 5.20，示例代码见[VBcodes Example：518]。

代码输出见图 5.20。

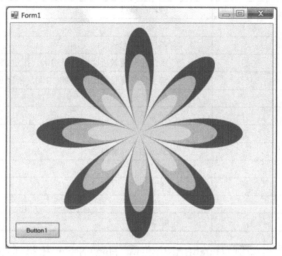

[VBcodes
Example: 518]

图 5.20   VBE518 输出正叶曲线

2．"影线"画刷

"影线"画刷 HatchBrush 类对象使用预定的影线条纹填充图形。应通过 HatchBrush 类的构造函数来创建"影线"画刷对象，其语法格式与前述创建 SolidBrush 类实例的相似，只列出如下一种：

```
Dim 画刷名 As New HatchBrush(样式, 前景色[, 背景色])
```

具体如下。

（1）画刷名，要创建的画刷对象名，可以是任何合法的标识符。

（2）样式，指定填充的影线样式，为 System.Drawing.Drawing2D.HatchStyle 枚举类型，该枚举有 50 多个成员，即有 50 多种图案。表 5.12 列出部分影线条纹名称。

（3）前景色，图案的颜色，使用 Color 结构设定前景色，见表 5.2。

（4）背景色，可选项，图形区域内的背景色，使用 Color 结构设定背景色，见表 5.2。

表 5.12   HatchStyle 枚举类型的部分图案

枚举成员	图案
BackwardDiagonal	从右上到左下的斜线
Cross	水平线和垂直线交叉
DarkDownwardDiagonal	从左上到右下的斜线（密）
DarkHorizontal	从右上到左下的斜线（密）
DashedDownwardDiagonal	从左上到右下的断续斜线

枚举成员	图案
DashedUpwardDiagonal	从右上到左下的断续斜线
DiaonalBrick	从右上到左下的分层砖块
DiaonalCross	交叉斜线
Divot	草皮
Horizontal	水平线
HorizontalBrick	水平分层砖块
LargeCheckerBoard	西洋跳棋盘
LargeGrid	网格
OutlineDiamond	斜线交叉网格
Percet05	前景色与背景色比例为 5∶100，指定 5%阴影
Percent90	前景色与背景色比例为 90∶100，指定 90%阴影
Plaid	格子花呢
Shingle	鹅卵石
SmaIIGrid	小格子
SolidDiamond	斜放的西洋跳棋盘
Sohere	小球
Vertical	垂直线
Weave	编织图案
ZigZag	锯齿线

注意：由于"影线"画刷 HatchBrush 类和 HatchStyle 枚举类型来自 System.Drawing. Drawing2D 命名空间，故需首先在程序模块前引用这个命名空间，然后创建"影线"画刷对象。例如，建立一个前景色为蓝色、背景色为白色的实心钻石(SolidDiamond)图案的"影线"画刷对象 sd 的语句如下：

```
Dim sd As New HatchBrush(HatchStyle.SolidDiamond, Color.Blue, Color.White)
```

〖例 5.14〗影线刷绘制填充影线图例

[VBcodes Example: 519]

本例是利用"影线"画刷 HatchBrush 和条纹样式 HatchStyle 枚举类型来制作的一个用于检索填充影线的图例，示例代码见[VBcodes Example：519]。

注意：由系统导出的 HatchStyle 枚举值有重复的情况，因此程序中设计了剔除重复项的泛型过程方法 FilterRpeat。输出结果见图 5.21。

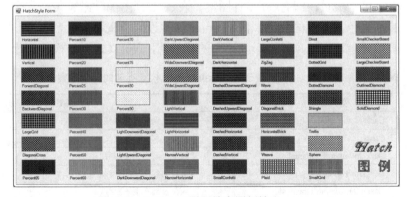

图 5.21　VBE519 阴影填充图例输出

3. "纹理"画刷

"纹理"画刷 TextureBrush 类对象就是图像刷，它将刷中所装入的图像，在目标区域中进行平铺，可达到纹理效果。可通过调用 TextureBrush 类的构造函数来创建"纹理"画刷实例，其语法格式只列出如下一种：

```
Dim 画刷名 As New TextureBrush(图像[，模式])
```

具体如下。

（1）画刷名，要创建的画刷对象名，可以是任何合法的标识符。

（2）模式，可选项，为 System.Drawing.Drawing2D.WrapMode 枚举数据类型，用于为填充区域指定 WrapMode 纹理模式。表 5.13 列出了 WrapMode 枚举值。

（3）图像，用于填充的 Image 对象，其图像数据来源于一个图片文件，可以是 BMP、JPG、ICO、GIF、WMF 等位图文件。

表 5.13　WrapMode 枚举类型的纹理模式

枚举成员	模式
CIamp	纹理或渐变没有平铺
Tile	平铺渐变或纹理
TileFlipX	水平反转纹理或渐变，然后平铺该纹理或渐变
TileFlipXY	水平和垂直反转纹理或渐变，然后平铺该纹理或渐变
TileFlipY	垂直反转纹理或渐变，然后平铺该纹理或渐变

欲使"纹理"画刷将一张图像用来填充图形，需通过 Image 类的 FromFile()共享方法加载图片文件。因此，应事先将图片文件存放在项目启动目录的[\···\bin\Debug]文件夹中。为了演示表5.13中 WrapMode 设置的效果。我们选择一张如图5.22所示的图片，文件名为 snails.jpg。

图 5.22　VBE520 纹理填充图片

〖例 5.15〗纹理刷 WrapMode 属性效果

本例通过以下应用代码，演示 WrapMode 设置的"纹理"画刷填充效果，示例代码见[VBcodes Example：520]。

[VBcodes Example: 520]

依次调整 WrapMode 枚举值，纹理填充会呈现如图5.23所示的不同效果。

CIamp 模式不论原图大小，仅填充原图，本例不再示图。Tile 模式就是平铺原图，见图

5.23（a）；TileFlipX 模式就是水平反转原图后再平铺原图，见图 5.23（b）；TileFlipY 模式就是垂直反转原图后再平铺原图，见图 5.23（c）；TileFlipXY 模式则同时水平和垂直反转原图后再平铺原图，见图 5.23（d）。

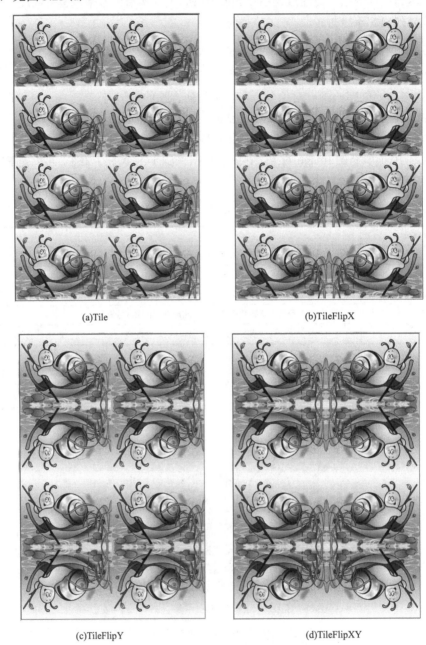

(a)Tile

(b)TileFlipX

(c)TileFlipY

(d)TileFlipXY

图 5.23　各种不同纹理模式的效果

4."线性渐变"画刷

"线性渐变"画刷是指画刷的颜色不止一种，可以按指定的线性模式渐变，以丰富图形效果。对象由 LinearGradientBrush 类的构造函数来创建。下面介绍常用的两种重载方式，语法句格式如下：

```
Dim 画刷名 As New LinearGradientBrush(起始点，终止点，起始颜色，终止颜色)
Dim 画刷名 As New LinearGradientBrush(矩形，起始颜色，终止颜色，模式)
```

根据一个矩形、起始颜色和结束颜色以及方向，创建 LinearGradientBrush 类的新实例。使用指定的点和颜色初始化 LinearGradientBrush 类的新实例。

具体如下。

(1)画刷名，要创建的画刷对象名，可以是任何合法的标识符。

(2)起始点、终止点，为 Point 对象，分别为起始颜色和终止颜色的色值(ARGB：0～255)梯度变化的起点和终点。

(3)起始颜色、终止颜色，分别为渐变的起始颜色和终止颜色。Color 结构数据类型，颜色值参见表 5.2。

(4)矩形，为 System.Drawing.Rectangle 结构数据类型，用来指定颜色渐变的范围和速度。如果实际填充的图形区域比这个矩形区域小，则只有部分颜色被填充到区域中；如果实际填充的图形区域比这个矩形区域大，则渐变颜色会被重复多次以填充整个区域。渐变开始颜色和终止颜色的梯度点由渐变梯度模式指定。

(5)梯度模式，用来指定色值梯度渐变的方向，为 System.Drawing.Drawing2D 命名空间提供的 LinearGradientMode 枚举数据类型，方向见表 5.14。不同模式的含义如图 5.24 所示。

表 5.14　LinearGradientMode 枚举类型的成员

枚举成员	方向
Horizontal	指定从左到右的渐变
Vertical	指定从上到下的渐变
ForwardDiagonal	指定从左上到右下的渐变
BackwardDiagonal	指定从右上到左下的渐变

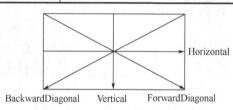

图 5.24　矩形线性渐变模式示意

LinearGradientBrush 的常用属性见表 5.15。

表 5.15　LinearGradientBrush 常用属性

属性	说明
Blend	获取或设置一个 Blend，它指定定义渐变自定义过渡的位置和因子
InterpolationColors	获取或设置一个定义多色线性渐变的 ColorBlend
LinearColors	获取或设置渐变的起始颜色和终止颜色
Rectangle	获取定义渐变的起始点和终结点的矩形区域
WrapMode	获取或设置 WrapMode 枚举，它指示该"线性渐变"画刷的环绕模式

Blend 属性为"线性渐变"画刷对象的双色调配器，取值为 System.Drawing.Drawing2D

命名空间中的 Blend 类对象。该类的功能就是实现用户自定义LinearGradientBrush对象的双色调和方案。为此，Blend 类设计了两个属性：其一是渐变混合因子数组 Factors；其二是渐变混合位置数组Positions。假定，渐变起始点为 Pt1，终止点为 Pt2，起始颜色为 StaCol，终止颜色为 EndCol；Factor 因子为 Single 类型的值，范围为 0.0F～1.0F，所代表的双色调配比例为 StaCol*(1-Factor)*100% + EndCol* Factor*100%。例如，Factor =0.25，代表调配出的颜色为 StaCol*75% + EndCol*25%；数组Positions元素的个数表示在 Pt1 至 Pt2 的路径上混合因子 Factor 的个数，即 Factors 数组的长度；数组Positions为递增数组，最小值 0.0F 指起始点 Pt1 处，最大值 1.0F 指终止点 Pt2 处，中间值则代表距 Pt1 点的比例位置。例如，假定设置以下代码段：

```
Dim Pt1 As New Point(50,50)
Dim Pt2 As New Point(750,450)
Dim DrawBrush As New LinearGradientBrush(Pt1, Pt2, Color.White,
Color.Black)
Dim LineBlend As New Drawing2D.Blend
LineBlend.Factors={1.0F, 0.5F, 0.0F, 0.5F, 1.0F }
LineBlend.Positions={0.0F, 0.20F, 0.5F, 0.8F, 1.0F }
DrawBrush.Blend = LineBlend
```

使用上述代码段进行渐变填充矩形时，给定的因子数组 Factors 和定位数组Positions产生的渐变效果如图 5.25 所示。

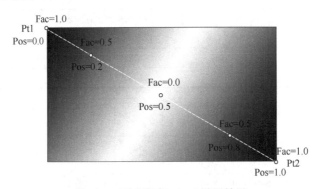

图 5.25　两点渐变 Blend 设置效果

如果采用矩形格式创建"线性渐变"画刷，即采用以下代码段：

```
Dim Rect As New Rectangle(50, 50, 700, 400)
Dim DrawBrush As New Drawing2D.LinearGradientBrush(Rect, Color.White,
Color.Black, Drawing2D.LinearGradientMode.ForwardDiagonal)
Dim LineBlend As New Drawing2D.Blend
LineBlend.Factors={1.0F, 0.5F, 0.0F, 0.5F, 1.0F }
LineBlend. Positions={0.0F, 0.20F, 0.5F, 0.8F, 1.0F }
DrawBrush.Blend = LineBlend
```

填充相同的矩形区域时，与前面相同的因子数组 Factors 和定位数组Positions产生的渐变效果如图 5.26 所示。此处，"线性渐变"画刷 DrawBrush 的定位矩形左上角和右下角的点与前例代码中的 Pt1、Pt2 相重合。

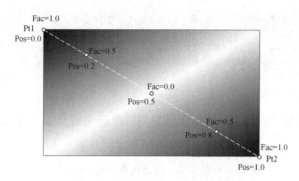

图 5.26　矩形渐变 Blend 设置效果

观察图 5.25 与图 5.26，可见，使用两点定义的"线性渐变"画刷和使用矩形定义的"线性渐变"画刷的填充效果，在渐变方向上是有区别的：两点定义的"线性渐变"画刷，其渐变梯度方向就是两点连线方向；而矩形定义的"线性渐变"画刷，其渐变梯度方向与矩形对角线垂直。

需指出，若没有为"线性渐变"画刷显式指定调配器 Blend 对象，则其缺省调配器设置相当于如下所示：

```
Blend.Factors={0.0F, 1.0F }
Blend. Positions={0.0F, 1.0F }
```

〖例 5.16〗渐变刷绘制太极图

本例利用渐变填充绘制的太极图。输出效果见图 5.27，示例代码见[VBcodes Example：521]。

[VBcodes
Example: 521]

图 5.27　VBE521 渐变太极图

除使用双色渐变填充外，"线性渐变"画刷对象还可以使用多色渐变填充。这便要用到表 5.15 中 LinearGradientBrush 类的另一个属性：InterpolationColors 插值颜色，其值类型为 System.Drawing.Drawing2D 命名空间提供的 ColorBlend 颜色调配器类对象。该类设计了两个属性：其一是沿渐变线指定位置设置颜色构成的颜色数组 Colors；其二是沿渐变线设置颜色的位置数组 Positions，与上面 Blend.Positions 的含义和表达方式一致。例如，可以设置以下多色渐变代码段：

```
Dim startPoint As New Point(50, 50)
Dim endPoint As New Point(750, 450)
Dim DrawBrush As New Drawing2D.LinearGradientBrush(startPoint, endPoint,
Color.White, Color.Black)
Dim ColBlend As New System.Drawing.Drawing2D.ColorBlend
```

```
        ColBlend.Colors = {Color.Red, Color.Orange, Color.Yellow, Color.Green,
Color.Blue, Color.Orchid}
        ColBlend.Positions = {0.0F, 0.2F, 0.4F, 0.6F, 0.8F, 1.0F}
        DrawBrush.InterpolationColors = ColBlend
```

5.3.2 填充图形

Graphics 类对象可以使用 5.3.1 节中介绍的各种画刷来填充图形区域。可填充区域的方法如表 5.16 所示。

表 5.16　区域填充方法

方法	说明
FillClosedCurve	按指定模式填充 Point 结构数组定义的闭合基数样条曲线的内部区域
FillEllipse	填充由指定矩形边框界定的椭圆内部区域
FillPath	填充 GraphicsPath 界定的内部区域
FillPie	填充由椭圆和两条射线所定义的扇形内部区域
FillPolygon	按指定填充模式填充多边形的内部区域
FillRectangle	填充指定矩形的内部区域
FillRegion	填充 Region 界定的内部区域

以填充矩形为例，调用的是 Graphics 对象的 FillRectangle 方法，调用的语法格式分别如下：

```
        FillRectangle(画刷对象名，x，y，宽度，高度)
```

从上面的语法格式可以看出，填充图形的方法与绘制图形的方法非常相近。以下是一些填充的应用实例。

〖例 5.17〗综合应用：制作新年贺卡

本例是综合应用，制作新年贺卡。示例中使用了 Timer 计时器组件对象。示例代码见 [VBcodes Example：522]。

代码中使用随机函数，为 Argb 各项，以及圆半径和位置坐标赋值，产生色彩斑斓的效果。输出效果见图 5.28。

[VBcodes
Example: 522]

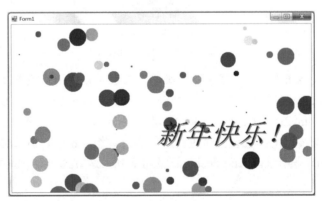

图 5.28　VBE522 窗体输出效果(彩图见二维码)

由于前面已经做了详细的代码示例，这里就不再一一举例。

5.4 路径与区域

5.4.1 图形路径

图形路径 GraphicsPath 类用于构建复杂的不规则图形。其构图的方式是将直线、曲线、矩形、椭圆、圆弧、贝塞尔曲线，以及文字图形等基本图元，按设计需求依次将其添加至一个 GraphicsPath 对象，形成一个有序图元链式结构，完成构建复杂图形。由此可知，一个 GraphicsPath 对象就像一个图形存储器，可以把我们之前熟悉的各种图元添加到其中。完成构建 GraphicsPath 类对象后，便可以对 GraphicsPath 对象执行画轮廓、填充等绘图指令，这意味着要对路径上的所有图元执行相同的指令。

图形是由线界定的，而线又是由点界定的。因此，上述构图方式实际就是建立一个由基本图元特征点构成的有序点集，称为路径点数组。由于该点集中每个特征点在图形上的位置不同，所起的作用也不同，如路径中独立图形的起始点、线段点、标记点等，所以，在建立特征点序列的同时，还需要记录清楚每个点的类型。

1. 构造函数及属性

图形路径 GraphicsPath 类及其关联类由 System.Drawing.Drawing2D 命名空间提供。表 5.17 中列出了创建 GraphicsPath 类对象的常用构造函数的 4 种重载形式。

表 5.17　创建 GraphicsPath 类对象的常用构造函数

函数	说明
GraphicsPath	创建空路径对象，图形后续由 Add 语句陆续添加
GraphicsPath（FillMode）	使用指定填充模式创建路径对象
GraphicsPath（Point（），Byte（））	使用路径点数组及对应的路径点类型数组创建路径对象
GraphicsPath（PointF（），Byte（））	使用浮点路径点数组及对应的路径点类型数组创建路径对象

表 5.17 中，路径填充模式 FillMode 为枚举类型，共有两个枚举值：Alternate，交替填充模式；Winding，环绕填充模式。

图形路径 GraphicsPath 类的常用属性见表 5.18。

表 5.18　GraphicsPath 类常用属性

属性	说明
FillMode	获取或设置 FillMode 枚举值，确定如何填充路径中形状的内部
PathData	获取路径数据，在其中封装了路径特征点数组及其对应的点类型数组（Byte 值）
PathPoints	Point 类型，用于获取路径中的特征点数组
PathTypes	Byte 类型，获取路径特征点对应的点类型数组
PointCount	获取路径特征点数组或其对应的点类型数组中的元素个数

注意：只读属性 PathPoints 数组用于存放和输出路径中的所有特征点。可见，最终装入 GraphicsPath 对象的就是图形特征点。

2. 路径点类型

如前所述，路径是由路径点组成的，但这里的路径点不仅指其坐标位置，还包括路径点的种类，即 PathPointType 枚举类型，枚举名与 Byte 值列于表 5.19 中。其主要路径点类型有图形起点、直线端点、贝塞尔控制点、标记点和闭子路径终点等。与表 5.18 中 PathPoints 数组中的点相对应，所有点的 PathPointType 值将存于 GraphicsPath 对象的 PathTypes 属性数组中。使用字节数组存储路径点类型，旨在节省内存空间。

表 5.19 PathPointType 枚举的名称与 Byte 值

枚举名称	Byte 值	说明
Start	0	图形起始点
Line	1	直线端点
Bezier/ Bezier3	3	贝塞尔样条的终止点或控制点
PathTypeMask	0x7	点类型掩码(只保留字节中的三个低序位)
DashMode	0x10	未使用
PathMarker	0x20	标记点，用于路径分段
CloseSubpath	0x80	闭子路径(图形)的终点

在路径中，其他曲线类型(如弧、椭圆和基数样条曲线等)也都是用贝塞尔曲线来表示的。同样的路径点坐标，不同的路径点类型，最后得到的路径图形可能大相径庭。如下面的示例，示例代码见[VBcodes Example：523]。

示例代码输出如图 5.29 所示。

[VBcodes
Example: 523]

图 5.29 点类型的差异

3. 路径方法

使用图形路径 GraphicsPath 对象进行绘图操作的主要方法见表 5.20。这些方法主要是在该路径对象中添加基本图元、添加其他路径、清除标记点、闭合路径中的图形、开始新图形等。

表 5.20 GraphicsPath 方法

方法	说明
AddArc	向当前图形追加一段椭圆弧
AddBezier	在当前图形中添加一段贝塞尔曲线
AddClosedCurve	向此路径添加一个闭合样条曲线
AddCurve	向当前图形添加一段样条曲线

方法	说明
AddEllipse	向当前路径添加一个椭圆
AddLine	向此路径追加一条直线段
AddLines	向此路径末尾追加一组相互连接的直线段
AddPath	向该路径追加指定的(子)路径
AddPie	向此路径添加一个扇形轮廓
AddPolygon	向此路径添加一个多边形
AddRectangle	向此路径添加一个矩形
AddString	向此路径添加文本字符串
ClearMarkers	清除此路径的所有标记
CloseAllFigures	连接图形终止点到起始点,闭合路径中所有开放的图形,并开始新图形
CloseFigure	闭合当前图形并开始新的图形
GetBounds	返回限定此 GraphicsPath 的矩形
GetLastPoint	获取此路径的 PathPoints 数组中的最后的点
Reset	清空 PathPoints 和 PathTypes 数组,设置 FillMode 为 Alternate
Reverse	反转此 GraphicsPath 的 PathPoints 数组中各点的顺序
SetMarkers	在此路径上设置标记
StartFigure	不闭合当前图形,即开始一个新图形。此后所有点将被添加到此新图形
Widen	向该路径添加附加轮廓

在 VBE523 中,利用 GraphicsPath 类的构造函数直接将点数组 Points 以及点类型数组 PtTypesA()、PtTypesB() 分别加入路径 path1 及 path2 中。但是,欲向路径对象中添加直线、曲线、矩形、椭圆、字符串等图形,则要通过调用表 5.20 中的若干添加图形成员函数来完成。

4. 子路径

每个被加入路径的图形都可以称为子路径(Subpath)。若起始点与终点相异,该图形称为开图形;反之若起始点与终点重合,则称其为闭图形。每个被加入的闭图形(如矩形、椭圆、多边形、饼、闭基数样条曲线等)都是一个子路径。在缺省情况下,连续加入的所有开图形(如直线、折线、弧、贝塞尔曲线和基数样条曲线等),也会自动构成一个子路径。子路径也称为图形。可以使用表 5.20 中的 StartFigure 方法,在不闭合当前子路径的前提下,就开始新子路径;也可以使用 CloseFigure 方法,先闭合当前子路径(由终点向始点连一条直线段),再开始新子路径。

以下是一个综合演示案例,可以通过选择注释及取消注释代码中的相关功能语句为我们演示路径对象的性质和特点,示例代码见[VBcodes Example:524]。

[VBcodes Example: 524]

本例代码中,向路径对象 TestGrPath 中依次添加了一个椭圆、两段样条曲线和字母 A。执行 DrawPath 语句,绘出该路径的轮廓,如图 5.30 所示。

那么,该路径对象一共拥有多少个特征点呢?每个路径点的类型是什么?又有几条子路径呢?为此,我们将路径对象属性 TestGrPath.PathPoints 中的路径点在图中全部绘出,并绘出路径点折线,同时输出各路径点的类型值,见图 5.31。

图 5.30　DrawPath 绘路径图形轮廓

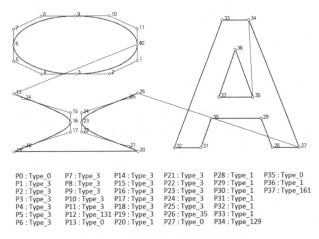

P0 : Type_0	P7 : Type_3	P14 : Type_3	P21 : Type_3	P28 : Type_1	P35 : Type_0
P1 : Type_3	P8 : Type_3	P15 : Type_3	P22 : Type_3	P29 : Type_1	P36 : Type_1
P2 : Type_3	P9 : Type_3	P16 : Type_3	P23 : Type_3	P30 : Type_1	P37 : Type_161
P3 : Type_3	P10 : Type_3	P17 : Type_3	P24 : Type_3	P31 : Type_1	
P4 : Type_3	P11 : Type_3	P18 : Type_3	P25 : Type_3	P32 : Type_1	
P5 : Type_3	P12 : Type_131	P19 : Type_3	P26 : Type_35	P33 : Type_1	
P6 : Type_3	P13 : Type_0	P20 : Type_1	P27 : Type_0	P34 : Type_129	

图 5.31　路径点与路径点类型值

可见，路径 TestGrPath 中，由系统生成的特征点共 38 个，编号为 0～37。对照表 5.19 中的值可知，图中的 P0、P13、P27、P35 四个点的类型值为 0，即为图形的起始点，所以，该路径对象中包含了 4 个子路径。其中，闭图形 P0～P12 就是椭圆；字母 A 的轮廓图形包含两个闭图形 P27～P34 及 P35～P37；余下的子路径 P13～P26 则是一个开图形，这是由连续添加的两段样条曲线自动构成的，系统会默认将 P19 与 P20 两点用直线段连接为该子路径轮廓线的一部分。除非在添加两个曲线的语句中间，用 TestGrPath.StartFigure 语句将它们强制分割成两个子路径图形。由此可见，闭图形一般会自动分割成独立的子路径；连续添加开图，系统会默认将它们首尾相连成一个开图形。

填充路径 TestGrPath，效果如图 5.32 所示。

图 5.32　FillPath 填充路径

使用 TestGrPath.CloseAllFigures() 语句闭合路径中的所有图形，效果见图 5.33。该指令将开图中的首尾点，即 P13 与 P26 直线相连。可见，该指令会将路径中所有开图的终点和始点用直线段封闭。

如果在本例两个添加曲线的语句中间，强制用 TestGrPath.StartFigure 语句将它们分割，则会中止上一个开图，并开始一个新的图形，效果见图 5.34。图中将原来的一个开图形 P13～P26 分隔成两个开图，即 P13～P19 与 P20～P26，增加了一个图形起始点 P20，即增加了一个开图形。填充效果与图 5.32、图 5.33 完全不同。

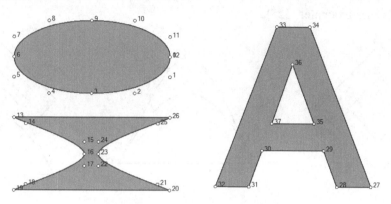

图 5.33　CloseAllFigures 闭合路径

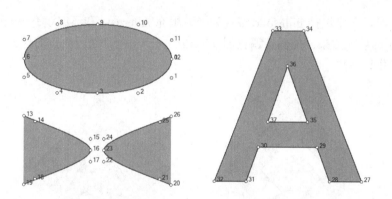

图 5.34　StartFigure 在路径中开启新图形

再次使用 TestGrPath.CloseAllFigures() 语句闭合路径中的所有图形，效果见图 5.35。

图 5.35　CloseAllFigures 闭合路径

由前述可知，路径填充模式 FillMode 为枚举类型，共有两个枚举值：Alternate 交替填充模式和 Winding 环绕填充模式。下述示例程序演示这两种填充模式的区别。在示例中导入如图 5.36(a)、(b) 所示的两个图形。注意：图 5.36(a) 的内外两个的正菱形的路径点排序方向是一致的，都是顺时针方向，其中 P0、P4 两点重合，P5、P9 两点重合；图 5.36(b) 是由 P0、P1、P2、P3 四个点分别生成的外部样条曲线和内部贝塞尔曲线构成的，注意，外部与内部曲线上点的排序方向也是一致的，为顺时方向，其中 P0、P4 两点重合，P1、P7 两点重合，P2、P10 两点重合，P3、P13 两点重合。示例程序将这两个子路径重合在一起，如图 (c) 所示。示例代码见[VBcodes Example：525]。

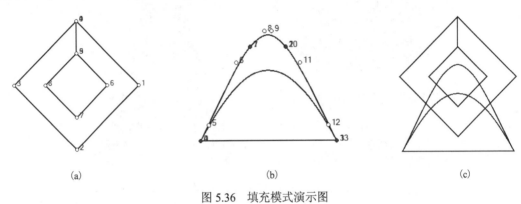

图 5.36　填充模式演示图

运行代码时，分别选择 FillMode 模式为交替填充 Alternate 和环绕填充 Winding，可得到如图 5.37 所示的填充效果。但倘若调整图 5.36(a)、(b) 中内外线段上点的排列方向为相反方向，则不会产生该效果。

[VBcodes
Example: 525]

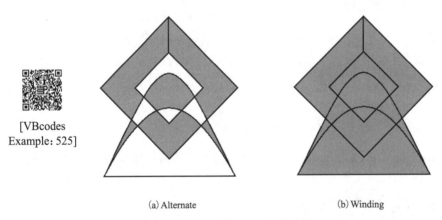

(a) Alternate　　　　　　　　　(b) Winding

图 5.37　填充效果

〖例 5.18〗GraphicsPath 路径对象制作五角星

本例使用 GraphicsPath 的 CloseAllFigures 属性将图形终点和起点自动连接，使用 FillMode 属性值填充一个五角星。五角星的五个顶角点在屏幕坐标系中的坐标计算原理见图 5.38，示例代码见[VBcodes Example：526]。

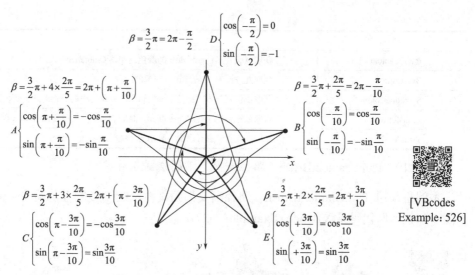

$$\beta = \frac{3}{2}\pi = 2\pi - \frac{\pi}{2} \quad D\begin{cases}\cos\left(-\dfrac{\pi}{2}\right)=0\\[1mm]\sin\left(-\dfrac{\pi}{2}\right)=-1\end{cases}$$

$$\beta = \frac{3}{2}\pi + 4\times\frac{2\pi}{5} = 2\pi+\left(\pi+\frac{\pi}{10}\right)$$
$$A\begin{cases}\cos\left(\pi+\dfrac{\pi}{10}\right)=-\cos\dfrac{\pi}{10}\\[1mm]\sin\left(\pi+\dfrac{\pi}{10}\right)=-\sin\dfrac{\pi}{10}\end{cases}$$

$$\beta = \frac{3}{2}\pi + \frac{2\pi}{5} = 2\pi-\frac{\pi}{10}$$
$$B\begin{cases}\cos\left(-\dfrac{\pi}{10}\right)=\cos\dfrac{\pi}{10}\\[1mm]\sin\left(-\dfrac{\pi}{10}\right)=-\sin\dfrac{\pi}{10}\end{cases}$$

$$\beta = \frac{3}{2}\pi + 3\times\frac{2\pi}{5} = 2\pi+\left(\pi-\frac{3\pi}{10}\right)$$
$$C\begin{cases}\cos\left(\pi-\dfrac{3\pi}{10}\right)=-\cos\dfrac{3\pi}{10}\\[1mm]\sin\left(\pi-\dfrac{3\pi}{10}\right)=\sin\dfrac{3\pi}{10}\end{cases}$$

$$\beta = \frac{3}{2}\pi + 2\times\frac{2\pi}{5} = 2\pi+\frac{3\pi}{10}$$
$$E\begin{cases}\cos\left(+\dfrac{3\pi}{10}\right)=\cos\dfrac{3\pi}{10}\\[1mm]\sin\left(+\dfrac{3\pi}{10}\right)=\sin\dfrac{3\pi}{10}\end{cases}$$

[VBcodes
Example: 526]

图 5.38　五角星顶点坐标计算原理

显示效果如图 5.39 所示。

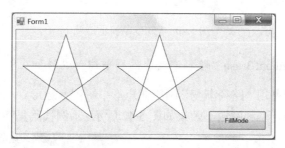

图 5.39　VBE526 五角星显示效果

5.4.2　"路径渐变"画刷

"路径渐变"画刷 PathGradientBrush 对象由 System.Drawing.Drawing2D 命名空间提供，它为用户提供了更为丰富的图形填充方式。表 5.21、表 5.22 分别列出了 PathGradientBrush 类的构造函数和常用属性。

表 5.21　PathGradientBrush 类构造函数

函数	说明
PathGradientBrush（GraphicsPath）	使用指定路径创建"路径渐变"画刷对象
PathGradientBrush（Point()/PointF()）	使用点或浮点数组创建"路径渐变"画刷对象
PathGradientBrush（Point()/PointF()，WrapMode）	使用点或浮点数组及环绕模式创建"路径渐变"画刷对象

表 5.22　PathGradientBrush 类常用属性

属性	说明
Blend	获取或设置调和器，指定渐变过渡的位置和因子
CenterColor	获取或设置路径渐变的中心处的颜色
CenterPoint	获取或设置路径渐变的中心点
FocusScales	获取或设置渐变过渡的焦点

属性	说明
InterpolationColors	获取或设置多色线性渐变的颜色调和器 ColorBlend
Rectangle	获取此 PathGradientBrush 对象的边框
SurroundColors	获取或设置与本"路径渐变"画刷填充路径中的点相对应的颜色数组
Transform	获取或设置用于此"路径渐变"画刷的局部几何变换的 Matrix 副本
WrapMode	获取或设置"路径渐变"画刷的环绕模式 WrapMode

〖例 5.19〗PathGradientBrush"路径渐变"画刷绘制五角星

本例是采用 PathGradientBrush"路径渐变"画刷对象绘制彩色五角星的示例，输出效果见图 5.40。示例代码见[VBcodes Example：527]。

[VBcodes Example：527]

图 5.40　VBE527 演示结果

〖例 5.20〗PathGradientBrush"路径渐变"画刷平铺六边形

[VBcodes Example：528]

本例是用"路径渐变"画刷在矩形中平铺六边形。六边形各顶点坐标设计如图 5.41 所示。示例输出效果如图 5.42 所示。示例代码见[VBcodes Example：528]。

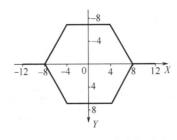

图 5.41　六边形顶点坐标设计　　　图 5.42　VBE528 输出图案演示

〖例 5.21〗图形路径对象制作自定义线帽

System.Drawing.Drawing2D命名空间提供了 CustomLineCap 类。输出效果见图 5.43。

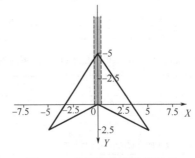

图 5.43　线帽图案设计坐标系

CustomLineCap 类常用构造函数如下：

```
CustomLineCap(GraphicsPath, GraphicsPath)
```

其中，GraphicsPath 对象参数用于指定使用填充(左参数)或轮廓(右参数)来创建线帽对象。CustomLineCap 类常用属性见表 5.23，常用方法见表 5.24。示例代码见[VBcodes Example: 529]。

表 5.23 CustomLineCap 类常用属性

属性	说明
BaseCap	获取或设置该 CustomLineCap 所基于的 LineCap 枚举
BaseInset	获取或设置线帽和直线之间的距离
StrokeJoin	获取或设置构成此 CustomLineCap 对象直线间的连接方式，LineJoin 枚举
WidthScale	获取或设置相对于 Pen 对象的宽度此 CustomLineCap 类对象的缩放量

表 5.24 CustomLineCap 类常用方法

方法	说明
GetStrokeCaps	获取用于构成此自定义线帽的起始直线和结束直线的线帽
SetStrokeCaps	设置用于构成此自定义线帽的起始直线和结束直线的线帽

示例代码中，制作了 3 个自定义线帽图案。输出结果见表 5.44。

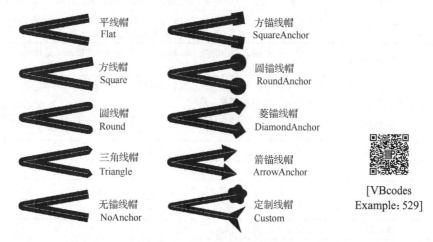

[VBcodes Example: 529]

图 5.44 VBE529 输出 LineCap 线帽图案

5.4.3 区域

区域 Region 对应的类是 System.Drawing.Region。区域 Region 是由若干基本几何图元，以及路径图形叠合构成的一种表面复杂的图形。这些图形区域可以是任意几何图元形状的组合，如矩形、椭圆、多边形等。边界一般为路径，可以含直线、折线、弧、贝塞尔曲线和样条曲线等开图形，也可以包含扇形、闭曲线等闭图形。

1. 构造区域

Region 对象主要通过 Rectangle 对象或 GraphicsPath 对象进行构造。Region 类构造函数见表 5.25。如果想基于椭圆、扇形、多边形构造区域，可以通过创建一个 GraphicsPath 对象，然后将其传递至 Region 构造函数来轻松实现。

表 5.25　Region 类构造函数

函数	说明
Region	初始化新的 Region
Region(GraphicsPath)	用指定的 GraphicsPath 初始化一个新的 Region
Region(Rectangle)	基于指定的 Rectangle 结构初始化一个新的 Region
Region(RectangleF)	基于指定的 RectangleF 结构初始化一个新的 Region
Region(RegionData)	基于指定数据初始化一个新的 Region

2. 组合图形

Region 类提供了区域的并(Union)、交(Intersect)、余(Exclude)、补(Complement)、异或(Xor)等区域组合运算方法，以构建复杂的组合图形。Region 类的常用方法见表 5.26。

表 5.26　Region 类常用方法

方法	说明
Union	更新此 Region，为其与指定的 GraphicsPath、Rectangle或 Region 的合并后的整体区域，该组合方式称为并
Intersect	更新此 Region，为其与指定的 GraphicsPath、Rectangle或 Region 的共有区域，该组合方式称为交
Exclude	更新此 Region，为仅包含其内部与指定 GraphicsPath、Rectangle或 Region 不相交的部分；该组合方式称为余。注意：A.Exclude(B)与 B.Exclude(A)不同
Complement	更新此 Region，为指定的 GraphicsPath、Rectangle或 Region 图形中，与此 Region 不重叠的部分，该组合方式称为补
Xor	更新此 Region，为其与指定的 GraphicsPath、Rectangle或 Region 图形的并集减去指定图形对象后的区域，该组合方式称为异或
GetBounds	获取一个表示矩形的 RectangleF 结构，该矩形在 Graphics 对象的绘图图面上形成此 Region 的边界
GetRegionData	返回 RegionData，它表示描述此 Region 的信息
IsEmpty	测试此 Region 在指定绘图图面上是否有空内部
IsInfinite	测试此 Region 在指定绘图图面上是否有无限内部
IsVisible	测试指定对象是否包含在此 Region 中
MakeEmpty	将此 Region 初始化为一个空内部
MakeInfinite	将此 Region 对象初始化为无限内部
Transform	通过指定的 Matrix 变换此 Region
Translate	将此 Region 的坐标偏移指定的量

GDI+的一个很好的功能就是 GraphicsPath 对象在作为参数传递至 Region 构造函数时不会被破坏。另外，GraphicsPath 对象在作为参数传递给 Union、Intersect 等区域组合运算方法时也不会被破坏，因此，在一些单独的区域中，可以将给定的路径作为构造块使用。

〖例 5.22〗Region 区域对象组合图形

本例是将图 5.36(a)、(b)两个图形分别作为两个区域，演示区域图形的并、交、余、补、异或等组合运算后的区域效果。示例代码见[VBcodes Example：530]。

代码运行输出图案见图 5.45。

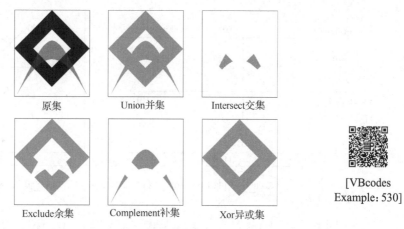

| 原集 | Union并集 | Intersect交集 |
| Exclude余集 | Complement补集 | Xor异或集 |

[VBcodes
Example: 530]

图 5.45　区域集合运算

5.5　坐　标　变　换

5.5.1　坐标系类型

　　GDI+使用三个坐标系，分别为用户自定义 World 坐标系、页面 Page 坐标系和设备 Device 坐标系。这么多的坐标系都是为了方便描述绘图对象。例如，进行汽车设计，如图 5.46 所示，通常需要不同专业设计人员分工合作。每个设计师领取任务后，都可以选择在最适合自己的坐标系中展开设计绘图，但最后还要将每个人的设计全部汇总至一个坐标系中进行检视评价，并使用适宜的设备输出图纸。

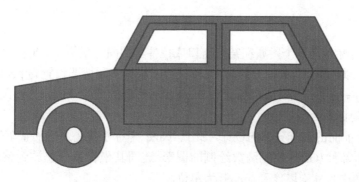

图 5.46　汽车设计示意图

1.　World 坐标系

　　World 坐标系就是用户为表达设计图形而自定义的坐标系。因此，其坐标原点、坐标轴方向，以及坐标值单位都由用户根据设计表达图形的需要自由确定。作为示例，我们可以将图 5.46 的整车拆分成上部、车轮、前门、后门和车体，分别对五个部分进行设计绘图。各部件均在自定义的 World 坐标系中绘制，如图 5.47 所示。图中尺寸均以像素(pixel)为单位。

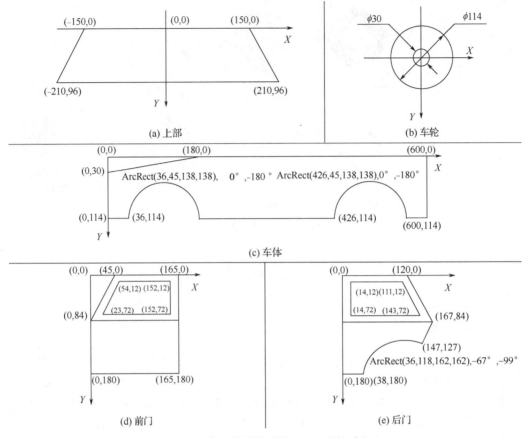

图 5.47　汽车部件设计采用 World 坐标系(一)

2. Page 坐标系

页面 Page 坐标系是一个附属在某一窗口或控件上的固定坐标系。坐标原点位于窗口或控件的左上角,X 轴方向向右,Y 轴方向向下。单位可以根据实际情况设置为 pixel(像素)、inch(英寸①) 或 cm。GDI+提供了 World 坐标系和 Page 坐标系间的变换 API。其含义是把 World 坐标系放置到 Page 坐标系合适的位置。

例如,对于前面的汽车分部的设计,此处 Page 坐标系就是最后的整车坐标系,GID+提供的就是把各个部件(GDI+绘制函数绘制的图形)连同其坐标系一起放到整车坐标系里,如图 5.48 所示。图中尺寸均以像素(pixel)为单位。

这是很合理的 CAD 设计方式。先把整个图形分解成若干个子图,绘制子图时,不必考虑它最终在 Page 坐标系的位置,只需要遵循的自己设计思路,在熟悉的坐标系中调用 GDI+绘图函数即可。在绘制完成所有子图后,再通过坐标变换函数把这些子图全部导入 Page 坐标系中。具体就是:调用绘制子图的代码之前,调用 Graphics 对象的 xxxTransform() 系列坐标变换函数,把子图的建模坐标系放置到 Page 坐标系中。完成绘制子图的代码后,调用 ResetTransform() 恢复原坐标体系。

---

① 1 英寸=2.54 厘米。

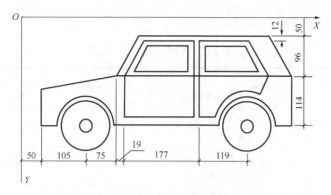

图 5.48　汽车整体设计采用 Page 坐标系

〖例 5.23 〗World 坐标系与 Page 坐标系应用制图

本例完成上述汽车设计图的制作。图 5.47 中，各部件子图采用的 World 坐标系，其坐标轴方向均与 Page 坐标轴方向相同，因此，只需要根据图 5.48 中所标注尺寸，将各部件 World 坐标系的原点平移至 Page 坐标系中适当的位置即可。上述汽车设计的完整示例代码见 [VBcodes Example：531]。

代码运行输出图形如图 5.49 所示。

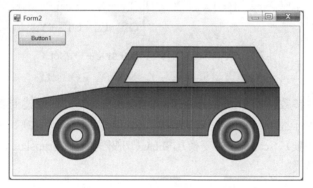

[VBcodes Example: 531]

图 5.49　VBE531 Page 坐标系

3. Device 坐标系

GDI+最后是如何把 Page 坐标系的图形绘制到屏幕上的呢？这就是利用的显示器的 Device 坐标系。对于 Page 坐标系和 Device 坐标系的变换，通常由设备生产厂家完成，并将其加载至设备驱动程序，应用程序员则无须了解它们，GDI+已经把这部分隐藏了。

Graphics 类提供用于操作页转换的 PageUnit 和 PageScale 属性，可以使用 PageUnit 属性指定除像素以外的度量单位。Graphics 类还提供了 DpiX 和 DpiY 两个只读属性，用于检查显示设备每英寸的水平点和垂直点。

5.5.2　坐标变换的矩阵表达形式

.NET 提供了 System.Drawing.Drawing2D.Matrix 类，可以使用矩阵形式表达坐标的变换。该类封装表示几何变换的 3×3 阶仿射矩阵。其形式如图 5.50 所示。

图 5.50　几何变换矩阵

其中，各元素的意义见表 5.27。

表 5.27　变换矩阵中的元素

分量	意义	类型
ScaleX	X 轴方向(水平)缩放的值	Single
ScaleY	Y 轴方向(垂直)缩放的值	Single
ShearX	水平切变因子	Single
ShearY	垂直切变因子	Single
OffsetX	坐标点水平移动 X 值	Single
OffsetY	坐标点垂直移动 Y 值	Single

由于 Matrix 仿射矩阵第三列的各元素值是固定的，所以建立 Matrix 类实例，仅需要指定前两列的 6 个元素即可。语句如下：

```
Dim MatrixObj As New Matrix(ScaleX, ShearY, ShearX, ScaleY, OffsetX, OffsetY)
```

屏幕上的任意坐标点 (X_P, Y_P) 可以统一表达为一个 1×3 阶矩阵的形式，即 $[X_P\ Y_P\ 1]$，经过仿射变换后的坐标为

$$[X_P'\quad Y_P'\quad 1] = [X_P\quad Y_P\quad 1]\begin{bmatrix} ScaleX & ShearY & 0 \\ ShearX & ScaleY & 0 \\ OffsetX & OffsetY & 1 \end{bmatrix} \tag{5-1}$$

$$\begin{cases} X_P' = X_P\ ScaleX + Y_P\ ShearX + OffsetX \\ Y_P' = X_P\ ShearY + Y_P\ ScaleY + OffsetY \end{cases} \tag{5-2}$$

若没有指定任何参数，即 Dim MatrixObj As New Matrix，则创建的实例为单位矩阵。

Matrix 类提供用于坐标变换的多种方法，Multiply(矩阵相乘)、Rotate(旋转变换)、RotateAt(绕点旋转变换)、Scale(比例变换)、Shear(切变变换)和 Translate(坐标平移)等。表 5.28 是几种典型的变换形式：

表 5.28　典型变换矩阵

变换项目	Matrix 仿射矩阵	实现方法	变换意义
单纯缩放	$\begin{bmatrix} ScaleX & 0 & 0 \\ 0 & ScaleY & 0 \\ 0 & 0 & 1 \end{bmatrix}$	Dim MatrixObj As New Matrix MatrixObj.Scale(ScaleX,ScaleY)	X 轴方向缩放 ScaleX 倍 Y 轴方向缩放 ScaleY 倍
将 Y 轴调整为向上为正	$\begin{bmatrix} 1 & 0 & 0 \\ 0 & -1 & 0 \\ 0 & 0 & 1 \end{bmatrix}$	Dim MatrixObj As New Matrix MatrixObj.Scale(1,−1)	X 轴方向缩放 1 倍 Y 轴方向缩放−1 倍
单纯 X 方向切变	$\begin{bmatrix} 1 & 0 & 0 \\ ShearX & 1 & 0 \\ 0 & 0 & 1 \end{bmatrix}$	Dim MatrixObj As New Matrix MatrixObj.Shear(ShearX,　0)	X 轴方向切变坐标点 Y 值 ShearX 倍 Y 轴方向不变
单纯 Y 方向切变	$\begin{bmatrix} 1 & ShearY & 0 \\ 0 & 1 & 0 \\ 0 & 0 & 1 \end{bmatrix}$	Dim MatrixObj As New Matrix MatrixObj.Shear(0, ShearY)	X 轴方向不变 Y 轴方向切变坐标点 X 值 ShearY 倍
单纯绕原点旋转	$\begin{bmatrix} \cos(A°) & \sin(A°) & 0 \\ -\sin(A°) & \cos(A°) & 0 \\ 0 & 0 & 1 \end{bmatrix}$	Dim MatrixObj As New Matrix MatrixObj. Rotate (A)	绕原点旋转 $A°$，正为顺时针，负为逆时针

变换项目	Matrix 仿射矩阵	实现方法	变换意义
单纯绕原点旋转	$\begin{bmatrix} 0 & 1 & 0 \\ -1 & 0 & 0 \\ 0 & 0 & 1 \end{bmatrix}$	Dim MatrixObj As New Matrix MatrixObj. Rotate (90)	绕原点顺时针旋转 90°
单纯平移坐标原点	$\begin{bmatrix} 1 & 0 & 0 \\ 0 & 1 & 0 \\ OffsetX & OffsetY & 1 \end{bmatrix}$	Dim MatrixObj As New Matrix MatrixObj.Translate (OffsetX, OffsetY)	将原点平移至 (OffsetX, OffsetY)

5.5.3 复合变换

表 5.28 中的变换可以看成坐标系统的单项变换，如果变换由若干单项变换依次完成，则该变换称为复合变换。其变换矩阵则为各单项变换矩阵依次相乘得到的。例如，变换由三次单项变换完成，首先顺时针旋转 30°；然后在 Y 轴方向缩放 0.5 倍；最后在 X 轴方向平移 300 个单位。完成上述坐标变换的语句如下：

```
Dim MatrixObj As New Matrix
MatrixObj.Rotate(30)
MatrixObj.Scale(1, 0.5)
MatrixObj.Translate(300, 0)
```

上述变换可以用以下的矩阵计算表达为一个复合变换矩阵：

$$\begin{bmatrix} 1 & 0 & 0 \\ 0 & 1 & 0 \\ 300 & 0 & 1 \end{bmatrix} \cdot \begin{bmatrix} 1 & 0 & 0 \\ 0 & 0.5 & 0 \\ 0 & 0 & 1 \end{bmatrix} \cdot \begin{bmatrix} \cos 30° & \sin 30° & 0 \\ -\sin 30° & \cos 30° & 0 \\ 0 & 0 & 1 \end{bmatrix} = \begin{bmatrix} \cos 30° & \sin 30° & 0 \\ -0.5\sin 30° & 0.5\cos 30° & 0 \\ 300\cos 30° & 300\sin 30° & 1 \end{bmatrix}$$

由此，上面的变换与下述语句等价：

```
Dim Ang = 30 * PI / 180
DimMatrixObj As NewMatrix(Cos(Ang),Sin(Ang),-0.5*Sin(Ang),0.5*Cos(Ang),
300 * Cos(Ang), 300 * Sin(Ang))
```

注意：复合变换的顺序非常重要。矩阵相乘的顺序 ABC 与 BAC 表达的复合变换是不同的。计算机上按照从右向左的顺序，依次完成各矩阵表达的变化。假如调整上述变换顺序为：首先在 Y 轴方向缩放 0.5 倍；然后顺时针旋转 30°；最后在 X 轴方向平移 300 个单位，则其坐标变换的语句如下：

```
Dim MatrixObj As New Matrix
MatrixObj.Scale(1, 0.5)
MatrixObj.Rotate(30)
MatrixObj.Translate(150, 0)
```

上述变换的矩阵计算表达式为

$$\begin{bmatrix} 1 & 0 & 0 \\ 0 & 1 & 0 \\ 300 & 0 & 1 \end{bmatrix} \cdot \begin{bmatrix} \cos 30° & \sin 30° & 0 \\ -\sin 30° & \cos 30° & 0 \\ 0 & 0 & 1 \end{bmatrix} \cdot \begin{bmatrix} 1 & 0 & 0 \\ 0 & 0.5 & 0 \\ 0 & 0 & 1 \end{bmatrix} = \begin{bmatrix} \cos 30° & 0.5\sin 30° & 0 \\ -\sin 30° & 0.5\cos 30° & 0 \\ 300\cos 30° & 150\sin 30° & 1 \end{bmatrix}$$

该变换与下述语句等价：

```
Dim Ang = 30 * PI / 180
```

```
DimMatrixObj As New Matrix(Cos(Ang),0.5 * Sin(Ang),-Sin(Ang),0.5 * Cos(Ang),
300 * Cos(Ang), 150 * Sin(Ang))
```

利用上述两种复合变换，对矩形 Rectangle(0, 0, 200, 200)进行变换，完整代码见[VBcodes Example：532]。

效果如图 5.51(a)、(b)所示。

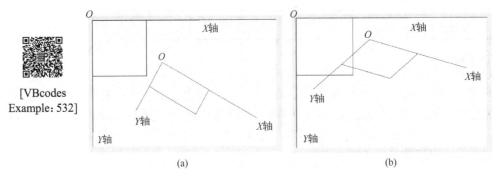

[VBcodes
Example: 532]

(a)　　　　　　　　　　　(b)

图 5.51　复合变换矩阵对比

一般情况下，先缩放后平移的复合变换为

$$[X_P \quad Y_P \quad 1]\begin{bmatrix} 1 & 0 & 0 \\ 0 & 1 & 0 \\ X_0 & Y_0 & 1 \end{bmatrix} \cdot \begin{bmatrix} \lambda_X & 0 & 0 \\ 0 & \lambda_Y & 0 \\ 0 & 0 & 1 \end{bmatrix} = [\lambda_X(X_P + X_0) \quad \lambda_Y(Y_P + Y_0) \quad 1]$$

先平移后缩放的复合变换为：

$$[X_P \quad Y_P \quad 1]\begin{bmatrix} \lambda_X & 0 & 0 \\ 0 & \lambda_Y & 0 \\ 0 & 0 & 1 \end{bmatrix} \cdot \begin{bmatrix} 1 & 0 & 0 \\ 0 & 1 & 0 \\ X_0 & Y_0 & 1 \end{bmatrix} = [\lambda_X X_P + X_0 \quad \lambda_Y Y_P + Y_0 \quad 1]$$

5.5.4　全局变换与局部变换

1. 全局变换

全局变换(Global Transformations)就是利用Graphics对象的Transform属性，将用户自定义World 坐标系中的图形进行坐标变换，换算至 Page 坐标系中进行显示或输出。Graphics对象的Transform属性值是Matrix，因此，这样的变换可以有两种方案：其一，创建仿射变换矩阵实例，将其赋值给Graphics对象的Transform属性，如 VBE532 中的 MatrixObj 对象；其二，除Transform属性外，Graphics类还提供了几种直接单项变换 World 坐标的方法 xxxTransform()，分别为MultiplyTransform(矩阵相乘)、RotateTransform(旋转变换)、ScaleTransform(比例变换)和TranslateTransform(坐标平移)，以及重置变换矩阵为单位矩阵的 ResetTransform 方法。这些方法与 5.5.2 节中的 Matrix 类的Multiply、Rotate、Scale和Translate等方法是一致的。

例如，利用Graphics对象的直接单项坐标变换方法 xxxTransform()，实现 VBE532 时，仅需要将 VBE532 中的以下语句：

```
Dim MatrixObj As New Matrix
MatrixObj.Rotate(30)
MatrixObj.Scale(1, 0.5F)
MatrixObj.Translate(300, 0)
Gr.Transform = MatrixObj
```

替换为下列语句：

```
Gr.RotateTransform(30)
Gr.ScaleTransform(1, 0.5F)
Gr.TranslateTransform(300, 0)
```

或者，将下述语句：

```
Dim Ang = 30 * PI / 180
Dim MatrixObj As New Matrix(Cos(Ang), Sin(Ang), -0.5 * Sin(Ang), 0.5 * Cos(Ang),
300 * Cos(Ang), 300 * Sin(Ang))
Gr.Transform = MatrixObj
```

替换为下列语句：

```
Dim Ang = 30 * PI / 180
Gr.Transform = New Matrix(Cos(Ang), Sin(Ang), -0.5 * Sin(Ang), 0.5 * Cos(Ang),
300 * Cos(Ang), 300 * Sin(Ang))
```

〖例 5.24〗全局坐标系变换应用制图

作为应用示例，调整图 5.47 中上部和车体的 World 坐标系，见图 5.52。

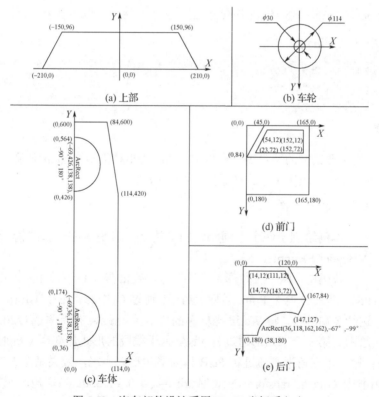

图 5.52　汽车部件设计采用 World 坐标系(二)

则绘制车上部与车体时，就需要调整 Y 轴方向以及旋转坐标系的操作。示例代码见[VBcodes Example：533]。

对应车上部(图 5.52(a))的 World 坐标变换矩阵为

[VBcodes
Example：533]

$$\begin{bmatrix} 1 & 0 & 0 \\ 0 & -1 & 0 \\ 0 & 0 & 1 \end{bmatrix} \cdot \begin{bmatrix} 1 & 0 & 0 \\ 0 & 1 & 0 \\ 440 & 146 & 1 \end{bmatrix} = \begin{bmatrix} 1 & 0 & 0 \\ 0 & -1 & 0 \\ 440 & 146 & 1 \end{bmatrix}$$

对应于车体（图 5.51（b））的 World 坐标变换矩阵为

$$\begin{bmatrix} 1 & 0 & 0 \\ 0 & -1 & 0 \\ 0 & 0 & 1 \end{bmatrix} \cdot \begin{bmatrix} \cos(-90°) & \sin(-90°) & 0 \\ -\sin(-90°) & \cos(-90°) & 0 \\ 0 & 0 & 1 \end{bmatrix} \cdot \begin{bmatrix} 1 & 0 & 0 \\ 0 & 1 & 0 \\ 650 & 260 & 1 \end{bmatrix}$$

$$= \begin{bmatrix} 1 & 0 & 0 \\ 0 & -1 & 0 \\ 0 & 0 & 1 \end{bmatrix} \cdot \begin{bmatrix} 0 & -1 & 0 \\ 1 & 0 & 0 \\ 0 & 0 & 1 \end{bmatrix} \cdot \begin{bmatrix} 1 & 0 & 0 \\ 0 & 1 & 0 \\ 650 & 260 & 1 \end{bmatrix}$$

$$= \begin{bmatrix} 0 & -1 & 0 \\ -1 & 0 & 0 \\ 0 & 0 & 1 \end{bmatrix} \cdot \begin{bmatrix} 1 & 0 & 0 \\ 0 & 1 & 0 \\ 650 & 260 & 1 \end{bmatrix} = \begin{bmatrix} 0 & -1 & 0 \\ -1 & 0 & 0 \\ 650 & 260 & 1 \end{bmatrix}$$

因此，也可以使用语句：

```
Gr.Transform = New Matrix(0, -1, -1, 0, 650, 260)
```

替代代码中的以下语句：

```
Gr.TranslateTransform(650, 260)
Gr.RotateTransform(-90)
Gr.ScaleTransform(1, -1)
```

2. 局部变换

局部变换适用于要绘制的特定项。例如，GraphicsPath对象和 Region 对象都具有Transform方法，可以将坐标变换仅应用于该路径或区域的数据点。

〖例 5.25〗局部坐标系变换应用示例

本例绘制了两个不同颜色的等边三角形叠落在一起的情形。示例代码见 [VBcodes Example: 534]。

[VBcodes Example: 534]

代码中，两个三角形是在同一个 World 坐标系中设计的，其顶点分别存于 PtsA 和 PtsB 两个 Point 类型数组中，通过 Gr.TranslateTransform（220, 220）语句进行全局转换，将 World 坐标系的原点置于 Page 坐标系的（220, 220）点处进行绘图。第一个三角形通过将 PtsA 以折线段的形式加载至 GraphicsPath 类对象 GrPath 来实现；第二个三角形则通过将 PtsB 作为多边形来实现，效果见图 5.53（a）。

若在代码中添加 GrPath.Transform（New Matrix（-1, 0, 0, -1, 350, 0））语句，则该变换仅对 PtsA 中三个顶点的坐标进行局部变换，并不影响 PtsB 中点的坐标。该转换对应的变换矩阵如下：

$$\begin{bmatrix} \cos180° & \sin180° & 0 \\ -\sin180° & \cos180° & 0 \\ 0 & 0 & 1 \end{bmatrix} \begin{bmatrix} 1 & 0 & 0 \\ 0 & 1 & 0 \\ 350 & 0 & 1 \end{bmatrix} = \begin{bmatrix} -1 & 0 & 0 \\ 0 & -1 & 0 \\ 350 & 0 & 1 \end{bmatrix}$$

即先向右平移350 个单位，然后顺时针旋转180°。效果见图 5.53（b）。

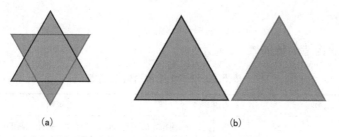

(a)　　　　　　　　(b)

图 5.53　VBE534 全局变换与局部变换效果图

5.6　文　　字

通常，在 Windows 中使用的是 TrueType 字体(TrueType Font，TTF)，该字体技术采用二次 B 样条曲线来描述字符的轮廓。在 GDI+中，与文字相关的类包括字体族类 System.Drawing.FontFamily、字体类 System.Drawing.Font 和字体集类 System.Drawing. Text.FontCollection 及其他的两个派生类 InstalledFontCollection(已安装字体集)和 PrivateFontCollection(专用字体集)。

5.6.1　字体

1.　字体族 FontFamily

字体族 FontFamily 是一组具有同一字样(Typeface)，但是风格(Style)不同的字体(Font)。其中，字样是指字体的种类，如 Arial、Times New Roman、宋体、黑体等。风格是指正常(Regular)、粗体(Bold)、斜体(Italic)、粗斜体(Bold and Italic)、下划线(Underline)、删除线(Strikeout)等。

常用的 FontFamily 构造函数为 FontFamily(String)，使用指定名称创建 FontFamily 对象。例如：

```
Dim MyFontFamily1 As New FontFamily("宋体")
Dim MyFontFamily2 As New FontFamily("楷体_GB2312")
Dim MyFontFamily3 As New FontFamily("Times New Roman")
```

〚例 5.26〛输出系统字体样式

本示例在窗体上显示当前系统已装入的字体(族)名称。示例代码见[VBcodes Example：535]。显示结果如图 5.54 所示。

[VBcodes
Example：535]

图 5.54　VBE535 输出结果节选

2. 字体 Font

Font 类常用的构造函数如表 5.29 所示。

表 5.29　Font 类常用构造函数

函数	说明
Font(Font, FontStyle)	使用指定的现有 Font 和样式，初始化新 Font
Font(FontFamily, Single)	使用指定的大小初始化新的 Font
Font(String, Single)	使用指定的大小初始化新的 Font
Font(FontFamily, Single, FontStyle)	使用指定的大小和样式初始化新的 Font
Font(FontFamily, Single, GraphicsUnit)	使用指定的大小和单位初始化新的 Font。样式为 FontStyle.Regular
Font(String, Single, FontStyle)	使用指定的大小和样式初始化新的 Font
Font(String, Single, GraphicsUnit)	使用指定的大小和单位初始化新的 Font。样式为 FontStyle.Regular
Font(FontFamily, Single, FontStyle, GraphicsUnit)	使用指定的大小、样式和单位初始化新的 Font
Font(String, Single, FontStyle, GraphicsUnit)	使用指定的大小、样式和单位初始化新的 Font

其中，字体风格 FontStyle 枚举值见表 5.30。

表 5.30　FontStyle 枚举类型的成员

字体枚举成员	枚举值	风格
Regular	0	常规
Bold	1	粗体
Italic	2	斜体
Bold and Italic	3	粗斜体
Underline	4	下划线
Strikeout	8	删除线

字体绘图单位 GraphicsUnit 枚举值见表 5.31。

表 5.31　GraphicsUnit 枚举类型的成员及量度单位

枚举成员	枚举值	量度单位
World	0	逻辑单位(非物理单位，缺省为像素)
Display	1	设备单位，对显示器为像素，对打印机为墨点
Pixel	2	像素，与屏幕大小和分辨率有关
Point	3	打印机墨点(1/72 英寸)
Inch	4	英寸
Document	5	文档单位(1/300 英寸)
Millimeter	6	毫米

[VBcodes Example：536]

以下是字体风格 FontStyle 的应用示例程序。示例代码见[VBcodes Example：536]。

Font 类常用属性及方法如表 5.32 所示。

表 5.32 Font 类常用属性及方法

属性/方法	说明
Bold	获取一个值，该值指示此 Font 是否为粗体
FontFamily	获取与此 FontFamily 关联的 Font
Height	获取此字体的行距
IsSystemFont	获取一个值，该值表示此字体是否是 SystemFonts 的一个成员
Italic	获取一个值，该值指示此字体是否已应用斜体样式
Name	获取此 Font 的字体名称
OriginalFontName	基础结构，获取最初指定的字体的名称
Size	获取此 Font 的全身大小，单位采用 Unit 属性指定的单位
SizeInPoints	获取此 Font 的全身大小（以点为单位）
Strikeout	获取一个值，该值指示此 Font 是否指定贯穿字体的横线
Style	获取此 Font 的样式信息
SystemFontName	如果 IsSystemFont 属性返回 True，则获取系统字体的名称
Underline	获取一个值，该值指示此 Font 是否有下划线
Unit	获取此 Font 的度量单位
GetHeight	返回此字体的行距（以像素为单位）
GetHeight（Graphics）	采用指定的 Graphics 的当前单位，返回此字体的行距

中文字号与 Unit 单位的关系见表 5.33。

表 5.33 中文字号与 Unit 单位的关系

中文字号	Pixel 像素	Point 墨点	Inch 英寸	Document 文档	Millimeter 毫米
特号	133.3333	100	1.3889	416.6667	35.2778
小特	80	60	0.8333	250	21.1667
初号	56	42	0.5833	175	14.8167
小初	48	36	0.5	150	12.7
一号	34.6667	26	0.3611	108.3333	9.1722
小一	32	24	0.3333	100	8.4667
二号	29.3333	22	0.3056	91.6667	7.7611
小二	24	18	0.25	75	6.35
三号	21.3333	16	0.2222	66.6667	5.6444
小三	20	15	0.2083	62.5	5.2917
四号	18.6667	14	0.1944	58.3333	4.9389
小四	16	12	0.1667	50	4.2333
五号	14	10.5	0.1458	43.75	3.7042
小五	12	9	0.125	37.5	3.175
六号	10	7.5	0.1042	31.25	2.6458
小六	8.6667	6.5	0.0903	27.0833	2.2931
七号	7.3333	5.5	0.0764	22.9167	1.9403
八号	6.6667	5	0.0694	20.8333	1.7639

5.6.2 绘制文本

1. DrawString 方法

在 GDI+中，利用 Graphics 类的重载成员方法 DrawString 来绘制文本。重载 DrawString 方法的格式见表 5.34。

表 5.34　DrawString 方法重载格式

重载格式	说明
DrawString (String, Font, Brush, PointF)	在指定位置，用指定的 Brush 和 Font 对象绘制文本字符串
DrawString (String, Font, Brush, RectangleF)	在指定的矩形中，用指定的 Brush 和 Font 对象绘制文本字符串
DrawString (String, Font, Brush, PointF, StringFormat)	使用 StringFormat 指定的格式，在指定位置，用指定的 Brush 和 Font 对象绘制文本字符串
DrawString (String, Font, Brush, RectangleF, StringFormat)	使用 StringFormat 指定的格式，在指定的矩形中，用指定的 Brush 和 Font 对象绘制文本字符串
DrawString (String, Font, Brush, Single, Single)	在指定位置，并且用指定的 Brush 和 Font 对象绘制文本字符串
DrawString (String, Font, Brush, Single, Single, StringFormat)	使用 StringFormat 指定的格式，在指定的位置，用指定的 Brush 和 Font 对象绘制文本字符串

参数列表中，点类 PointF 对象和矩形类 RectangleF 对象都是浮点数版本，不支持整数版本。点类 PointF 对象表示文本串左上角的位置；矩形类 RectangleF 对象表示绘制文本的范围，超出部分会被截掉。

2. StringFormat 类

表 5.34 中 StringFormat 对象由 System.Drawing.StringFormat 字符串格式类创建，用于设置文本的对齐方式、输出方向、自动换行、制表符定制、剪裁等。其主要的四种重载构造函数见表 5.35。

表 5.35　StringFormat 类构造函数

函数	说明
StringFormat	初始化新的 StringFormat 对象
StringFormat (StringFormat)	从指定的现有 StringFormat 对象初始化新 StringFormat 对象
StringFormat (StringFormatFlags)	用指定的 StringFormatFlags 枚举初始化新 StringFormat 对象
StringFormat (StringFormatFlags, Int32)	用指定的 StringFormatFlags 枚举和语言初始化新的 StringFormat 对象

表 5.35 中，构造函数的参数列表中，字符串格式标志 StringFormatFlags 枚举成员如表 5.36 所示。

表 5.36　StringFormatFlags 枚举成员

枚举成员	枚举值	说明
DirectionRightToLeft	0x00000001	按从右向左的顺序显示文本(缺省为从左到右)
DirectionVertical	0x00000002	文本垂直对齐(缺省为水平)
DisplayFormatControl	0x00000020	Unicode 布局控制符起作用
FitBlackBox	0x00000004	允许字符尾部悬于矩形之外
LineLimit	0x00002000	最后一行必须为整行高，避免半行高的输出

枚举成员	枚举值	说明
MeasureTrailingSpaces	0x00000800	测量时包含尾部空格符(缺省不包含)
NoClip	0x00004000	不使用剪裁
NoFontFallback	0x00000400	对字体中不支持的字符,都用缺失标志符号的字体显示,缺省为空的方形符
NoWrap	0x00001000	不自动换行

表 5.35 中,构造函数的参数列表中的 Int32 为一个指示文本语言的值(language As Integer)。StringFormat 类的常用属性见表 5.37。

表 5.37　StringFormat 类的常用属性

属性	说明
Alignment	获取或设置字符串的水平对齐方式
FormatFlags	获取或设置包含格式化信息的 StringFormatFlags 枚举
LineAlignment	获取或设置字符串的垂直对齐方式

表 5.37 中,Alignment 和 LineAlignment 属性均使用 StringAlignment 枚举来对齐字符串。该枚举包含 3 种对齐方式,见表 5.38。

表 5.38　StringAlignment 枚举类型的成员及对齐方式

枚举成员	对齐方式
Center	指定文本在布局矩形中居中对齐
Far	指定文本远离布局矩形的原点位置对齐。 在左到右布局中,远端位置是右。 在右到左布局中,远端位置是左
Near	指定文本靠近布局矩形的原点位置对齐。 在左到右布局中,近端位置是左。 在右到左布局中,近端位置是右

组合使用上面的两个属性,可以使文本在矩形内按指定的对齐方式显示。下面示例显示了字符串的输出方向和对齐方式,示例代码见[VBcodes Example:537]。

示例代码输出结果见图 5.55。

[VBcodes Example:537]

图 5.55　VB537 输出结果

StringFormat 对象的常用方法主要是设置或获取输出文本的制表位,如表 5.39 所示。

表 5.39 StringFormat 类常用方法

方法	说明
GetTabStops	获取此 StringFormat 对象的制表位
SetTabStops	为此 StringFormat 对象设置制表位

当需要按指定的位置输出文本时，可使用表 5.39 中的 SetTabStops 方法设置制表位，以调整文本输出的位置，而不是用空格来调整。制表位的功能相当于键盘上的 Tab 键。该方法的语法格式为：SetTabStops(偏移量，制表位)。其中，偏移量为 Single 类型，指第一个制表位与第二个制表位之间间距的附加偏移量；制表位则为 Single 类型的数组，指定制表位之间的间距。

定义制表位后，要使文本内容按制表位有规则地排列显示，还需要在文本的适当位置插入制表符，它是由 Microsoft.VisualBasic.ControlChars 类提供的共享文本控制符之一，见表 5.40，即在文本中插入表 5.40 中的成员 Tab(或 vbTab 常数)，插入的制表符必须与 SetTabStops 方法定义的制表位相对应。

表 5.40 ControlChars 类共享字段

成员	字符常量	等效字符	说明
CrLf	vbCrLf	Chr(13) + Chr(10)	回车/换行组合符
Cr	vbCr	Chr(13)	回车符
Lf	vbLf	Chr(10)	换行符
NewLine	vbNewLine	Chr(13) + Chr(10)	新行字符
NullChar	vbNullChar	Chr(0)	值为 Null 的字符
Tab	vbTab	Chr(9)	制表符
VerticalTab	vbVerticalTab		垂直制表符
Back	vbBack	Chr(8)	退格字符
FormFeed	vbFormFeed		用于打印功能的换页符
Quote	无	Chr(34)	双引号字符

此外，表 5.40 中的其他常数也可以在程序中任何适宜的地方使用。当调用输出和显示方法时，也可以在输出的文本中使用表中的常数或成员。

下面是利用制表位输出文本的一个实例程序。示例代码见[VBcodes Example：538]。代码输出结果见图 5.56。

[VBcodes Example：538]

姓名	出生日期	手机	学校
张柏岭	23/03/2001	13504356xxx	厦门大学
王海祥	17/10/2000	16838292xxx	河海大学
甘华强	21/07/2001	15546682xxx	中山大学

图 5.56 VBE538 输出结果

5.6.3 美术字

下面介绍几种利用不同颜色、条纹和渐变的画刷以及多次绘图的方法来达到一定美术效果的字符串绘制方法。

1. 阴影字

可以使用两种不同颜色的画刷，经过在不同的位置多次绘制同一字符串，就可以达到输出阴影字的效果。代码示例见[VBcodes Example：539]。

输出结果如图 5.57 所示。

[VBcodes Example：539]

图 5.57　VBE539 结果输出

2. 条纹字

也可以直接利用"条纹"画刷绘制条纹状的字符串。代码示例见[VBcodes Example：540]。

输出结果如图 5.58 所示。

[VBcodes Example：540]

图 5.58　VBE540 结果输出

3. 纹理字

还可以利用"纹理"画刷来绘制纹理字符串。代码示例见[VBcodes Example：541]。

输出结果如图 5.59 所示。

[VBcodes Example：541]

图 5.59　VBE541 结果输出

4. 渐变字

也可以利用"线性渐变"画刷来绘制色彩变幻的字符串。代码示例见[VBcodes Example：542]。

输出结果如图 5.60 所示。

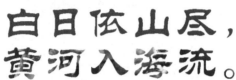

图 5.60 VBE542 结果输出

5. 空心字与彩心字

示例代码见[VBcodes Example: 543]。

其中,由于用到了随机颜色,所以每次刷新时的颜色都不一样。输出结果为普通、纹理、空心和彩心字符串,如图 5.61 所示。

图 5.61 VBE543 结果输出

6. 字体透明

使用颜色时,通过 Color 结构的 FromArgb (Int32,color) 方法使用透明色。该方法的第一个参数即表示透明度,为 Int32 型整数,取值范围为 0~255。255 为不透明,0 为完全透明。示例代码见[VBcodes Example: 544]。

输出结果如图 5.62 所示。注意:缺省都是从左到右输出的。可以用 rectangle 来指定输出的文字的区域,这样,文字就自动换行输出。

图 5.62 VBE544 结果输出

5.7 图 像 处 理

5.7.1 图像压缩编码和解码原理

1. 颜色模型

为了科学地定量描述和使用颜色，人们提出了各种颜色模型。目前常用的颜色模型按用途可分为三类，分别为计算颜色模型、视觉颜色模型和工业颜色模型。

计算颜色模型用于进行有关颜色的理论研究，常见的有 RGB 模型、CIE XYZ 模型、Lab 模型等；视觉颜色模型是指与人眼对颜色感知的视觉模型相似的模型，它主要用于色彩的理解，常见的有 HSI 模型、HSV 模型和 HSL 模型；工业颜色模型侧重于实际应用，包括彩色显示系统、彩色传输系统及电视传输系统等，如印刷中用的 CMYK 模型、电视系统用的 YUV 模型、用于彩色图像压缩的 YCbCr 模型等。

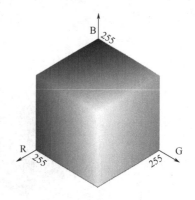

图 5.63 RGB 立方体

1) RGB 颜色模型

采用红、绿、蓝三种基色来匹配所有颜色的模型称为 RGB 颜色模型。国际照明委员会(CIE)早在 1931 年就规定这三种基本单色光的波长分别定义为 R: 700 nm, G: 546.1 nm, B: 435.8 nm。可以用一个三维的立方体来表示它们能组成的所有颜色，如图 5.63 所示。

RGB 颜色模型采用物理三基色表示，因而物理意义很清楚。但由于 RGB 坐标不能直接获取亮度，因此，在将彩色图像转换成黑白图像时不方便。

在 RGB 颜色模型中，R、G、B 数据取值范围为 0~255。原点(0, 0, 0)所对应的颜色为黑色，它的三个分量值都为零。距离原点最远的顶点(255, 255, 255)对应的颜色为白色。从黑色到白色的灰色分布在这两个点的连线上，该线称为灰色线。该立方体内其余各点对应不同的颜色。RGB 立方体中有三个角对应于三基色红、绿、蓝，剩下的三个角对应于三基色的补色，即青色(蓝绿色)、品红(紫色)、黄色。

图 5.63

2) HSI 颜色模型

HSI 模型是美国色彩学家孟塞尔(Munsell)于 1915 年提出的，它反映了人的视觉系统感知色彩的方式，以色调(Hue)、饱和度(Saturation)和强度(Intensity)三种基本特征量来感知颜色。

色调 H 与光波的波长有关，它表示人的感官对不同颜色的感受，如红色、绿色、蓝色等，它也可表示一定范围的颜色，如暖色、冷色等。饱和度 S 表示颜色的纯度，纯光谱色是完全饱和的，加入白光会稀释饱和度。饱和度越大，颜色看起来就会越鲜艳，反之亦然。强度 I 对应成像亮度和图像灰度，是颜色的明亮程度，与图像的色彩信息无关。

若将 RGB 立方体沿主对角线进行投影，可得到如图 5.64(a)所示的六边形，这样，原来沿主对角线的灰色都投影到中心白色点，而红色点则位于右边的角上，绿色点位于左上角，蓝色点则位于左下角，构造出 HSI 颜色模型的双六棱锥表示图 5.64(b)，其中，I 轴表示强度，取值为 0.0~1.0，0.0 对应黑色，1.0 对应白色；H 表示色调，取角度值，范围为$[0, 2\pi]$，其中，纯红色的角度为 0，纯绿色的角度为 2π/3，纯蓝色的角度为 4π/3；S 表示饱和度，是颜色模型任一点距 I 轴的距离。注意：当强度 $I=0$ 时，表示黑色，此时色调 H、饱和度 S 无定义；当 $S=0$ 时，色调 H 无定义。当然，若用圆表示 RGB 模型的投影，则 HSI 颜色模型用双圆锥 3D 模型表示，如图 5.65 所示。也可以圆柱 3D 模型表达 HSI 颜色模型，见图 5.66。

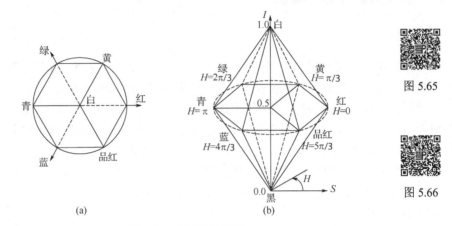

(a)   (b)

图 5.64   HSI 颜色模型

图 5.65   HSI 颜色双圆锥 3D 模型

图 5.66   HSI 颜色圆柱 3D 模型

  HSI 颜色模型和 RGB 颜色模型只是同一物理量的不同表示法，因而它们之间存在着转换关系。首先给定 RGB 颜色模型的值 (R,G,B)，其中 R,G,B∈[0,255]，则转换到 HSI 空间的 (H,S,I) 值的计算如下。

  先将 (R,G,B) 进行归一化，得

$$r = \frac{R}{255}, \quad g = \frac{G}{255}, \quad b = \frac{B}{255} \tag{5-3}$$

转换公式为

$$\begin{cases} I = \dfrac{r+g+b}{3} \\[2mm] H = \begin{cases} \theta, & b \leqslant g \\ 360-\theta, & b > g \end{cases}, \qquad \theta = \dfrac{180}{\pi} \arccos\left(\dfrac{(r-g)+(r-b)}{2\sqrt{(r-g)^2 + (r-b)(g-b)}} \right) \\[4mm] S = 1 - \dfrac{3}{r+g+b} \min(r,g,b) \end{cases} \tag{5-4}$$

3）YUV/YCbCr 颜色模型

现代数字影像或图像通常通过带有 CCD（电荷耦合器件）或 CMOS（互补金属氧化物半导

体)图像传感器的数码摄像机或数码相机获取。CCD 由微型光电二极管以电荷包形式记录光波分布，使用电荷量表示信号大小，然后通过电荷的逐个转移依次读出每个像素上的电荷量，具有自扫描、感受波谱范围宽、畸变小、体积小、重量轻、系统噪声低、功耗小、寿命长、可靠性高等一系列优点，并可做成集成度非常高的组合件。CMOS 传感器则由 MOS 微型光电管阵列记录图像的光波分布，并由 CMOS 开关阵列控制每个像素电荷的读取，由行开关和列开关坐标决定被选中的像素，从而通过闭合的开关输出电荷信号。通过图像传感器获得的彩色图像信号，经分色，分别放大校正得到 RGB，再经过矩阵变换电路得到亮度信号 Y 和两个色差信号 $R\text{-}Y$、$B\text{-}Y$，最后发送端将亮度和色差三个信号分别进行编码，用同一信道发送出去。这就是我们常用的 YUV 颜色模型。

YUV 颜色模型与 RGB 颜色模型的参数转换公式如式(5-5)和式(5-6)所示：

$$\begin{bmatrix} Y \\ U \\ V \end{bmatrix} = \begin{bmatrix} 0.299 & 0.587 & 0.114 \\ -0.147 & -0.289 & 0.436 \\ 0.615 & -0.515 & -0.100 \end{bmatrix} \begin{bmatrix} R \\ G \\ B \end{bmatrix} + \begin{bmatrix} 0 \\ 128 \\ 128 \end{bmatrix} \tag{5-5}$$

$$\begin{bmatrix} R \\ G \\ B \end{bmatrix} = \begin{bmatrix} 1 & 0 & 1.140 \\ 1 & -0.395 & -0.581 \\ 1 & 2.032 & 0 \end{bmatrix} \begin{bmatrix} Y \\ U-128 \\ V-128 \end{bmatrix} \tag{5-6}$$

YCbCr 模型与 YUV 模型一样，由亮度 Y、色差 Cb、色差 Cr 构成，以降低彩色数字图像存储量，是一种适合彩色图像压缩的模型。与 YUV 模型不同的是：在构造色差信号时，YCbCr 模型充分考虑了 R、G、B 三个分量在视觉感受中的不同重要性。YCbCr 模型与 RGB 模型的参数转换公式如式(5-7)和式(5-8)所示：

$$\begin{bmatrix} Y \\ Cb \\ Cr \end{bmatrix} = \begin{bmatrix} 0.299 & 0.587 & 0.114 \\ -0.1687 & -0.3313 & 0.5000 \\ 0.5000 & -0.4187 & -0.0813 \end{bmatrix} \begin{bmatrix} R \\ G \\ B \end{bmatrix} + \begin{bmatrix} 0 \\ 128 \\ 128 \end{bmatrix} \tag{5-7}$$

$$\begin{bmatrix} R \\ G \\ B \end{bmatrix} = \begin{bmatrix} 1 & 0 & 1.4020 \\ 1 & -0.3441 & -0.7141 \\ 1 & 1.7720 & 0 \end{bmatrix} \begin{bmatrix} Y \\ U-128 \\ V-128 \end{bmatrix} \tag{5-8}$$

2. 图像压缩的基本途径

图像的数据量极大，必须对其数据总量进行极大程度的压缩，才能够提高存储、传输和使用效率。例如，对于每秒 30 帧，分辨率为 640 像素×480 像素的电视画面彩色图像，则 1s 的 RGB 模型的数据量为 640×480×3×30=27.648(MB)，1 张 CD 可存 640MB，如果不进行压缩，1 张 CD 则仅可以存放 23.44s 的数据。在实用技术上，可通过以下途径来压缩图像数据的总量。

1)使用 YUV 传输模式

YUV 颜色模型常用在视频处理中，其重要性是它将亮度信号 Y 与色彩信号 U、V 分离。如果只有 Y 信号分量而没有 U、V 信号分量，那么这表示图像就是黑白灰度图，这样的设计很好地解决了彩色电视与黑白电视的兼容问题。

由于人眼睛对亮度信号敏感，对色彩信号不够敏感，利用人眼的这一生理视觉特性，对

*Y*信号以较高清晰度传送，对 *U*、*V* 两个色差信号以较低清晰度传送，人们在主观感觉上并没有感到图像清晰度下降。UV / CbCr 信号实际上就是蓝色差信号和红色差信号，一定程度上间接地代表了蓝色和红色的强度。实际处理中，对亮度信号 *Y* 实行逐点取样，每个像素点上的亮度信号 *Y* 都进行传送；对 *U*、*V* 两个色差信号(或为 Cb、Cr，R-Y、B-Y)取样较少，分别进行传送。例如，对应于 4 个亮度取样点，仅对色度信号取样 1 个点，即对 *U*、*V* 信号各取 1 个数据样，这种取样格式称为 YUV411 格式。它的数据总量比三基色取样方式的将减少一半。若采用 RGB 三基色取样方式，则各基色取样方式应与亮度信号取样方式一样，即对每个红、绿、蓝色需采取逐点取样的方法。显然，采用 YUV/ YCbCr 传输模式是压缩图像数据比特率的一个得力措施。

2) 图像分割处理

对图像数据进行处理时，对每帧图像进行分割处理。首先将图像横向切成若干条，每一条称为一片，再将每一片纵向切成若干块，称为宏块，宏块是图像压缩的基本单位。每个宏块的彩色图像可用一个亮度信号 *Y* 和两个色差信号 *U*、*V*(或 Cb、Cr)来表示，或者说，每个宏块分为三层，一层亮度信号 *Y*，两层色差信号 Cb 及 Cr，统称为一个宏块。

由于人眼睛对亮度、色度的主观敏感程度不同，通常把亮度宏块再平均分成 4 块，每一小块称为像块或区块，详见图 5.67。每个区块可以进一步分割为像素或像点，像素是构成图像的最小单位。对于数字图像来说，将每个像素作为一个取样点，取得对应的亮度或色度数值。可以看出，图像分割越细，像素数越多，取样点越多，图像清晰度越高；反之，像素数越少，取样点越少，图像清晰度越低。实际上，对图像压缩处理，就是对图像区块的数据、像素中的数据进行压缩处理。

对于不同制式的显示器，分割图像的具体数据将有所变化。例如，PAL 制式，大多数为 625 行扫描标准，那么每帧图像被切为 18 片，每片再切成 22 个宏块，即每帧图像分成 396 个宏块；而 525 行的 NTSC 制式，每帧图像被切为 15 片，每片再切成 22 个宏块，即每帧图像分成 330 个宏块。对亮度信号来说，每个宏块又分为 4 个区块，每个区块含有 8×8=64(个) 像素，则每个宏块含有 256 个像素。但对两个色差信号来说，宏块像素数等于区块像素数，即像素数是 8×8=64(个)，是亮度像素的 1/4，如图 5.67 所示。

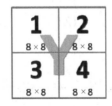

图 5.67　图像分割取样

尽管两色差信号的像素数较少，清晰度低，但不影响人眼睛的主观感觉。在进行数字图像处理时，按照图中各个 8 像素×8 像素的方块(共 64 块)编成次序，再按照编号顺序依次处理。也就是说，以 8 像素×8 像素的方块作为基本操作单元，依次处理每个像素上的取样数值。

3) 帧间和帧内数据压缩

视频活动图像是由各帧画面差别很小的一系列画面组成的。当视频每秒钟传送 25～30 帧图像画面时，画面变化便具有连续感。各帧画面的微小变化主要表现于画面主体部分，画面的背景差别很小。如前所述，图像是由亮度、色度信号来描述的，在各相邻帧图像内，若分别比较同一相对位置的亮度、色度信号，通常其差别较小。如图 5.68、图 5.69 所示的各两帧画面。经大量统计发现，一帧画面的全部像素当中仅有 10%以下的像素的亮度差值变化超过前帧画面的 2%，而色度差值变化在 0.1%以下。在各帧图像中具有大量的重复内容，这些重复内容的数据属于多余(冗余)信息，于是，可以通过减少时域冗余信息的方法，即运作帧间数据压缩技术，来减少图像传输的比特率。

(a)   (b)

图 5.68　两帧风景画面之间时域冗余信息

(a)   (b)

图 5.69　两帧人物画面之间时域冗余信息

在同一帧画面内，其实也存在相当多的冗余信息。人们在观察一幅图像时，并不会立刻关注到所有的细节。因此，对人眼最敏感的图像主体部分应当准确、详细地处理，需要对每个像素进行精细传输。对于人眼不敏感的非主体部分，则可以进行粗略地处理，即进行信息数据的压缩处理。于是，可以根据一帧图像内容的具体分布情况，对不同位置采用不同的数据量来传送，减少传送图像的数据量，使图像数据得到压缩。这种压缩数据的方法对同一帧图像的不同空间部位进行选择性数据压缩，称为空间域冗余压缩。

例如，一幅人像画面，眼睛、嘴唇部位表情丰富，线条比较精细复杂，是观众最注意的部位；而头顶部位和面颊侧面，轮廓变化较少，灰度层次变化较小，观众不太注意这些部位。显然，图像的主要部位、灰度层次变化较大的部位、人眼敏感的部位，应当以较大数据量进行精细传送；而图像的次要部位、灰度层次变化较小的部位、人眼不敏感的部位，则可用较少数据量进行粗略传送，甚至仅仅传送它们的平均亮度信号。

3. 帧内数据压缩技术

如前所述，为便于数字图像的存储、传输，首先需要对整幅图像进行分割处理，取得最小操作单元。若按 8×8=64（个）像素组成的区块来说，每一个像素值都可以按一定规律取样，例如，可按每个像素对亮度值取样，若每个像素按 8bit 量化，则每个区块的总数据量为 8bit×64，即 512bit。可见，对全画面各像素量化处理后的数据量十分庞大，需要进行数据压缩。帧内数据压缩主要采用数字变换。

1）图像数据压缩处理的一般过程

图像数据压缩又称图像压缩，图 5.70 是 JPEG 数字图像压缩编码处理的一般流程。

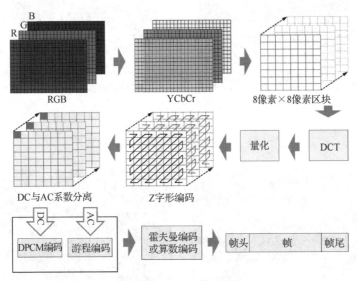

图 5.70　JPEG 数字图像压缩编码的一般流程

其主要步骤如下。

（1）模式变换：将图像从 RGB 颜色模式变换至 YCbCr 颜色模式。

（2）图像分割：将图像裂解成 8 像素×8 像素区块。

（3）数学变换：对每个区块的 Y、Cb、Cr 各分量进行离散余弦变换（DCT）。

（4）量化排序：对区块频率分量的幅值进行量化。

（5）差分编码与游程编码：使用差分脉冲调制（DPCM）对区块直流（DC）系数进行编码，并使用行程长度编码（RLE）对区块交流（AC）系数进行编码。

（6）熵编码：使用如霍夫曼编码或算术编码的无损算法，对所有区块数据进行进一步的压缩。

2）DCT

离散余弦变换（Discrete Cosine Transform）简称 DCT，它使用频谱分析方法进行离散数据处理。DCT 是多种数字变换的一种，它以不同频率振荡的余弦函数之和来表达数据点的有限序列。

在傅里叶级数展开式中，如果被展开的函数是实偶函数，那么，其傅里叶级数中将只包含余弦项，将其离散化便导出余弦变换，称为离散余弦变换。二维离散余弦逆变换公式如式(5-9)所示：

$$F(u,v) = \frac{2}{\sqrt{MN}} c(u)c(v) \sum_{x=0}^{M-1} \sum_{y=0}^{N-1} f(x,y) \cos\left(\frac{2x+1}{2M}u\pi\right) \cos\left(\frac{2y+1}{2N}v\pi\right) \tag{5-9}$$

式中，

$$\begin{cases} x,u = 0,1,2,\cdots,M-1 \\ y,v = 0,1,2,\cdots,N-1 \end{cases}, \qquad c(u),c(v) = \begin{cases} \dfrac{1}{\sqrt{2}}, & u,v = 0 \\ 1, & u,v \neq 0 \end{cases}$$

这一变换是可逆的，逆变换公式如式(5-10)所示：

$$f(x,y) = \frac{2}{\sqrt{MN}} \sum_{u=0}^{M-1} \sum_{v=0}^{N-1} F(u,v)c(u)c(v) \cos\left(\frac{2x+1}{2M}u\pi\right) \cos\left(\frac{2y+1}{2N}v\pi\right) \tag{5-10}$$

将 DCT 应用于数字图像处理，可以将空间域区块内的离散图像信息数据映射变换到频率域系数空间，构成频谱系数集。在空间域看来，图像内容千差万别，但在频率域上，大量图像的统计分析表明，经过 DCT 后，区块图像频率系数的主要成分集中于比较小的范围，且主要位于低频部分，这样，便可进一步把传送频谱中能量较小的部分舍弃，尽量保留传送频谱中主要的频率分量，就能够达到图像数据压缩的目的。利用 DCT 不仅可将图像编码，还可以在编码过程中发现图像细节的位置，以便删去或略去视觉不敏感的部分，而更加突出视觉的敏感部分，通过选择主要数据来传输、重视图像。

DCT 的变换核构成的基向量与图像内容无关，而且可以进行变换核分离，即二维 DCT 可以用两次一维 DCT 来完成，使得数学运算难度显著简化。同时，离散余弦变换有很多快速算法，便于实现，所以 DCT 在信号处理和图像处理中得到了广泛应用，是有损图像压缩 JPEG 的核心。

在将图像分割为 8 像素×8 像素区块的过程中，不足 8 像素的边缘区域用 0 补齐，因此，图片或者视频的尺寸往往对齐到 8 像素或 16 像素。DCT 编码属于正交变换编码，可以将原始的 8 像素×8 像素区块理解为一个 64 维向量，DCT 则将其映射到另外一组正交基上，得到 64 个频率系数，变换后直接降低系数的相关性。以区块亮度变换为例，过程如图 5.71 所示。

经 DCT 变换后，区块阵列左上角 $(0,0)$ 位置的分量 $F(0,0)$ 称为 DC 分量，其余 63 个系数被称为 AC 分量，越靠近右下角，频率越高。对于上述 64 点阵列来说，可得到 64 个 DCT 系数，即图 5.71(d) 列出的不同频率余弦波幅值组成的频谱系数，称为正交基信号阵列。

观察图 5.71(d) 中频谱系数的分布，可以发现矩阵左上角的数值较大，它们代表了图像信息的直流成分和低频分量，是图像信息的主体部分，也是区块内信息的主要部分；而右下角的数值较小，且趋近于 0。它们代表了图像信息的高频分量，其幅值原本就比较小，它主要反映图像的细节部分。人眼睛对图像信息的低频分量具有较高的视觉灵敏度，频谱系数分布恰好与人眼睛对图像信息的敏感程度形成良好的对应关系。

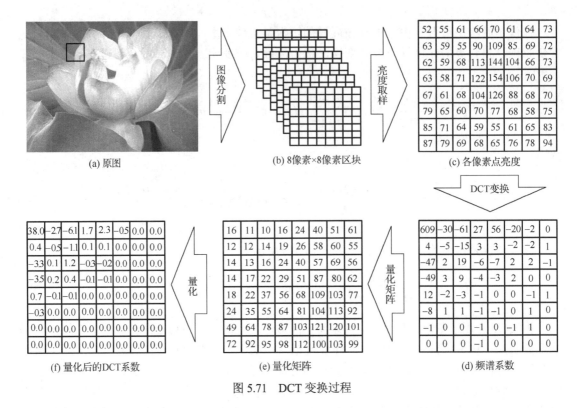

(a) 原图　　　　　　(b) 8像素×8像素区块　　　　　　(c) 各像素点亮度

52	55	61	66	70	61	64	73
63	59	55	90	109	85	69	72
62	59	68	113	144	104	66	73
63	58	71	122	154	106	70	69
67	61	68	104	126	88	68	70
79	65	60	70	77	68	58	75
85	71	64	59	55	61	65	83
87	79	69	68	65	76	78	94

DCT变换

(f) 量化后的DCT系数　　　　　　(e) 量化矩阵　　　　　　(d) 频谱系数

图 5.71　DCT 变换过程

3) DCT 系数量化

对经过 DCT 后的频率系数进行量化的目的是减小非 0 系数的幅度以及增加 0 系数的数目，一方面保留了图像信息的主体部分，另一方面显著压缩了图像数据。它是图像质量下降的最主要原因。量化过程通过降低DCT产生的数值结果的精确度来减少存储变换后的系数需要的比特率。定义量化公式为

$$K(u,v) = \frac{F(u,v)}{Q(u,v)} \tag{5-11}$$

式中，$F(u,v)$ 为量化前的 DCT 系数；$K(u,v)$ 为量化后的 DCT 系数；$Q(u,v)$ 为量化步长。

对于基于 DCT 的 JPEG 图像压缩编码，量化步距按照系数所在的位置和每种颜色分量的色调值来确定。因为人眼对亮度信号比对色差信号更敏感，因此 JPEG 图像压缩编码时对亮度和色度使用不同的量化表，如图 5.72 所示。

16	11	10	16	24	40	51	61
12	12	14	19	26	58	60	55
14	13	16	24	40	57	69	56
14	17	22	29	51	87	80	62
18	22	37	56	68	109	103	77
24	35	55	64	81	104	113	92
49	64	78	87	103	121	120	101
79	92	95	98	112	100	103	99

17	18	24	47	99	99	99	99
18	21	26	66	99	99	99	99
24	26	56	99	99	99	99	99
47	66	99	99	99	99	99	99
99	99	99	99	99	99	99	99
99	99	99	99	99	99	99	99
99	99	99	99	99	99	99	99
99	99	99	99	99	99	99	99

(a) 亮度量化表　　　　　　(b) 色度量化表

图 5.72　JPEG 图像压缩编码时的亮度和色度量化表

由于人眼对低频分量的图像比对高频分量的图像更敏感，因此量化表中左上角的量化步距要比右下角的量化步距小，而右下角的量化步距比较大，因而能够起到保持低频分量，抑制高频分量的作用。控制 JPEG 图像质量其实就是控制量化表，如果需要输出一张无损质量的 JPEG 图像，将量化表的每个格子都填上 1 即可。

式(5-11)表明，量化过程就是用 DCT 后的系数除以量化表中相对应的量化步距。前面示例中，量化后的 DCT 系数为见图 5.71(f)。

4）量化系数的编排

经过 DCT 和量化后，低频分量集中在左上区域，见图 5.71(f)。其中，左上角(0,0)单元格为直流系数，是整个 8 像素×8 像素区块的平均值，需要对它单独编码。由于相邻两个 8 像素×8 像素区块的 DC 系数相差很小，所以对它们采用 DPCM，可以提高压缩比。区块中的其他 63 个系数是交流系数，采用行程长度编码。如果将量化后的 DCT 系数按照如图 5.73 所示的 Z 字形排序，则会增加连续的 0 系数的个数，即 0 的行程长度，这样便可以提高行程长度编码压缩比。

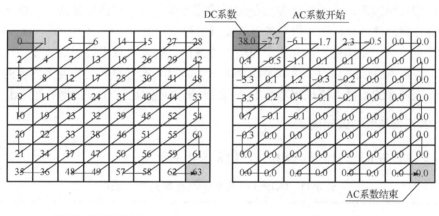

(a) 单元格Z字形排序序号   (b) DCT系数Z字形排序序列

图 5.73　DCT 系数 Z 字形排序

DCT 后低频分量多呈扇形辐射状向高频区衰减，如图 5.73(b)所示，因此将其可以看成按 Z 字形衰减。如图 5.72 所示，Z 字形扫描读取量化系数，就把一个 8×8 的矩阵变成一个 1×64 的矢量，形成一个数列，频率较低的系数位于数列的顶部。该数列第一项是该区块的平均亮度值，后面各项系数的分布和大小可以反映亮度起伏变化的剧烈程度。若系数较大，则说明亮度起伏较大，该区域图像轮廓较细致；若系数较小，则说明该区域内亮度变化较平缓；若系数为零，则表示数列中高频分量数值为 0，亮度电平无变化。在实际数据处理过程中，排在数列后面的系数基本上都是 0，或者趋于 0。63 个系数的集合及变化情况可反映出该区块内图像细节情况，即图像清晰度状况。

5）行程长度编码

采用经量化处理的系数矩阵出现了许多 0，进行上述 Z 字形扫描时，后面的系数将也出现连续为 0 的状况。此时，数据传输总量已经明显减少，但码位并未减少，仍为 64 个系数位。为了进一步压缩数据总量，区块中的其他 63 个交流系数，采用行程长度编码。

行程长度编码又称为游程编码。它是一种利用空间冗余度压缩图像的方法，属于统计编码类，相对比较简单。行程长度编码的基本思想是把具有相同灰度值的相邻像素组成的序列称为一个游程，游程中像素的个数称为游程长度，简称游长。游程编码就是将这些不同的游程长度构成的字符串用其数值和游长数值来表示。我们假设以不同的字母代表灰度不同的像素，例如，考察字符串 RRRRRRAAAAVVVVAAAAAA，其代表了 4 个游程，分别是 RRRRRR、AAAA、VVVV、AAAAAA；通过替换每个游程为单个实例字符加上重复次数的数字来表示，上面的字符串可以被编码为 6R4A4V6A 的形式。

对图像进行编码时，首先对图像进行扫描，如果有连续的 L 个像素具有相同的灰度值 G，则对其作行程编码后，只需传送一个数组 (G, L) 就可代替传送这一串像素的灰度值。然后，对游程进行变长编码，根据出现概率的不同分配不同长度的码字。游程长度越长，游程编码效率越高，因而特别适用于灰度等级少、灰度值变化小的二值图像编码。为达到较好的压缩效果，有时游程编码也会和一些其他编码方法混合使用。游程编码可以用于图形和视频文件压缩，如.bmp、.tif、.avi 等。

总之，对于静止画面来说，采用离散余弦变换、Z 字形扫描、量化处理和可变长度编码等方法，可使图像数据量显著压缩。

图像压缩的熵编码，一般采用霍夫曼编码或算数编码，过程比较复杂，在此不再叙述。有需要了解原理的读者可以进一步参考专业文献资料。

图像数据的解码重构过程：先经过可变长度解码，恢复为数据的固定长度；再对系数进行反量化，恢复为原来的 DCT 频率系数；再经过反向离散余弦变换，恢复为图像的空间坐标数值，即原来图像的数据。该过程基本上是压缩编码过程的逆过程，在此不再赘述。

5.7.2　GDI+图像格式与编码器

GDI+支持的 Windows 常见图像格式，如表 5.41 所示。

表 5.41　GDI+支持的 Windows 常见图像格式

序号	格式	说明
1	BMP	Bitmap，扩展名为.bmp，一般不压缩。支持黑白图、伪彩图、灰度图和真彩图，常用的是 24 位位图
2	GIF	Graphics Interchange Format(图形交换格式)，扩展名为.gif.采用无损的变长 LZW 压缩算法。只支持伪彩图(最多 256 索引色)。可存储多幅图片，常用于简单的网络动画
3	JPEG	Joint Photographic Experts Group(联合图像专家组)，扩展名为.jpg，采用以 DCT 为主的有损压缩方法。支持灰度图和真彩图，但是不支持伪彩图
4	Exif	EXchangeable Image File Format(可交换图像文件格式)，扩展名为.exif，用于数码相机，内含 JPEG 图像，包含拍摄日期、快门速度、曝光时间、照相机型号等相关信息
5	PNG	Portable Network Graphic Format(可移植网络图形格式)，扩展名为.png。采用无损压缩，支持 16 位深度的灰度图和 48 位深度的彩色图，支持 16 位 α 通道数据
6	TIFF	Tag Image File Format(标签图像文件格式)，扩展名为.tif，支持黑白图、索引色图、灰度图、真彩图，可校正颜色和调色温，支持多种压缩编码。常用于高质量要求的专业图像存储
7	ICON	Icon(图标)，扩展名为.ico，图像大小为 16 像素×16 像素、32 像素×32 像素或 64 像素×64 像素
8	WMF	Windows MetaFile(Windows 图元文件)，扩展名为.wmf，用于保存 GDI 的绘图指令记录
9	EMF	Enhanced Windows MetaFile(增强型 Windows 图文件)，扩展名为.emf，用于 Win32。GDI+使用的是扩展 EMF 格式——EMF+

图像编程实践中，往往要求不仅能够呈现图像，还常常需要对图像进行处理，涉及图像的变换、亮度、分辨率、特殊效果等方面。GDI+的图像及其处理的功能十分强大，可以用不同的格式加载、保存和操作图像。

GDI+中有三个图像类，其中的 Image 为基类，其他两个为它的派生类——Bitmap 和 Metafile(图元文件/矢量图形)。命名空间结构如图 5.74 所示。

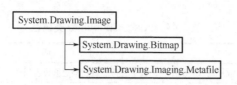

图 5.74　Image 类、Bitmap 类、Metafile 类

在这三个图像类中，Bitmap 类对应于点阵位图；Metafile 类对应于矢量图形；基类 Image 则对应于通用图像操作。

此外，GDI+还有大量与图像处理有关的类。表 5.42 中列出了 System.Drawing. Imaging 命名空间中部分常用的图像处理类。

表 5.42　System.Drawing.Imaging 命名空间中常用的类

类	说明
ColorMatrix	定义包含 RGBAW 空间坐标的 5×5 矩阵。ImageAttributes 类的若干方法通过使用颜色矩阵调整图像颜色。此类不能被继承
Encoder	Encoder 对象，封装一个标识图像编码器参数类别的全局唯一标识符（GUID）
EncoderParameter	用于向图像编码器传递值或值数组
EncoderParameters	封装 EncoderParameter 对象的数组
FrameDimension	提供及获取图像的帧维度的属性。不可继承
ImageAttributes	包含有关在呈现时如何操作位图和图元文件颜色的信息
ImageCodecInfo	提供必要的存储成员和方法，以检索与已安装的图像编码器和解码器相关的所有信息。不可继承
ImageFormat	指定图像的文件格式。不可继承

例如，表 5.42 中 ImageFormat 类用于指定图像的文件格式，不可继承。该类的属性值用于获取指定的图像格式，列于表 5.43。构造 ImageFormat 对象时，需要使用指定文件格式的 Guid 结构作为形参对 ImageFormat 新实例进行初始化。

表 5.43　ImageFormat 类属性

属性	属性性质	说明
Bmp	共享	获取位图（BMP）图像格式
Emf	共享	获取增强型图元文件（WMF）图像格式
Exif	共享	获取可交换图像文件（Exif）格式
Gif	共享	获取图形交换格式（GIF）图像格式
Guid	非共享	获取表示此 ImageFormat 对象的 Guid 结构
Icon	共享	获取 Windows 图标图像格式
Jpeg	共享	获取联合图像专家组（JPEG）图像格式
MemoryBmp	共享	获取内存中的位图的格式
Png	共享	获取 W3C 可移植的网络图像（PNG）图像格式
Tiff	共享	获取标签图像文件格式（TIFF）图像格式
Wmf	共享	获取 Windows 图元文件（WMF）图像格式

又如，ImageCodecInfo 类可提供必要的存储成员和方法，以检索与已安装的图像编码器和解码器(统称编码解码器)相关的所有信息，不可继承。该类的属性值列于表 5.44。

表 5.44   ImageCodecInfo 类属性

属性	说明
Clsid	获取或设置 Guid 结构，其中包含能识别特定编码解码器的 GUID
CodecName	获取或设置包含编码解码器名称的字符串
DllName	获取或设置包含存放编码解码器的 DLL 的路径名字符串。 如果编码解码器不在 DLL 中，则该指针为 Nothing
FilenameExtension	获取或设置包含编码解码器中使用的文件扩展名的字符串。 这些扩展名用分号分隔
Flags	获取或设置用于存储有关编码解码器的其他信息的 32 位值。该属性从 ImageCodecFlags 枚举返回若干标志的组合
FormatDescription	获取或设置描述编码解码器的文件格式的字符串
FormatID	获取或设置 Guid 结构，其中包含用于识别编码解码器格式的 GUID
MimeType	获取或设置包含编码解码器的多用途互联网邮件扩展(MIME) 类型的字符串
SignatureMasks	获取或设置可用作筛选器的二维字节数组
SignaturePatterns	获取或设置表示编码解码器签名的二维字节数组
Version	获取或设置编码解码器的版本号

ImageCodecInfo 类的主要方法是 GetImageEncoders 和 GetImageDecoders，即返回内置在 GDI+中的图像编码器的信息以及解码器的信息。

以下示例代码实现在 GDI+中查找已内置的图像编解码器，并在文本框中列出各编解码器的信息。示例代码见[VBcodes Example：545]。

输出结果如下：

[VBcodes Example: 545]

```
Codec Name = Built-in BMP Codec
Class ID = 557cf400-1a04-11d3-9a73-0000f81ef32e
DLL Name =
Filename Ext. = *.BMP;*.DIB;*.RLE
Flags = Encoder, Decoder, SupportBitmap, Builtin
Format Descrip. = BMP
Format ID = b96b3cab-0728-11d3-9d7b-0000f81ef32e
MimeType = image/bmp
Version = 1


Codec Name = Built-in JPEG Codec
Class ID = 557cf401-1a04-11d3-9a73-0000f81ef32e
DLL Name =
Filename Ext. = *.JPG;*.JPEG;*.JPE;*.JFIF
Flags = Encoder, Decoder, SupportBitmap, Builtin
Format Descrip. = JPEG
Format ID = b96b3cae-0728-11d3-9d7b-0000f81ef32e
MimeType = image/jpeg
Version = 1


Codec Name = Built-in GIF Codec
Class ID = 557cf402-1a04-11d3-9a73-0000f81ef32e
DLL Name =
Filename Ext. = *.GIF
```

```
Flags = Encoder, Decoder, SupportBitmap, Builtin
Format Descrip. = GIF
Format ID = b96b3cb0-0728-11d3-9d7b-0000f81ef32e
MimeType = image/gif
Version = 1


Codec Name = Built-in TIFF Codec
Class ID = 557cf405-1a04-11d3-9a73-0000f81ef32e
DLL Name =
Filename Ext. = *.TIF;*.TIFF
Flags = Encoder, Decoder, SupportBitmap, Builtin
Format Descrip. = TIFF
Format ID = b96b3cb1-0728-11d3-9d7b-0000f81ef32e
MimeType = image/tiff
Version = 1


Codec Name = Built-in PNG Codec
Class ID = 557cf406-1a04-11d3-9a73-0000f81ef32e
DLL Name =
Filename Ext. = *.PNG
Flags = Encoder, Decoder, SupportBitmap, Builtin
Format Descrip. = PNG
Format ID = b96b3caf-0728-11d3-9d7b-0000f81ef32e
MimeType = image/png
Version = 1
```

再如，表 5.42 中 FrameDimension 类，其功能是提供获取图像的帧维度的属性，应用于 TIFF 或 GIF 格式多帧图像的处理，不可继承。构造 FrameDimension 对象时，需要使用指定的 Guid 结构作为形参对 FrameDimension 新实例进行初始化。FrameDimension 类的属性见表 5.45。

表 5.45 FrameDimension 类属性

属性	说明
Guid	获取表示此 FrameDimension 对象的全局唯一标识符
Page	获取页面维度
Resolution	获取分辨率维度
Time	获取时间维度

限于篇幅，以下我们主要讨论 Image、Bitmap 两个图像类及其基本操作。

5.7.3 图像类

在 GDI+中，对图像的处理主要靠 Image 和 Bitmap 两个类，Image 类来自命名空间 System.Drawing，而 Bitmap 类是由 Image 类派生出的类。Image 类支持的图像格式包括 BMP、GIF、JPEG、PNG、TIFF 和 EMF。尤其注意，在 PNG 图像中，包含 Alpha 通道，所以能实现不规则图像。

1. Image 类属性

Image 类的属性见表 5.46。

表 5.46　Image 类属性

属性	说明
Flags	获取该 Image 的像素数据的特性标志
FrameDimensionsList	获取 GUID 的数组，这些 GUID 表示此 Image 中帧的维数
Height	获取此 Image 的高度（以像素为单位）
HorizontalResolution	获取此 Image 的水平分辨率（以像素/英寸为单位）
Palette	获取或设置用于此 Image 的调色板
PhysicalDimension	获取此图像的宽度和高度
PixelFormat	获取此 Image 的像素格式
PropertyIdList	获取存储于该 Image 中的属性项的 ID
PropertyItems	获取存储于该 Image 中的所有属性项（元数据片）
RawFormat	获取此 Image 的文件格式
Size	获取此图像的宽度和高度（以像素为单位）
Tag	获取或设置提供有关图像的附加数据的对象
VerticalResolution	获取此 Image 的垂直分辨率（以像素/英寸为单位）
Width	获取此 Image 的宽度（以像素为单位）

表 5.46 中的 Flags 属性表达的是 Image 图像对象的像素特征标志，由 ImageFlags 枚举值按二进制位相加组合，返回总和的整数值。其中，ImageFlag 枚举值列于表 5.47 中。

表 5.47　ImageFlag 枚举值

枚举成员	值	说明
None	0	无格式信息
Scalable	1	可缩放
HasAlpha	2	含 α 值
HasTranslucent	4	可半透明
PartiallyScalable	8	可部分缩放
ColorSpaceRgb	16	颜色模型为 RGB
ColorSpaceCmyk	32	颜色模型为 CMYK
ColorSpaceGray	64	颜色模型为灰度
ColorSpaceYcbcr	128	颜色模型为 YCbCr
ColorSpaceYcck	256	颜色模型为 YCCK
HasRealDpi	4096	含有 DPI 信息
HasRealPixelSize	8192	含有像素大小信息
ReadOnly	65536	像素数据是只读的
Caching	131072	像素数据可被高速缓存

[VBcodes
Example：546]

例如，如果某图像 Flags 属性返回 77960，则该图像的 ImageFlags 特征值包括 ReadOnly、HasRealDpi、HasRealPixelSize、ColorSpaceYcbcr 和 PartiallyScalable。

以下示例代码通过五张不同格式的图片，演示 Image 对象的

RawFormat（原始格式）属性和 Flags（像素标志）属性。示例代码见[VBcodes Example：546]。

运行结果：

```
[ImageFormat: b96b3cae-0728-11d3-9d7b-0000f81ef32e]   Flags :73744
[ImageFormat: b96b3cab-0728-11d3-9d7b-0000f81ef32e]   Flags :73744
[ImageFormat: b96b3cb1-0728-11d3-9d7b-0000f81ef32e]   Flags :77840
[ImageFormat: b96b3cb0-0728-11d3-9d7b-0000f81ef32e]   Flags :77842
[ImageFormat: b96b3caf-0728-11d3-9d7b-0000f81ef32e]   Flags :73746
```

表 5.46 中 PixelFormat 属性由 System.Drawing.Imaging 命名空间中的 PixelFormat 枚举确定，用于获取 Image 图像中像素的颜色数据的格式。PixelFormat 枚举值列于表 5.48。

表 5.48　PixelFormat 枚举值

枚举成员	说明
Format1bppIndexed	每像素 1 位，索引色
Format4bppIndexed	每像素 4 位，索引色
Format8bppIndexed	每像素 8 位，索引色
Format16bppArgb1555	每像素 16 位，其中 α 分量 1 位，RGB 分量各 5 位共 32768 种色调
Format16bppGrayScale	每像素 16 位，共指定 65536 种灰色调
Format16bppRgb555	每像素 16 位；RGB 分量各 5 位，剩余的 1 位未使用
Format16bppRgb565	每像素 16 位；RB 分量各使用 5 位，G 分量使用 6 位
Format24bppRgb	每像素 24 位；RGB 分量各使用 8 位
Format32bppArgb	每像素 32 位；αRGB 分量各使用 8 位
Format32bppPArgb	每像素 32 位；αRGB 分量各 8 位，RGB 分量预乘 α 分量
Format32bppRgb	每像素 24 位；RGB 分量各 8 位，另 8 位未用
Format48bppRgb	每像素 48 位；RGB 分量各使用 16 位
Format64bppArgb	每像素 64 位；αRGB 分量各使用 16 位
Format64bppPArgb	每像素 64 位；αRGB 分量各 16 位，RGB 分量预乘 α 分量

2. Image 类方法

Image 类的主要方法见表 5.49。

表 5.49　Image 类方法

方法	说明
Clone	创建此 Image 的一个精确副本
FromFile(String[,Boolean])	使用该文件中的嵌入颜色管理信息，从指定的文件创建 Image
FromStream(Stream[,Boolean][,Boolean])	可以选择使用嵌入的颜色管理信息并验证图像数据来从指定的数据流创建 Image
GetBounds	以指定的单位获取图像的界限
GetEncoderParameterList	返回有关指定的图像编码器所支持的参数的信息
GetFrameCount	返回指定维度的帧数
GetPixelFormatSize	返回指定像素格式的颜色深度（每个像素的位数）
GetPropertyItem	从该 Image 获取指定的属性项
GetThumbnailImage	返回此 Image 的缩略图
IsAlphaPixelFormat	返回一个值，该值指示此 Image 的像素格式是否包含 Alpha 信息

方法	说明
IsCanonicalPixelFormat	返回一个值，该值指示该像素格式是否为每个像素 32 位
IsExtendedPixelFormat	返回一个值，该值指示该像素格式是否为每个像素 64 位
RemovePropertyItem	从该 Image 移除指定的属性项
RotateFlip	旋转、翻转或者同时旋转和翻转 Image
Save（Stream, ImageFormat）	将此图像以指定的格式保存到指定的流中
Save（String[,ImageFormat]）	将此 Image 以指定格式保存到指定文件
Save（Stream, ImageCodecInfo, EncoderParameters）	使用指定的编码器和图像编码器参数，将该图像保存到指定的流
Save（String, ImageCodecInfo, EncoderParameters）	使用指定的编码器和图像编码器参数，将该 Image 保存到指定的文件
SaveAdd（EncoderParameters）	在上一 Save 方法调用所指定的文件或流内添加一帧。使用此方法将多帧图像中的选定帧保存到另一个多帧图像
SaveAdd（Image, EncoderParameters）	在上一 Save 方法调用所指定的文件或流内添加一帧
SelectActiveFrame	选择由维度和索引指定的帧
SetPropertyItem	在此 Image 中存储一个属性项(元数据片)

　　下面的示例中，通过三种图像类型演示了获取图像类型与特征，以及获取图像文件类型的方法。示例代码见[VBcodes Example：547]。

5.7.4　位图类

[VBcodes Example：547]

　　1. 构造函数

　　Bitmap 类的构造函数列于表 5.50。

表 5.50　Bitmap 类的构造函数

函数	说明
Bitmap（Image）	从指定的现有图像初始化 Bitmap 类的新实例
Bitmap（Stream）	从指定的数据流初始化 Bitmap 类的新实例
Bitmap（String）	从指定的文件初始化 Bitmap 类的新实例
Bitmap（Image, Size）	从指定的现有图像(缩放到指定大小)初始化 Bitmap 类的新实例
Bitmap（Int32, Int32）	用指定的大小初始化 Bitmap 类的新实例
Bitmap（Stream, Boolean）	从指定的数据流初始化 Bitmap 类的新实例
Bitmap（String, Boolean）	从指定的文件初始化 Bitmap 类的新实例
Bitmap（Type, String）	从指定的资源初始化 Bitmap 类的新实例
Bitmap（Image, Int32, Int32）	从指定的现有图像(缩放到指定大小)初始化 Bitmap 类的新实例
Bitmap（Int32, Int32, Graphics）	用指定的大小和指定的 Graphics 对象的分辨率初始化 Bitmap 类的新实例
Bitmap（Int32, Int32, PixelFormat）	用指定的大小和格式初始化 Bitmap 类的新实例
Bitmap（Int32, Int32, Int32, PixelFormat, IntPtr）	用指定的大小、像素格式和像素数据初始化 Bitmap 类的新实例

　　〖例 5.27〗JPG 图片分解为 RGB 三基色底图

　　以下示例代码，实现显示一张 JPG 图片的 Red、Green、Blue 三基色底图。示例代码见[VBcodes Example：548]。

　　运行结果如图 5.75 所示。

[VBcodes
Example：548]

图 5.75　VBE548 结果

本例也可通过采用颜色转换矩阵 ColorMatrix 和图形属性 ImageAttributes 的方法实现，可参考 VBE555。

2. 属性和方法

位图类 Bitmap 的属性和方法主要继承自 Image 类，这里就不再赘述。

5.7.5　图像处理操作

1. 绘制图像

图形类 Graphics 中，用于绘制图像的 DrawImage 重载方法有 20 余个。其中常用的 7 个方法列于表 5.51 中，它们都有对应的浮点数版。

表 5.51　常用 Graphics 类绘图方法

方法	说明
DrawImage（Image, Point）	在指定的位置使用原始物理大小绘制指定的 Image。不缩放
DrawImage（Image, Point（））	在指定位置并且按指定形状和大小绘制指定的 Image
DrawImage（Image, Rectangle）	在指定位置并且按指定大小绘制指定的 Image。可缩放
DrawImage（Image, x, y）	在由坐标对指定的位置，使用图像的原始物理大小绘制指定的图像。不缩放
DrawImage（Image, x, y, width, height）	在指定位置并且按指定大小绘制指定的 Image。可缩放
DrawImage（Image, y, Rectangle, GraphicsUnit）	在指定的位置绘制图像的一部分
DrawImage（Image,oint（）,Rectangle, GraphicsUnit, ImageAttributes）	在指定位置绘制指定的 Image 的指定部分

表中的以下绘图函数，具备缩放图像的功能：

```
DrawImage(Image, Rectangle)
DrawImage(Image, x, y, width, height)
DrawImage(Image, x, y, Rectangle, GraphicsUnit)
```

〖例 5.28〗DrawImage 方法绘制图像

本例应用 DrawImage 方法进行图像绘制编程。示例代码见[VBcodes Example：549]。代码运行结果见图 5.76。

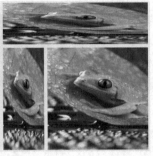

[VBcodes
Example：549]

图 5.76　VBE549 运行结果

在缩放或旋转图像时，可以使用 Graphics 类的 InterpolationMode 枚举属性设置插值算法模式来控制缩放或旋转的质量。该枚举来自命名空间 System.Drawing.Drawing2D。枚举值列于表 5.52。

表 5.52　InterpolationMode 枚举设置插值模式

枚举成员	说明
Invalid	等效于 QualityMode 枚举的 Invalid 元素
Default	默认模式
Low	低质量插值法
High	高质量插值法
Bilinear	双线性插值法。不进行预筛选。将图像收缩为原始大小的 50% 以下时，此模式不适用
Bicubic	双三次插值法。不进行预筛选。将图像收缩为原始大小的 25% 以下时，此模式不适用
NearestNeighbor	最临近插值法
HighQualityBilinear	高质量的双线性插值法。执行预筛选以确保高质量的收缩
HighQualityBicubic	高质量的双三次插值法。执行预筛选以确保高质量的收缩。此模式可产生质量较高的转换图像

2. 剪裁与局部缩放

可以使用 Graphics 类的以下两个图像绘制函数：

```
    DrawImage(Image, DestRect, srcx, srcy, srcWidth, srcHeight, srcUnit,
ImageAttributes)
    DrawImage(Image, DestRect, SourceRect, srcUnit, ImageAttributes)
```

来绘制图像中由 (srcx, srcy, srcWidth, srcHeight) 或 SourceRect 矩形指定的区域，即将图像剪裁后再输出到屏幕上由 DestRect 矩形指定的位置。

图 5.77　VBE550 运行结果

〖例 5.29〗制作图像放大镜

例如，下述代码将以鼠标指针为中心，在长宽各 100 像素的范围内进行剪裁放大，将剪裁后的图像输出到屏幕上由 Rectangle(600, 10, 565, 565) 矩形指定的位置。实现类似于放大镜的功能。其中，cx、cy、cw、ch 为原图像剪裁区域的左上角坐标和宽高。代码示例见[VBcodes Example：550]。

代码运行结果见图 5.77。

[VBcodes
Example：550]

3. 旋转与翻转

可以使用 Image 类的 RotateFlip 方法来对图像进行旋转和翻转。其中的输入参数的取值为 RotateFlipType 枚举类型常量，来自 System.Drawing.Drawing2D 命名空间，指定图像的旋转量和用于翻转图像的轴。RotateFlipType 枚举值见表 5.53。

表 5.53　RotateFlipType 枚举值

枚举成员	值	说明
RotateNoneFlipNone	0	不进行旋转和翻转
Rotate180FlipXY		顺时针旋转 180°后接水平翻转和垂直翻转
Rotate90FlipNone	1	顺时针旋转 90°，不进行翻转
Rotate270FlipXY		顺时针旋转 270°后接水平翻转和垂直翻转
RotateNoneFlipXY	2	不进行旋转，进行水平翻转和垂直翻转
Rotate180FlipNone		顺时针旋转 180°，不进行翻转
Rotate90FlipXY	3	顺时针旋转 90°后接水平翻转和垂直翻转
Rotate270FlipNone		顺时针旋转 270°，不进行翻转
RotateNoneFlipX	4	不进行旋转，进行水平翻转
Rotate180FlipY		顺时针旋转 180°后接垂直翻转
Rotate90FlipX	5	顺时针旋转 90°后接水平翻转
Rotate270FlipY		顺时针旋转 270°后接垂直翻转
RotateNoneFlipY	6	不进行旋转，进行垂直翻转
Rotate180FlipX		顺时针旋转 180°后接水平翻转
Rotate90FlipY	7	顺时针旋转 90°后接垂直翻转
Rotate270FlipX		顺时针旋转 270°后接水平翻转

〖例 5.30〗图像旋转

本示例代码实现将图像按指定方向旋转输出。示例代码见[VBcodes Example：551]。

代码运行结果见图 5.78。

[VBcodes
Example：551]

4. 仿射变形

可以使用 Graphics 类的 DrawImage（Image, Point（））或 DrawImage（Image, PointF（））方法，将矩形图像绘制到一个平行四边形中，可用于立体投影面的图像绘制。其中，此处 Point（）或 PointF（）必须为平行四边形的 3 个顶点，依次为左上角、右上角和左下角。

〖例 5.31〗图像仿射变形

以下为仿射变形示例代码。示例代码见[VBcodes Example：552]。

代码运行结果见图 5.79。

[VBcodes
Example：552]

5. 多帧图像与动画

有些图像文件，如 GIF 文件和 TIFF 文件，可包含多幅图像。Image 类的以下属性和方法可以用于多帧图像的信息获取和当前图像帧的设置：

（1）GetFrameCount，获取图像帧维数（不同的图像类型数）；

（2）FrameDimensionsList，获取帧维列表；

（3）SelectActiveFrame，选择当前活动帧。

图 5.78　VBE551 运行结果

图 5.79　VBE552 运行结果

〖例 5.32〗多帧图像换面拆解与合成

本示例代码实现将一个 GIF 动画文件的各帧画面进行拆解，并将它们各自单独保存成 BMP 文件。

示例中使用了 FlowLayoutPanel 控件，该控件表示一个沿着水平或垂直方向动态排放其内容的面板。任何 Windows 窗体控件，包括 FlowLayoutPanel 控件的其他实例都可以是盛放在 FlowLayoutPanel 控件中的子级。通过设置该控件对象的 FlowDirection 枚举属性值来指定排放流向。FlowDirection 枚举值包括 LeftToRight、RightToLeft、BottomUp、TopDown。系统默认 LeftToRight。还可以通过设置逻辑属性 WrapContents（wrap 包裹）的值为 False 或 True 来指定以换行还是剪裁的方式在 FlowLayoutPanel 控件中存放内容。

使用此功能，可以构造在运行时能够根据窗体的尺寸进行相应调整的复杂布局。子控件的停靠和锚定行为与其他容器控件的行为不同。停靠和锚定行为均相对于流向中的最大控件。示例代码见[VBcodes Example：553]。

代码运行结果见图 5.80。

[VBcodes Example：553]

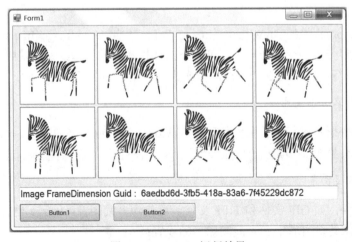

图 5.80　VBE553 运行结果

还可以用 Image 类的函数方法 SaveAdd 来将新帧添加到前次调用Save方法调用时所指定的文件或流中，实现保存 GIF 与 TIFF 等多帧图像：

```
SaveAdd(Image, EncoderParameters);
SaveAdd(EncoderParameters);
```

下面的示例代码，实现将上例中分离出来的 8 帧图片重新合成一个新的 GIF 文件。代码示例见[VBcodes Example：554]。

[VBcodes Example：554]

5.7.6 调整色彩

1. ColorMatrix 类和 ImageAttributes 类

以 Format32bppArgb 像素格式为例，Image 和 Bitmap 对象将每个像素的颜色都存储为 32 位整数。其中，Red、Green、Blue 和 Alpha 各占 8 位。这四个分量的值都在 0～255 内，其中，对于 R、G、B 分量，0 表示颜色没有亮度，255 表示最大颜色亮度。Alpha 分量指定颜色的透明度，0 表示完全透明，255 表示完全不透明。

每个像素的颜色矢量采用 4 元组形式（Red、Green、Blue、Alpha）。但仅依靠这 4 个分量，不足以完全实现颜色变换，因为这里没有表达出颜色的平移，即偏色变化。对图像偏色处理源自白平衡（White Balance），所以再加上一个用来进行颜色平移的分量 W，图像像素颜色矢量的 5 元素即为[$R\ G\ B\ A\ W$]，此处 W 始终为 1。

颜色变换矩阵 ColorMatrix 类来自命名空间 System.Drawing.Imaging，该类表达的是一个 5×5 阶浮点数矩阵，用来对图像像素颜色矢量[$R\ G\ B\ A\ W$]进行仿射变换（颜色缩放和旋转）。ImageAttributes 类的若干方法通过使用颜色变换矩阵调整图像颜色。变换后以新的色彩重构图像，使图像产生千变万化的效果。

假设颜色变换矩阵为

$$
M = \begin{bmatrix}
m_{00} & m_{01} & m_{02} & m_{03} & m_{04} \\
m_{10} & m_{11} & m_{12} & m_{13} & m_{14} \\
m_{20} & m_{21} & m_{22} & m_{23} & m_{24} \\
m_{30} & m_{31} & m_{32} & m_{33} & m_{34} \\
m_{40} & m_{41} & m_{42} & m_{43} & m_{44}
\end{bmatrix}
$$

矩阵主对角线上的元素称为颜色缩放系数，其他元素称为颜色剪切系数。假设图像每个像素变换前的颜色矢量为[$R\ G\ B\ A\ W$]；变换后的颜色矢量为[$r\ g\ b\ a\ w$]，仿射变换计算公式如式(5-12)所示：

$$
[r\ g\ b\ a\ w] = [R\ G\ B\ A\ W] \begin{bmatrix}
m_{00} & m_{01} & m_{02} & m_{03} & m_{04} \\
m_{10} & m_{11} & m_{12} & m_{13} & m_{14} \\
m_{20} & m_{21} & m_{22} & m_{23} & m_{24} \\
m_{30} & m_{31} & m_{32} & m_{33} & m_{34} \\
m_{40} & m_{41} & m_{42} & m_{43} & m_{44}
\end{bmatrix} \tag{5-12}
$$

即

$$\begin{cases} r = m_{00}R + m_{10}G + m_{20}B + m_{30}A + m_{40}W \\ g = m_{01}R + m_{11}G + m_{21}B + m_{31}A + m_{41}W \\ b = m_{02}R + m_{12}G + m_{22}B + m_{32}A + m_{42}W \\ a = m_{03}R + m_{13}G + m_{23}B + m_{33}A + m_{43}W \\ w = m_{04}R + m_{14}G + m_{24}B + m_{34}A + m_{44}W \end{cases} \qquad (5\text{-}13)$$

计算出的结果，每个通道取值都在 0～255 内。表 5.54 中列出了几种典型的颜色变换矩阵。

表 5.54　典型颜色变换矩阵

仅保留红色分量： $M = \begin{bmatrix} 1 & 0 & 0 & 0 & 0 \\ 0 & 0 & 0 & 0 & 0 \\ 0 & 0 & 0 & 0 & 0 \\ 0 & 0 & 0 & 1 & 0 \\ 0 & 0 & 0 & 0 & 0 \end{bmatrix}$	仅保留绿色分量： $M = \begin{bmatrix} 0 & 0 & 0 & 0 & 0 \\ 0 & 1 & 0 & 0 & 0 \\ 0 & 0 & 0 & 0 & 0 \\ 0 & 0 & 0 & 1 & 0 \\ 0 & 0 & 0 & 0 & 0 \end{bmatrix}$
仅保留蓝色分量： $M = \begin{bmatrix} 0 & 0 & 0 & 0 & 0 \\ 0 & 0 & 0 & 0 & 0 \\ 0 & 0 & 1 & 0 & 0 \\ 0 & 0 & 0 & 1 & 0 \\ 0 & 0 & 0 & 0 & 0 \end{bmatrix}$	绕 Blue 轴旋转 r 角： $M = \begin{bmatrix} \cos r & \sin r & 0 & 0 & 0 \\ -\sin r & \cos r & 0 & 0 & 0 \\ 0 & 0 & 1 & 0 & 0 \\ 0 & 0 & 0 & 1 & 0 \\ 0 & 0 & 0 & 0 & 1 \end{bmatrix}$
绕 Green 轴旋转 r 角： $M = \begin{bmatrix} \cos r & 0 & \sin r & 0 & 0 \\ 0 & 1 & 0 & 0 & 0 \\ -\sin r & 0 & \cos r & 0 & 0 \\ 0 & 0 & 0 & 1 & 0 \\ 0 & 0 & 0 & 0 & 1 \end{bmatrix}$	绕 Red 轴旋转 r 角： $M = \begin{bmatrix} 1 & 0 & 0 & 0 & 0 \\ 0 & \cos r & \sin r & 0 & 0 \\ 0 & -\sin r & \cos r & 0 & 0 \\ 0 & 0 & 0 & 1 & 0 \\ 0 & 0 & 0 & 0 & 1 \end{bmatrix}$
灰度变换，采用指数加权法进行灰度变换： $M = \begin{bmatrix} 0.299 & 0.299 & 0.299 & 0 & 0 \\ 0.587 & 0.587 & 0.587 & 0 & 0 \\ 0.114 & 0.114 & 0.114 & 0 & 0 \\ 0 & 0 & 0 & 1 & 0 \\ 0 & 0 & 0 & 0 & 0 \end{bmatrix}$	逆反(底片)效果： $M = \begin{bmatrix} -1 & 0 & 0 & 0 & 0 \\ 0 & -1 & 0 & 0 & 0 \\ 0 & 0 & -1 & 0 & 0 \\ 0 & 0 & 0 & 1 & 0 \\ 1 & 1 & 1 & 0 & 0 \end{bmatrix}$

需要特别说明的是逆反变换。以红色分量为例，假如 $R=10$，R 逆反后为 $-R$，即 -10。由于表达 R 用的是 Byte(8bit)，范围是 0～255，因此 $-R$ 实质为 $r = 255 - R = 255 - 10 = 245$。因此，表中逆反变换矩阵，最后一行的 R、G、B 的偏移比例数均取最大值 1，即 $m_{40} = m_{41} = m_{42} = 1$，变换后的实际计算公式见式(5-14)。

$$\begin{cases} r = 255 - R \\ g = 255 - G \\ b = 255 - B \end{cases} \qquad (5\text{-}14)$$

ImageAttributes(图像属性)类来自命名空间 System.Drawing.Imaging。该类对象维护多个颜色调整设置，包括颜色调整矩阵、灰度调整矩阵、灰度校正值、颜色映射表和颜色阈值。呈现过程中，可以对颜色进行校正、调暗、调亮和清除。要应用这些操作，应初始化一个 ImageAttributes 对象，并将该 ImageAttributes 对象的路径(连同 Image 的路径)传递给 DrawImage 方法。ImageAttributes 类的方法见表 5.55。

表 5.55 ImageAttributes 类的方法

方法	说明
ClearBrushRemapTable	清除该 ImageAttributes 对象的画笔颜色重新映射表
ClearColorKey	为默认类别清除颜色键(透明范围)
ClearColorMatrix	为默认类别清除颜色调整矩阵
ClearGamma	为默认类别禁用灰度校正
ClearNoOp	清除默认类别的 NoOp 设置
ClearOutputChannel	为默认类别清除 CMYK(青色、洋红色、黄色、黑色)输出通道设置
ClearOutputChannelColorProfile	为默认类别清除输出通道颜色配置文件设置
ClearRemapTable	为默认类别清除颜色重新映射表
ClearThreshold	为默认类别清除阈值
GetAdjustedPalette	根据指定类别的调整设置，调整调色板中的颜色
SetBrushRemapTable	为画笔类别设置颜色重新映射表
SetColorKey (Color, Color)	为默认类别设置颜色键
SetColorMatrices (ColorMatrix, ColorMatrix)	为默认类别设置颜色调整矩阵和灰度调整矩阵
SetColorMatrix (ColorMatrix)	为默认类别设置颜色调整矩阵
SetGamma (Single)	为默认类别设置伽马值
SetNoOp	为默认类别关闭颜色调整。 可以调用 ClearNoOp 方法恢复在调用 SetNoOp 方法前已存在的颜色调整设置
SetOutputChannel (ColorChannelFlag)	为默认类别设置 CMYK 输出通道
SetOutputChannelColorProfile (String)	为默认类别设置输出通道颜色配置文件
SetRemapTable (ColorMap ( ))	为默认类别设置颜色重新映射表
SetThreshold (Single)	为默认类别设置阈值(透明范围)
SetWrapMode (WrapMode)	设置环绕模式，该模式用于决定如何将纹理平铺到一个形状上或形状的边界上。 当纹理小于它所填充的形状时，纹理在该形状上平铺以填满该形状

利用 ColorMatrix 对象进行图像变换的操作步骤如下：

(1) 初始化一个 ColorMatrix 对象；

(2) 创建一个 ImageAttributes 对象，并将 ColorMatrix 对象传递给 ImageAttributes 对象的 SetColorMatrix 方法；

(3) 将 ImageAttributes 对象传递给 Graphics 对象的 DrawImage 方法。

〖 例 5.33 〗ColorMatrix 颜色矩阵处理图像

本例即通过 ColorMatrix 对象进行图像变换分别获得一幅图像绕 Geen 轴颜色旋转 60°、灰化处理和负片处理后的图像。示例代码见[VBcodes Example：555]。

运行结果见图 5.81。

| Beethoven原图 | ColorMatrix旋转 | ColorMatrix灰化 | ColorMatrix负片 |

图 5.81　VBE555 运行结果

2. γ 曲线校正

各种图像设备的光电转换特性存在差异，使得在不同设备上再现图像时，必须进行亮度和对比度上的调整，这在专业上是通过 γ(Gamma) 曲线校正来完成的。

当 γ 曲线校正值>1.0 时，图像的高光部分被压缩，而暗调部分被扩展；当 γ 曲线校正值<1.0 时，图像的高光部分被扩展，而暗调部分被压缩；当 γ 曲线校正值=1.0 时，图像的亮度信号保持不变。γ 曲线校正一般用于平滑地扩展暗调的细节。典型的 γ 参数值是 1.0～2.2；但是，0.1～5.0 的值可能会在某些情况下很有用。

在 GDI+中，可以先调用 ImageAttributes 类的 SetGamma(Single[, ColorAdjustType]) 方法设置 γ 曲线校正值，其中，颜色调整类型参数 ColorAdjustType 为枚举类型的常量值。

表 5.56　ColorAdjustType 枚举值

枚举成员	值	说明
Default	0	缺省值
Bitmap	1	Bitmap 对象的颜色调整信息
Brush	2	Brush 对象的颜色调整信息
Pen	3	Pen 对象的颜色调整信息
Text	4	文本的颜色调整信息
Count	5	指定的类型的数目
Any	6	指定的类型的数目

然后使用 Graphics 类中带有图像属性 ImageAttributes 类对象参数的 DrawImage 绘制图像方法：

```
DrawImage(Image, DestRect, SourceRect, SrcUnit, ImageAttributes);
DrawImage(Image,DestRect,Srcx,Srcy,SrcWidth,SrcHeight,SrcUnit,ImageAttributes);
DrawImage(Image,DestPoint(),Count,Srcx,Srcy,SrcWidth,SrcHeight,srcUnit,ImageAttributes);
```

来绘制经过 γ 曲线校正后图像。

还可以使用 ImageAttributes 类的 ClearGamma(ColorAdjustType)方法，来清除 γ 曲线校正的设置。

〖例 5.34〗γ 曲线校正图像

示例代码见[VBcodes Example：556]。

运行结果见图 5.82。

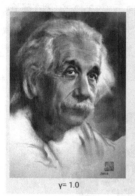

[VBcodes Example：556]

图 5.82　VBE556 运行结果

3. 颜色通道

可以用 ImageAttributes 类的 SetOutputChannel(ColorChannelFlags[,ColorAdjustType])方法，为指定的类别设置 CMYK 输出通道。其中，颜色通道标志参数 ColorChannelFlag 为枚举类型，枚举值见表 5.57。CMY 为颜料三基色，主要用于打印和印刷部门。

表 5.57　ColorChannelFlag 枚举值

枚举成员	值	说明
ColorChannelC	0	青色通道
ColorChannelM	1	洋红色通道
ColorChannelY	2	黄色通道
ColorChannelK	3	黑色通道
ColorChannelLast	4	应使用上次选择的通道

还可以用 ImageAttributes 类的 ClearOutputChannel(ColorAdjustType)清除通道设置。

〖例 5.35〗CMYK 颜色输出通道设定

本例为应用 CMYK 输出通道设定的示例。示例代码见[VBcodes Example：557]。

运行结果见图 5.83。

原图　　　　青色通道C　　　　品红通道M　　　　黄色通道Y　　　　黑色通道K

[VBcodes Example：557]

图 5.83　VBE557 颜色通道

4. 颜色阈值

颜色的阈值(Threshold)(取值：0~1)一般用于图像的简单锐化。具体做法是：将图像中每个像素的各个颜色分量值与最大值(255)和阈值的乘积相比较，大于该乘积的分量的值被设为255，小于和等于该乘积的分量的值被设为0。结果，整幅图只剩下2×2×2=8(种)颜色。可以用ImageAttributes类的SetThreshold(Threshold,ColorAdjustType)方法设置图像的颜色阈值。也可以用ImageAttributes类的ClearThreshold(ColorAdjustType)方法来清除颜色阈值的设置。示例代码见[VBcodes Example：558]。

运行输出结果见图5.84。

[VBcodes
Example：558]

图5.84　VBE558颜色阈值

还可以利用ImageAttributes类的成员函数来设置关键色范围、画刷的颜色映射表、彩色和灰度校正矩阵、输出通道颜色配置文件、颜色映射表等。有兴趣的读者，可以去查阅相关资料。

5.7.7　特技处理

下面介绍几种图像的特技处理方法，包括灰化、负片、木刻、雕刻和浮雕等。

1. 灰化

灰化(Gray)指将彩色图像变成灰度图，标准的处理办法是根据人眼对不同色彩的强度感知不同，采取加权平均的方法：

$$r = g = b = 0.299R + 0.587G + 0.114B$$

也可以简单地用算术平均来进行灰化：

$$r = g = b = (R + G + B) / 3$$

〖例5.36〗图像灰化：蒙娜丽莎黑白图像

本例应用上述原理灰化图像，示例代码见[VBcodes Example：559]。

运行输出结果见图5.85。

[VBcodes
Example：559]

图5.85　VBE559灰化效果

2. 负片

通过颜色逆反变换可获得负片(Negative)。颜色逆反变换计算公式见(5-14)。

〖例 5.37〗图像负片：贝多芬画像底片

本例给出了两种颜色逆反变换的方式。示例代码见[VBcodes Example：560]。
运行输出结果见图 5.86。

[VBcodes Example：560]

Beethoven原图　　　ColorMatrix负片　　　PixelColor负片

图 5.86　VBE560 负片效果

3. 木刻

这里的木刻(Woodcut)是指将原来彩色图像变成黑白二值图像。首先将原图转换成灰度图，然后设定亮度阈值，亮度超过阈值时，像素被置为白色($r = g = b = 255$)；亮度低于阈值时，像素被置为黑色($r = g = b = 0$)。

〖例 5.38〗图像木刻：爱因斯坦木刻画像

本例应用上述原理，制作木刻效果画像，代码见[VBcodes Example：561]。
运行输出结果见图 5.87。

[VBcodes Example：561]

Einstein原图　　　加权平均　　　算术平均

图 5.87　VBE561 木刻效果

4、雕刻与浮雕

雕刻(Carve)与浮雕(Relievo)算法都是利用每个像素与其左上方相邻像素的色差绝对值，来得到新图像的颜色值。为了防止图像太暗，给每个差值都加上灰度常数(如128)；同时为了防止图像因差值过大而太刺眼，又要限制它们的最大差值(即最小值，如67)。可以修改这两个值来改变输出效果。

〖例5.39〗图像雕刻与浮雕：爱因斯坦雕刻与浮雕画像

[VBcodes Example：562]

本例应用上述原理制作雕刻与浮雕效果画像，代码见[VBcodes Example：562]。

运行输出结果见图5.88。

Einstein原图 　　　雕刻 　　　浮雕

图5.88　VBE562雕刻与浮雕效果

第6章 文件应用

在计算机科学技术中，常用文件这个术语来表示输入/输出操作的对象。文件是指按一定结构和形式存储在外部设备上的相关数据的集合。例如，用记事本编辑的文档是一个文件，用 Word 编辑的文档也是一个文件，将其保存到磁盘上就是一个磁盘文件，输出到打印机的就是一个打印机文件。文件操作是程序设计中经常用到的。很多程序将数据保存在文件中，因此对文件的访问十分重要。本章将介绍 VB.NET 对文件的操作。

6.1 文件 I/O 流模型

在现实世界中，流(Stream)是气体或液体运动的一种状态。借用这个概念，VB.NET 用流表示数据的传输操作，将数据从内存传输到某个载体或设备中，称为输出流；反之，将数据从某个载体或设备传输到内存中，称为输入流。更进一步推广流的概念，可以把与数据传输有关的事物称为流。例如，可以把文件变量称为流，除了文件流(File Stream)外，还存在网络流、内存流和磁盘流等。

VB.NET 对文件的操作就是利用流来完成的。流的输入/输出是通过 System.IO 模型来实现的，该模型提供了大量的类，可以将数据从流中读出或将流中的数据写入文件。

6.1.1 System.IO 命名空间的资源

I/O 模型中的资源由 System.IO 命名空间提供。该命名空间含有对数据流和文件进行同步或异步读/写操作处理的类、结构委、托和枚举类型，表 6.1、表 6.2 分别列出了 System.IO 命名空间提供的部分常用的类和枚举类型。

表 6.1 System.IO 提供的部分类

类	说明
BinaryReader	以二进制形式从流中读取字符串和简单数据类型
BinaryWriter	以一进制形式将字符串和简单数据类型写入流
BufferedStream	用于带缓冲区的流对象，读取或写入另一个流。该类不能被继承
Directory	提供一些静态方法，用来建立、移动、枚举目录或子目录
DirectoryInfo	提供一些实例方法，用来建立、移动、枚举目录或子目录
DirectoryNotFoundException	当访问磁盘上不存在的目录时产生异常
EndOfStreamException	当试图超出流的末尾进行读操作时引发的异常
ErrorEventArgs	为 Error 事件提供数据
File	辅助建立文件流对象，同时提供一些静态方法用来建立、移动，复制、删除或打开文件
FileInfo	辅助建立文件流对象，同时提供一些实例方法用来建立、移动，复制、删除或打开文件
FileLoadException	当找到一个文件但不能加载时引发的异常
FileNotFoundException	当试图访问磁盘上不存在的文件时引发的异常

类	说明
FilesystemEventArgs	提供目录事件的数据，这些事件包括修改(Changed)、建立(Created)、删除(Deleted)等
FileSystemInfo	为 FileInfo 和 DirectoryInfo 对象提供基类
Filesystemwatcher	侦听文件系统更改通知，并在目录或目录中的文件发生更改时引发事件
IOException	发生 I/O 错误时引发的异常
MemoryStream	用该类可以建立一个流，这个流以内存而不是磁盘或网络连接作为支持存储区
Path	对包含文件或目录路径信息的 String 实例执行操作，这些操作以交叉平台方式执行
PathTooLongException	当文件名或目录名长度超过系统允许的最大长度时引发的异常
RenamedEventArgs	为重命名(Renamed)事件提供数据
Stream	是一个抽象类，它提供了字节序列的一个普通视图
StreamReader	实现一个 TextReader 类，使其以一种特定的编码从字节流中读取字符
StreamWriter	实现一个 TextWriter 类，使其以一种特定的编码向流中写入字符
StringReader	实现一个 TextReader 类，并实现读取字符串
StringWriter	实现一个 TextWriter 类，并实现将信息写入字符串，该信息存储在基础的 StringBuilder 中
TextReader	抽象类，可读取连续字符序列的阅读器
TextWriter	抽象类，可编写个有序字符序列的写入器

表 6.2　System.IO 提供的部分枚举类型

枚举类型	说明
FileAccess	定义访问文件的方式
FileAttributes	提供文件的属性
FiIeMode	指定打开文件的方式
FileShare	指定文件的共享方式
NotifyFilters	指定监视文件或文件夹更改的类型
SearchOption	指定搜索当前目录还是搜索当前目录及其所有子目录
SeekOrigin	指定文件存取时的相对位置
WatcherChangeTypes	可能会发生的文件或文件夹的更改

System.IO 提供的结构是 WaitForChangedResult，它包含关于所发生更改的信息。该结构的字段成员见表 6.3。

表 6.3　WaitForChangedResult 字段成员

字段	说明
ChangeType	获取或设置所发生更改的类型
Name	获取或设置已更改的文件或目录的名称
OldName	获取或设置已重命名的文件或目录的原始名称
TimedOut	获取或设置一个值，该值指示等待操作是否已超时

6.1.2　System.IO 命名空间的功能

上面介绍了 System.IO 命名空间的成员，其中包括大量的类。利用这些类，可以实现对数据流和文件的同步或异步读/写操作。总体来说，System.IO 命名空间提供如下功能(括号中为相对应功能的类)：

(1)建立、删除、管理文件和目录(File 和 Directory)；

(2)监控对文件和目录的访问操作(FileSystemWatcher)；

(3)对流进行单字节字符或字节块的读/写操作(StreamReader 和 StreamWriter)；

(4)对流进行多字节字符的读/写操作(StreamReader 和 StreamWriter)；

(5)对流进行字符的读/写操作(StreamReader 和 StreamWriter)；

(6)对字符串进行字符的读/写操作，并允许把字符串作为字符流处理(StringReader 和 StringWriter)；

(7)从一个流中读取数据类型和对象，或将数据类型和对象写入流中(BinaryReader 和 BinaryWriter)；

(8)文件流的随机访问(FileStream)；

(9)系统性能优化(MemoryStream 和 BufferedStream)；

(10)枚举文件或目录的属性(FileAccess、FileMode、FileShare、FileAttributes)；

(11)监控可能会发生的文件或目录更改(WatcherChangeTypes)；

(12)枚举文件或目录可能的改变(NotifyFilters)；

(13)指定搜索当前目录，或搜索当前目录及其所有子目录 (SearchOption)；

(14)指定文件的相对位置(SeekOrigin)。

注意：所有的流都支持读/写和查找操作(随机访问)。

MemoryStream 类没有缓冲，其数据可以直接写入内存或从内存读取。使用该类可减少应用程序对临时缓冲区或交换文件的需求，但增加了对常规内存的需求。

6.2　目录和文件操作

VB.NET 提供了 Directory 和 DirectoryInfo，以及 File 和 FileInfo 等几个类，实现对目录和文件的复制、移动、删除、重命名等操作。其中，System.IO.DirectoryInfo、System.IO.FileInfo 两个类继承自 System.IO.FileSystemInfo 类。因此，FileSystemInfo 类的公有属性也就构成 DirectoryInfo、FileInfo 两个类的公有属性，见表 6.4。

表 6.4　FileSystemInfo 类常用属性

属性	说明
Attributes	获取或设置当前文件或目录的特性
Name	表示文件或目录的名字
FuIIName	表示文件或目录的完整名字(含路径)
Exists	获取或设置文件或目录是否存在的值
Extension	表示文件的扩展名
CreationTime	表示文件或目录的创建时间
LastAccessTime	表示文件或目录的最后访问时间
LastWriteTime	表示文件或目录的最后修改时间
Attributes	表示文件或目录的属性

下面分别介绍与目录和文件操作相关的类及其用法。而对文件内容的读/写操作是通过文件读/写的流对象 Stream 来实现的，这部分内容将在 6.3 节介绍。

6.2.1　目录操作

文中所说的目录，在实际应用中通常称为文件夹，确切地说，应该是文件夹的全路径名。对目录的操作主要利用 Directory 和 DirectoryInfo 两个类来实现，它们都是 System.IO 命名空间的成员，使用这两个类之前，需要先 Imports 引入 System.IO 命名空间。Directory 和 DirectoryInfo 两个类提供了许多目录操作的相似功能方法，包括目录的创建、删除、移动、复制、打开、关闭等。不同的是：Directory 类提供的是共享方法，可以直接使用类名调用；而 DirectoryInfo 类则必须在使用前先创建该类的实例对象。

1. Directory 类

Directory 类提供目录操作的 Shared 方法，可以使用类名直接调用。Directory 类主要方法见表 6.5。

表 6.5　Directory 类主要方法

方法	说明
CreateDirectory	在指定路径创建所有目录和子目录
Delete	删除指定的目录并(如果指示)删除该目录中的所有子目录和文件
EnumerateDirectories	返回指定路径中的目录名称的可枚举集合
EnumerateFiles	返回指定路径中与搜索模式匹配的文件名称的可枚举集合，还可以搜索子目录
EnumerateFileSystemEntries	返回指定路径中与搜索模式匹配的文件名称和目录名称的可枚举集合,还可以搜索子目录
Exists	确定给定路径是否引用磁盘上的现有目录
GetAccessControl	获取一个 DirectorySecurity 对象，它封装指定目录的指定类型的访问控制列表(ACL)项
GetCreationTime	获取目录的创建日期和时间
GetCurrentDirectory	获取应用程序的当前工作目录
GetDirectories	获取与在当前目录中的指定搜索模式相匹配的目录，包括其路径名称，并可以搜索子目录
GetDirectoryRoot	返回指定路径的卷信息、根信息或两者同时返回
GetFiles	返回指定目录中与指定的搜索模式匹配的文件的名称，包含它们的路径，可以指定是否搜索子目录
GetFileSystemEntries	获取指定路径中与搜索模式匹配的所有文件名称和目录名称的数组,可以搜索子目录
GetLastAccessTime	返回上次访问指定文件或目录的日期和时间
GetLastWriteTime	返回上次写入指定文件或目录的日期和时间
GetLogicalDrives	检索此计算机上格式为"<盘符>:\"的逻辑驱动器的名称
GetParent	检索指定路径的父目录，包括绝对路径和相对路径
Move	将文件或目录及其内容移到新位置
SetAccessControl	将 DirectorySecurity 对象描述的访问控制列表项应用于指定的目录
SetCreationTime	为指定的文件或目录设置创建日期和时间
SetCurrentDirectory	将应用程序的当前工作目录设置为指定的目录
SetLastAccessTime	设置上次访问指定文件或目录的日期和时间
SetLastWriteTime	设置上次写入目录的日期和时间

下面介绍其中的一些方法。

1）CreateDirectory 方法

CreateDirectory 方法的功能是建立一个新的目录，同时返回一个包括新建目录信息的 DirectoryInfo 对象，DirectoryInfo 对象在本节后面介绍，调用的语法格式如下：

```
Directory.CreateDirectory( path )
```

其中，path 是 String 类型，代表要创建的目录的合法路径，绝对路径和相对路径均可。

〖例 6.01〗Directory.CreateDirectory 创建并删除指定目录

本例使用 CreateDirectory 方法创建并删除指定的目录，代码见[VBcodes Example：601]。

[VBcodes Example：601]

2）Delete 方法

Delete 方法的功能是删除指定目录及其中的所有文件和子目录，调用的语法格式如下：

```
Directory.Delete( path[,force])
```

其中，path 是 String 类型，代表要删除目录的合法路径；force 是可选项，Boolean 类型，默认为 False，表示只删除空目录，不删除非空目录，取 True 时，表示删除该目录及所有子目录和文件。

注意：若要删除的目录不存在，Delete 方法将产生异常。

3）Exists 方法

Exists 方法的功能是判断指定的目录是否存在，若存在则返回一个逻辑值 True；否则返回 False。调用的语法格式如下：

```
Directory.Exists( path)
```

其中，path 是 String 类型，代表指定目录的合法路径。

如果指定的目录不存在，Directory 类的很多方法会失败，因此在做目录操作前，可以先用 Exists 方法确定目录是否存在。

4）Move 方法

Move 方法的功能是移动指定的整个目录到同一个磁盘中的另一个位置。Move 方法具有重命名功能，即将源目录移动到目标目录指定的位置，但不是移动到目标目录中，而是将源目录名改为目标目录名。调用它的语法格式如下：

```
Directory.Move(sourceDirName, destDirName)
```

其中，sourceDirName 是 String 类型，代表指定源目录的合法路径；destDirName 是 String 类型，代表指定目标目录的合法路径。

5）GetLogicalDrives 方法

GetLogicalDrives 方法的功能是检索此计算机上格式为"<驱动器号>:\"的逻辑驱动器的名称，返回一个字符串数组，其中包括当前计算机中所有逻辑驱动器名。

调用的语法格式如下：

```
Directory().GetLogicalDtives()
```

6）GetDirectories 方法

GetDirectories 方法的功能是返回一个字符串数组，其中包括指定目录的所有子目录的完整路径名，不包括子目录中的子目录名。调用的语法格式如下：

```
Directory.GetDirectories( path[,pattern])
```

其中，path 为 String 类型，代表指定目录的合法路径；pattern 为可选项，String 类型，指定要查找子目录名的搜索通配符。

注意：若 path 指定的目录不存在，GetDirectories 方法将产生异常。

〖例 6.02〗Directory.GetDirectories 返回指定路径中特定目录数

本例计算以指定的字母开头的路径中的目录数，代码见[VBcodes Example：602]。

7）GetFiles 方法

GetFiles 方法的功能是返回一个字符串数组，其中包括指定目录的所有文件的完整路径名，但不包括子目录中的文件名。调用的语法格式如下：

```
Directory.GetFiles(path[,pattern])
```

其中，path 为 String 类型，代表指定目录的合法路径；pattern 为可选项，String 类型，指定要查找文件名字搜索通配符。

注意：若 path 指定的目录不存在，GetFiles 方法将产生异常。

〖例 6.03〗Directory.GetFiles 返回指定路径中特定文件数

本例计算以指定的字母开头的路径中的文件数，代码见[VBcodes Example：603]。

8）GetFileSystemEntries 方法

GetFileSystexnEntries 方法的功能是获取指定路径中与搜索模式匹配的所有文件名称和目录名称的完整路径名字符串数组，还可以搜索子目录。该方法实际是 GetDirectories 和 GetFiles 方法返回值数组的总和。调用的语法格式如下：

```
Directory.GetFileSystemEntries(path[,pattern])
```

其中，path 为 String 类型，代表指定目录的合法路径；pattern 为可选项，String 类型，指定要查找目录和文件名的搜索通配符。

注意：若 path 指定的目录不存在，GetFileSystemEntries 方法将产生异常。

除了前面介绍的方法，Directory 对象还有其他的一些方法，见表 6.5。读者可查阅有关资料或在线帮助，了解它们的功能和用法。

2. DirectoryInfo 类

DirectoryInfo 类和 Directory 类很相似，也提供操作目录所需的方法。不同的是 DirectoryInfo 类在使用前，首先需要通过构造函数 New 创建实例对象，语法格式如下：

```
Dim 对象名 As New DirectoryInfo( path )
```

其中，对象名代表要创建的 DirectoryInfo 实例对象名称；path 为 String 类型，代表指定目录的合法路径。

DirectoryInfo 类除了继承自表 6.4 中 FileSystemInfo 类的属性外，还拥有以下重要的自有属性，见表 6.6。

表 6.6　DirectoryInfo 类自有属性

属性	说明
Parent	获取指定子目录的父目录
Root	获取路径的根部分

DirectoryInfo 类的常用方法见表 6.7 。

表 6.7　DirectoryInfo 类常用方法

方法	说明
Create	创建目录
CreateSubdirectory	在指定路径上创建一个或多个子目录。 指定的路径可以是相对于此实例 DirectoryInfo 类
Delete	删除此实例 DirectoryInfo，可以指定是否删除子目录和文件
EnumerateDirectories	返回当前目录中目录信息的可枚举集合
EnumerateFiles	返回当前目录中的文件信息的可枚举集合
EnumerateFileSystemInfos	返回当前目录中的文件系统信息的可枚举集合
GetAccessControl	获取 DirectorySecurity 封装所描述的当前目录的访问控制列表项的对象 DirectoryInfo 对象
GetDirectories	返回当前目录的子目录
GetFiles	返回当前目录的文件列表
GetFileSystemInfos	返回 FileSystemInfo 对象数组，数组中的每个元素都是当前实例所表示的目录中的文件和子目录
MoveTo	将移动 DirectoryInfo 实例，并且其内容进行新的路径
Refresh	刷新对象的状态(继承自 FileSystemInfo)
SetAccessControl	将应用所描述的访问控制列表项 DirectorySecurity 所描述的当前目录对象 DirectoryInfo 对象

下面介绍 DirectoryInfo 类的方法。

1）CreateSubDirectory 方法

CreateSubDirectory 方法的功能是在当前实例指定的目录下建立一个新子目录，同时返回一个 DirectoryInfo 对象来代表新子目录，调用的语法格式如下：

```
DirectoryInfo 对象名.CreateSubDirectory( path )
```

其中，path 是 String 类型，代表要创建目录的合法路径，可以是多级子目录。

2）GetFileSystemInfos 方法

GetFileSystemInfos 方法的功能是返回一个 FileSystemInfo 对象数组，数组中的每个元素都是当前实例所表示的目录中的文件和子目录。调用的语法格式如下：

```
DirectoryInfo 对象名. GetFileSystemInfos (pattern)
```

其中，pattern 是可选项，String 类型，指定要查找目录和文件名的搜索通配符。

GetFileSystemInfos 方法还可以使用通配符，获得符合条件的对象。

如果要区分是文件还是目录，可以判断 FileSystemInfo 对象的 Attributes 属性是否为文件，即是否等于 FileAttribute 枚举值 Directory，若是，则为目录，否则就是文件。

[VBcodes Example：604]

〖例 6.04〗GetFileSystemInfos 循环浏览所有文件和目录

本例演示如何循环浏览所有文件和目录，查询有关每一项的一些信息，代码见[VBcodes

Example：604]。

注意：DirectoryInfo 的 GetFileSystemInfos 方法和 Directory 的 GetFile SystemEntries 方法有些类似，但是 GetFileSystemInfos 方法返回的是 FileSystemInfo 对象数组，而 GetFileSystemEntries 方法返回的是字符串数组。

6.2.2 文件操作

文件操作主要利用 File 和 Filelnfo 两个类来实现，它们都是 Svstem.IO 命名空间的类成员，使用这两个类之前，需要先引入 System.IO 命名空间。File 和 Filelnfo 两个类提供了许多类似功能的操作文件的方法，包括文件的复制、移动、打开、关闭等。不同的是：File 类提供的是共享方法，可以直接使用类名调用；而 Filelnfo 类则必须在使用前先创建该类的实例对象。

1. File 类

表 6.8 列出了 File 类进行文件操作的主要方法。

表 6.8　File 类的方法

方法	说明
AppendAllLines	向一个文件中追加行，然后关闭该文件。 如果指定文件不存在，此方法会创建一个文件，向其中写入指定的行，然后关闭该文件
AppendAllText	打开一个文件，向其中追加指定的字符串，然后关闭该文件。 如果文件不存在，此方法将创建一个文件，将指定的字符串写入文件，然后关闭该文件
AppendText	创建一个 StreamWriter，它将 UTF-8 编码文本追加到现有文件或新文件(如果指定文件不存在)
Copy	将现有文件复制到新文件。 不允许覆盖同名的文件
Create	在指定路径中创建或覆盖文件
CreateText	创建或打开用于写入 UTF-8 编码文本的文件
Decrypt	使用 Encrypt 方法解密由当前账户加密的文件
Delete	删除指定的文件
Encrypt	将某个文件加密，使得只有加密该文件的账户才能将其解密
Exists	确定指定的文件是否存在
GetAccessControl	获取一个 FileSecurity 对象，它封装指定文件的访问控制列表条目
GetAttributes	获取在此路径上的文件的 FileAttributes
GetCreationTime	返回指定文件或目录的创建日期和时间
GetLastAccessTime	返回上次访问指定文件或目录的日期和时间
GetLastWriteTime	返回上次写入指定文件或目录的日期和时间
Move	将指定文件移到新位置，提供要指定新文件名的选项
Open	以读/写访问权限打开指定路径上的 FileStream
OpenRead	打开现有文件以进行读取
OpenText	打开现有 UTF-8 编码文本文件以进行读取
OpenWrite	打开一个现有文件或创建一个新文件以进行写入
ReadAllBytes	打开一个二进制文件，将文件的内容读入一个字节数组，然后关闭该文件
ReadAllLines	打开一个文本文件，读取文件的所有行，然后关闭该文件
ReadAllText	打开一个文本文件，读取文件的所有行，然后关闭该文件
ReadLines	读取文件的行
Replace	使用其他文件的内容替换指定文件的内容，这一过程将删除原始文件，并创建被替换文件的备份

方法	说明
SetAccessControl	将 FileSecurity 对象描述的访问控制列表项应用于指定的文件
SetAttributes	获取指定路径上的文件的指定 FileAttributes
SetCreationTime	设置创建该文件的日期和时间
SetLastAccessTime	设置上次访问指定文件的日期和时间
SetLastWriteTime	设置上次写入指定文件的日期和时间
WriteAllBytes	创建一个新文件，在其中写入指定的字节数组，然后关闭该文件。 如果目标文件已存在，则覆盖该文件
WriteAllLines	创建一个新文件，向其中写入一个字符串集合，然后关闭该文件
WriteAllText	创建一个新文件，向其中写入指定的字符串，然后关闭文件。 如果目标文件已存在，则覆盖该文件

下面分别介绍其中的一些方法。

1）Create 方法

Create 方法的功能是建立并打开一个新文件，同时返回指向该文件的 Stream 对象。可以利用这个 Stream 对象对打开的文件进行读/写操作，有关读/写文件的操作在 6.3 节介绍。调用 Create 方法的语法格式如下：

```
File.Create(Path[, bufferSize])
```

其中，path 为 String 类型，代表要创建文件的完整路径，绝对路径和相对路径均可；bufferSize 为可选项，Integer 类型，指定该文件的缓冲区字节大小。

Create 方法还可以在创建文件的同时指定文件的缓冲区大小。

注意：用 File 类的 Create 方法创建文件时，如果指定的文件已存在，那么该文件会被新文件替代，新文件将打开并可以读/写，而且是以独占方式打开的，其他程序只能在该文件被关闭后才能访问它。

〖例 6.05〗File.Create 创建文件与缓冲区

本例演示如何创建一个文件与指定大小的缓冲区，代码见[VBcodes Example：605]。

[VBcodes Example：605]

在有些情况下，用 File 类的 Create 方法创建文件时会发生异常，表 6.9 列出各种可能导致的异常类型。

表 6.9　Create 方法可能导致的异常类型

异常类型	发生条件
SecurityException	调用者没有所需权限
ArgumentException	Path 是一个零长度字符串，仅包含空白，或者包含一个或多个无效字符
ArgumentNullException	Path 为空引用（即 Nothing）
PathToolLongException	Path 的长度超过了系统定义的最大长度
DirectoryNotFoundException	Path 指定的目录不存在
IOException	创建文件时发生了 I/O 错误
UnauthorizedAccessException	Path 指定了一个只读文件
NotSupportedException	Path 字符串中包含一个冒号（:）

2）CreateText 方法

CreateText 方法类似于 Create 方法，它的功能是建立并打开一个新文本文件，同时返回指向该文件的 StreamWrite 对象。StreamWriter 对象类似于 Stream 对象，但它只能用于文本文件的读/写操作，而 Stream 对象可以用于文本文件和二进制文件的读/写操作。调用 CreateText 方法的语法格式如下：

```
File.CreateText( path )
```

[VBcodes
Example：606]

其中，path 是 String 类型，代表要创建文本文件的完整路径，绝对路径和相对路径都可以。

〖例 6.06〗File.CreateText 创建读写文本文件

本例演示如何创建用于写入和读取文本的文件，代码见[VBcodes Example：606]。

3）Copy 方法

Copy 方法的功能是复制一个文件到新的位置。调用它的语法格式如下：

```
File.Copy(sourceFileName, destFileName, overwrite)
```

其中，sourceFileName 为 String 类型，代表源文件的完整路径，绝对路径和相对路径均可；destFileName 为 String 类型，代表目标文件的完整路径，绝对路径和相对路径均可；overwrite 为 Boolean 类型，默认为 False，表示若文件已存在，不覆盖已有的文件；True 表示要覆盖。

注意：用 File 类的 Copy 方法复制文件时，源和目的路径都必须存在，否则将产生异常。Copy 方法一次只能复制一个文件，它不支持通配符。

4）Move 方法

Move 方法的功能是将指定的文件移动到新的位置，可以使用它来给文件重命名。另外它允许在不同的磁盘上移动文件，这与 Directory 类的 Move 方法不同。调用它的语法格式如下：

```
File.Move(sourceFileName, destFileName)
```

其中，sourceFileName 为 String 类型，代表源文件的完整路径，绝对路径和相对路径均可；destFileName 为 String 类型，代表目标文件的完整路径，绝对路径和相对路径均可。

[VBcodes
Example：607]

注意：用 File 类的 Move 方法移动文件时，源文件必须存在，否则将产生异常。

〖例 6.07〗File.Move 移动文件

本例演示如何移动一个文件，代码见[VBcodes Example：607]。

5）Delete 方法

Delete 方法的功能是删除指定的文件，若文件被打开，将产生异常。调用它的语法格式如下：

```
File.Delete( path)
```

其中，path 是 String 类型，代表要删除的文件的完整路径，绝对路径和相对路径均可。

6）GetAriributes 方法

GetAriributes 方法的功能是获得指定文件的属性，该方法返回一个 FileAttributes 枚举对象，提供文件和目录的属性。此枚举有一个 FlagsAttribute 特性，指示可以将枚举作为位域（即一组标志)处理，即通过该特性可使其成员值按位组合。表 6.10 列出了文件的各种属性。

表 6.10　文件属性 FileAttributes 枚举值

枚举值	说明
ReadOnly	此文件是只读的
Hidden	文件是隐藏的，因此没有包括在普通的目录中
System	系统文件。它是操作系统的一部分，或者由操作系统以独占方式使用
Directory	此文件是一个目录
Archive	文件的存档状态。应用程序使用此特性为文件加上备份或移除标记
Device	保留供将来使用
Normal	文件正常，没有设置其他的特性。仅当单独使用时，此特性才有效
Temporary	文件是临时文件。当临时文件不再需要时，应用程序应立即删除它
SparseFile	此文件是稀疏文件。　稀疏文件一般是数据通常为零的大文件
ReparsePoint	文件包含一个重新分析点，它是一个与文件或目录关联的用户定义的数据块
Compressed	此文件是压缩文件
Offline	此文件处于脱机状态，文件数据不能立即使用
NotContentIndexed	将不会通过操作系统的内容索引服务来索引此文件
Encrypted	此文件或目录已加密。对于文件来说，表示文件中的所有数据都是加密的。对于目录来说，表示新创建的文件和目录在默认情况下是加密的

调用 GetAttributes 方法的语法格式如下：

```
File.GetAttributes( path)
```

其中，path 是 String 类型，代表指定文件的完整路径，绝对路径和相对路径均可。

若要检查一个文件是否包括特定的属性，可以通过对 GetAttributes 方法的返回值和文件属性的相应枚举值进行 AND 操作，操作结果若为 True，则表示该文件具有特定的属性，否则，表示没有特定的属性。

注意：用 File 类的 GetAttributes 方法获得指定文件的属性时，该文件必须存在，否则将产生异常。

〖例 6.08〗获取与设置文件特定属性

本例通过将 Archive 和 Hidden 特性应用于文件，演示了 GetAttributes 和 SetAttributes 方法，代码见[VBcodes Example：608]。

[VBcodes
Example：608]

7）Open 方法

Open 方法的功能是打开一个已经存在的文件，并返回一个指向该文件的 Stream 对象。调用它的语法格式如下：

```
File.Open(path[,FileMode][,AceessMode][,ShareMode])
```

其中，path 为 String 类型，代表要打开的文件的完整路径，绝对路径和相对路径均可；FileMode 为可选项，枚举类型，指定文件的打开方式，取值见表 6.11；AccessMode 为可选项，枚举类型，指定文件的访问权限，取值见表 6.12；ShareMode 为可选项，枚举类型，指定文件的共享方式，取值见表 6.13，用来指定文件打开后，其他程序如何共享此文件。

表 6.11 FileMode 枚举值

枚举值	说明
Append	打开现有文件并将文件指针移动到文件末尾。若文件不存在，就创建该文件。 File.Append 属性只能同 FileAccess.Write 一起使用。任何读操作都将引发 ArguementException 异常
Create	指定操作系统应创建文件。若文件已存在，将被改写；若文件不存在，则使用 CreateNew 来创建
CreateNew	指定操作系统应创建文件。若文件不存在，将引发 FileNotFoundException 异常
Open	指定操作系统应打开现有文件，若文件不存在，将引发 IOException 异常
OpenOrCreate	若文件存在，操作系统就打开现有文件；否则，就创建文件
Truncate	指定操作系统应打开现有文件，文件一旦打开，就将被截断为 0 字节。若对该文件进行读/写，将导致异常

表 6.12 AccessMode 枚举值

枚举值	说明
Read	对文件进行只读访问。若试图向文件写数据，则将产生异常
ReadWrite	对文件进行读和写访问，可从文件读数据和向文件写数据
Write	对文件进行写访问。若试图从文件读数据，则将产生异常

表 6.13 ShareMode 枚举值

枚举值	说明
Inheritable	使文件句柄可由子进程继承
None	拒绝共享当前文件。文件关闭前，本进程再次打开或其他程序试图打开该文件都将产生异常
Read	允许以只读方式共享当前文件。如果未指定此标志，在文件关闭前，若本进程或其他程序试图打开该文件以进行读取请求都将产生异常
ReadWrite	允许以读/写方式共享当前文件。如果未指定此标志，在文件关闭前，若本进程或其他程序试图打开该文件以进行读取请求，则都将产生异常
Write	允许以写方式共享当前文件。如果未指定此标志，在文件关闭前，若本进程或其他程序试图打开该文件以进行读取请求，则都将产生异常

8) OpenRead 方法

OpenRead 方法的功能是以读方式打开一个已经存在的文件，并返回一个指向该文件的 Stream 对象。若文件不存在或被打开，将产生异常。调用它的语法格式如下：

```
File.OpenRead(Path)
```

其中，path 是 String 类型，代表要打开文件的完整路径，绝对路径和相对路径均可。

用 OpenRead 方法等价于用 Open 方法的 Read 访问权限方式打开一个已经存在的文件。

9) Openwrite 方法

Openwrite 方法的功能是以写方式打开一个已经存在的文件，并返回一个指向该文件的 Stream 对象。若文件不存在或被打开，将产生异常。调用它的语法格式如下：

```
File.Openwrite(path)
```

其中，Path 是 string 类型，代表要打开的文件的完整路径，绝对路径和相对路径均可。

用 Openwrite 方法等价于用 Open 方法的 write 访问权限方式打开一个已经存在的文件。

10) AppendText 方法

AppendText 方法的功能是以追加方式打开一个文本文件，可以在这个文件后追加文本，并返回一个指向该文件的 streamwriter 对象。若文件不存在，将建立一个新文件并打开。调用它的语法格式如下：

```
File.AppendText(path)
```

其中，path 是 string 类型，代表要打开的文件的完整路径，绝对路径和相对路径均可。

11）OpenText 方法

OpenText 方法的功能是以读方式打开一个已经存在的文本文件，并返回一个指向该文件的 StreamReader 对象。若文件不存在，将产生异常。调用它的语法格式如下：

```
File.OpenText( path)
```

其中，path 是 String 类型，代表要打开的文件的完整路径，绝对路径和相对路径均可。

注意：OpenText 方法与 OpenRead 方法，与 OpenWrite 方法有所不同，它可以打开用 UTF-8 编码的文件、普通 ASCII 码文本和 Unicode 文本，和该文件相关联的 StreamReader 对象会在读文件时进行相应的转换，以保证从文件中获得正确的信息。OpenText 方法的默认编码方式为 UTF-8。

2．FileInfo 类

FileInfo 类和 File 类很相似，也提供文件操作所需的方法。不同的是 FileInfo 类在使用前，首先需要使用构造函数 New 创建实例对象，其语法格式如下：

```
Dim 对象名 As New FileInfo( path )
```

其中，对象名代表要创建的 FileInfo 对象的名称；path 为 Stringy 类型，代表指定的完整文件名。

注意：创建 FileInfo 对象实例时，指定的文件必须存在，否则将产生异常。

FileInfo 类除了继承自表 6.4 中 FileSystemInfo 类的属性外，还拥有以下重要的自有属性，见表 6.14。

表 6.14　FileInfo 类的自有属性

属性	说明
Directory	获取父目录的实例，即返回一个代表文件父目录的 DirectoryInfo 对象
DirectoryName	获取表示文件父目录的完整路径的字符串
Length	获取当前文件的大小（以字节为单位）

FileInfo 类的方法见表 6.15。

表 6.15　FileInfo 类的方法

方法	说明
AppendText	创建一个 StreamWriter，它向 FileInfo 的此实例表示的文件追加文本
CopyTo	将现有文件复制到新文件，允许覆盖现有文件
Create	创建文件
CreateObjRef	创建一个对象，该对象包含生成用于与远程对象进行通信的代理所需的全部相关信息（继承自 MarshalByRefObject）
CreateText	创建写入新文本文件的 StreamWriter
Decrypt	使用 Encrypt 方法解密由当前账户加密的文件

方法	说明
Delete	永久删除文件(重写 FileSystemInfo. Delete)
Encrypt	将某个文件加密，使得只有加密该文件的账户才能将其解密
GetAccessControl	获取 FileSecurity 对象，该对象封装当前 FileInfo 对象所描述的文件的访问控制列表项
GetObjectData	设置带有文件名和附加异常信息的 SerializationInfo 对象(继承自 FileSystemInfo)
GetType	获取当前实例的 Type(继承自 Object)
MoveTo	将指定文件移到新位置，提供要指定新文件名的选项
Open	用读、写或读/写访问权限和指定的共享选项在指定的模式中打开文件
OpenRead	创建一个只读的 FileStream
OpenText	创建使用从现有文本文件中读取的 UTF-8 编码的 StreamReader
OpenWrite	创建一个只写的 FileStream
Refresh	刷新对象的状态(继承自 FileSystemInfo)
Replace	使用当前 FileInfo 对象所描述的文件的内容替换指定文件的内容，这一过程将删除原始文件，并创建被替换文件的备份。还指定是否忽略合并错误
SetAccessControl	将 FileSecurity 对象所描述的访问控制列表项应用于当前 FileInfo 对象所描述的文件

下面简单介绍 FileInfo 类提供的一些特殊属性和方法。

1)Length 属性

Length 属性返回以字节为单位的文件大小，返回结果为 Long 类型。File 类没有提供类似的属性或方法。

2)CreationTime、LastAccessTime、LastWriteTime 属性

CreationTime 属性返回文件建立的时间；LastAccessTime 属性返回文件最后一次访问的时间；LastWriteTime 属性返回文件最后一次修改的时间。

〖例 6.09〗返回文件创建、最后一次访问、最后一次修改的时间

[VBcodes
Example：609]

本例演示如何返回文件创建、最后一次访问、最后一次修改的时间，代码见[VBcodes Example：609]。

3)Name、FullName、Extension 属性

Name 属性返回文件名；FullName 属性返回完整文件名(包括全路径)；Extension 属性返回文件的扩展名，3 个属性值都是 String 类型。

4)CopyTo 方法和 MoveTo 方法

CopyTo 方法和 MoveTo 方法的功能分别是复制和移动当前 FileInfo 实例所代表的文件，类似于 File 类的 Copy 方法和 Move 方法。CopyTo 方法会返回一个 FileInfo 对象，代表目标文件。调用的语法格式如下：

```
FileInfo 对象名.CopyTo(path, force)
FileInfo 对象名.MoveTo(path)
```

[VBcodes
Example：610]

其中，path 为 String 类型，代表目标文件的合法路径；force 为可选项，Boolean 类型，默认为 False，表示不覆盖已存在的文件，True 表示覆盖已存在的文件。

注意：用 MoveTo 方法时，若指定的目标文件已存在，将产生异常。

〖例 6.10〗CopyTo 复制文件

本例演示使用 FileInfo 对象的复制文件 CopyTo 方法，代码见[VBcodes Example：610]。

6.2.3　文件管理控件

在许多应用系统中，当打开文件或将数据存入磁盘时，需要显示和获取磁盘驱动器、目录及文件信息。为此，VB.NET 提供了 DriveListBox，DirListBox 和 FileListBox 三个控件，分别用于对驱动器、目录和文件的操作。默认情况下，这 3 个控件并不在标准的控件工具箱中，使用时需要先将其添加到工具箱中，步骤如下。

(1)右击设计界面左侧"工具箱"，在弹出的菜单上单击"选择项"选项；或单击菜单栏"工具"选项，再单击"选项工具箱"选项，打开如图 6.1 所示的"选择工具箱项"对话框。

图 6.1　"选择工具箱项"对话框

(2)在".NET Framework 组件"标签中，选择 DriveListBox，DirListBox 和 FileListBox 这 3 个控件。

(3)单击"确定"按钮，即可将这 3 个控件添加到工具箱中。

1.　DriveListBox 控件

DriveListBox 控件主要用于磁盘驱动器的操作，使用该控件可以进行驱动器的切换和选择。DriveListBox 控件的常用属性及事件如表 6.16 所示。

表 6.16　DriveListBox 控件的常用属性及事件

属性/事件	名称	说明
属性	Name	指定 DriveListBox 控件对象的名字
	Drive	程序运行中使用的属性,它指示当前选中的驱动器盘符,该属性与 DirListBox 控件结合使用时,可以指定所在驱动器上的目录
事件	SelectedIndexChanged	DriveListBox 控件最常用的事件

注意：当用户在 DriveListBox 的下拉列表中选择一个驱动器，或者在其中输入一个合法的驱动器符，或者在程序中给 Drive 属性赋予一个新值时，即改变当前驱动器，都会引发一个 SelectedIndexChange 事件。因此可以在 SelectedIndexChange 事件过程中用 Drive 属性更新目录列表框 DirListBox 中显示的当前目录，使驱动器列表框 DriveListBox 和目录列表框 DirListBox 保持联动。

2. DirListBox 控件

DirListBox 控件主要用于显示目录，它可以对所选择的目录进行操作，如选择路径和设置当前目录。DirListBox 控件的常用属性及事件如表 6.17 所示。

表 6.17　DirListBox 控件的常用属性及事件

属性/事件	名称	说明
属性	Name	指定 DirListBox 控件对象的名字
	Path	指定当前选中的目录的完整路径(包括盘符)，该属性与 FileListBox 控件结合使用时，可以指定所在目录中的文件
	ScroIlAIwaysVisible	指定目录列表框是否总是有滚动条
	SelectionMode	指定目录列表框中的列表项被选择的方式，取值为 None 表示不可选；取值为 One，表示单选，它是默认值，取值为 MultiExtended,表示多选，取值为 MultiSimple，表示多选，且可用 Shift，Ctrl 和方向键选择多项
	Items	返回目录列表框中的全部列表项集合
	SelectedItems	返回目录列表框中被选中的全部列表项集合
	SelectedItem	返回目录列表框中当前被选中的列表项
	SelectedIndex	返回目录列表框中当前被选中的列表项索引号，−1 表示没有选择
事件	SelectedIndexChanged	DirListBox 控件最常用的事件

注意：当用户在 DirListBox 列表框中双击一个目录，或者在程序中给 Path 属性赋予一个新值，都会引发该事件。因此可以在 SelectedIndexChanged 事件过程中，用 Path 属性更新文件列表框 FileListBox 中显示的当前文件，使目录列表框 DirListBox 和文件列表框 FileListBox 保持联动。

3. FileListBox 控件

FileListBox 控件主要用于显示文件列表，使用该控件可以对所选择的文件进行操作。FileListBox 控件的常用属性及事件如表 6.18 所示。

表 6.18　FileListBox 控件的常用属性及事件

属性/事件	名称	说明
属性	Name	指定 FileListBox 控件对象的名字
	Path	指定当前选中的目录的完整路径(包括盘符)
	Pattern	指定文件列表框所显示的文件类型
	FileName	指定文件列表框中被选择的文件名。该属性值与 DirListBox 的 Path 属性值合用即可获得当前选择的文件的完整名(含路径)
	Items	返回文件列表框中的全部列表项集合
	SelectedItems	返回文件列表框中被选中的全部列表项集合
	SelectedItem	返回文件列表框中当前被选中的列表项

属性/事件	名称	说明
属性	SelectedIndex	返回文件列表框中当前被选中的列表项索引号，−1 表示没有选择，0 代表选择第一项
事件	SelectedIndexChanged	FileListBox 控件最常用的事件。当用户在 FileListBox 列表框选择文件时，会引发该事件

6.3　文件读/写操作

6.2 节介绍的 File 类对文件的各种操作没有涉及文件内容，本节将介绍如何来读/写文件中的数据内容。

6.3.1　文件的种类

文件的分类标准很多，根据文件的存储和访问方式分类，可以将文件分为顺序文件（Sequential File）、随机文件（Random File）和二进制文件（Binary File）。

1. 顺序文件

顺序文件由一系列 ASCII 码字符格式的文本行组成，每行的长度可以不同，文件中的每个字符都表示一个文本字符或文本格式设置序列（如换行符等）。顺序文件中的数据按顺序排列，数据的顺序与其在文件中出现的顺序相同。

顺序文件是最简单的文件结构，它实际上是普通的文本文件，任何文本编辑软件都可以访问它。

早期的计算机存储介质都采用顺序访问文件的方式，如磁带，由于这种方式不能直接定位到需要的内容，而必须从头顺序读/写到所需的内容，因此顺序访问文件的读/写速度一般很慢，因而顺序文件较适用于有一定规律且不经常修改的数据存储。顺序文件的主要优点是占用空间少，容易使用。

2. 随机文件

随机文件是以随机方式存取的文件，由一组长度相等的记录组成，在随机文件中，记录包含一个或多个字段（Field），字段类型可以不同，每个字段的长度是固定的，使用前需事先定义好。此外，每个记录都有一个记录号，随机文件打开后，可以根据记录号访问文件中的任何记录，无须像顺序文件那样顺序进行。

随机文件的数据以二进制方式存储在文件中，随机文件的优点是数据的存取较为灵活、方便，访问速度快、文件中的数据容易修改。但是随机文件占用的空间较大，数据组织较复杂。

3. 二进制文件

二进制文件是以二进制方式保存的文件。二进制文件可以存储任意类型的数据，除了不限定数据类型和记录长度外，对二进制文件的访问类似于对随机文件的访问，但是必须准确地知道数据是如何写入文件的，才能正确地读取数据。例如，如果存储一系列姓名和分数，需要记住第一个姓名字段是文本，第二个分数字段是数值，否则读出的内容就会出错，因为不同的数据类型有不同的存储长度。

二进制文件占用的空间较小，且访问方式具有最大的灵活性。对二进制文件存取时，可以定位到文件的任意字节位置，并可以获取任何一个文件的原始字节数据，任何类型的文件都可以用二进制访问方式打开，但是二进制文件不能用普通的文字编辑软件打开。

实际应用中，一般把文件分为文本文件和二进制文件(顺序文件实际上是以二进制方式存储的)两大类。

在 VB.NET 中，读/写文件是通过流对象来进行的。使用流对象读/写文件的基本步骤如下：

(1) 建立一个流对象 Stream；

(2) 基于创建的流对象 Stream，建立流对象 Reader 读取文件内容；

(3) 基于创建的流对象 Stream，建立流对象 Writer 向文件写入内容。

要建立一个 Stream 对象，可以使用 6.2.2 节介绍的 File 类的 Open 方法和 Create 方法，也可以利用下面将要介绍的 FileStream 类。文本文件是按行读/写的，而二进制文件没有行的概念，它是按字节读/写的。对这两类文件，VB.NET 提供了不同的对象进行访问。读文件的 Reader 对象有两种：StreamReader 对象用于读文本文件；而 BinaryReader 对象用于读二进制文件。类似地，写文件的 Writer 对象也有两种：StreamWriter 对象用于写文本文件；而 BinaryWriter 对象用于写二进制文件。

6.3.2 文本文件读/写

VB.NET 提供了几个对象来实现对文本文件的读/写。下面介绍用 FileStream 对象、StreamReader 对象和 StreamWriter 对象实现文本文件读/写的方法。

1. FileStream 类

System.IO. FileStream 类由 StreamSystem.IO.Stream 类派生。它为文件提供 Stream，既支持同步读/写操作，也支持异步读/写操作。要进行文件的读/写，首先需要创建 FileStream 类的实例对象，语法格式如下：

```
Dim 对象名 As New FileStream( path[,FileMode][,AccessMode][,ShareMode])
```

其中，对象名为所创建的 FileStream 对象的变量名；path 为 String 类型，代表要打开的文件的完整路径，绝对路径和相对路径均可；FileMode 为可选项，枚举类型，指定文件的打开方式，取值见表 6.11；AccessMode 为可选项，枚举类型，指定文件的访问权限，取值见表 6.12；ShareMode 为可选项，枚举类型，指定文件的共享方式，取值见表 6.13，用来指定当文件打开后其他程序如何共享此文件。

FileStream 类常用属性见表 6.19。

表 6.19 FileStream 类常用属性

属性	说明
CanRead	获取一个值，该值指示当前流是否支持读取
CanSeek	获取一个值，该值指示当前流是否支持查找
CanWrite	获取一个值，该值指示当前流是否支持写入
IsAsync	获取一个值，该值指示 FileStream 是异步还是同步打开的
Length	获取用字节表示的流长度
Name	获取传递给构造函数的 FileStream 的名称
Position	获取或设置此流的当前位置

FileStream 类常用方法见表 6.20。

表 6.20　FileStream 类常用方法

属性	说明
BeginRead	开始异步读操作
BeginWrite	开始异步写操作
Close	关闭当前流并释放与其关联的所有资源
CopyTo	从当前流中同步读取字节并将其写入到另一流中
CopyToAsync	从当前流中异步读取字节并将其写入另一个流中
Lock	防止其他进程读取或写入 FileStream
Read	从流中读取字节块并将该数据写入给定的缓冲区中
ReadAsync	从当前流异步读取字节序列，并将流中的位置提升读取的字节数
ReadByte	从文件中读取一个字节，并将读取位置提升 1 字节
Seek	将该流的当前位置设置为给定值
SetAccessControl	将 FileSecurity 对象所描述的访问控制列表项应用于当前 FileStream 对象所描述的文件
SetLength	将该流的长度设置为给定值
Unlock	允许其他进程访问以前锁定的某个文件的全部或部分
Write	将字节块写入文件流
WriteAsync	将字节序列异步写入当前流，并依写入的字节数将流的当前位置往前移
WriteByte	将 1 字节写入文件流中的当前位置

下面介绍 FileStream 类常用属性和方法。

1）Length 属性

Length 属性以字节为单位获取文件的长度，只读属性。

2）Position 属性

Position 属性获取或设置文件流的当前位置。FileStream 没有指示已到文件末尾的标志，可以通过比较 Length 属性值和 Position 属性值是否相等来检查是否已读到文件末尾。

3）Read 方法

Read 方法从流中读取字节块并将该数据写入给定缓冲区中。调用的语法格式如下：

```
FileStream 对象名. Read (array, offset, count)
```

其中，array 为指定的字节数组，Byte 类型。数组中 offset 和（offset + count−1）之间的值由从当前源中读取的字节替换；offset、array 中的字节偏移量，Integer 类型，将在此处放置读取的字节；count 为最多读取的字节数，Integer 类型。

注意：Read 方法仅在到达流的末尾后返回零。否则，在返回之前，Read 始终至少从流中读取 1 字节。调用前应确定流中具有可供 Read 的数据，否则该方法会阻塞，直到可以返回至少 1 字节的数据。

4）Write 方法

Write 方法将字节块写入文件流，调用的语法格式如下：

```
FileStream 对象名. Write (array, offset, count)
```

其中，array 包含要写入该流的数据的缓冲区，Byte 类型；offset、array 中的从零开始的字节偏移量，从此处开始将字节复制到该流，Integer 类型；count 为最多写入的字节数，Integer 类型。

注意：Write 方法不会中断正在执行写入操作的线程。

[VBcodes
Example：611]

〖例 6.11〗读取文件流并将其写入另一个文件流

本例演示如何从 FileStream 读取内容，并将其写入另一个 FileStream，代码示例见[VBcodes Example：611]。

5）SetLength 方法

SetLength 方法的功能是设置文件的长度，调用的语法格式如下：

```
FileStream 对象名.SetLength( NewLength )
```

其中，NewLength 是 Long 类型，指定文件的长度，单位是字节。

注意：如果 NewLength 小于文件当前长度，则截断文件；若大于文件当前长度，则扩展文件，但扩展后，新旧长度的文件之间的内容是不确定的。

6）Seek 方法

Seek 方法将该流的当前位置设置为给定值。通过 Seek 方法可以实现对文件进行随机访问，调用的语法格式如下：

```
FileStream 对象名.Seek( offset, origin )
```

其中，offset 为 Long 类型，指定开始查找的相对于 origin 的位置，单位是字节；origin 为 SeekOrigin 枚举类型，指定起始参考点，取值见表 6.21。

表 6.21　SeekOrigin 取值

取值	说明
Begin	指定流的开头
Current	指定流内的当前位置
End	指定流的结尾

〖例 6.12〗按字节将数据写入文件并验证是否正确写入

本例演示如何按字节将数据写入文件中，然后验证数据是否被正确写入，代码见[VBcodes Example：612]。

[VBcodes
Example：612]

7）Lock 方法

Lock 方法可锁定文件，防止其他进程访问文件的全部或部分，调用的语法格式如下：

```
FileStream 对象名.Lock( Position, Length )
```

其中，Position 为 Long 类型，指定要锁定范围的起始位置，单位是字节；Length 为 Long 类型，指定要锁定的范围，单位是字节。

8）Unlock 方法

Unlock 方法可解锁用 Lock 方法锁定的文件，调用的语法格式如下：

```
FileStream 对象名.UnLock( Position, Length)
```

其中，Position 为 Long 类型，指定要取消锁定范围的起始位置，单位是字节；Length 为 Long 类型，指定要取消锁定的范围，单位是字节。

2. StreamReader 类

欲进行文本文件的读操作，先要创建一个 StreamReader 实例对象。常用的两个重载构造函数的语法格式如下：

```
Dim 对象名 As New StreamReader( FS [,Encoding][,Buffersize])
Dim 对象名 As New StreamReader( Path[,Encoding][,Buffersize])
```

其中，对象名为创建的 StreamReader 对象的变量名；FS 为 FileStream 对象名，代表要进行读操作的文件 FileStream 对象；Path 为 String 类型，代表要打开的文件的完整路径，绝对路径和相对路径均可；Encoding 为可选项，枚举类型，指定文件编码的方式，默认为 UTF-8；Buffersize 为可选项，Integer 类型，指定缓冲区的大小。

StreamReader 类的常用属性见表 6.22。

表 6.22　StreamReader 类常用属性

属性	描述
CurrentEncoding	获取当前 StreamReader 对象正在使用的当前字符编码
EndOfStream	获取一个值，该值指示当前的流位置是否在流结尾

StreamReader 类的常用方法见表 6.23。

表 6.23　StreamReader 类常用方法

方法	描述
Close	关闭 StreamReader 对象和基础流，并释放与读取器关联的所有系统资源
Peek	返回下一个可用字符，但不使用它
Read	读取输入流中的下一个字符并使该字符位置提升一个字符
ReadAsync	从当前流中异步读取指定的最大字符，并且从指定的索引位置开始将该数据写入缓冲区
ReadBlock	从当前流中读取指定的最大字符数并从指定的索引位置开始将该数据写入缓冲区
ReadBlockAsync	从当前流中异步读取指定的最大字符，并且从指定的索引位置开始将该数据写入缓冲区
ReadLine	从当前流中读取一行字符并将数据作为字符串返回
ReadLineAsync	从当前流中异步读取一行字符并将数据作为字符串返回
ReadToEnd	读取来自流的当前位置到结尾的所有字符
ReadToEndAsync	异步读取来自流的当前位置到结尾的所有字符并将它们作为一个字符串返回

下面介绍 StreamReader 类一些常用方法的使用。

1）Read 方法

Read 方法按字符逐字读取输入流中的下一个字符，或者从输入流的指定索引位置开始读取指定数量的字符到缓冲区。此方法返回一个整数，如果已到达流的结尾，则返回–1。调用的语法格式如下：

```
StreamReader 对象名.Read()
StreamReader 对象名.Read(buffer, index, Count )
```

其中，buffer 为 Char 类型数组，存放读取的字符缓冲区大小；index 为 Integer 类型，写入缓冲区的字符数组的起始索引下标；Count 为 Integer 类型，从文件当前位置处读取的字符数量。

〖例 6.13〗流阅读器对象的 Read 方法

[VBcodes
Example：613]

本例通过两个示例演示 StreamReader 对象的 Read 方法。

Read 方法使用及获取指定 StreamReader 对象编码，代码见[VBcodes Example：613]。

一次读取五个字符，直至到达文件末尾，代码示例见[VBcodes Example：614]。

2）ReadLine 方法

ReadLine 方法按行逐句从文件流中读取一行字符，并返回读取的字符串，若到达文件末尾，则返回 Nothing，该方法无参数。

[VBcodes
Example：614]

〖例 6.14〗流阅读器对象的 ReadLine 方法

本例演示如何从文件中按行读取，直到到达文件末尾，代码见[VBcodes Example：615]。

3）ReadToEnd 方法

ReadToEnd 方法读取从文件流当前位置到末尾的全部字符，并返回读取的字符串。ReadToEnd 方法无参数。

[VBcodes
Example：615]

〖例 6.15〗流阅读器对象的 ReadToEnd 方法

本例演示如何使用 ReadToEnd 方法，代码见[VBcodes Example：616]。

4）Close 方法

Close 方法关闭当前的 StreamReader 实例并释放关联的资源。Close 方法无参数。

[VBcodes
Example：616]

3. StreamWriter 类

欲进行文本文件的写操作，先要创建一个 StreamWriter 实例对象。常用的两个重载构造函数的语法格式如下：

```
Dim 对象名 As New StteamWriter( FS[,Encoding][,Buffersize])
Dim 对象名 As New StreamWriter( Path [,Append][,Encoding][,Buffersize])
```

其中：

（1）对象名，创建的 StreamWriter 对象的变量名。

（2）FS，FileStream 对象名，代表要进行写操作的文件 FileStream 对象。

（3）Path，String 类型，代表要写入文件的完整路径，绝对路径和相对路径均可。

（4）Append，可选项，Boolean 类型，默认为 False，确定是否将数据追加到文件中。若文件已存在，且 Append 值为 False，则改写文件；若文件已存在，且 Append 值为 True，则数据追加到文件；若文件不存存，将创建文件。

（5）Encoding，可选项，枚举类型，指定文件的编码方式，默认为 UTF-8。

（6）Buffersize，可选项，Integer 类型，指定缓冲区的大小。

StreamWriter 类的主要属性见表 6.24。

表 6.24　StreamWriter 类的主要属性

属性	说明
Encoding	获取将输出写入到其中的编码方式
NewLine	获取或设置由当前 StreamWriter 使用的行结束符字符串

StreamWriter 类的主要方法见表 6.25。

表 6.25　StreamWriter 类的主要方法

方法	说明
Close	关闭当前的 StreamWriter 对象和基础流
Flush	清理当前写入器的所有缓冲区，并使所有缓冲数据写入基础流
Write（Char/ Chars/String/Decimal /Double/Int/Object/Single/UInt）	将指定类型数据的文本表示形式写入流
Write（String,Object）	使用与 String.Format（String,Object）方法相同的语义将格式字符串和新行写入文本字符串或流
Write（Chars,index,Count）	将字符数组的子数组写入流
WriteAsync（Char/Chars/String）	将指定类型数据的文本表示形式异步写入该流
WriteAsync（Chars,index,Count）	将字符数组的子数组异步写入该流
WriteLine	将行结束符的字符串写入文本字符串或流
WriteLine（Char/ Chars/String/Decimal /Double/Int/Object/Single/UInt）	将后跟行结束符的指定类型数据的文本表示形式写入文本字符串或流
WriteLine（String,Object）	使用与 String. Format（String,Object）方法相同的语义将格式字符串和新行写入文本字符串或流
WriteLine（Chars,index,Count）	将后跟行结束符的字符子数组写入文本字符串或流
WriteLineAsync	将行终止符的字符串异步写入该流
WriteLineAsync（Char/Chars/String）	将后跟行终止符的字符串异步写入该流
WriteLineAsync（Chars,index,Count）	将后跟行终止符的字符的子数组异步写入该流

使用与 String.Format（String,Object）方法相同的语义将格式字符串和新行写入文本字符串或流。

下面介绍 StreamWriter 类常用属性和方法使用。

1）NewLine 属性

NewLine 属性获取或设置 StreamWriter 对象所使用的行结束符，默认为回车换行符。

2）Encoding 属性

Encoding 属性获取 StreamWriter 对象所使用的字符编码方式。

3）Write 方法

Write 方法将指定类型的数据文本或字符数组写入流。调用的语法格式如下：

```
StreamWriter 对象名.Write(Char/ Chars/String/Decimal/Double/ Int/Object
/Single/UInt)
StreamWriter 对象名.Write( Chars, index , Count )
```

其中，Char/Chars/String/Decimal/Double/Int/Object/Single/UInt 为可写入流的数据类型；Chars 为 Char 类型数组，为字符数组，存放要写入的字符；Index 为 Integer 类型，字符数组起始下标；Count 为 Integer 类型，写入的字符数量，即数组元素的个数。

4）WriteLine 方法

WriteLine 方法将后跟行结束符的字符串、指定类型的数据文本或字符数组写入流。调用的语法格式如下：

```
StreamWriter 对象名.WriteLine
StreamWriter 对象名.WriteLine (Char/ Chars/String/Decimal/Double/Int
/Object/Single/UInt)
```

```
StreamWriter 对象名.WriteLine（Chars, index , Count ）
```

其中，Char/ Chars/String/Decimal/Double/Int/Object/Single/UInt 为可写入流的数据类型；Chars 为 Char 类型数组，为字符数组，存放要写入的字符；index 为 Integer 类型，字符数组起始下标；Count 为 Integer 类型，写入的字符数量，即数组元素的个数。

5）Close 方法

Close 方法关闭当前的 StreamWriter 实例并释放关联的资源，在关闭之前，将缓冲区数据写入文件。Close 方法无参数。

注意：用 StreamWriter 向文件写入数据，实际上将数据先写入文件的缓冲区，然后通过调用 Flush 方法或关闭 StreamWriter 对象，再将缓冲区中数据写入文件。

关于 StreamWriter 类的应用实例代码，可参考前面介绍的 StreamReader 类中的示例。

6.3.3 二进制文件读/写

VB.NET 提供了 BinaryReader 和 BinaryWriter 两个类实现对二进制文件的读/写访问。

1．BinaryReader 类

BinaryReader 类实现从二进制文件读取数据。欲用 BinaryReader 类提供的方法，先要创建一个 BinaryReader 类的实例对象。BinaryReader 对象和 FileStream 对象是相关联的。创建 BinaryReader 类实例对象的语法格式如下：

```
Dim 对象名 As New BinaryReader( FS, Encoding)
```

其中，对象名，创建的 BinaryReader 对象的变量名；FS，FileStream 对象名，代表要进行读操作的文件的 FileStream 对象；Encoding，可选项，枚举类型，指定 BinaryReader 对象的编码方式，默认为 UTF-8 。

建立 BinaryReader 对象后，就可以使用它提供的各种方法来读取二进制文件中不同类型的数据。BinaryReader 类提供的主要方法见表 6.26。

表 6.26　BinayReader 类主要方法

方法	说明
BaseStream	只读属性，提供了 BinaryReader 对象使用的基层流的访问
Close()	关闭二进制阅读器
PeekChar()	返回下一个可用的字符，并且不改变指向当前字节或字符的指针位置
Read()	读取给定的字节或字符，并把它们存入数组
ReadXXX()	从流中读取对应类型的值数据，其中，XXX 可以用下述值类型之一替换，并表示读取的值类型：Boolean、Byte、Bytes、Char、Chars、Decimal、Double、Int16、Int32、nt64、SByte、Single、String、UInt16、UInt32、UInt64

[VBcodes
Example：617]

注意：使用 BinaryReader 对象读取二进制文件中的数据时，必须知道数据在文件中的存储格式，如第一个字节代表一个逻辑值，第二、第三个字节代表一个 2 字节有符号整数，这样才能正确读出数据，如果读错一个字符，就将导致数据不正常。

〖例 6.16〗二进制阅读器读取二进制数据

本例演示如何使用 BinaryReader 对象读取文件中二进制数据，代码见[VBcodes Example：617]。

2. BinaryWriter 类

BinaryWriter 对象实现向文件中写入二进制数据。要用 BinaryWrite 对象提供的方法，需要先创建该对象的一个实例。BinaryWriter 对象也是和 FileStream 对象相关联的，可以利用 BinaryWriter 类的构造方法创建 BinaryWiiter 对象的实例，该方法的语法格式如下：

```
Dim 对象名 As New binaryWriter(FS, Encoding)
```

其中，对象名为创建的 Binary Writer 对象的变量名；FS 为 FileStream 对象名，代表要进行写操作的文件的 FileStream 对象；Encoding 为可选项，枚举类型，指定 Binary Writer 对象的编码方式，默认为 UTF-8。

建立 Binarywrite 对象后，就可以使用它提供的几种方法向二进制文件中写入不同类型的数据，Binarywriter 类提供的主要方法见表 6.27。

表 6.27 BinaryWriter 类主要方法

方法	说明
BaseStream	只读属性，提供了 BinaryWriter 对象使用的基层流的访问
Close()	关闭当前的 BinaryWriter 对象，并释放关联的资源
Flush()	清理当前所有缓冲区，并使所有缓冲区中的数据写入文件
Seek()	设置当前流中的位置
Write()	将值写入当前流，值类型可以是以下任意类型之一：Boolean、Byte、Bytes、Char、Chars、Decimal、Double、Int16、Int32、nt64、SByte、Single、String、UInt16、UInt32、UInt64
Write(Bytes, Int32, Int32)	将字节数组部分写入当前流
Write(Chars, Int32, Int32)	将字符数组部分写入当前流，并根据所使用的 Encoding(可能还根据向流中写入的特定字符)提升流的当前位置

〖例 6.17〗二进制读写器在内存中读/写数据

本例演示如何在后备存储中对内存进行读取和写入数据，代码见 [VBcodes Example：618]。

[VBcodes Example：618]

第7章 数据库应用

在应用程序中，对于数据库的访问是必不可少的，因为使用计算机的目的就是处理数据，而出于安全、效率等方面的考虑，重要的数据都会放在数据库中。所以提供一个便捷、高效的数据库访问方案对于一个成功的应用程序框架来说是至关重要的。

为此，.NET Framework 框架为创建分布式数据共享应用程序提供了一组丰富的类组件 ADO.NET（ActiveX Data Objects.NET），满足多种开发需求，包括创建供应用程序、工具、语言或 Internet 浏览器使用的前端数据库客户端和中间层业务对象。要了解 VB.NET 的数据库编程，首先要明白 ADO.NET 的工作原理以及相关的对象、属性和方法。

7.1 数据库基础

7.1.1 数据库基本概念

顾名思义，数据库是用来存储数据的，比使用文件存储数据更先进。因为数据库提供了按照内容快速检索数据的能力，并对具有高度安全要求数据的进行访问控制。虽然数据库中的数据在存储媒介上往往还是以文件的形式存在的，但是由于有数据库管理系统（Data Base Manage System，DBMS）管理这些数据，用户看到的只是安全、高效、可以随时查询和修改的数据集合。数据库文件与应用程序文件分开，数据库是独立的，它可以为多个应用程序所使用，以达到数据共享的目的。

1. 数据库系统

1) 数据库

数据是指能被计算机存储和处理的反映客观实体信息的物理符号。数字、文字、表格、音频、视频、图形、图像和动画等都称为数据。数据库则是为达到特定应用目的而组织起来的记录和文件的集合。

2) 数据库管理系统

数据库管理系统是数据库系统中对数据进行管理的专门系统，也是数据库系统的核心组成部分，对数据库的所有操作和控制都是通过 DBMS 来进行的。

3) 数据库应用系统

数据库应用系统是在某种 DBMS 的支持下，根据实际应用的需要开发出来的应用程序包。

2. 关系数据库

1) 数据库模型

数据库模型是表示数据库中数据之间联系的结构方式。数据库模型的好坏直接影响数据库的性能。数据库模型的设计方法决定着数据库的设计方法，主要的数据库模型有网状模型、层次模型和关系模型。

(1)网状模型用图结构来表示数据之间的联系；

(2)层次模型用树结构来表示数据之间的联系；

(3)关系模型用二维表结构来表示数据之间的联系。

目前几乎所有的现代 DBMS 都使用关系(Relation)数据库模型来存储和处理信息。在关系数据库管理系统中，该系统以表的形式管理所有数据。

2)关系数据库

关系数据库以二维表结构为基础表达数据之间的联系，它由数据结构、完整性规则以及数据操作三部分组成。关系数据库的优势在于：一方面可以用 SQL 语句方便地在一个表以及多个表之间做非常复杂的数据查询；另一方面对于安全性能很高的数据，可实现访问控制。

常见的关系数据库主要有 Oracle、SQL Server、Access 等。从数据库的规模来看，Access 是小型数据库，SQL Server 是中型数据库，Oracle 是大型数据库。

3)关系表

关系表是一个由若干列和若干行组成的二维表格。表中的每一列称为字段，每一行则称为记录。在关系表中，行和列相交处就是值，即存储的数据元素。其值具有唯一性的字段，可以设置为记录的键值。根据键值的值可以建立对记录的索引。图 7.1 以学生信息管理数据库为例，给出了一个关系型数据库表结构的示例“学生”表。

ID	学号	姓名	性别	出生日期	籍贯	专业	学院	添加新字段
1	2019011001	丁晓慧	女	2002/4/8	辽宁省大连市	测绘工程	测绘与地理信息学院	
2	2019016012	王玉杰	男	2001/2/18	甘肃省武威市	地理信息	测绘与地理信息学院	
3	2019021016	李文龙	男	2001/7/7	云南省大理市	城市规划	建筑学院	
4	2019002023	席明宇	男	2002/3/19	广东省佛山市	水工结构工程	水利学院	
5	2019005003	郝思彤	女	2001/11/15	山东省青岛市	水动力工程	电力学院	
6	2019007027	赵志坚	男	2001/8/26	河南省洛阳市	电力系统自动化	电力学院	

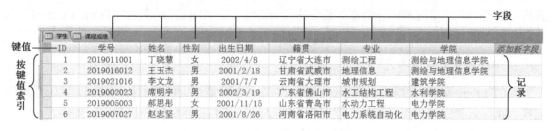

图 7.1　关系型数据库表结构

4)数据集

一个数据库可以由多个表组成，设计这些表格的原则是尽量减少冗余，并且通过某些字段可以使它们互相关联。例如，在学生信息管理数据库中还有一个“课程成绩”表，其结构如图 7.2 所示。在该表中可以通过 ID 或者“学号”字段关联至前表中的“姓名”、“专业”或“学院”等信息，而不必重复每一个字段。通过两个表中相同的 ID 或者“学号”字段就可以把“姓名”“专业”“学院”以及课程成绩的信息联系起来。

课程成绩

ID	学号	姓名	高等数学	英语	普通物理	电工基础	水利工程概论
1	2019011001	丁晓慧	76	85	80	82	80
2	2019016012	王玉杰	82	77	78	83	85
3	2019021016	李文龙	96	90	91	94	90
4	2019002023	席明宇	68	71	65	68	75
5	2019005003	郝思彤	79	82	76	79	85
6	2019007027	赵志坚	85	88	82	85	90
* (新建)							

图 7.2　学习成绩表

在数据库的操作中，可以将一个或几个表中的数据按一定的检索条件构成存于内存中的数据集 DataSet 对象。DataSet 对象与表类似，也由行和列构成，它通过对数据库的表中的数据按特定条件检索后构成，如图 7.3 所示。

ID	学号	姓名	性别	专业	学院	高等数学	英语
1	2019011001	丁晓慧	女	测绘工程	测绘与地理信息学院	76	85
2	2019016012	王玉杰	男	地理信息	测绘与地理信息学院	82	77
3	2019021016	李文龙	男	城市规划	建筑学院	96	90
4	2019002023	席明宇	男	水工结构工程	水利学院	68	71
5	2019005003	郝思彤	女	水动力工程	电力学院	79	82
6	2019007027	赵志坚	男	电力系统自动化	电力学院	85	88

图 7.3　数据集 DataSet 对象

在 VB.NET 中，不允许直接访问数据库内的表，而只能通过数据集 DataSet 对象进行记录的浏览和操作。因此，数据集是一种浏览数据库的工具。用户可根据需要，通过使用数据集对象选择数据。

7.1.2　ADO.NET 对象模型、数据集与命名空间

应用程序与数据库通信，首先，检索存储在其中的数据，并以用户友好的方式呈现它；其次，通过插入、修改和删除数据等操作来更新数据库。ADO.Net 是 .NET Framework 的一部分，称为 .NET 数据提供程序，用于检索、访问和更新数据库。

1.　ADO.NET 数据提供程序

.NET Framework 数据提供程序 ADO.NET 是一个功能强大的数据访问接口，用于数据库连接、执行数据库操作指令和检索数据库。在 ADO.NET 提供的操作模型中，使用各种组件通过结构化流程访问数据源。该模型可描述为图 7.4。

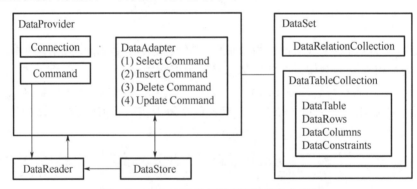

图 7.4　ADO.NET 访问数据源的结构化流程

（1）DataProvider，数据提供者，用于检索驻留在数据库或数据集 DataSet 中的数据，检索应用程序的数据并更新数据。

（2）DataSet，数据集，将数据存储在与数据库断开连接的缓存中，应用程序从中检索数据。

（3）DataReader，数据读取器，以只读和仅转发模式向应用程序提供数据。

ADO.NET 是围绕 System.Data 基本命名空间设计的，主要的类、接口、委托等资源包含

在 System.Data 、 System.Data.Common 、 System.Data.OleDb 、 System.Data.SqlClient 、 System.Data.Odbc 和 System.Data.OracleClient 等命名空间中。它们所包含的类、接口、枚举等资源可以支持常见数据源类型中的数据。

ADO.NET 数据提供程序包括以下四个核心对象，如下表 7.1 所示。

表 7.1 ADO.NET 的四个核心对象

对象	作用
Connection	该组件被用来建立与特定数据源的连接。所有 Connection 对象的基类均为 DbConnection 类
Command	指令对象，用于对数据源执行检索、插入、删除或修改的 SQL 语句或存储过程等操作命令。所有 Command 对象的基类均为 DbCommand 类
DataAdapter	数据适配器，它将数据从数据源检索到 DataSet 数据集并解决更新问题。当对数据集进行更改时，数据源中的更改实际上由数据适配器完成。所有 DataAdapter 对象的基类均为 DbDataAdapter 类
DataReader	数据读取器，用于以只读和仅转发模式从数据源检索数据。所有 DataReader 对象的基类均为 DbDataReader 类

ADO.NET 首先用 Connection 对象在应用程序和数据库之间建立连接，然后通过 DataAdapter 对象向数据库传递由 Command 对象确定的操作命令，完成后可将检索的结果填充至 DataSet 对象；也可通过 DataReader 对象快速读取以流数据的形式返回的结果数据，保存数据到 DataSet 对象。DataAdapter 类并不真正存储任何数据，而是作为 DataSet 对象和数据库之间的桥梁。

ADO.NET 中包含以下不同类型数据源的数据提供程序：

(1)OLE DB.NET 数据提供程序，用于访问 Access 数据库，此时需要引用 System.Data.OleDb 命名空间；

(2)SQL Server.NET 数据提供程序，用于访问 SQL Server 7.0 或更高版本的数据库，此时需要引用 System.Data.SqlClient 命名空间；

(3)ODBC.NET 数据提供程序，用于访问 ODBC 数据库，此时需要引用 System.Data.Odbc 命名空间；

(4)Oracle.NET 数据提供程序，用于访问 Oracle 数据库客户端软件 8.1.7 或更高版本，此时需要引用 System.Data.OracleClient 命名空间。

使用 System.Data.OleDb、System.Data.SqlClient 和 System.Data.OracleClient 这几种命名空间的.NET 数据提供程序访问数据库时具有几乎相同的编程模型，因此，本章以介绍 OLE DB 数据库的.NET 数据提供程序为主。

2. 数据集 DataSet

DataSet 表示符合约束条件的整个数据集，是数据在内存中驻留的形式。DataSet 由数据适配器(DataAdapter)在建立与数据库的连接时创建，并在数据库中检索符合约束条件的数据存储至 DataSet，之后便关闭与数据库的连接。DataSet 提供了独立于数据源，并与数据源中的关系保持一致的编程模型，用作包含表、行和列的虚拟数据库。由于 DataSet 独立于数据源，因此 DataSet 可以包含应用程序本地的数据，也可以包含来自多个数据源的数据。

数据集对象模型如图 7.5 所示。

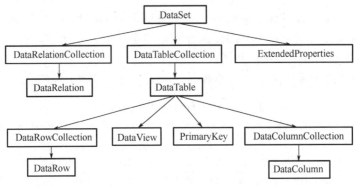

图 7.5　数据集对象模型

3. System.Data 命名空间中基本类

DataSet 类存在于 System.Data 命名空间中，该命名空间也包含了 DataSet 的所有组件，其中的基本类见表 7.2。

表 7.2　System.Data 命名空间中基本类

类	说明
DataColumn	表示组成 DataTable 的列（字段）
DataColumnCollection	表示 DataTable 中的列集合
DataException	表示使用 ADO.NET 组件发生错误时引发的异常
DataRelation	表示两个 DataTable 对象之间的父/子关系。用于通过 DataColumn 对象将两个 DataTable 对象相互关联
DataRelationCollection	包含数据集中的表之间的关系和链接
DataRow	表示 DataTable 中的一行。 DataRow 对象及其属性和方法用于检索、评估、插入、删除和更新 DataTable 中的值。 NewRow 方法用于创建一个新行，Add 方法向表中添加一行
DataRowCollection	表示 DataTable 中的行集合
DataRowView	表示 DataRow 的自定义视图
DataSet	数据集，表示一个存放于内存中的数据缓存
DataTable	表示数据集的 DataTableCollection 中的表。它由 DataRow 和 DataColumn 对象组成。DataTable 对象区分大小写
DataTableCollection	包含了从数据源中检索的所有表
DataView	表示用于排序、筛选、搜索、编辑和导航的 DataTable 的可绑定数据的自定义视图

表 7.2 中的 DataTable 类表示内存中的一个数据表，它是一个数据库的核心组件。其主要属性和方法如表 7.3 所示。

表 7.3　DataTable 类的基本属性和方法

属性/方法	说明
Columns	获取属于该表的列的集合
DataSet	获取此表所属的 DataSet
Rows	获取属于该表的行的集合
TableName	获取或设置 DataTable 的名称
AcceptChanges	提交自上次调用 AcceptChanges 以来对该表进行的所有更改
Clear	清除所有数据的 DataTable

属性/方法	说明
Clone	克隆 DataTable 的结构，包括所有 DataTable 架构和约束
Copy	复制该 DataTable 的结构和数据
ImportRow	将 DataRow 复制到 DataTable 中，保留任何属性设置以及初始值和当前值
NewRow	创建与该表具有相同架构的新 DataRow
PrimaryKey	获取或设置充当数据表键值的列的数组
Reset	将 DataTable 重置为其初始状态。重置将移除表的所有数据、索引、关系和列。如果数据集包含一个数据表，则在重置该表之后，它将仍是数据集的一部分
Select(String)	获取与筛选条件相匹配的所有 DataRow 对象的数组

表 7.2 中的 DataView 类不存储数据，而表示其对应的 DataTable 已连接视图。对 DataView 的数据更改将影响 DataTable，对 DataTable 的数据更改将影响与其关联的所有 DataView 对象。

4. System.Data.Common 命名空间中的核心类

System.Data.Common 命名空间包含的核心类见表 7.4。

表 7.4 System.Data.Common 命名空间核心类

类	说明
DbConnection	数据库连接器，是 OleDb、SQL Server、ODBC、Oracle 等特定数据源到数据库的连接类的基类
DbCommand	数据库操作指令，是 OleDb、SQL Server、ODBC、Oracle 等特定数据源的 SQL 语句等操作指令类的基类
DbDataAdapter	数据适配器，帮助实现 IDbDataAdapter 接口，用于填充 DataSet 和更新数据源，是 OleDb、SQL Server、ODBC、Oracle 等特定数据源的数据适配器类的基类
DbDataReader	数据读取器，从数据源读取行的一个只进流，是 OleDb、SQL Server、ODBC、Oracle 等特定数据源的数据读取器类的基类

表 7.4 中各类的基本属性和方法分别叙述如下。

(1) DbConnection 类的基本属性和方法列于表 7.5、表 7.6。

表 7.5 DbConnection 类的基本属性

属性	说明
ConnectionString	获取或设置用于打开连接的字符串
Database	在连接打开之后获取当前数据库的名称，或者在连接打开之前获取连接字符串中指定的数据库名
DataSource	获取要连接的数据库服务器的名称
State	获取描述连接状态的字符串

表 7.6 DbConnection 类的基本方法

方法	说明
ChangeDatabase	为打开的连接更改当前数据库
Close	关闭与数据库的连接。此方法是关闭任何已打开连接的首选方法
CreateCommand CreateDbCommand	创建并返回与当前连接关联的 DbCommand 对象
GetSchema	返回此 DbConnection 的数据源的架构信息
Open	使用 ConnectionString 指定的设置打开数据库连接

（2）DbCommand 类的基本属性和方法列于表 7.7、表 7.8。

表 7.7　DbCommand 类的基本属性

属性	说明
CommandText	获取或设置针对数据源运行的文本命令
CommandType	指示或指定如何解释 CommandText 属性
Connection	获取或设置此 DbCommand 使用的 DbConnection
DbConnection	
DbParameterCollection	获取 DbParameter 对象的集合
Parameters	获取 DbParameter 对象的集合。有关参数的更多信息，请参考配置参数和参数数据类型

表 7.8　DbCommand 类的基本方法

方法	说明
CreateParameter	创建 DbParameter 对象的新实例
ExecuteNonQuery	对连接对象执行 SQL 语句
ExecuteReader	将 CommandText 发送到 Connection 并生成一个 DbDataReader
ExecuteScalar	执行查询，并返回查询所返回的结果集中第一行的第一列。所有其他的列和行将被忽略

（3）DbDataAdapter 类的基本属性列于表 7.9。

表 7.9　DbDataAdapter 类的基本属性

属性	说明
DeleteCommand	获取或设置用于从数据集中删除记录的 SQL 语句或存储过程命令
InsertCommand	获取或设置用于将新记录插入数据源中的 SQL 语句或存储过程命令
SelectCommand	获取或设置用于在数据源中选择记录的 SQL 语句或存储过程命令
UpdateCommand	获取或设置用于更新数据源中的记录的 SQL 语句或存储过程命令

DbDataAdapter 的基本方法为 Fill 和 Update，其常用重载形式如表 7.10 所示。

表 7.10　DbDataAdapter 类的 Fill 和 Update 方法的常用重载形式

重载形式	说明
Fill(DataSet)	在 DataSet 中添加或刷新行
Fill(DataTable)	在 DataSet 的指定范围中添加或刷新行，以与使用 DataTable 名称的数据源中的行匹配
Fill(DataSet, String)	在 DataSet 中添加或刷新行，以匹配使用 DataSet 和 DataTable 名称的数据源中的行
Update(DataRow())	通过为 DataSet 中的指定数组中的每个已插入、已更新或已删除的行执行相应的 INSERT、UPDATE 或 DELETE 语句来更新数据库中的值
Update(DataSet)	通过为指定的 DataSet 中的每个已插入、已更新或已删除的行执行相应的 INSERT、UPDATE 或 DELETE 语句来更新数据库中的值
Update(DataTable)	通过为指定的 DataTable 中的每个已插入、已更新或已删除的行执行相应的 INSERT、UPDATE 或 DELETE 语句来更新数据库中的值
Update(DataSet, String)	通过为具有指定名称 DataTable 的 DataSet 中的每个已插入、已更新或已删除的行执行相应的 INSERT、UPDATE 或 DELETE 语句来更新数据库中的值

（4）DbDataReader 类的基本属性和方法列于表 7.11、表 7.12。

表 7.11 DbDataReader 类的基本属性

属性	说明
FieldCount	获取当前行中的列数
HasRows	获取一个值，它指示此 DbDataReader 是否包含一个或多个行
IsClosed	获取一个值，该值指示 DbDataReader 是否已关闭
Item（Int32）	获取指定列的作为 Object 的实例的值
Item（String）	获取指定列的作为 Object 的实例的值
RecordsAffected	通过执行 SQL 语句获取更改、插入或删除的行数
VisibleFieldCount	获取 DbDataReader 中未隐藏的字段的数目

表 7.12 DbDataReader 类的基本方法

方法	说明
Close	关闭 DbDataReader 对象
GetBoolean（ordinal）	取得第 ordinal+1 列的内容，返回值为 Boolean 类型
GetByte（ordinal）	获取指定列的字节形式的值
GetBytes	从指定列读取一个字节流，读到缓冲区中
GetChar（ordinal）	取得第 ordinal+1 列的内容，返回值为单个字符型
GetChars	从指定列读取一个字符流，读到缓冲区中
GetDateTime（ordinal）	取得第 ordinal+1 列的内容，返回值为 DateTime 对象形式的值类型
GetDataTypeName（ordinal）	取得第 ordinal+1 列的源数据类型名称
GetDecimal（ordinal）	取得第 ordinal+1 列的内容，返回值为 Decimal 值类型
GetDouble（ordinal）	取得第 ordinal+1 列的内容，返回值为双精度浮点数形式的值类型
GetFieldType（ordinal）	取得第 ordinal+1 列的数据类型
GetFloat（ordinal）	取得第 ordinal+1 列的内容，返回值为单精度浮点数形式的值类型
GetInt16（ordinal） GetInt32（ordinal） GetInt64（ordinal）	取得第 ordinal+1 列的内容，返回值为 16 位/32 位/64 位有符号整数形式的值类型
GetName（ordinal）	取得 ordinal+1 列的字段名称
GetOrdinal（name）	取得字段名称为 name 的字段列号
GetSchemaTable	返回一个 DataTable，它描述 DbDataReader 的列元数据
GetStream	检索作为 Stream 的数据
GetString（ordinal）	取得第 ordinal+1 列的内容，返回值为 String 类型
GetValue（ordinal）	取得 ordinal+1 列的内容
GetValues（values）	取得所有字段内容，并将内容放在 values 数组中，数组大小与字段数目相等，此方式比 GetValue () 更有效率
IsDBNull（orderinal）	判断第 ordinal+1 列是否为 Null，返回 Boolean
Read	将读取器前进到结果集中的下一个记录

在 OLE DB、SQL Server、ODBC、Oracle 等不同类型数据库的.NET 数据提供程序的命名空间中，都有一个派生自数据适配器 DbDataAdapter 的子类，如 System.Data.OleDb 中的 OleDbDataAdapter 类、System.Data.SqlClient 中的SqlDataAdapter类、System.Data.Odbc 中的 OdbcDataAdapter类，以及 System.Data.OracleClient 中的OracleDataAdapter类。它们用于从数据库检索数据并填充 DataSet 中的表，也可将对 DataSet 做的更改解析回数据库。

DbDataAdapter 对象（OleDbDataAdapter 、 SqlDataAdapter 、 OdbcDataAdapter 或

OracleDataAdapter 等）使用 .NET 数据提供程序的数据库连接器 DbConnection 的子类（OleDbConnection、SqlConnection、OdbcConnection 或 OracleConnection 等）连接到数据库，并使用数据库命令 DbCommand 的子类（OleDbCommand、SqlCommand、OdbcCommand 或 OracleCommand 等）从数据库检索数据，并将更改解析回数据库。

SQL Server .NET 数据提供程序通过专门的协议 TDS（Tabular Data Stream）与 SQL Server 通信，无须依赖 OLE DB 或 ODBC，并且由 CLR 直接管理，因此使用 SQL Server .NET 数据提供程序访问 SQL Server 数据库比使用 OLE DB.NET 数据提供程序具有更高的效率。

7.2 OLE DB 操作

7.2.1 OLE DB

System.Data.OleDb 命名空间为 OLE DB 操作提供了必要的资源，其核心类为 OleDbConnection、OleDbCommand 、OleDbDataAdapter 、OleDbDataReader，它们分别派生自 DbCommand、DbConnection、DbDataAdapter、DbDataReader 各类，因此它们均继承了其父类的基本属性和方法。这些属性和方法已在 7.1.2 节中做了陈述，此处将不再赘述。本节将应用这些基本属性和方法进行数据库应用编程。

为使用 System.Data.OleDb 命名空间，必须在应用程序代码的头部使用 Imports 导入 System.Data.OleDb 名称空间。使用没有 OleDb 前缀的类，还必须导入 System.Data 名称空间。

1. 建立数据库

OLE DB 典型的数据库是 Access，它具有简单易学的特点。本章用到的是 Microsoft Office Access2007 数据库。Access 数据库特别适合于初学者，它和现在常用的其他数据库，如 SQL Server、Oracle. Informix 等一样，都是关系数据库，可以用二维表格来存储数据信息。

建立 Access 数据库，可以首先打开 Microsoft Office Access2007 软件，添加表项目。然后设计表结构，包括字段名和数据类型。完成后，即可手动向表中添加数据。一个数据库可以根据应用需要设置多个表项。例如，大家可以试着建立 7.1.1 中示例：学生信息管理数据库及其中的两个表"学生"和"课程成绩"。Access2007 数据库文件名的后缀为.accdb。

2. 数据库与 IDE 的连接

IDE 即 VS 2015 的集成开发环境。以上述学生信息管理数据库为例，其中的两个表分别为"学生"和"课程成绩"。可以通过手动执行以下步骤，将此数据库连接到 IDE，为应用编程做好准备。

（1）首先打开 VS 2015，创建一个新的 VB.NET 窗体应用程序。

（2）从主界面菜单栏上选择"工具"→"连接到数据库"菜单项，见图 7.6。

（3）在"添加连接"对话框中选择"数据源"和"数据库名称"项，见图 7.7；然后单击"高级"按钮，查看连接信息，见图 7.8。

图 7.6 "连接到数据库"菜单项

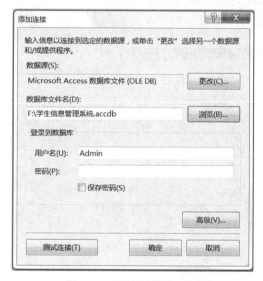

图 7.7 "添加连接"对话框

图 7.8 "高级属性"对话框

(4)单击"测试连接"按钮以检查连接是否成功,见图 7.9。

(5)在窗体设计界面上添加一个 DataGridView,见图 7.10。

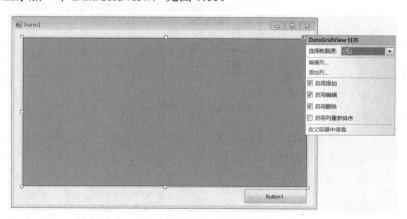

图 7.9 "测试连接"消息框

图 7.10 添加 DataGridView 控件

(6)单击"选择数据源"下拉列表框的下三角按钮,然后选择"添加项目数据源"项,见图7.11;这将打开"数据源配置向导"对话框,见图7.12。

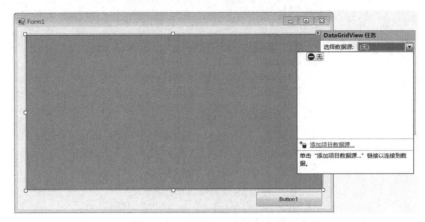

图7.11 选择"添加项目数据源"项

图7.12 "数据源配置向导"对话框

(7)选择"数据库"项作为数据源类型,单击"下一步"按钮,见图7.13;选择"数据集"项作为数据库模型,单击"下一步"按钮,见图7.14。

图7.13 选择数据库模型

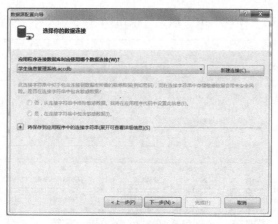

图 7.14　选择数据连接

(8)选择已设置的连接，单击"下一步"按钮，见图 7.15；保存连接字符串，单击"下一步"按钮。

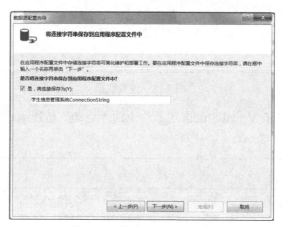

图 7.15　保存连接字符串

(9)在示例中选择数据库对象，选择"学生"表，见图 7.16；然后单击"完成"按钮，见图 7.17。

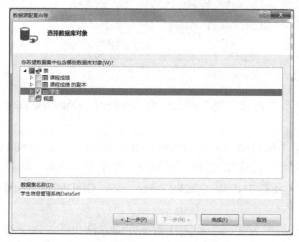

图 7.16　选择数据库中"学生"表

图 7.17　DataGridView 任务

(10)选择"预览数据"项,单击"预览"按钮以查看"结果"列表中的数据,见图7.18。

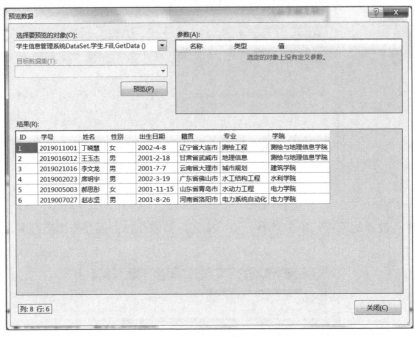

图 7.18　预览数据

(11)当使用 Microsoft Visual Studio 工具栏上的"启动"按钮运行应用程序时,将显示以下窗口,见图 7.19。

图 7.19　程序运行界面

在 IDE 窗体上的"工具箱"窗口中,"数据"控件列表中有 DataSet、DataGridView、BindingSource、BindingNavigator 等控件。

针对不同数据库编程时还会用到几组不同前缀的 Connection、DataAdapter、Command 等控件,如果控件不在工具箱中,可以右击"工具箱",选择"选择项"菜单项,打开"选择工具箱项"对话框,将相应的控件添加到工具箱中,如 OleDbConnection、OleDbCommand、OleDbDataAdapter 等组件。

以上是通过"数据源配置向导"对话框的方式,手动连接数据库的方法步骤。以下将通过代码的方式进行数据库的连接并操作数据。

7.2.2 OLE DB 连接

1. 数据库连接

为 OLE DB 数据库提供连接的类为 OleDbConnection，派生自 DbConnection 类。建立连接时，需要提供一些信息，如数据库解析程序、数据库所在位置、数据库名称、安全设置、用户账号、密码等相关信息。这些信息通常以连接字符串 ConnectionString 的形式指定。其格式为一系列分号“;”分隔的关键字/值对，等号“=”连接各个关键字及其值。关键值代表的是应设置的参数项，可以根据连接数据库的类型，选择对应适用的参数项。对于 OLE DB 数据库，连接参数项一般包括以下几部分内容。

(1) Pvovider：数据库提供者，即数据库的解析程序集；

(2) Data Source：提供数据的数据库名称；

(3) Persist Security Info：持续安全信息；

(4) Integrated Security：综合安全，通常指定为 SSPI (Security Support Provider Interface) 对集成身份认证。

〖例 7.01〗用代码方式连接 Access 数据库之一

本例通过代码的方式连接上面学生信息管理数据库示例。例中在窗体上导入两个控件：一个是 ComboBox1，用于切换表名；另一个是 DataGridView，用于浏览数据。应用代码见 [VBcodes Example：701]。

运行界面如图 7.20 (a)、(b) 所示。

[VBcodes Example：701]

ID	学号	姓名	性别	出生日期	籍贯	专业	学院
1	2019011001	丁晓慧	女	2002-4-8	辽宁省大连市	测绘工程	测绘与地理信息学院
2	2019016012	王玉杰	男	2001-2-18	甘肃省武威市	地理信息	测绘与地理信息学院
3	2019021016	李文龙	男	2001-7-7	云南省大理市	城市规划	建筑学院
4	2019002023	席明宇	男	2002-3-19	广东省佛山市	水工结构工程	水利学院
5	2019005003	郝思彤	女	2001-11-15	山东省青岛市	水动力工程	电力学院
6	2019007027	赵志坚	男	2001-8-26	河南省洛阳市	电力系统自动化	电力学院

(a) “学生” 表

ID	学号	姓名	高等数学	英语	普通物理	电工基础	水利工程概论
1	2019011001	丁晓慧	76	85	80	82	80
2	2019016012	王玉杰	82	77	78	83	85
3	2019021016	李文龙	96	90	91	94	90
4	2019002023	席明宇	68	71	65	68	75
5	2019005003	郝思彤	79	82	76	79	85
6	2019007027	赵志坚	85	88	82	85	90

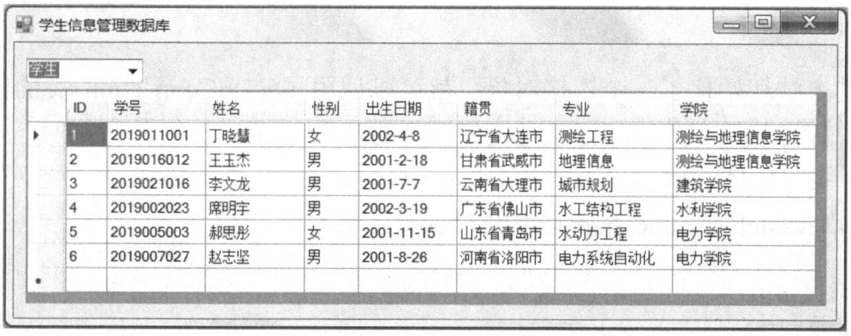

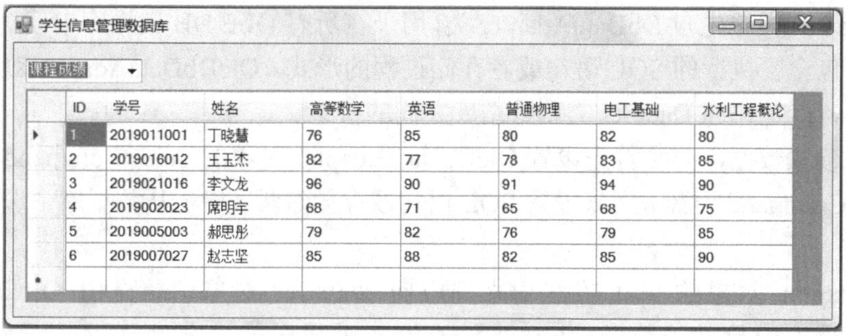

(b) “课程成绩” 表

图 7.20 “学生信息管理数据库” 窗口 (一)

应用连接字符串的方式有两种。

（1）可以使用一个连接字符串参数来初始化一个 OleDbConnection 对象，如在本例中：

```
        Dim cnStr As String = "Provider=Microsoft.ACE.OLEDB.12.0;Data Source=F:\
学生信息管理系统.accdb;Persist Security Info=False"
        cn = New OleDbConnection(cnStr)
```

（2）也可以为 OleDbConnection 对象的 ConnectionString 属性赋值。下面代码段与上述代码段等价：

```
        Dim cn As OleDbConnection = New OleDbConnection()
        cn.ConnectionString = "Provider=Microsoft.ACE.OLEDB.12.0;Data Source=F:\
学生信息管理系统.accdb;Persist Security Info=False"
```

连接字符串中的 Provider = value 子句是必需的。Provider 参数为数据库指定数据库解析程序，例如，本例中，解析 OLE DB 的是 Microsoft.ACE.OLEDB.12.0 程序集；Data Source 参数指定数据库位的地址；Persist Security Info 参数表示持续安全信息，可以简单地理解为".NET Framework 数据提供程序在数据库连接成功后是否保存密码信息"，True 表示保存，False 表示不保存，缺省为 False。

只有在连接关闭时才能设置 ConnectionString 属性。OleDbConnection 属性只返回包含在 ConnectionString 中的设置。ConnectionString 若要包括含有分号、单引号字符或双引号字符的值，则该值必须用双引号引起来。如果该值同时包含分号和双引号字符，则该值可以用单引号引起来。如果该值以双引号字符开始，也可以使用单引号。相反，如果该值以单引号开始，也可以使用双引号。如果该值同时包含单引号和双引号字符，则每次都必须使用双引号将该值引起来。

2. 打开和关闭数据库

一旦用上面的方法初始化了一个连接对象，就可以调用 OleDbConnection 类的任何方法来操作数据。其中打开与关闭数据库方法是任何操作的基本环节。

（1）打开数据库：OleDbConnection 对象名.Open()。

（2）关闭数据库：OleDbConnection 对象名.Close()。

7.2.3 OLE DB 浏览

1. OleDbDataAdapter 对象

OleDbDataAdapter 类派生自 DbDataAdapter 类，用于在所有 OLE DB 数据库中读/写数据。可以将其初始化为包含要执行的 SQL 语句或者存储过程的形式。OleDbDataAdapter 对象并不真正存储任何数据，而是作为 DataSet 类和数据库之间的桥梁。

要从数据库中读取数据，必须首先设置 OleDbDataAdapter 对象的 SelectCommand 属性。该属性值为 OleDbCommand 对象，用来设置 SQL 语句或存储过程，指定从数据库中选取数据的约束条件。

OleDbDataAdapter 对象的 Fill 方法用来完成向 DataSet 对象中填充由 OleDbData-Adapter 对象从数据库中检索的数据。Fill 方法有许多重载格式，表 7.10 列出了常用的重载形式，其中之一就是 Fill(DataSet, String)。其中，参数 DataSet 用于指定向其填充数据的 DataSet 对象；String 参数用于指定检索数据的数据库表名。例如，VBE701 中的以下的语句段：

```
Dim da As OleDbDataAdapter
Dim sql As String = "select * from " & ComboBox1.Text
da = New OleDbDataAdapter(sql, cn)
ds = New DataSet
da.Fill(ds, ComboBox1.Text)
```

此外，OleDbDataAdapter 对象的属性还包括 DeleteCommand、InsertCommand、UpdateCommand 等，大家可以参考 7.1.2 节的内容。

2. OleDbCommand 对象

OleDbCommand 类派生自 DbCommand 类。在连接到数据库之后，可以使用 OleDbCommand 对象对 OLE DB 数据库发出指令进行操作，如添加数据、删除数据、修改数据、更新数据库等。OleDbCommand 指令可以用典型的 SQL 语句来表达，包括执行选择查询(SelectQuery)来返回数据集、执行行动查询(ActionQuery)来更新(添加、编辑或删除)数据库的记录，或者创建并修改数据库的表结构。当然，指令 OleDbCommand 也可以传递参数并返回一个值。

使用 OleDbCommand 对象，常需要设置 CommandText、CommandType、Connection 等属性值，大家可以参考 7.1.2 节的内容。注意：只有当 CommandType 属性值设置为 Text 时，OleDbCommand 的指令文本 CommandText 属性方可使用字符串文本格式，否则，会发生异常。

〖例 7.02〗用代码方式连接 Access 数据库之二

本例是 VBE701 的另一个版本，代码见[VBcodes Example：702]。

[VBcodes Example：702]

3. OleDbDataReader 对象

ADO.NET 有两种访问数据库的方式，分别为 DataReader 对象及 DataSet 对象。DataReader 对象是用来读取数据库的较简单的方式，提供从数据库读取数据行的只进流的方法。也就是说它只能读取数据而不能修改数据，且读取记录的游标只会从头至尾往下读，不断前进，每次只能读取一行，占用内存小，可以减少系统开销，速度快。除了读数据以外，DataReader 不能做其他任何数据库操作。OleDbDataReader 派生自 DbDataReader 类，该类专门用来读取 OLE DB 数据。

针对 ACCESS 数据库创建 OleDbDataReader 对象，首先要建立 OleDbCommand 对象，确认执行的 SQL 语句，最后用 OleDbCommand 对象名.ExecuteReader() 方式返回一个 OleDbDataReader 对象，如下：

```
Dim objCmd As OleDbCommand= New OleDbCommand(QueryString, ConnectString)
Dim ObjReader As OleDataReader = objCmd.ExecuteReader()
```

〖例 7.03〗使用 OleDbDataReader 对象读取数据库

本例在 VBE701 的基础上，使用 OleDbDataReader 对象，以数据流的方式读取各字段的值，并呈现在 TextBox1 文本框中。应用代码见[VBcodes Example：703]。

[VBcodes Example：703]

运行界面如图 7.21(a)、(b)所示。

(a) "学生"表

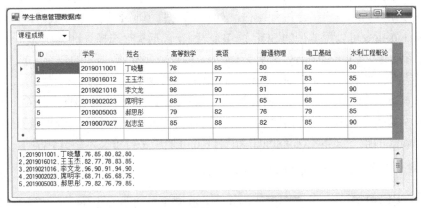

(b) "课程成绩"表

图 7.21 "学生信息管理数据库"窗口(二)

程序中, Sub ReadData 过程方法代码说明:

(1)若要创建 OleDbDataReader, 必须调用 OleDbCommand 对象的 ExecuteReader 方法, 而不是直接使用构造函数。试图用 New 关键字实例化 OleDbDataReader 会发生错误。

OleDbCommand 对象的 ExecuteReader 方法有无参数和带参数两个重载版本, 可以按需要选择, 如下:

```
reader = cmd.ExecuteReader(CommandBehavior.CloseConnection)
```

这里的方法参数表示当关闭 Reader 时同时关闭数据库连接, 也就是说可以省略 conn.Close()这句代码, 系统会自动调用这个方法来关闭 conn。

(2)使用 OleDbDataReader 的 Read 方法前进到下一条记录, 若返回 True 则表示有下一条记录。

以上代码使用 OleDbDataReader 对象的 Item[Int32]属性通过给定列序号来读取数据, 也可以使用 Item[String]属性通过给定列名称来读取数据, 如下:

```
Strreader &=reader.GetInt32(0).ToString & " , " & reader.GetString(1) &
Environment.NewLine
```

如果已事先知道返回的各列的数据类型, 可以使用 OleDbDataReader 对象的一系列方法 (GetString、GetInt32 等)来读取数据, 减少在获取列值时所需的大量类型转换。如下:

```
Dim Strreader As String = ""
Dim arr() As Object
While reader.Read() '读取数据
    ReDim arr(reader.FieldCount - 1)
    reader.GetValues(arr)
    Strreader &= String.Join(",", arr) & Environment.NewLine
End While
```

还可以使用 DataTable 对象的 Load 方法将 OleDbDataReader 对象的数据加载到 DataTable 中。

```
Dim dt As New DataTable
dt.Load(reader)
```

（3）OleDbDataReader 对象处于打开状态时会占用连接，也就是说数据库必须处于打开状态，一旦用完应该马上关闭 OleDbDataReader，然后才能关闭 OleDbConnection。

（4）可能还会用到 OleDbDataReader 对象的一些方法。

①GetDataTypeName(col)：获取序号为 col 的列的来源数据类型名。

②GetFieldType(col)：获取序号为 col 的列的数据类型，一般显示为 System.**。

③GetName(col)：获取序号为 col 的列的字段名。

④GetOrdinal(name)：获取字段名为 name 的列的序号。

4. DataSet 对象

DataSet 是 ADO.NET 的核心。DataSet 是一个存在于内存中的数据库，也就是说它是离线的，并没有同数据库建立即时的连线。在 ADO.NET 中，DataSet 专门用来处理从数据保存体（Data Store）中读出的数据。不管底层的数据库是 SQL Server 还是 OLE DB，DataSet 的行为都是一致的。可以使用相同的方式来操作从不同数据库取得的数据。

在 DataSet 中，可以包含任意数量的 DataTable（数据表），且每个 DataTable 对应一个数据库的数据表（Table）或视图（View）。一般来说，一个对应 DataTable 对象的数据表就是一堆数据行（DataRow）与数据列（DataColumn）的集合。 DataTable 会负责维护每一笔数据行并保留它的初始状态（Original State）和当前的状态（Current State），以解决多人同时修改数据时引发的冲突问题。

DataSet 的一个重要特点是与数据库或 SQL 无关。它只是简单地对数据表进行操作，交换数据或将数据绑定到用户界面上。

〖例 7.04〗使用数据集 DataSet 对象

本例演示如何应用数据集 DataSet 对象，代码见[VBcodes Example：704]。
运行结果界面如图 7.22 所示。

[VBcodes Example：704]

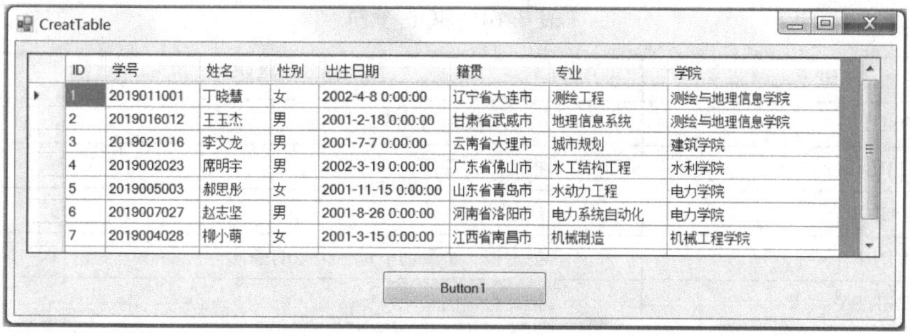

图 7.22　VBE704 运行界面

说明：代码通过函数方法 CreateStudentTable()创建名为 Student 的 DataTable，在这个 DataTable 中加入了 8 个字段列，将 ID 列设为自动递增，并将 ID 列设为键值，然后向该表中添加了 7 条记录；通过 CreateDataSet()函数方法来创建并返回一个 DataSet 对象 DatSt，并将 Student 表添加到 DatSt 对象中；单击 Button1 按钮时，将这个 Student 表设定为 DataGridView1 控件的数据库。

7.2.4 SQL 结构化查询语言

要学习编写数据库应用程序，就离不开 SQL。SQL 的英文名称是 Structured Query Language，即结构化查询语言，该语言是数据库操作的公共语言，具有独立于数据库平台的功能，因此使用十分广泛。7.2.3 节中介绍的 DbCommand 类，其主要功能就是设置和执行对数据库操作的各种指令。该类的一个关键属性便是 CommandText，用于以 String 字符串的形式获取或设置针对数据库操作的文本指令，即本节中介绍的 SQL 语句。

SQL 语句分为 3 类：一类是数据定义语言（DDL，Data Definition Language），用于创建、修改和删除个数据库中的表、字段和索引等；另一类是数据操作语言（Data Manipulation Language，DML），用于查询和增加、删除、修改数据表中的内容；再一类是数据控制语言（Data Control Language，DCL），用于安全管理，确定哪些用户可以查看或修改数据库中的数据。

SQL 不仅仅是一个查询工具，它还控制数据库管理系统提供给用户的所有功能，包括定义数据存储的结构、数据更新、数据检索，实现数据共享和规定数据的完整性等。

表 7.13 列出了常用的 SQL 指令及其相应的功能，表 7.14 列出了常用的一些 SQL 子句，这些指令和子句经过一定的组合，可以创建一个 SQL 语句，完成某项数据库操作功能。应说明的是，实际编程中，ADO.NET 对 SQL 语句中关键字的大小写并不敏感，只是为区别起见，本节介绍 SQL 语句中指令关键字时，均使用大写。

表 7.13　SQL 指令

指令	分类	说明
SELECT	DML	根据查询条件查询数据表
INSERT	DML	向数据表中插入记录
UPDATE	DML	更改数据表的记录
DELETE	DML	删除数据表的记录
CREATE	DML	创建一个表、字段或索引
ALTER	DML	添加一个字段或改变一个字段的定义
DROP	DML	删除一个表或索引

表 7.14　SQL 子句

子句	说明
FROM	指定要操作的数据表
WHERE	指定查询条件
GROUP BY	指定分组条件
HAVING	指定在一个查询中每一个组的条件
ORDER BY	指定查询的排序

1. SELECT 指令

1）功能

SELECT 指令的功能是从给定的数据表或数据表的链接中找出满足给定条件的记录，并且返回这些记录的内容。

2）语法

```
SELECT[ALL|DISTINCT|DISTINCTROW] fileds_list FROM table_name
[WHERE…]
[GROUP BY…]
[HAVING…]
[ORDER BY…]
```

3）参数说明

[ALL|DISTINCT|DISTINCTROW]：ALL 是选择符合条件的全部记录；在数据表中，可能会包含重复值，关键字 DISTINCT 用于返回唯一不同的值，即过滤返回字段内容重复的记录；DISTINCTROW 用于返回唯一不同的记录行。

fields_list：字段名列表，可以来自同一个表或不同的表，字段名之间用逗号分隔。如果不同的表中有相同的字段名，在字段名列表中需要指明该字段来自哪一个表，即以 table_name.fields_name 方式指明。

table_name：要查询的数据表名，可以是一个表或多个表，表名之间用逗号分隔。

FROM、WHERE、GROUP BY、HAVING、ORDER BY 子句的说明见表 7.14。

4）逻辑运算符、比较运算符、通配符

要设置一个查询条件，必然要用到比较运算符、逻辑运算符和一些通配符等，见表 7.15～表 7.17 分别列出了这些内容。

表 7.15　SQL 语句中的逻辑运算符

运算符	意义	示例
NOT	逻辑上相反的条件	SELECT * FROM 学生 WHERE NOT(姓名='丁晓慧')
AND	两个条件必须同时成立	SELECT * FROM 学生 WHERE 姓名='丁晓慧' AND 学号=2019011001
OR	两个条件之一成立	SELECT * FROM 学生 WHERE 姓名='丁晓慧' OR 学号=2019011001

表 7.16　SQL 语句中的比较运算符

运算符	意义	示例
=	等于	SELECT * FROM 学生 WHERE 姓名='丁晓慧'
<>或!=	不等于	SELECT * FROM 学生 WHERE 姓名!='丁晓慧'
>	大于	SELECT * FROM 学生 WHERE 学号>2019011001
<	小于	SELECT * FROM 学生 WHERE 学号<2019011001
>=	大于或等于	SELECT * FROM 学生 WHERE 学号>=2019011001
<=	小于或等于	SELECT * FROM 学生 WHERE 学号<=2019011001
BETWEEN	值的测试范围	SELECT * FROM 学生 WHERE 出生日期 BETWEEN #1/1/2002# AND #12/31/2002#
IS[NOT] NULL	测试是否为空	SELECT * FROM 学生 WHERE 专业 IS NOT NULL
[NOT] LIKE	模式匹配	SELECT * FROM 学生 WHERE 姓名 LIKE('丁%')
ANY(SOME)	测试子查询条件	SELECT * FROM 学生 WHERE NOT(学号=ANY(SELECT 学号 FROM 课程成绩))
ALL	测试子查询条件	SELECT 姓名,高等数学,英语,普通物理 FROM 课程成绩 WHERE 英语>ALL(SELECT 普通物理 FROM 课程成绩)

表 7.17　SQL 语句中的通配符

通配符	意义	示例
%	在该位置上有零个或多个字符	SELECT * FROM 学生 WHERE 姓名 LIKE('丁%')
_	在该位置上有一个字符	SELECT * FROM 学生 WHERE 姓名 LIKE('丁_')

5）SQL 函数

在 SELECT 语句中可使用 SQL 函数，如表 7.18 所示。

表 7.18　SQL 常用聚合函数

聚合函数	说明
AVG(expr)	求列平均值，该列只能包含数值数据
COUNT(expr)，COUNT(*)	对列值计数，(expr)忽略空值，(*)在计数中包含空值
MAX(expr)	求列中最大值(文本数据类型中按字母序排序在最后的值)，忽略空值
MIN(expr)	求列中最小值(文本数据类型中按字母序排序在最后的值)，忽略空值
SUM(expr)	求列值的合计，该列只能包含数字数据

例如：

```
SELECT AVG(英语) AS 英语平均分 FROM 课程成绩
SELECT MAX(英语) AS 英语最高分 FROM 课程成绩
```

注意：SELECT、INSERT、UPDATE 和 DELETE 这些保留字，其大小写是不敏感的，要求语句中空格、引号、等号都是西文半角字符；各字段和它的值一定要匹配；如果是字符型的字段，输入的数据要加单引号。

2．INSERT 指令

1）功能

INSERT 指令的功能是向一个表中插入一条记录。

2）语法

```
INSERT INTO table [(field1 [,field2 [,…]])] VALUES(val1 [,va12[, …]])
```

使用该语句时，必须指定要加入的每个字段名和它对应的值。如果一个字段和对应的数值为空，那么系统自动加入一个相应的默认值，新加入的记录排在表的尾部。

注意：用 INSERT 语句添加记录时，除要求字段名和值匹配、语句符号是半角的外，对没有写出的字段，将补 0，而"自动编号"类型的字段，则不能写，它由系统自动填写序号。另外，如果字段是"必填项"，则字段名和对应的数值一定要写。

3．UPDATE 指令

1）功能

UPDATE 指令的功能是把数据表中的此字段值设置为一个新值。

2）语法

```
UPDATE table_name SET value WHERE condition
```

其中，SET 子句中的 value 是一个等式。它将改变指定的数据表中被选择的记录的当前值。

注意：用 UPDATE 语句修改与记录的字段值时，除要求字段名和值匹配、语句符号是半角的外，对没有写出的字段，则不变。WHERE 保留字不能少，它限定对满足条件的指定记录(一个或多个记录)进行修改。

4. DELETE 指令

1) 功能

DELETE 指令的功能是一次性删除指定数据表中的记录。该指令删除的是整条记录，而不是单个字段。

2) 语法

```
DELETE* FROM table_name WHERE condition
```

注意：用 DELETE 语句删除记录时，除要求字段名和值匹配、语句符号是半角的外，WHERE 保留字不能少，它限定对满足条件的指定记录(一个或多个记录)进行删除。

以上对 SQL 语句中的数据操作语言用于查询、增加、修改、删除数据表中内容的 4 个语句做了介绍，这些是编程时常用的。其他类型的语言，如数据定义语言(DDL)用于创建、修改和删除表、字段和索引等语句，是一次性的操作，一般在 Access 环境中操作，编程不用。

7.2.5 数据绑定控件

VB.NET 没有自己的类库，它依托的是.NET Framework SDK 中的类库。.NET Framework SDK 中提供了一种数据绑定技术，可以把打开的数据表中的某个或者某些字段绑定到在命名空间 System.Window.Forms 中定义的控件(如 TextBox 控件、ComboBox 控件等)中的某些属性上，从而提供这些控件，显示出数据表中的记录信息。

1. 数据与控件的绑定

数据绑定是指在运行时自动为包含数据的结构中的一个或多个窗体控件设置属性的过程。在 VB.NET 中，要向控件绑定一个数据库，必须为该控件设置 DataBindings 属性。该属性可以访问 ControlBindingsCollection 类，该类对每一个控件的绑定进行管理，并且具有很多属性和方法。

Add 方法为控件创建一个绑定并将它加到 ControlBindingsCollection 中。Add 方法有 3 个参数，语法如下：

```
Object.DataBindings.Add(propertyname,datasource,datamember)
```

其中，Object 表示窗体上的有效控件；propertyname 参数表示被绑定控件的属性；datasource 参数表示被绑定的数据库，可以是任何包含数据的有效对象，如 DataSet、DataTable 等；datamember 参数代表被绑定给控件的数据库中的数据字段。

2. 绑定到 TextBox 控件

以前面介绍的学生信息管理数据库为例，创建和配置数据集。

创建项目时，就可以创建和配置窗体所基于的数据集了。数据集是内存中包含表、关系和约束的缓存，其中的每个表均为列和行的集合。数据集能够识别其原始状态和当前状态，因此可以跟踪发生的变化。数据集中的数据被视为可更新的数据。

〖 例 7.05 〗数据绑定到 TextBox 控件

新建一个窗体应用程序，将窗体的 Text 属性设为"数据绑定示例"。

本例选用 TextBox 控件作为绑定对象，代码见[VBcodes Example：705]。

代码运行结果界面见图 7.23。

[VBcodes Example：705]

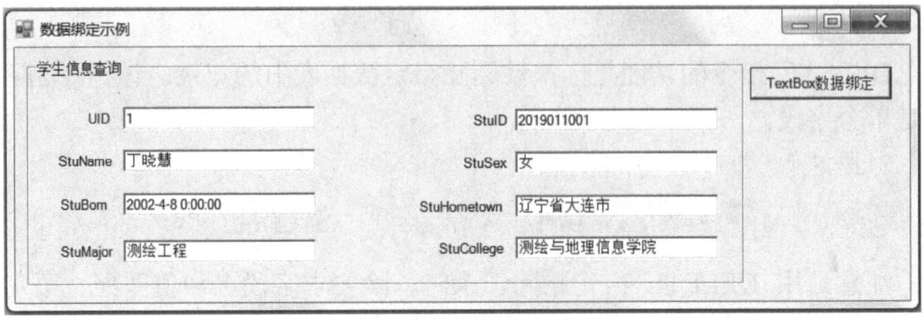

图 7.23　VBE705 运行界面

在上面的代码中，我们新建了一个 GetConnected()过程，用于建立连接，打开数据库。在用代码实现数据绑定或者对数据库进行任何操作前，就必须要先建立连接，打开数据库，程序运行结束后再关闭数据连接。

在 Button1_Click 过程中，把 TextBox 控件绑定到数据集 DaSet 中"学生"表的各个字段上。

程序运行后，单击"TextBox 数据绑定"按钮，程序就会用 DaSet 中"学生"表中的数据来自动填充文本框。

3．绑定到 ComboBox 控件

要对 ComboBox 控件实现数据绑定，首先也是要打开数据表，得到数据集。这和上面 TextBox 控件的代码大致一样。与 TextBox 控件的绑定方法有所不同，欲实现 ComboBox 控件数据绑定，需要设定 DataSource、DisplayMember 以及 ValueMember 三个属性。其中 DataSource 表示指定的数据集；DisplayMember 表示 ComboBox 组件显示的字段值；ValueMember 表示 ComboBox 组件选择后的值。

〖 例 7.06 〗数据绑定到 ComboBox 控件

本例选用 ComboBox 控件作为数据绑定对象，代码见[VBcodes Example：706]。

代码运行界面见图 7.24。

[VBcodes Example：706]

图 7.24　VBE706 运行界面

注意：对 ComboBox 控件进行数据绑定的方法同样适用于 ListBox 控件。

7.2.6 数据库简单操作

对于数据库编程，我们更想了解的还是如何增加记录、删除记录、更新记录等数据库记录的操作方法。以下，我们将以学生信息管理数据库具体实例介绍这些操作方法。

〖例7.07〗数据库简单操作综合应用

本例首先使用代码形式打开数据库，并在 Form1 中把"学生"表的数据绑定给 TextBox 控件。代码见[VBcodes Example：707]。

完成以上步骤后，我们就可以通过编程对数据库进行各项操作了。

[VBcodes Example：707]

1. 实现对数据记录的浏览

在窗体中完成对组件的绑定后，实现对数据记录的浏览操作的关键就是要找到定位数据记录指针的方法。而要实现这种处理就需要用到 .NET FrameWork SDK 中的命名空间 System.Windows.Froms 中的 BindingManagerBase 类。

BindingManagerBase 是一个抽象的类，主要用于管理同一数据表的所有绑定对象。BindingManagerBase 类中定义了两个属性：Position 和 Count。第一个属性定义当前数据指针；而第二个属性主要是得到当前数据集中的记录数目。在已经进行完数据绑定后，通过这两个属性配合使用，实现对数据记录的浏览。

1）向上翻阅一条记录

单击"上一条记录"按钮，在"代码编辑器"窗口中输入以下代码：

```
    Private Sub btnPrevious_Click(ByVal sender As System.Object, ByVal e As
System.EventArgs) Handles btnPrevious.Click
        Me.BindingContext(DatSt, "学生").Position -= 1
    End Sub
```

2）向下翻阅一条记录

单击"下一条记录"按钮，在"代码编辑器"窗口中输入以下代码：

```
    Private Sub btnNext_Click(ByVal sender As System.Object, ByVal e As
System.EventArgs) Handles btnNext.Click
        Me.BindingContext(DatSt, "学生").Position += 1
    End Sub
```

3）翻到最后一条记录

单击"最后一条记录"按钮，在"代码编辑器"窗口中输入以下代码：

```
    Private Sub btnEnd_Click(ByVal sender As System.Object, ByVal e As
System.EventArgs) Handles btnEnd.Click
        Me.BindingContext(DatSt, "学生").Position = Me.BindingContext(DatSt, "
学生").Count - 1
    End Sub
```

4）翻阅到第一条记录

单击"第一条记录"按钮，在"代码编辑器"窗口中输入以下代码：

```
    Private Sub btnFirst_Click(ByVal sender As System.Object, ByVal e As
```

```
System.EventArgs) Handles btnFirst.Click
        Me.BindingContext(DatSt, "学生").Position = 0
    End Sub
```

说明：为了代码书写方便，我们可以先定义一个 BindingManagerBase 对象 DbBind，如 DbBind = Me.BindingContext（DatSt, "学生"），于是以上各句代码均可以简写成如下形式。

向上翻阅一条记录：DbBind.Position −= 1

向下翻阅一条记录：DbBind.Position += 1

翻阅到最后一条记录：DbBind.Position=DbBind.count−1

翻阅到第一条记录：DbBind.Position = 0

2. 删除数据记录

单击"删除记录"按钮，在"代码编辑器"窗口中输入以下代码：

```
    Private Sub btnDel_Click(sender As Object, e As EventArgs) Handles
btnDel.Click
        Dim ConnStr As String = "Provider=Microsoft.ACE.OLEDB.12.0;Data
Source=F:\学生信息管理系统.accdb;Persist Security Info=False"
        Dim DbConn As OleDbConnection = New OleDbConnection()
        DbConn.ConnectionString = ConnStr
        DbConn.Open()
        Dim strDele As String = "DELETE From 学生 WHERE ID =" + TextBox1.Text
        Dim DbComd As OleDbCommand = New OleDbCommand(strDele, DbConn)
        DbComd.ExecuteNonQuery()
        DatSt.Tables("学生").Rows(Me.BindingContext(DatSt, "学生").Position).
Delete()
        DatSt.Tables("学生").AcceptChanges()
        DbConn.Close()
    End Sub
```

前面 5 行代码我们已经非常熟悉，目的是建立与数据库的连接并打开数据库。第 6 行代码建立一个 SQL 查询，用来查询数据表中 ID 字段值等于 TextBox1.Text 输入值的所有记录，并在第 7 行代码中将查询结果建立一个新的 OleDbCommand 对象，用来指定要删除的记录。第 8 行代码是从数据库中删除指定的记录，第 9 行代码是从 DatSt 中删除记录。需注意：第 8 行是在物理上删除记录，如果去掉第 8 行代码再运行程序，则记录只在当前操作中被删除，在数据库中依然存在。

其中，第 6 行代码中定义的 SQL 查询条件读者可以根据需要自行指定。需要说明的是：如果我们在创建数据表时，指定 ID 字段的类型为 Text 类型，在书写 SQL 语名时要在"＝"号前即加上单引号，即

```
    "DELETE From 学生 WHERE ID ='" + TextBox1.Text + "'"
```

3. 修改数据记录

修改数据的方法有很多，本节中我们采用 SQL 语言来修改数据记录。单击"编辑记录"按钮，在"代码编辑器"窗口中输入以下代码：

```
    Private Sub btnEdit_Click(sender As Object, e As EventArgs) Handles
```

```
btnEdit.Click
        Dim ConnStr As String = "Provider=Microsoft.ACE.OLEDB.12.0;Data
Source=F:\学生信息管理系统.accdb;Persist Security Info=False"
        Dim DbConn As OleDbConnection = New OleDbConnection()
        DbConn.ConnectionString = ConnStr
        DbConn.Open()
        DatSt.Tables("学生").Rows(Me.BindingContext(DatSt, "学生").Position).
BeginEdit()
        '利用 SQL 语句创建数据更新集合
        Dim StrUpdate As String = "Update 学生 SET
                        学号=" + TextBox2.Text + "
                        ,姓名='" + TextBox3.Text + "'
                        ,性别='" + TextBox4.Text + "'
                        ,出生日期=#" + TextBox5.Text + "#
                        ,籍贯='" + TextBox6.Text + "'
                        ,专业='" + TextBox7.Text + "'
                        ,学院='" + TextBox8.Text + "'
                        WHERE ID=" + TextBox1.Text
        '利用 SQL 结果创建新的 OleDbCommand 对象
        Dim DbComd As OleDbCommand = New OleDbCommand(StrUpdate, DbConn)
        DbComd.ExecuteNonQuery()
        DatSt.Tables("学生").Rows(Me.BindingContext(DatSt, "学生").Position).
EndEdit()
        DatSt.Tables("学生").AcceptChanges()
        DbConn.Close()
        MsgBox("数据修改完成！")
    End Sub
```

上述代码中我们采用 SQL 语言中的 Update 语句来更新记录，对各个 TextBox 中的值修改后更新到数据库。其中，重点就是 SQL 语句的编写，可以参考 SQL 相关资料。代码中同时还利用了 BeginEdit()与 EndEdit()方法，任何对数据的修改都必须在这两个方法之间进行。前者是数据修改的入口，后者则是完成将数据写入数据库的工作。

4. 增加数据记录

增加数据记录与修改数据在实现方法上有很多相同之处。在下面的实例中我们利用 SQL 的 Insert Into 语句在指定位置插入一条记录，并将其更新到数据库。如果想在数据表的最后增加一条记录，只需要将数据记录指针指向数据表末尾即可。单击"添加记录"按钮，在"代码编辑器"窗口中输入以下代码：

```
    Private Sub btnAdd_Click(ByVal sender As System.Object, ByVal e As
System.EventArgs) Handles btnAdd.Click
        Dim ConnStr As String = "Provider=Microsoft.ACE.OLEDB.12.0;Data
Source=F:\学生信息管理系统.accdb;Persist Security Info=False"
        Dim DbConn As OleDbConnection = New OleDbConnection()
        DbConn.ConnectionString = ConnStr
        DbConn.Open()
        Dim StrAdd As String = "INSERT INTO 学生 (学号,姓名,性别,出生日期, 籍贯,
```

```
专业,学院) values(" + TextBox2.Text + ",'" + TextBox3.Text + "','" + TextBox4.Text
+ "',#" + TextBox5.Text + "#,'" + TextBox6.Text + "','" + TextBox7.Text + "','"
+ TextBox8.Text + "')"
            Debug.Write(StrAdd)
            Dim DbComd As OleDbCommand = New OleDbCommand(StrAdd, DbConn)
            DbComd.ExecuteNonQuery()
            DbConn.Close()
            DatSt.Tables("学生").Rows(Me.BindingContext(DatSt, "学生").Position).
BeginEdit()
            DatSt.Tables("学生").Rows(Me.BindingContext(DatSt, "学生").Position).
EndEdit()
            DatSt.Tables("学生").AcceptChanges()
            MsgBox("数据增加完成！")
        End Sub
```

[VBcodes
Example：708]

有了前面几种基本操作方法的代码分析后，这段代码相信大家不难理解。
需要关注的还是 SQL 语句是如何实现数据记录增加的，这种方法具有一定的
通行性。

数据库简单操作完整的示例代码见[VBcodes Example：708]。

代码运行界面如图 7.25 所示。

图 7.25　VBE708 运行界面

[VBcodes
Example：709]

上面的示例中直接使用 Command 对象执行 SQL 指令，完成数据库更新
的操作。当然，也可以使用 DataAdapter 对象的 Update()方法来实现数据库
的更新。例如，将上例中的 Private Sub btnAdd_Click 过程方法替换，可实现
相同的功能，替换代码见[VBcodes Example：709]。

使用 DataAdapter 对象可以执行多个 SQL 指令。但需注意：在执行
DataAdapte 对象的 Update()方法之前，所操作的都是数据集 DataSet（即内存数据库）中的数据，
只有执行 Update()方法后，才会对物理数据库进行更新。

第8章　交会定点编程案例

在小区域范围的测图或工程测量中，当基本控制点的密度不能满足测量要求，而且需加密的控制点不多时，通常会采用交会定点的测量方法来加密控制点。常用的交会定点有前方交会、后方交会、侧方交会和测边交会。例如，在如图 8.1 所示的加密点测量中，若分别在 A、B 两已知控制点上设站，观测至待定点 FP 的水平角 α、β，并结合已知点坐标，推算 FP 的坐标，称为前方交会法；若在待定点 BP 上设站，观测至 A、B、C 三个已知点的水平角 α、β、γ，并结合已知点坐标，推算待定点 BP 的坐标，称为后方交会法；若分别测量出 B、C 两已知点至待定点 DP 的边长 b、c，并结合已知点的坐标值，求解 DP 点坐标，称为距离交会法。

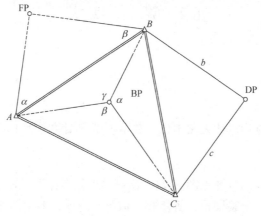

图 8.1　交会定点类型

8.1　数据文件读取

数据文件为 txt 文本文件，包括"已知数据文件"和"观测数据文件"两种类型。已知数据文件格式见表 8.1；前方交会、后方交会及距离交会观测数据文件格式分别见表 8.2～表 8.4。

表 8.1　已知数据文件格式

数据内容	GPS1,23171.431,55427.021 GPS2,23657.763,55341.626 GPS4,23997.311,55898.704 GPS5,24088.202,56340.556 GPS7,23601.394,56211.651 GPS9,23575.902,55739.227
格式说明	已知点名,X 坐标,Y 坐标 …

表 8.2　前方交会数据文件格式

数据内容	FMP1,GPS2,GPS4,42.16355,31.22097 FMP2,GPS5,GPS4,37.25338,35.50296 FMP3,GPS4,GPS5,39.51325,36.28275
格式说明	待定点名,已知点 A 名,点 B 名,α 角值,β 角值 …

表 8.3　后方交会数据文件格式

数据内容	BMP1,GPS2,GPS9,GPS1,115.25364,121.56216,122.38115 BMP2,GPS2,GPS4,GPS9,112.08276,111.55456,135.55423 BMP3,GPS4,GPS7,GPS9,142.26036,98.55216,118.38274
格式说明	待定点名,已知点 A 名,点 B 名,点 C 名,α 角值β 角值,γ 角值 …

表 8.4　距离交会数据文件格式

数据内容	DMP1,GPS9,GPS1,382.655,227.989 DMP2,GPS7,GPS9,352.301,303.464 DMP3,GPS5,GPS7,422.206,377.802
格式说明	待定点名,已知点 A 名,点 B 名,a 边值,b 边值 …

说明：上述各数据格式文件中角值格式为 D.mmss。其中，D 表示度(°)；mm 表示分(′)；ss 表示秒(″)。

8.2　算　法　实　现

8.2.1　计算原理

1.　前方交会

控制点前方交会计算示意图见图 1.17，数学模型详细参考例 1.02，此处不再赘述。

2.　后方交会

控制点后方交会计算示意图见图 4.78，计算过程包括计算已知边方位角、计算三角形内角、计算待定点 P 坐标、危险圆检查等步骤，数学模型详细参考例 4.49，此处不再赘述。

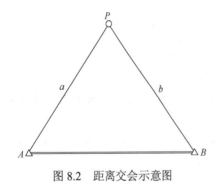

图 8.2　距离交会示意图

3.　距离交会

距离交会示意图如图 8.2 所示。

计算公式如下。

根据 A、B 二个已知点的坐标值，做辅助计算：

$$\begin{cases} \cos A = \dfrac{AB^2 + a^2 - b^2}{2ABa} \\ \sin A = \sqrt{1 - \cos^2 A} \end{cases} \tag{8-1}$$

$$u = a\cos A, \quad v = a\sin A = \sqrt{a^2 - u^2} \tag{8-2}$$

待定点坐标为

$$\begin{cases} x_P = x_A + u\cos\phi_{AB} + v\sin\phi_{AB} \\ y_P = y_A + u\sin\phi_{AB} - v\cos\phi_{AB} \end{cases} \tag{8-3}$$

式中，ϕ_{AB} 为已知边 AB 的坐标方位角。

8.2.2　算法/界面设计要求

(1)程序应能根据计算项目自由切换前方交会、后方交会与距离交会三种计算模式。

(2)程序应能实现导入数据文件和界面手动键盘输入数据。

(3)实现交会图形绘制。

(4)主窗体设计应包括菜单栏和工具栏，其中菜单项不少于三项，工具项不少于三项。

8.3　计算结果报告

计算报告需输出原始数据和计算结果，以及计算时间，保存为文本文件(*.txt)。要求如下。

1. 已知点数据输出

点号，x 坐标值，y 坐标值。

说明：坐标值保留三位小数。

2. 前方交会

1)观测数据输出

待定点点号，A 点点号，B 点点号，α 角值，β 角值。

说明：角值输出格式为 D°mm′ss.ss″。

2)计算结果输出

待定点点号，x 坐标值，y 坐标值

说明：坐标值保留三位小数。

3. 后方交会

1)观测数据输出

待定点点号，A 点点号，B 点点号，C 点点号，α 角值，β 角值，γ 角值。

说明：角值输出格式为 D°mm′ss.ss″。

2)计算结果输出

待定点点号，x 坐标值，y 坐标值，危险圆半径 r 占比(%)，合格/不合格，A 角角值，B 角角值，C 角角值。

说明：坐标值保留三位小数；危险圆半径 r 占比(%)留两位小数；角值输出格式 D°mm′ss.ss″。

4. 距离交会

1)观测数据输出

待定点点号，　A 点点号，B 点点号，a 边值，b 边值。

说明：边长输出保留三位小数。

2)计算结果输出

待定点点号，x 坐标值，y 坐标值。

说明：坐标值保留三位小数。

5. 输出结果示例

1)文本输出示例

```
================================================

  计算日期：2020/5/15 22:05:38
  已知数据：
   GPS1：x=23171.431   y=55427.021
   GPS2：x=23657.763   y=55341.626
   GPS4：x=23997.311   y=55898.704
   GPS5：x=24088.202   y=56340.556
   GPS7：x=23601.394   y=56211.651
   GPS9：x=23575.902   y=55739.227


================================================


  前方交会观测数据：
  待定点：FMP1  已知点：GPS2，GPS4
  观测角值：42°16′35.50″，  31°22′09.70″

  待定点：FMP2  已知点：GPS5，GPS4
  观测角值：37°25′33.80″，  35°50′29.60″

  待定点：FMP3  已知点：GPS4，GPS5
  观测角值：39°51′32.50″，  36°28′27.50″

  前方交会计算成果：
      FMP1：x=23997.362，y=55441.321
      FMP2：x=23879.880，y=56159.783
      FMP3：x=24213.242，y=56070.569


================================================


  后方交会观测数据：
  待定点：BMP1  已知点：GPS2，GPS9，GPS1
  观测角值：115°25′36.40″，121°56′21.60″，122°38′11.50″

  待定点：BMP2  已知点：GPS2，GPS4，GPS9
  观测角值：112°08′27.60″，111°55′45.60″，135°55′42.30″

  待定点：BMP3  已知点：GPS4，GPS7，GPS9
  观测角值：142°26′03.60″，98°55′21.60″，118°38′27.40″

  后方交会计算成果：
      BMP1：x=23514.031，y=55494.942
  危险度：%28.75 < %80  正常！
  辅助计算系数：
  PA:1.1478508254,PB:0.8994561180,PC:0.6439934685


      BMP2：x=23702.294，y=55667.072
  危险度：%56.09 < %80  正常！
  辅助计算系数：
  PA:0.6759600898,PB:0.5928539862,PC:1.1456501202
```

```
     BMP3:  x=23669.089, y=55973.222
危险度: %22.27 < %80  正常!
辅助计算系数:
PA:0.5263855101,PB:1.1582789366,PC:1.0126002714


=============================================

距离交会观测数据:
待定点: DMP1  已知点: GPS9, GPS1
观测边长: 382.655m,  227.989m

待定点: DMP2  已知点: GPS7, GPS9
观测边长: 352.301m,  303.464m

待定点: DMP3  已知点: GPS5, GPS7
观测边长: 422.206m,  377.802m

距离交会计算成果:
     DMP1:  x=23203.136, y=55652.795
     DMP2:  x=23361.323, y=55953.811
     DMP3:  x=23731.453, y=56566.361


=============================================
```

2)输出交会定点控制网(如图 8.3 所示)

控制网输出保存为 ".bmp" 格式的图片, 示例如图 8.4 所示。

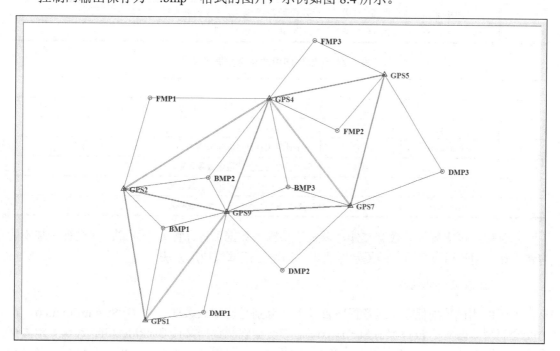

图 8.3 交会定点控制网示例

8.4 源 程 序

1. 程序说明

编程语言为 VB.NET，项目名称：交会测量计算。示例程序中设计的窗体及模块、类、复合数据类型，见表 8.5～表 8.7。

表 8.5 示例程序中的窗体及模块

序号	窗体及模块	释义	功能
1	Form_Calcu	主窗体	程序交互界面，计算模式控制，输入/导入数据信息，显示/输出结果文件
2	Form_Draw	绘图窗体	程序交互界面，执行绘图，显示图形，导出图形文件(.bmp)
3	Module1	模块	提供方位角反算、距离计算、角度换算等公共函数，定义枚举、结构等复合数据类型，提供数据输入、输出过程方法等

表 8.6 示例程序中的类

序号	类名	释义	功能
1	ContrPoint	控制点类	组织点的号、类型(已知或未知)、点的坐标、屏幕绘图坐标
2	Side	边类	组织边的端点、反馈边长、方位角等信息
3	ForwMeet	前方交会类	实现前方交会计算，反馈交会点坐标
4	BackMeet	后方交会类	实现后方交会计算，反馈交会点坐标、危险圆边长占比，以及判定合格与否
5	DistMeet	距离交会类	实现距离交会计算，反馈交会点坐标
6	DrawNetGraph	网图绘制类	绘制网图，保存图片文件

表 8.7 示例程序中的复合数据类型

序号	名称	类型	功能
1	CalcuProj	枚举	指示计算项目，前方交会、后方交会，或距离交会
2	PointType	枚举	指示已知点/未知点
3	CalcuStatus	枚举	指示计算项目已完成或未完成
4	ForwDataStru	结构	创建前方交会类构造函数参数签名
5	BackDataStru	结构	创建后方交会类构造函数参数签名
6	DistDataStru	结构	创建距离交会类构造函数参数签名

示例程序可实现导入数据文件，以及手动输入数据两种计算方式计算。并进行了基本的容错设计。用户通过界面上的提示性选择，即可方便掌握使用方法。

2. 测试数据计算结果

本示例测试数据保存在运行程序目录下，分别是已知点数据文件 GPSContrPoint.txt、前方交会观测数据文件 ForwMeetSurvry.txt、后方交会观测数据文件 BackMeetSurvry.txt、距离交会观测数据文件 DistMeetSurvry.txt 等 4 个数据文件。计算结果也会自动保存在运行程序目录下，包括"计算成果.txt"文本文件，以及绘图成果截屏获得的"交会图形.bmp"图片文件。

图 8.4 是主程序用户界面，用以交互计算模式、导入数据文件、键盘输入数据、显示计算成果、保存计算成果等操作。

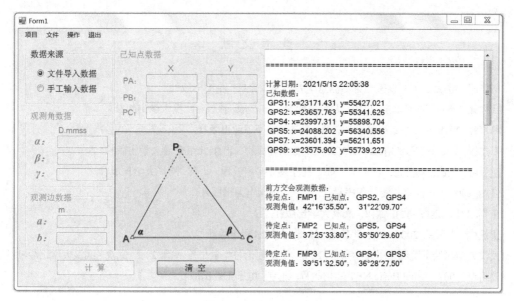

图 8.4　用户界面示例

图 8.5 是绘图用户界面，用以绘制控制网图形并将成果保存为图片。

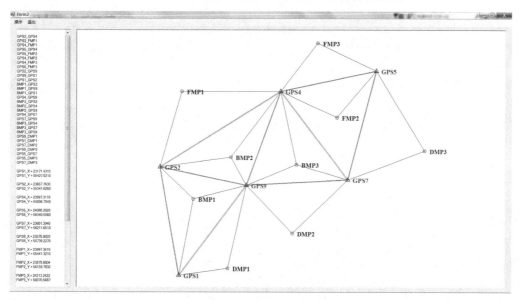

图 8.5　绘图界面示例

3. 源代码

本示例源代码见[VBcodes Example：801]。

[VBcodes
Example：801]

参 考 文 献

戴华阳, 雷斌, 2017. 误差理论与测量平差. 2 版. 北京: 测绘出版社.

孔祥元, 郭际明, 刘宗泉, 2010. 大地测量学基础. 2 版. 武汉: 武汉大学出版社.

林卓然, 2018. VB.NET 程序设计教程. 北京: 电子工业出版社.

石志国, 刘冀伟, 张维存, 2009. VB.NET 数据库编程. 北京:北京交通大学出版社.

童爱红, 刘凯, 刘雪梅, 2008. VB.NET 程序设计实用教程. 北京: 清华大学出版社.

佟彪, 2007. VB 语言与测量程序设计. 北京: 中国电力出版社.

王琴, 2013. 地图制图. 武汉: 武汉大学出版社.

王铁生, 袁天奇, 2008. 测绘学基础. 郑州: 黄河水利出版社.

武汉大学测绘学院测量平差学科组, 2009. 误差理论与测量平差基础. 2 版. 武汉: 武汉大学出版社.

郑阿奇, 2007. Visual Basic.NET 实用教程. 北京: 电子工业出版社.